U0309352

全国科学技术名词审定委员会

海峡两岸化学名词

海峡两岸化学名词工作委员会

国家自然科学基金资助项目

科学出版社

北京

内 容 简 介

本书是由海峡两岸化学界专家会审的海峡两岸化学名词对照本，是在全国科学技术名词审定委员会公布的《化学名词》的基础上加以增补修订而成。内容包括：无机化学、有机化学、分析化学、物理化学、高分子化学、放射化学等 6 部分，共约 8100 条。本书可供海峡两岸化学界和相关领域的人士使用。

图书在版编目(CIP)数据

海峡两岸化学名词/海峡两岸化学名词工作委员会编. —北京：科学出版社，2013.11
　ISBN 978–7–03–038926–8

　I. ①海… II. ①海… III. ①化学–名词术语 IV. ①O6-61

中国版本图书馆 CIP 数据核字(2013)第 248203 号

责任编辑：才　磊　周巧龙/责任校对：李　影
责任印制：钱玉芬/封面设计：槐寿明

科 学 出 版 社 出版
北京东黄城根北街 16 号
邮政编码：100717
http://www.sciencep.com
中国科学院印刷厂 印刷
科学出版社发行　各地新华书店经销

*

2013 年 11 月第　一　版　　开本：787×1092 1/16
2013 年 11 月第一次印刷　　印张：27 1/2
字数：648 000
定价：**180.00 元**
(如有印装质量问题，我社负责调换)

海峡两岸化学名词工作委员会委员名单

召 集 人：高　松

委　　员(按姓氏笔画为序)：

才　磊　　王祥云　　王颖霞　　叶蕴华　　刘虎威

刘国诠　　吴毓林　　何嘉松　　金熹高　　姚光庆

薛芳渝

召 集 人：楊美惠

委　　員(按姓氏筆畫為序)：

吳天賞　　佘瑞琳　　林振東　　林萬寅　　林震煌

施正雄　　陳壽椿　　張文章　　傅明仁　　靳宗玫

楊吉水　　蔡蘊明　　簡淑華

序

科学技术名词作为科技交流和知识传播的载体,在科技发展和社会进步中起着重要作用。规范和统一科技名词,对于一个国家的科技发展和文化传承是一项重要的基础性工作和长期性任务,是实现科技现代化的一项支撑性系统工程。没有这样一个系统的规范化的基础条件,不仅现代科技的协调发展将遇到困难,而且,在科技广泛渗入人们生活各个方面、各个环节的今天,还将会给教育、传播、交流等方面带来困难。

科技名词浩如烟海,门类繁多,规范和统一科技名词是一项十分繁复和困难的工作,而海峡两岸的科技名词要想取得一致更需两岸同仁作出坚韧不拔的努力。由于历史的原因,海峡两岸分隔逾 50 年。这期间正是现代科技大发展时期,两岸对于科技新名词各自按照自己的理解和方式定名,因此,科技名词,尤其是新兴学科的名词,海峡两岸存在着比较严重的不一致。同文同种,却一国两词,一物多名。这里称"软件",那里叫"软体";这里称"导弹",那里叫"飞弹";这里写"空间",那里写"太空";如果这些还可以沟通的话,这里称"等离子体",那里称"电浆";这里称"信息",那里称"资讯",相互间就不知所云而难以交流了。"一国两词"较之"一国两字"造成的后果更为严峻。"一国两字"无非是两岸有用简体字的,有用繁体字的,但读音是一样的,看不懂,还可以听懂。而"一国两词"、"一物多名"就使对方既看不明白,也听不懂了。台湾清华大学的一位教授前几年曾给时任中国科学院院长周光召院士写过一封信,信中说:"1993 年底两岸电子显微学专家在台北举办两岸电子显微学研讨会,会上两岸专家是以台湾国语、大陆普通话和英语三种语言进行的。"这说明两岸在汉语科技名词上存在着差异和障碍,不得不借助英语来判断对方所说的概念。这种状况已经影响两岸科技、经贸、文教方面的交流和发展。

海峡两岸各界对两岸名词不一致所造成的语言障碍有着深刻的认识和感受。具有历史意义的"汪辜会谈"把探讨海峡两岸科技名词的统一列入了共同协议之中,此举顺应两岸民意,尤其反映了科技界的愿望。两岸科技名词要取得统一,首先是需要了解对方。而了解对方的一种好的方式就是编订名词对照本,在编订过程中以及编订后,经过多次的研讨,逐步取得一致。

全国科学技术名词审定委员会(简称全国科技名词委)根据自己的宗旨和任务,始终把海峡两岸科技名词的对照统一工作作为责无旁贷的历史性任务。近些年一直本着积极推进,增进了解;择优选用,统一为上;求同存异,逐步一致的精神来开展这项工作。先后接待和安排了许多台湾同仁来访,也组织了多批专家赴台参加有关学科的名词对照研讨会。工作中,按照先急后缓、先易后难的精神来安排。对于那些与"三通"有关的学科,以及名词混乱现象严重的学科和条件成熟、容易开展的学科先行开展名词对照。

在两岸科技名词对照统一工作中，全国科技名词委采取了"老词老办法，新词新办法"，即对于两岸已各自公布、约定俗成的科技名词以对照为主，逐步取得统一，编订两岸名词对照本即属此例。而对于新产生的名词，则争取及早在协商的基础上共同定名，避免以后再行对照。例如101～109号元素，从9个元素的定名到9个汉字的创造，都是在两岸专家的及时沟通、协商的基础上达成共识和一致，两岸同时分别公布的。这是两岸科技名词统一工作的一个很好的范例。

海峡两岸科技名词对照统一是一项长期的工作，只要我们坚持不懈地开展下去，两岸的科技名词必将能够逐步取得一致。这项工作对两岸的科技、经贸、文教的交流与发展，对中华民族的团结和兴旺，对祖国的和平统一与繁荣富强有着不可替代的价值和意义。这里，我代表全国科技名词委，向所有参与这项工作的专家们致以崇高的敬意和衷心的感谢！

值此两岸科技名词对照本问世之际，写了以上这些，权当作序。

2002 年 3 月 6 日

前　言

随着两岸学术交流的开展，科学名词的作用日显突出。鉴于历史原因，两岸的化学名词存在不少差异，这些差异给两岸化学学科工作者进行学术交流时带来很大的不便。因此，开展化学名词的对照工作，进一步加强交流并为规范、统一以后的化学名词奠定基础，成为两岸学者的共识。在"海峡两岸化学名词工作委员会"的努力下，两岸化学名词的对照工作得以展开。

这一工作从 2010 年 7 月启动，两岸化学工作者提供了各自已审定的化学名词，进行交流讨论。受国科学技术名词审定委员会邀请，2010 年 9 月台湾 8 位专家代表来到北京，与大陆的学者一起，举行了"海峡两岸化学名词对照研讨会"第一次会议。这次会议上，针对已有名词的状况和今后工作的计划，两岸专家达成了"尊重现状，求同存异；协调规范，新词统一"的共识，两岸习惯用语各自保留，原则上只做对照，不强求统一；新的术语的命名尽量一致，由海峡两岸科技名词交流会共同讨论提出推荐用词。并制定了名词选取与审定的十项原则，对于化学名词的选取方式、选取范围(与交叉学科的关系及化学学科延伸的层级)、中英文的对照与排列等进行了明确和规范。

根据所确定的收词原则，提出了名词对照的工作方法：对于确立所收录的术语，大陆和台湾专家各自审查大陆名和台湾名，英文则双方共同审查。因为双方提供的名词量很大，依据基础和常用的原则，筛选出第一批对照名词。在这次会议上，首先选择化学学科各专业的一些有代表性的名词进行分析和讨论，并就无机、分析、有机、高分子化学名词进行了梳理和审议。筛选出含义相差较大的部分名词，留给双方进一步考虑，并约定来年春天在台湾举行第二次会议进行讨论。

2011 年 4 月，受"李国鼎科技发展基金会"的邀请，大陆 8 位专家代表赴台，双方讨论了化学学科中两岸差异名词的内涵与外延，明确了这些名词的意义和用法，确定了对照方式，并逐条审议了物理化学的名词。至此基本上完成了化学学科名词对照的选词工作。对于一些仍有歧义、或者可能遗漏以及新出现而需要补充的重要名词，双方约定进一步通过邮件交流。

2012 年 1 月至 2012 年 3 月，大陆方专家先后在北京召开了 4 次两岸化学名词对照审定会，对两岸化学的对照稿分专业进行了逐条审定。主要完成了以下工作：①审定并落实了大陆方中文定名，修订了一些名词，并对台湾的一些术语提出了疑问，建议台湾专家进行核实。②审定了两岸化学名词的英文部分，对同一英文词对应的两种或两种以上中文化学名词，根据其内涵不同，给出了相应的表述形式。③将化学定义版的化学名词与两岸对照版的化学名词进行了查重和梳理，进一步修订和完善对照版。④对化学学科的重要名词进行重点审定。审定过程中，一直和台湾方面的专家保持交流和沟通，共同推动对照工作的进行。

经过海峡两岸化学名词工作委员会专家的共同努力，《海峡两岸化学名词》一书得以完成，共收录了约 8100 条化学名词，其中，85%基本相同，差异只在简体和繁体字的区别；大约 15%

存在差异，其中有些差异很大。以化学元素为例：既有我们熟悉的"硅"和"矽"，也有我们不熟悉的——在 92 号元素"铀"之前，还有 4 种元素名称不同：43 号，71 号，85 号和 87 号；而 93~99 号元素，除 96 号相同外，其他均不同；也有些名词相同而所指代的现象不同：如有机化学中，"构型"和"构象"、"构象"与"构形"，双方的用法截然不同。

因此，进行名词的对照，对于推动两岸科学交流必定起到积极的作用。通过交流，双方相互学习和借鉴，也有利于新名词命名的协调和定名。就新元素命名而言，正是有赖于两岸专家的交流沟通，从 100 号元素开始，除了简、繁体字的区别，元素名称完全一致，以避免再出现不必要的差异。

在名词对照过程中，我们得到了学界前辈和同行的支持，大家也提出了不少意见和建议，在此一并表示衷心的感谢。尽管有大家的支持，我们工作委员会的同仁也谨慎努力，但毕竟学识有限，书中难免存在问题和错误，真诚欢迎读者提出意见和建议，以便我们继续修改和完善。

海峡两岸化学名词工作委员会

2013 年 6 月

编 排 说 明

一、本书是海峡两岸化学名词对照本。

二、本书分正篇和副篇两部分。正篇按汉语拼音顺序编排；副篇按英文的字母顺序编排。

三、本书[ ]中的字使用时可以省略。

正篇

四、本书中祖国大陆和台湾地区使用的科学技术名词以"大陆名"和"台湾名"分栏列出。

五、本书中大陆名正名和异名分别排序，并在异名处用(=)注明正名。

六、本书收录的汉文名对应英文名为多个时(包括缩写词)用","分隔。

副篇

七、英文名对应多个相同概念的汉文名时用","分隔，不同概念的用① ② ③分别注明。

八、英文名的同义词用(=)注明。

九、英文缩写词排在全称后的( )内。

目　录

正 篇

A

大 陆 名	台 湾 名	英 文 名
吖啶(=二苯并[b,e]吡啶)		
9-吖啶酮	9-吖啶酮	9-acridone
吖啶衍生物	吖啶衍生物	acridine derivative
阿达玛变换光谱	阿達瑪轉換光譜	Hadamard transform spectrum
阿康烷[类]	阿康烷	aconane
阿伦尼乌斯电离理论	阿瑞尼斯游離理論	Arrhenius ionization theory
阿伦尼乌斯方程	阿瑞尼斯方程	Arrhenius equation
阿片样肽	類鴉片肽	opioid peptide
阿朴啡[类]生物碱	阿樸啡[類]生物鹼	aporphine alkaloid
锕系后元素(=超锕系元素)		
锕系燃烧	錒系燃燒	actinide-burning
锕系收缩	錒系收縮	actinide contraction
锕系酰	錒系醯基	actinyl
锕系元素	錒系元素	actinide
锕铀衰变系	錒鈾衰變系	actinouranium decay series
埃伦菲斯特方程	艾倫費斯特方程	Ehrenfest equation
安培检测器	安培偵檢器，電流偵檢器	amperometric detector
安息香酸(=苯甲酸)		
桉烷[类]	桉葉烷，芹子烷	eudesmane
氨汞化	胺汞化	aminomercuration
γ-氨基丁酸	γ-胺基丁酸	γ-aminobutyric acid, GABA
氨基硅烷	胺基矽烷，矽氮烷	aminosilane, silazane
氨基化	胺化[作用]	amination
氨基甲酸	胺[基]甲酸	carbamic acid
氨基甲酸盐	胺甲酸鹽	carbamate
氨基甲酸酯	胺[基]甲酸酯	carbamate
氨基键合相	胺基鍵結相	amino-bonded phase

大　陆　名	台　湾　名	英　文　名
氨基树脂	胺基樹脂	amino resin
氨基酸	胺基酸	amino acid
氨基酸残基	胺基酸殘基	amino acid residue
氨基酸分析仪	胺基酸分析儀	amino acid analyzer
氨基酸序列	胺基酸序列	amino acid sequence
氨基糖苷	胺基糖苷	aminoglycoside
氨甲基化	胺甲基化[作用]	aminomethylation
氨碱法	氨鹼法	ammonia-soda process
氨解	氨解，氨解離	ammonolysis
氨羟化反应	胺羥化[作用]	aminohydroxylation, oxyamination
氨三乙酸	氮[基]三醋酸	nitrilotriacetic acid, NTA
氨羰基化	胺羰基化	carboamidation
鞍点	鞍點	saddle point
胺	胺	amine
胺缩醛	胺縮醛	aminal
胺氧化物	氧化胺	amine oxide
昂萨格倒易关系	翁沙格互易關係，翁沙格倒易關係	Onsager reciprocity relation
螯合萃取	螯合萃取	chelation extraction
螯合滴定法	螯合計量法，鉗合計量法	chelatometry
螯合环	螯合環，鉗合環	chelate ring
螯合基团	螯合基[團]，鉗合基[團]	chelate group
螯合剂	螯合劑，鉗合劑	chelant, chelating agent, sequester
螯合聚合物	螯合聚合物	chelate polymer
螯合离子色谱法	螯合離子層析法	chelating ion chromatography
螯合配体	螯合配位子，鉗合配位子，螯合配位基	chelate ligand, chelating ligand
螯合物	螯合物，鉗合物	chelate
螯合效应	螯合效應，鉗合效應	chelate effect
螯合作用	螯合[作用]，鉗合[作用]	chelation
螯键反应	螯合鍵反應，鉗合鍵反應	cheletropic reaction
奥克洛现象	奧克洛現象	Oklo phenomena
奥斯特瓦尔德稀释定律	奧士華稀釋定律	Ostwald dilution law

B

大　陆　名	台　湾　名	英　文　名
薁	薁	azulene
八面沸石	八面沸石	faujasite
八面体化合物	八面體化合物	octahedral compound
八面体配合物	八面體錯合物	octahedral complex
八区规则	八隅體法則, 八隅體規則	octet rule
巴比妥酸(=丙二酰脲)		
靶对非靶[摄取]比	靶-非靶[攝取]比	target to non-target ratio
靶核	靶核	target nucleus
靶化学	靶化學	target chemistry
靶体积	靶體積	target volume
靶托	靶架	target holder
靶子	靶	target
靶组织	靶組織	target tissue
白蛋白	白蛋白, 蛋白素	albumin
白花青素	花白素	leucoanthocyanidin
白榴石	白榴石	leucite
白三烯	白三烯	leukotriene
白钨矿	白鎢礦, 鎢酸鈣礦	scheelite
白云母	白雲母	muscovite
白云石	白雲石	dolomite
百里酚蓝	瑞香[草]酚藍	thymol blue
百里酚酞	瑞香[草]酚酞	thymolphthalein
斑点定位法	斑點定位法	localization of spot
斑点试验	斑點試驗	spot test
半胺缩醛	半胺縮醛	hemiaminal
半波电位	半波電位	half-wave potential
半导体	半導體	semiconductor
半导体电化学	半導體電化學	electrochemistry of semiconductor
半导体探测器	半導體偵檢器	semiconductor detector
半定量分析	半定量分析	semiquantitative analysis
半[高]峰宽	半高峰寬	peak width at half height
半胱氨酸	半胱胺酸	cysteine
半合成	半合成	partial synthesis
半合成纤维	半合成纖維	semi-synthetic fiber
半厚度	半衰減厚度	half-value layer, half thickness
半互穿[聚合物]网络	半互穿[聚合物]網路	semi-interpenetrating polymer network

大　陆　名	台　湾　名	英　文　名
半积分伏安法	半積分伏安法	semi-integral voltammetry
半夹心配合物	半夾心錯合物	half-sandwich complex
半交换期	半交換期	exchange half-time
半结晶聚合物	半結晶聚合物	semi-crystalline polymer
半金属	類金屬	metalloid
半抗原	半抗原, 不[完]全抗原	hapten
半醌	半醌	semiquinone
半连续聚合	半連續聚合	semicontinuous polymerization
半片呐醇重排	半醇重排	semi-pinacol rearrangement
半桥基	半橋基	semibridging group
半桥羰基	半橋羰基	semibridging carbonyl
半日花烷[类]	半日花烷	labdane
半熔法	半融熔法	semi-fusion method
半柔性链聚合物	半柔韌性鏈聚合物	semi-flexible chain polymer
半衰期	半衰期, 半生期	half-life
半缩醛	半縮醛	hemiacetal
半缩酮	半縮酮	hemiketal
半萜	半萜	hemiterpene
半透膜	半透膜	semipermeable membrane
半微分伏安法	半微分伏安法	semi-differential voltammetry
半微量分析	半微量分析	semimicro analysis, meso analysis
半微量天平	半微量天平	semimicro [analytical] balance
半椅型构象	半椅型構形	half-chair conformation
棒状聚合物	桿狀聚合物	rodlike polymer
棒状链	桿狀鏈	rodlike chain
包藏	包藏, 吸藏	occlusion
包含因子	涵蓋因數	coverage factor
包合物	包藏化合物, 包容化合物	inclusion compound
包合作用	包藏, 包容	clathration, inclusion
包结常数	包容常數	inclusion constant
包结作用	膠囊封裝	encapsulation
胞苷	胞苷	cytidine
胞嘧啶	胞嘧啶	cytosine
薄靶	薄靶	thin target
薄层板	薄層板	thin layer plate
薄层光谱电化学法	薄層光譜電化學法	thin layer spectroelectrochemistry
薄层控制电位电解吸收法	薄層控制電位電解吸收法	thin layer controlled potential electrolysis absorptometry

大　陆　名	台　湾　名	英　文　名
薄层扫描仪	薄層層析掃描器	thin layer chromatogram scanner
薄层色谱法	薄層層析法	thin layer chromatography, TLC
薄层循环伏安法	薄層循環伏安法	thin layer cyclic voltammetry
薄层循环伏安吸收法	薄層循環伏安吸收法	thin layer cyclic voltabsorptometry
薄壳型填料	薄殼型填料，薄膜填料	pellicular packing
饱和甘汞电极	飽和甘汞電極	saturated calomel electrode
饱和聚酯	飽和聚酯	saturated polyester
饱和溶液	飽和溶液	saturated solution
饱和橡胶	飽和橡膠	saturated rubber
饱和转移	飽和轉移	saturation transfer
保护基	保護基	protecting group
保护柱	保護管柱	guard column
保留	保留，滯留[作用]	retention
保留间隙	滯留間隙，滯留帶	retention gap
保留时间	滯留時間	retention time
保留体积	滯留體積	retention volume
保留温度	滯留溫度	retention temperature
保留因子	滯留因子	retention factor
保留值定性法	滯留定性法	retention qualitative method
保留指数	滯留指數	retention index
保留指数定性法	滯留指數定性法	retention index qualitative method
保幼激素	保幼激素	juvenile hormone
鲍林电负性标度	鮑林電負度標度	Pauling electronegativity scale
暴沸	爆沸，噴沸	bumping
爆炸界限	爆炸極限	explosion limit
杯芳烃	杯芳烴	calixarene
贝壳杉烷[类]	貝殼杉烷	kaurane
贝可(辐射单位)	貝克(輻射單位)	Becquerel, Bq
贝叶烷[类]	貝葉烷	beyerane
苝	苝	perylene
背景	背景	background
背景电解质	背景電解質	background electrolyte, BGE
背景校正	背景校正	background correction
背景吸收	背景吸收	background absorption
背面进攻	背面攻擊	backside attack
背散射	反向散射，回散射	backscattering
背散射电子	反向散射電子	backscattered electron
背散射分析	反向散射分析	backscattering analysis
倍半萜	倍半萜	sesquiterpene

大　陆　名	台　湾　名	英　文　名
倍半氧化物	倍半氧化物	sesquioxide
被滴定物	被滴定物	titrand
被俘[获]电子	入陷電子	trapped electron
本体聚合	總體聚合	bulk polymerization, mass polymerization
本体黏度	本體黏度，總體黏度	bulk viscosity
本征缺陷	本質缺陷	intrinsic defect, native defect
苯	苯	benzene
苯丙氨酸	苯丙胺酸	phenylalanine
苯并[b]吡咯 (=吲哚)		
苯并吡喃	苯并哌喃	benzopyran
4H-苯并吡喃-4-酮	4H-苯并哌喃-4-酮	4H-benzopyran-4-ketone
苯并吡喃盐	苯并哌喃鹽	benzopyranium salt
苯并[b]吡嗪	苯并吡𠯢	benzo[b]pyrazine
苯并哒嗪	苯并嗒𠯢	benzopyridazine
苯并噁二唑	苯并㗁二唑	benzoxadiazole
苯并噁嗪	苯并㗁𠯢	benzoxazine
苯并噁唑	苯并㗁唑	benzoxazole
苯并呋喃	苯并呋喃	benzofuran
苯并呋喃酮	苯并呋喃酮	benzofuranone
苯并呋喃-茚树脂	苯并呋喃-茚樹脂	coumarone-indene resin
苯并[c]喹啉，菲啶	苯并喹啉，啡啶	benzo[c]quinoline, phenanthridine
苯并咪唑	苯并咪唑	benzimidazole
苯并嘧啶	苯并嘧啶	benzopyrimidine
苯并噻二唑	苯并噻二唑	benzothiadiazole
苯并噻吩	苯并噻吩	benzothiophene
苯并噻嗪	苯并噻𠯢	benzothiazine
苯并噻唑	苯并噻唑	benzothiazole
苯并三嗪	苯并三[氮]𠯢	benzotriazine
苯并三唑	苯并三唑	benzotriazole
苯并异噁唑	苯并異㗁唑	benzisoxazole
苯酚红	酚紅	phenol red
苯酚醚树脂	[苯]酚醚樹脂	phenol ether resin
苯基	苯基	phenyl group
苯基键合相	苯基鍵結相	phenyl-bonded phase
苯甲酸，安息香酸	苯甲酸，安息[香]酸，苄酸	benzoic acid
N-苯甲酰甘氨酸(=马尿酸)		
苯醌	苯醌	benzoquinone

大 陆 名	台 湾 名	英 文 名
苯醌聚合物	苯醌聚合物	quinone polymer
苯偶姻	苯偶姻，安息香	benzoin
苯偶姻缩合	安息香縮合[作用]	benzoin condensation
苯炔	苯炔[體]	benzyne
苯乙烯-丁二烯-苯乙烯嵌段共聚物	苯乙烯-丁二烯-苯乙烯嵌段共聚物	styrene butadiene styrene block copolymer
苯乙烯-异戊二烯-苯乙烯嵌段共聚物	苯乙烯-異戊二烯-苯乙烯嵌段共聚物	styrene isoprene styrene block copolymer
苯乙烯-异戊二烯-丁二烯橡胶	苯乙烯-異戊二烯-丁二烯橡膠	styrene isoprene butadiene rubber
芘	芘	pyrene
比保留体积	比滯留體積	specific retention volume
比尔定律	比爾定律	Beer law
比活度	比活性	specific activity
比例抽样	比例抽樣	proportional sampling
比例阀	比例閥	proportional valve
比浓对数黏度	比濃對數黏度,固有黏度	inherent viscosity, logarithmic viscosity number
比色分析法	比色分析	colorimetric analysis
比色计	比色計	colorimeter
比释动能	比釋動能，物質釋放動能	kinetic energy released in matter
比吸光系数	比吸收[度]	specific absorptivity
比旋光	比旋光[度]	specific rotation
比旋光度	比旋光度	specific rotatory power
比重瓶	比重瓶	gravity bottle
比浊法	比濁法，濁度測定法	turbidimetric method, turbidimetry
吡啶	吡啶	pyridine
吡啶并[2,3-b]吡啶	吡啶并[2,3-b]吡啶，嗪啶	pyrido[2,3-b]pyridine, naphthyridine
吡啶并[3,4-b]吲哚，β咔啉	吡啶并[3,4-b]吲哚，β咔啉	pyrido[3,4-b]indole, β-carboline
吡啶[类]生物碱	吡啶[類]生物鹼	pyridine alkaloid
吡啶酮	吡啶酮	pyridone
吡哆胺	吡哆胺	pyridoxamine
吡哆醇	吡哆醇	pyridoxol
吡哆醛	吡哆醛	pyridoxal
吡咯	吡咯	pyrrole, azole
吡咯啉酮	吡咯啉酮	pyrrolinone

大　陆　名	台　湾　名	英　文　名
吡咯嗪	吡咯呩	pyrrolo[1,2-*a*]pyrrole, pyrrolizine
吡咯嗪[类]生物碱	吡咯呩啶生物鹼	pyrrolizidine alkaloid
吡咯烷[类]生物碱	吡咯啶生物鹼	pyrrolidine alkaloid
吡喃	哌喃	pyran
吡喃糖	哌喃醣，吡喃醣	pyranose
吡喃酮	哌喃酮，吡喃酮	pyranone
吡喃香豆素	哌喃香豆素	pyranocoumarin
吡喃盐	哌喃鹽	pyranium salt
吡嗪	吡𠯤，1,4-二𠯤	pyrazine, 1,4-diazine
吡唑	吡唑	pyrazole
吡唑啉	吡唑啉	pyrazoline
吡唑啉酮	吡唑㖕，二氢吡唑酮	pyrazolone
吡唑烷	吡唑烷	pyrazolidine
必需氨基酸	必需胺基酸	essential amino acid
必需元素	必需元素	essential element
荜澄茄烷[类]	蓽澄茄[油]烷,蓽澄茄素	cubebane
壁涂开管柱	壁塗開管柱	wall coated open tubular column, WCOT column
边界机理	邊界[反應]機構	borderline mechanism
边桥基	邊橋基	edge bridging group
编码氨基酸	編碼胺基酸	coded amino acid
编码数据	編碼數據	coded data
苄基	苄基	benzyl group
苄[基]正离子	苄[基]正離子，苄陽離子	benzylic cation
苄[基]中间体	苄[基]中間體	benzylic intermediate
苄位[的]	苄位[的]	benzylic
便携式色谱仪	攜帶式層析儀	portable chromatograph
变色区间	變色區，變色範圍	color change interval
变色酸	變色酸	chromotropic acid
变石	變石，變色石	alexandrite
变温红外光谱法	變溫紅外線光譜法	variable temperature infrared spectrometry
变性作用	變性[作用]	denaturation
变旋作用	變旋[作用]	mutarotation
变异性	變異性，可變化	variability
标称质量	標稱質量	norminal mass
标定	標定，校準，標準化	standardization
标记化合物	標記化合物	labeled compound
标记率	標記率	labeling efficiency

大　陆　名	台　湾　名	英　文　名
标记原子	標記原子	tagged atom
标量耦合	標量偶合	scalar coupling
标准电极电势	標準電極電位	standard electrode potential
标准电势	標準電位	standard potential
标准方法	標準方法	standard method
标准光谱	標準光譜	standard spectrum
标准缓冲溶液	標準緩衝溶液	standard buffer solution
标准回归系数	標準化回歸係數	standardized regression coefficient
标准加入法	標準添加法	standard addition method
标准滤光片	標準濾光片	standard filter
标准摩尔燃烧焓	標準莫耳燃燒焓	standard molar enthalpy of combustion
标准摩尔熵	標準莫耳熵	standard molar entropy
标准摩尔生成焓	標準莫耳生成焓	standard molar enthalpy of formation
标准摩尔生成吉布斯 　　自由能	標準莫耳生成吉布斯 　　自由能	standard molar Gibbs free energy of 　　formation
标准浓度	標準濃度	standard concentration
标准[偏]差	標準偏差	standard deviation
标准氢电极	標準氫電極	normal hydrogen electrode, standard 　　hydrogen electrode
标准曲线法	標準曲線法	standard curve method
标准溶液	標準溶液	standard solution
标准物质	基準物質，參考物質	reference material, RM
标准压力	標準壓力	standard pressure
标准正态分布	標準常態分布	standard normal distribution
标准质量摩尔浓度	標準重量莫耳濃度	standard molality
标准[状]态	標準[狀]態	standard state
标准自由能变[化]	標準自由能變[化]	standard free energy change
表观电泳淌度	視電泳流動率，表觀電 　　泳淌度	apparent electrophoretic mobility
表观分子量	視分子量，表觀分子量	apparent molecular weight
表观活化能	視活化能，表觀活化能	apparent activation energy
表观剪切黏度	視剪切黏度，表觀剪切 　　黏度	apparent shear viscosity
表观摩尔质量	視莫耳質量，表觀莫耳 　　質量	apparent molar mass
表观迁移数	視遷移數，表觀遷移數	apparent transference number
表面电化学	表面電化學	surface electrochemistry
表面电离	表面游離[作用]，表面 　　離子化[作用]	surface ionization

大　陆　名	台　湾　名	英　文　名
表面分析	表面分析	surface analysis
表面功	表面功	surface work
表面化学位移	表面化學位移	surface chemical shift
表面扩散	表面擴散	surface diffusion
表面皿	錶玻璃	watch glass
表面诱导电离	表面誘導解離	surface-induced ionization, SID
表面增强共振拉曼散射	表面增強共振拉曼散射	surface enhanced resonance Raman scattering, SERRS
表面增强激光解吸电离	表面增強雷射脫附	surface enhanced laser desorption
表面增强拉曼光谱法	表面增強拉曼光譜法	surface enhanced Raman spectrometry, SERS
表面增强拉曼散射	表面增強拉曼散射	surface enhanced Raman scattering, SERS
表面张力曲线	表面張力曲線	surface tensammetric curve
宾厄姆流体	賓漢流體	Bingham fluid
冰晶石	冰晶石	cryolite
冰洲石	冰洲石，冰島晶石	iceland spar
丙氨酸	丙胺酸	alanine
丙二酰脲，巴比妥酸	丙二醯脲，巴比妥酸	malonyl urea, barbituric acid
丙阶酚醛树脂	不溶酚醛樹脂	resite
丙烯腈-苯乙烯树脂	丙烯腈-苯乙烯樹脂	acrylonitrile-styrene resin
丙烯腈-丁二烯-苯乙烯树脂	丙烯腈-丁二烯-苯乙烯樹脂	acrylonitrile-butadiene-styrene resin
丙烯酸[酯]树脂	丙烯酸樹脂，壓克力樹脂	acryl resin, acrylic resin
丙烯酸酯橡胶	丙烯酸酯橡膠，壓克力橡膠	acrylate rubber
并苯	并苯	acene
并合标准[偏]差	并合標準偏差	pooled standard deviation
并合方差	并合變異數	pooled variance
病毒分析	病毒分析	virus analysis
波长色散 X 射线荧光光谱仪	波長色散 X 射線螢光光譜儀	wavelength dispersive X-ray fluorescence spectrometer
波导管	波導管	wave-guide tube
玻恩-哈伯循环	玻[恩]-哈[柏]循環	Born-Haber cycle
玻尔兹曼叠加原理	波茲曼重疊原理	Boltzmann superposition principle
玻尔兹曼分布定律	波茲曼分布律	Boltzmann distribution law
玻璃电极	玻璃電極	glass electrode
pH 玻璃电极	pH 玻璃電極	pH glass electrode

大　陆　名	台　湾　名	英　文　名
玻璃固化	玻化[作用]	vitrification
玻璃化转变	玻璃轉移[現象]	glass transition
玻璃化转变温度	玻璃轉移溫度	glass transition temperature
玻璃态	玻璃態	glassy state
玻色-爱因斯坦分布	玻[色]-愛[因斯坦]分布	Bose-Einstein distribution
玻碳电极	玻[璃]碳電極	glassy carbon electrode
伯利假旋转机理	伯利假旋轉機構	Berry pseudorotation mechanism
泊松比	帕松比	Poisson ratio
泊松分布	帕松分布	Poisson distribution
铂系元素	鉑系元素	platinum group
博来霉素	博萊黴素	bleomycin
薄荷烷[类]	薄荷烷，莔烷	menthane
卟啉	卟啉，紫質	porphyrin
补偿光谱	補償光譜	compensation spectrum
补充气	補充氣體	makeup gas
捕获	捕獲	trapping
捕集箔	捕集箔	catch foil
不饱和聚酯	不飽和聚酯	unsaturated polyester
不饱和溶液	不飽和溶液	unsaturated solution
不饱和橡胶	不飽和橡膠	unsaturated rubber
不对称毒化	不對稱毒化	asymmetric poisoning, chiral poisoning
不对称合成	不對稱合成	asymmetric synthesis
不对称活化	不對稱活化[作用]	asymmetric activation
不对称碳原子	不對稱碳[原子]	asymmetric carbon
不对称选择性聚合	不對稱選擇性聚合	asymmetric selective polymerization
不对称因子	不對稱因數，不對稱因子	asymmetric factor
不对称诱导	不對稱誘導	asymmetric induction
不对称诱导聚合	不對稱誘導聚合	asymmetric induction polymerization
不对称原子	不對稱原子	asymmetric atom
不对称中心	不對稱中心	asymmetric center
不对称转化	不對稱轉變[作用]	asymmetric transformation
不对称自催化	不對稱自催化	asymmetric auto-catalysis
不分流进样	不分流進樣	splitless injection, splitless sampling
不加载体	不加載體	no-carrier-added
不可逆波	不可逆波	irreversible wave
不可逆反应	不可逆反應	irreversible reaction
不可逆过程	不可逆程序，不可逆過	irreversible process

大　陆　名	台　湾　名	英　文　名
	程	
不良溶剂	不良溶劑	poor solvent
不平衡	不平衡	no equilibrium, non-equilibrium
不确定度	不確定度，不準度	uncertainty
不稳定常数	不穩度常數	instability constant
不相合熔点	非合熔點	non-congruent melting point
不相容性	不相容性	incompatibility
不相溶性	不互溶性	immiscibility
不织布(=无纺布)		
布格定律	布格定律	Bouguer law
布格-朗伯定律	布格-朗伯定律	Bouguer-Lambert law
布拉格方程	布拉格方程式	Bragg equation
布朗斯特碱	布忍斯特鹼	Brønsted base
布朗斯特-劳里酸碱理论	布[忍斯特]-洛[瑞]理論	Brønsted-Lowry theory of acids and bases
布朗斯特酸	布忍斯特酸，布氏酸	Brønsted acid
布洛赫方程	布洛赫方程式	Bloch equation
布氏漏斗	布赫納漏斗，布氏漏斗	Büchner funnel
步长	步距	step size, step width
步进热解分析	逐步熱解[分析]	stepwise pyrolysis
钚酰	雙氧鈈根，鈈醯	plutonyl

C

大　陆　名	台　湾　名	英　文　名
采样间隔时间	採樣間隔時間	dwell time
采样时间	擷取時間	acquisition time
采样锥	取樣錐	sampling cone
蔡斯盐	蔡斯鹽	Zeise salt
参比池	參考物支持器	reference holder
参比电极	參考電極	reference electrode
参比光束	參考光束	reference beam
参比溶液	參考溶液	reference solution
参比物	參考化合物	reference compound
参考水平	參考水平	reference level
参数估计	參數估計	parameter estimation
参数检验	參數檢定	parameter test
残差平方和	殘差平方和	sum of squares of residues
残余电流	殘餘電流	residual current

大　陆　名	台　湾　名	英　文　名
残余方差	殘餘變異，剩餘變異	residual variance
残余熵	殘留熵	residual entropy
残渣	殘渣，殘基	residue
侧连配体	側鍵配位體	side-bound ligand, side-on ligand
侧链	側鏈	side chain
侧链型液晶聚合物	側鏈型液晶聚合物	side chain liquid crystalline polymer
测定限	測定限度，測定極限	determination limit
测量误差	測量誤差，量測誤差	measurement error
测微光度计	微光度計	microphotometer, microdensitometer
层流火焰	層焰	laminar flame
层流燃烧器	層流燃燒器	laminar flow burner
层压	層壓[作用]	lamination
插层聚合	插層聚合	intercalation polymerization
插入反应	插入反應	insertion reaction
插入聚合	插入聚合	insertion polymerization
插烯效应	插烯效應	vinylog effect
插线板模型	插線板模型	switchboard model
查耳酮	查耳酮	chalcone
差别纤维	差別纖維	differential fiber
差谱	微差光譜	differential spectrum
差热分析	微差熱分析[法]	differential thermal analysis, DTA
差热分析与显微镜联用	差熱分析-顯微鏡聯用法	simultaneous differential thermal analysis and microscope
差示扫描量热分析法	微差掃描熱量法	differential scanning calorimetry, DSC
差示扫描量热曲线	微差掃描量熱曲線	differential scanning calorimeter curve
差向立体异构化	差向異構[作用]，表異構[作用]	epimerization
差向异构体	差向異構物，表異構物	epimer
拆分	拆分旋光對	resolution
掺加[示踪剂]	摻加[示蹤劑]	spiking
掺加同位素	摻加同位素	spiking isotope
掺杂	摻雜	doping
掺杂晶体	摻雜晶體	doped crystal
蟾甾内酯[类]	蟾甾內酯	bufanolide
产物离子	產物離子	product ion
长程电子传递	長程電子傳遞	long range electron transfer
长程有序	長程有序	long range order
长期平衡	長期平衡	secular equilibrium
长石	長石	feldspar

大　陆　名	台　湾　名	英　文　名
长寿命络合物	長[壽]命錯合物	long-lived complex
长丝	燈絲	filament
长叶松烷[类]	長葉烷	longifolane
长支链	長支鏈	long-chain branch
长周期	長週期	long period
肠杆菌素	腸[桿]菌素	enterobactin
常规脉冲伏安法	常規脈衝伏安法	normal pulse voltammetry
常规脉冲极谱法	常規脈衝極譜法	normal pulse polarography
常量分析	巨量分析	macro analysis
常温硫化	自硫化	auto-vulcanization
常压液相色谱法	常壓液相層析法	common-pressure liquid chromatography
场电离	場[致]電離，場[致]游離	field ionization, FI
场发射俄歇电子能谱法	場發射歐傑電子能譜術	field emission Auger electron spectroscopy
场放大进样	電場放大進樣	electrical field magnified injection
场解吸	場脫附	field desorption, FD
场离子显微镜[法]	場離子顯微鏡	field ion microscope, FIM
场流分级法	場流分級法	field flow fractionation, FFF
场流分离仪	場流分離系統	field flow fractionation system
场效应	場效應，F效應	field effect
敞开式茂金属	敞開式金屬芳香類	open metallocene
敞开系统	開放系統	open system
超锕系元素	超錒系元素	transactinide
超钚元素	超鈽元素	transplutonium element
超导核磁共振波谱仪	超導核磁共振儀	nuclear magnetic resonance spectrometer with super conducting magnet
超导聚合物	超導聚合物	superconductive polymer
超低密度聚乙烯	超低密度聚乙烯	ultralow density polyethylene
超额函数	超額函數，餘額函數	excess function
超额焓	超額焓	excess enthalpy
超额[吉布斯]自由能	超額[吉布斯]自由能	excess [Gibbs] free energy
超额熵	超額熵	excess entropy
超额体积	超額體積	excess volume
超分子	超分子	supermolecule, supramolecule
超分子化学	超分子化學	supramolecular chemistry
超分子络合物	超分子錯合物	supermolecular complex
超高分子	超巨分子	supra macromolecule
超高分子量聚乙烯	超高分子量聚乙烯	ultra-high molecular weight polyethylene

大　陆　名	台　湾　名	英　文　名
超高效液相色谱法	超高效[能]液相層析法	ultra-high performance liquid chromatography
超共轭	超共軛	hyperconjugation
超痕量分析	超痕量分析	ultratrace analysis
超激发态	超激發態	super excited state
超结构	超結構	superstructure
超精细耦合常数	超精細耦合常數，超精細偶合常數	hyperfine coupling constant
超锔元素	超鋦元素	transcurium element
超锎元素	超鉲元素	transcalifornium element
超拉曼散射	超拉曼散射	hyper Raman scattering
超临界流体萃取	超臨界流體萃取	supercritical fluid extraction
超临界流体色谱法	超臨界流體層析法	supercritical fluid chromatography, SFC
超临界流体色谱仪	超臨界流體層析儀	supercritical fluid chromatograph
超滤	超[過]濾[作用]	ultrafiltration
超[强]酸	超[強]酸	superacid
超热中子	超熱能中子	epithermal neutron
超热中子活化分析	超熱中子活化分析	epithermal neutron activation analysis
超瑞利比	超瑞立比值	excess Rayleigh ratio
超声束源	超音束源，超聲束源	supersonic beam source
超声雾化器	超聲波霧化器	ultrasonic nebulizer
超顺磁性	超順磁性	superparamagnetism
超微电极	超微電極	ultramicroelectrode
超微量分析	超微量分析	ultramicro analysis
超微量化学操作	超微量化學操作	ultramicrochemical manipulation
超微量天平	超微量天平	ultramicro [analytical] balance
超氧化物	超氧化物	superoxide
超氧化物歧化酶	超氧化物歧化酶	superoxide dismutase
η^1-超氧配合物	η^1-超氧錯合物	η^1-superoxo complex
超氧自由基	超氧自由基	superoxide radical
超铀元素	超鈾元素	transuranium elements
超铀[元素]废物	超鈾[元素]廢料	transuranium waste
超支化聚合物	超分支聚合物	hyperbranched polymer
超重核	超重核	superheavy nucleus
超重元素	超重元素	superheavy element
巢式	巢	nido-
潮解	潮解	deliquescence
彻底甲基化	徹底甲基化[作用]	exhaustive methylation
彻底脱硅基化	徹底去矽化[作用]	exhaustive desilylation
沉淀	沈澱[作用]	precipitation

大　陆　名	台　湾　名	英　文　名
沉淀滴定法	沈澱滴定	precipitation titration
沉淀法	沈澱法	precipitation method
沉淀分级	沈澱分級	precipitation fractionation
沉淀聚合	沈澱聚合	precipitation polymerization
沉淀吸附浮选	沈澱吸附浮選	floatation by precipitation adsorption
沉降平衡	沈降平衡	sedimentation equilibrium
沉降平衡法	沈降平衡法	sedimentation equilibrium method
沉降速度法	沈降速度法	sedimentation velocity method
沉降系数	沈降係數	sedimentation coefficient
辰砂	辰砂	cinnabar
称量	稱量	weighing
称量瓶	稱[量]瓶	weighing bottle
成对比较	成對比較法，配對比較法	paired comparison
成对比较试验	配對比較實驗	paired comparison experiment
成核作用	晶核生成	nucleation
成链作用	成鏈現象，成鏈性	catenation
成品分析	產品分析	product analysis
成纤	成纖	fiber forming
成像 X 射线光电子能谱[法]	成像 X 射線光電子能譜術	image X-ray photoelectron spectroscopy
程序变流	程式控流	programmed flow
程序[电]压	程控電壓	programmed voltage
程序升[气]压	程式控壓	programmed pressure
程序升温	程式控溫	programmed temperature
程序升温进样	程式控溫進樣	programmed temperature sampling
程序升温气相色谱法	程式控溫氣相層析法	temperature-programmed gas chromatography
程序升温蒸发器	程式控溫氣化器	programmed temperature vaporizer, PTV
澄清点法	澄清點法	clear point method
橙酮	橙酮	aurone
弛豫法	弛豫法，鬆弛法	relaxation method
弛豫模量	鬆弛模數	relaxation modulus
弛豫能	鬆弛能	relaxation energy
弛豫谱	鬆弛譜	relaxation spectrum
弛豫时间	鬆弛時間	relaxation time
弛豫试剂	鬆弛試劑	relaxation reagent
弛豫效应	鬆弛效應	relax effect
弛豫[作用]	鬆弛	relaxation

大　陆　名	台　湾　名	英　文　名
池入-池出法	槽入-槽出法	cell-in cell-out method
持久化学改进技术	永久化學修飾技術	permanent chemical modification technique
持久化学改进剂	永久化學修飾劑	permanent chemical modifier
持续自由基	持久自由基	persistent radical
尺寸排阻色谱法	粒徑篩析層析法，粒徑排阻層析法	size exclusion chromatography, SEC
赤霉烷[类]	赤黴烷	gibberellane, gibbane
赤式构型	赤蘚型組態	*erythro* configuration
赤铁矿	赤鐵礦	hematite
赤蘚糖	赤藻糖	erythrose
赤型双间同立构聚合物	赤型雙對排聚合物	*erythro*-disyndiotactic polymer
赤型双全同立构聚合物	赤型雙同排聚合物	*erythro*-diisotactic polymer
赤型异构体	赤蘚型異構物	*erythro* isomer
充电电流	充電電流	charging current
充气分离器	充氣分離器	gas-filled separator
充油橡胶	充油橡膠	oil-extended rubber
冲压模塑	衝壓模塑	impact moulding, shock moulding
重叠构象	交會構形	eclipsed conformation
重叠效应	交會效應	eclipsing effect
重叠性	重疊性	superposability
重叠张力	交會張力	eclipsing strain
重建离子流电泳图	重建離子電泳圖	reconstructed ion electropherogram
重建离子流色谱图	重建離子層析圖	reconstructed ion chromatogram
重排	重排[作用]	rearrangement
重排反应	重排反應	rearrangement reaction
重排离子	重排離子	rearrangement ion
重复性	重現性	repeatability
重现性(=再现性)		
抽样检验	樣品試驗，抽樣試驗	sampling test
稠环化合物，并环化合物	稠環化合物	fused ring compound
臭氧化	臭氧化[作用]	ozonation, ozonization
臭氧化物	臭氧化物	ozonide
臭氧监测分析	臭氧監測分析	ozone monitor analysis
臭氧解	臭氧分解	ozonolysis
出模膨胀	模頭膨脹	die swell
出射道	出口通道	exit channel, outgoing channel
初级辐射	初級輻射	primary radiation
初级结晶	初級結晶	primary crystallization

大　陆　名	台　湾　名	英　文　名
初级裂片	初級裂片	primary fragment
初级自由基终止	初級自由基終止	primary radical termination
初生纤维	初生纖維	as-spun fiber
初始温度	初始溫度	initial temperature
除氚	除氚	detritiation
储备溶液	儲[備溶]液	stock solution
触变性	搖變性，搖溶[現象]，搖變	thixotropy
氚	氚	tritium
氚化	氚化[作用]	tritiation
氚化物	氚化物	tritide
传递成型	轉送模製[法]	transfer moulding
传感器	感測器，敏感元件	sensor
传质过程	質[量]傳[遞]過程	mass transfer process
传质速率	質[量]傳[遞]速率	rate of mass transfer
传质阻力	質[量]傳[遞]阻力	mass transfer resistance
船杆[键]	船杆[鍵]	flagpole
船舷[键]	船舷[鍵]	bowsprit
船型构象	船型構形	boat conformation
串级质谱法	串聯式質譜法	tandem mass spectrometry, MS/MS
串级质谱仪	串聯式質譜儀	tandem mass spectrometer
串晶结构	串晶結構	shish-kebab structure
串联反应	聯繼反應	tandem reaction
吹管试验	吹管試驗	blow pipe test
吹塑	吹氣成型法	blow moulding
纯度	純度	purity
纯碱	鈉鹼，蘇打	soda
醇	醇，酒精	alcohol
醇化	醇化[作用]	alcoholization
醇解	醇解	alcoholysis
醇酸树脂	醇酸樹脂	alkyd resin
[磁]饱和	飽和	saturation
磁场扫描	磁場掃描	magnetic field scan
磁分析器	磁分析器	magnetic analyzer
磁各向异性基团	磁各向異性基團	magnetically anisotropic group
磁共振成像	磁共振造影	magnetic resonance imaging, MRI
磁化率	磁化率，感磁率，感磁性	magnetic susceptibility
磁化强度	磁化	magnetization

大　陆　名	台　湾　名	英　文　名
磁矩	磁矩	magnetic moment
磁量子数	磁量子數	magnetic quantum number
磁偏转	磁偏轉	magnetic deflection
磁性	磁性	magnetism
磁性材料	磁性材料	magnetic material
磁性聚合物	磁性聚合物	magnetic polymer
磁旋比	迴轉磁比	magnetogyric ratio
磁致旋光	磁致旋光	magnetic optical rotation
磁滞回线	磁滯迴線	magnetic hysteresis loop
磁阻效应	磁阻效應	magneto-resistance effect
雌黄	雌黃	arsenblende, orpiment
雌甾烷[类]	雌甾烷	estrane
次级弛豫	次級鬆弛	secondary relaxation
次级电子	二次電子	secondary electron
次级辐射	二次輻射	secondary radiation
次级离子	次級離子，二次離子	secondary ion
次级 X 射线荧光光谱法	次級 X 射線螢光光譜法	secondary X-ray fluorescence spectrometry
次级碎片	二級碎片	secondary fragment
次[要]锕系元素	次要錒系元素	minor actinide
刺迹	激生軌跡	spur
从头测序	從頭定序	*de novo* sequencing
从头合成	從頭合成	*de novo* synthesis
促进剂	加速劑，催速劑	accelerator
猝灭室温磷光法	淬滅室溫磷光法	quenched room temperature phosphorimetry, Q-RTP
簇放射性	簇放射性	cluster radioactivity
簇离子	簇離子	cluster ion
簇衰变	簇衰变	cluster decay
催化比色法	催化比色法	catalytic colorimetry
催化波	催化波	catalytic wave
催化滴定法	催化滴定法	catalytic titration
催化电流	催化電流	catalytic current
催化动力学光度法	催化動力學光度法	catalytic kinetic photometry
催化抗体	催化抗體	catalytic antibody
催化裂解	催化熱解	catalytic pyrolysis
催化氢波	催化氫波	catalytic hydrogen wave
催化氢化	催化氫化[作用]，觸媒氫化[作用]	catalytic hydrogenation
催化褪色分光光度法	催化褪色分光光度法	catalytical discoloring spectrophotometry

大　陆　名	台　湾　名	英　文　名
催化脱氢	催化脱氢[作用]，触媒脱氢[作用]	catalytic dehydrogenation
催化荧光法	催化萤光法	catalytic fluorimetry
脆化温度	脆化温度	brittleness temperature
脆-韧转变	脆延相变	brittle-ductile transition
萃取	萃取	extract
萃取比	萃取比	extraction ratio
萃取常数	萃取常数	extraction constant
萃取催化动力学分光光度法	萃取催化动力学分光光度法	extraction-catalytical kinetic spectrophotometry
萃取分光光度法	萃取分光光度法	extraction spectrophotometry
萃取分级	萃取分级	extraction fractionation
萃取浮选法	萃取浮选法	extraction floatation
萃取剂	萃取剂	extractant, extracting agent
萃取液	萃取物	extract
萃取柱	萃取[管]柱	extraction column
萃取阻抑动力学分光光度法	萃取抑制动力学分光光度法	extraction-inhibition kinetic spectrophotometry
萃余液	萃余物	raffinate
超铀[元素]萃取流程	TRUEX 流程，超铀[元素]萃取流程	transuranium extraction process, TRUEX process
存活概率	存活机率	survival probability
存活剂量	存活剂量	survival dose
错位原子	错位原子	misplaced atom

D

大　陆　名	台　湾　名	英　文　名
哒嗪	嗒𠯤，1,2-二吖	pyridazine, 1,2-diazine
达玛烷[类]	达玛烷[类]	dammarane
大[分子]单体	巨[分子]单体	macromonomer, macromer
大分子配体	巨分子配位子，巨分子配位基	macromolecular ligand
大分子引发剂	巨分子引发剂	macroinitiator
大环	大环	large ring, macrocycle
大环二萜	大环二萜	macrocyclic diterpene
大环聚合物	巨环聚合物	macrocyclic polymer
大环内酯抗生素	巨环内酯抗生素	macrolide-antibiotic
大环配体	大环配位子，大环配位基	macrocyclic ligand

大　陆　名	台　湾　名	英　文　名
大环生物碱	大環生物鹼	macrocyclic alkaloid
大环效应	大環效應	macrocyclic effect
大戟烷[类]	大戟烷	euphane
大角张力	大角張力	large angle strain
大孔聚合物	大孔聚合物	macroporous polymer
大气压电离	大氣壓[力]游離	atmospheric pressure ionization, API
大气压化学电离	大氣壓[力]化學游離	atmospheric pressure chemical ionization, APCI
大气压喷雾	大氣壓噴灑[法]	atmospheric pressure spray, APS
大体积进样	大體積進樣	large-volumn injection
大网络树脂	大孔樹脂	macroreticular resin
代谢显像	代謝顯像	metabolic imaging
代用标准物质	代用參考物質	surrogate reference material
带电粒子活化分析	荷電粒子活化分析	charged particle activation analysis, CPAA
[带电]粒子诱发 X 射线荧光分析	[帶電]粒子誘發 X 射線[螢光]分析	[charged] particle-induced X-ray fluorescence analysis
带电粒子激发 X 射线荧光光谱法	帶電粒子激發 X 射線螢光光譜法	charged particle excited X-ray fluorescence spectrometry
待积当量剂量	約定等效劑量	committed equivalent dose
待积有效剂量	約定有效劑量	committed effective dose
带通减速场分析器	帶通減速場分析器	band-pass retarding field analyzer
单侧检验	單側檢定，單側驗證	one-tailed test
单齿配体	單牙配位子，單牙配位基	monodentate ligand
单纯形	單純形，單工	simplex
单纯形优化	單純最適化，簡單最佳化	simplex optimization
短程有序	短程有序	short-range order
单电子转移	單電子轉移	single electron transfer
单电子转移反应	單電子轉移反應	single electron transfer reaction
单分散聚合物	單分散聚合物	monodisperse polymer, uniform polymer
单分散性	單分散性	monodispersity
单分子反应	單分子反應	unimolecular reaction
单分子分析	單分子分析	single molecule analysis
单分子共轭碱消除[反应]	單分子共軛鹼消去反應	unimolecular elimination through conjugate base
单分子亲电取代[反应]	單分子親電取代[反應]	unimolecular electrophilic substitution
单分子亲核取代[反	單分子親核取代	unimolecular nucleophilic substitution

大　陆　名	台　湾　名	英　文　名
应]		
单分子离子分解	[單]分子離子分解	unimolecular ion decomposition
单分子酸催化酰氧断裂[反应]	單分子酸催化醯氧斷裂[反應]	unimolecular acid-catalyzed acyl-oxygen cleavage
单分子探测	單分子偵測	single molecule detection
单分子消除[反应]	單分子消去反應	unimolecular elimination
单分子终止	單分子終止	unimolecular termination
单分子自由基亲核取代[反应]	單分子自由基親核取代[反應]	unimolecular free radical nucleophilic substitution
单峰(=单重态)		
单个原子化学	單原子化學	single-atom chemistry
单光束分光光度计	單光束分光光度計	single beam spectrophotometer
单光子发射计算机断层显像	單光子發射電腦斷層掃描攝影術	single photon emission computed tomography
单光子照相机	單光子照相機	single photon camera
单核苷酸	單核苷酸	mononucleotide
单核络合物	單核錯合物	mononuclear complex
单核配合物	單核配位化合物	mononuclear coordination compound
单环倍半萜	單環倍半萜	monocyclic sesquiterpene
单环单萜	單環單萜	monocyclic monoterpene
单环二萜	單環二萜	monocyclic diterpene
单加氧酶	單加氧酶，單氧化酶	monooxygenase
单接收器	單接收器	single collector
单晶 X 射线衍射法	單晶 X 射線繞射法	single crystal X-ray diffractometry
单聚焦质谱仪	單聚焦質譜儀	single focusing mass spectrometer
单克隆抗体标记	單株抗體標記	labeling of monoclonal antibody
单离子监测	單離子監測	single ion monitoring
单硫缩醛	單硫縮醛	monothioacetal
单硫缩酮	單硫縮酮	monothioketal
单盘天平	單盤天平	single pan balance
单氢催化剂	單氫催化劑	monohydride catalyst
单色 X 射线吸收分析[法]	單色 X 射線吸收分析[法]	monochromatic X-ray absorption analysis
单丝	單絲[纖維]	monofil, monofilament
单糖	單醣類	monosaccharide
单体	單體	monomer
单体单元	單體單元	monomeric unit
单体浇铸	單體澆鑄	monomer casting
单萜	單萜	monoterpene

大 陆 名	台 湾 名	英 文 名
单细胞分析	單細胞分析	single cell analysis
单线态	單[重]態	singlet state
单向阀	單向閥	one-way valve
单一同位素质量	單一同位素質量	monoisotopic mass
单质	元素態物質	elementary substance
单轴拉伸	單軸拉伸	uniaxial drawing, uniaxial elongation
单轴取向	單軸取向	uniaxial orientation
单组分系统	單成分系	one-component system
单组分纤维	單組分纖維	homofiber
胆矾	膽藍	blue vitriol
胆红素	膽紅素	bilirubin
胆酸烷[类]	膽烷	cholane
胆甾生物碱	膽甾烷生物鹼	cholestane alkaloid
胆甾烷[类]	膽甾烷	cholestane
胆甾相	膽甾相, 膽固醇狀液晶相	cholesteric phase
胆汁酸	膽汁酸	bile acid
旦[尼尔]	丹尼	denier
弹靶组合	彈靶組合	projectile-target combination
弹核	彈核	projectile nucleus
弹式热量计	彈[式]卡計	bomb calorimeter
蛋氨酸(=甲硫氨酸)		
蛋白酶	蛋白酶	proteinase
蛋白质	蛋白質	protein
蛋白[质]氨基酸	蛋白[質]胺基酸	protein amino acid
蛋白质测定	蛋白質測定	determination of protein
蛋白质分析	蛋白質分析	protein assay
氮宾	氮烯	nitrene
氮-磷检测器	氮-磷偵檢器	nitrogen-phosphorus detector, NPD
氮氧[自由基]调控聚合	氮氧自由基調控聚合	nitroxide-mediated polymerization
氮叶立德	氮偶極體	nitrogen ylide
氮杂冠醚	氮冠醚	azacrown ether
氮杂环丙烷	氮環丙烷, 吖吭, 氮吭	azacyclopropane, azirane, aziridine
氮杂环丙烯	氮環丙烯, 吖吮, 氮吮	azacyclopropene, azirine
氮杂环丁二烯	氮環丁二烯, 吖唉, 氮唉	azete, azacyclobutadiene
氮杂环丁酮	氮環丁酮, 氮呾酮	azetidinone, azacyclobutanone
氮杂环丁烷	四氢吖唉, 氮呾, 吖呾	azacyclobutane, azetane, azetidine
氮杂环丁烯	氮環丁烯, 二氫氮唉	azacyclobutene, azetine

大　陆　名	台　湾　名	英　文　名
氮杂环庚三烯	氮環庚三烯，氮呼，吖呼	azacycloheptatriene, azepine
1-氮杂环戊-2-酮	1-氮環戊-2-酮	2-azacyclopentanone
氮杂环辛四烯	氮環辛四烯，吖啈	azacyclooctatetraene, azocine
氮正离子	氮正離子	nitrenium ion
当量剂量	當量劑量	equivalent dose
刀豆氨酸	刀豆胺酸，4-胍氧丁胺酸	canavanine
氘	氘	deuterium
氘代溶剂	氘代溶劑	deuterated solvent
氘灯校正背景	氘燈背景校正	deuterium lamp background correction
氘核	氘核	deuteron
氘化	氘化［作用］	deuteration
氘化物	氘化物	deuteride
氘交换	氘交換	deuterium exchange
导带	傳導帶	conduction band
导电聚合物	導電聚合物	conducting polymer
导数分光光度法	微分分光光度法	derivative spectrophotometry
导数光谱	微分光譜	derivative spectrum
导数极谱法	導數極譜術	derivative polarography
导数计时电位法	微分計時電位法	derivative chronopotentiometry
导数同步荧光分析法	微分同步螢光分析法	derivative synchronous fluorimetry
导数同步荧光	微分同步螢光	derivative synchronous fluorescence
倒数线色散	線性色散倒數，倒易線性色散	reciprocal linear dispersion
道尔顿	道耳頓	Dalton, Da
德拜半径	德拜半徑	Debye radius
德拜-休克尔极限定律	德［拜］-休［克耳］極限定律	Debye-Hückel limiting law
德拜-休克尔理论	德［拜］-休［克耳］理論	Debye-Hückel theory
等瓣	等瓣	isolobal
等瓣加成	等瓣加成	isolobal addition
等瓣碎片	等瓣碎片	isolobal fragment
等瓣相似	等瓣類似，等翼對比	isolobal analogy
等瓣置换	等瓣置換	isolobal displacement
等电点	等電點	isoelectric point
等电聚焦电泳	等電聚焦電泳	isoelectric focus electrophoresis
等电子体	等電子物種，等電子體	isoelectronic species
等动力学温度，等速	等速溫度	isokinetic temperature

大　陆　名	台　湾　名	英　文　名
温度		
等度洗脱	等度沖提，等度溶析	isocratic elution
等分构象	等分構形	bisecting conformation
等规度，全同立构度	同排度	isotacticity
等焓过程	等焓過程，等焓程序	isenthalpic process
等环境热量计	等環境熱量計	isoperibolic calorimeter
等剂量曲线	等剂量曲線	isodose curve
等价超共轭	等價超共軛	isovalent hyperconjugation
等结构体	等結構體，等結構物	isostructural species
等离子解吸	電漿脫附	plasma desorption
等离子损失峰	電漿子損失峰	plasma loss peak
等离子体	電漿，血漿	plasma
等离子体光源	電漿光源	plasma source
等离子体炬管	電漿炬管	plasma torch tube
等离子体聚合	電漿聚合	plasma polymerization
等离子体原子荧光光谱法	電漿原子螢光光譜法	plasma atomic fluorescence spectrometry
等能量同步荧光光谱法	定能量同步螢光法	constant energy synchronous fluorimetry
等容过程	等容過程，等容程序	isochoric process
等熵过程	等熵過程，等熵程序	isentropic process
等速电泳	等速電泳	isotachophoresis
等速温度(=等动力学温度)		
等同周期	恆等週期	identity period
等温过程	定溫過程，定溫程序	isothermal process
等温裂解	等溫熱解	isothermal pyrolysis
等温原子化	等溫原子化，恆溫原子化	constant temperature atomization
等吸收点	等吸收點	isobestic point, isoabsorptive point
等效链	等效鏈	equivalent chain
等压过程	等壓過程，等壓程序	isobaric process
等压质量变化测量	等壓質量變化測量	isobaric mass-change determination
低放废物	低強度[放射性]廢料	low-level [radioactive] waste
低丰度蛋白质	低豐度蛋白質	low abundance protein
低共熔点	共熔點	eutectic point
低共熔[混合]物	共熔混合物	eutectic mixture
低聚反应	低聚合[作用]	oligomerization
低聚物	低聚[合]物	oligomer
低密度聚乙烯	低密度聚乙烯	low density polyethylene

大　陆　名	台　湾　名	英　文　名
低敏核极化转移增强	低敏核極化轉移增強	insensitive nucleus enhanced by polarization transfer, INEPT
低能电子衍射[法]	低能電子繞射[法]	low energy electron diffraction, LEED
低能离子散射谱[法]	低能離子散射譜法	low energy ion scattering spectroscopy, LEIS spectroscopy
低能碰撞	低能碰撞	low energy collision
低浓缩铀	低濃縮鈾	low enriched uranium, LEU
低温红外光谱	低溫紅外線光譜	low temperature infrared spectrum
低温灰化法	低溫灰化法	low temperature ashing method
低温磷光光谱法	低溫磷光光譜法	low temperature phosphorescence spectrometry, LTPS
低温荧光光谱法	低溫螢光光譜法	low temperature fluorescence spectrometry
低温原子化	低溫原子化	low temperature atomization
低压电弧离子源	低電壓電弧離子源	low voltage arc ion source
低压交流电弧	低壓交流電弧	low voltage alternating current arc
低压梯度	低壓梯度	low-pressure gradient
低压液相色谱	低壓液相層析法	low-pressure liquid chromatography, LPLC
低氧化物	次氧化物	suboxide
低自旋配合物	低自旋配位化合物	low spin coordination compound
低自旋态	低自旋態	low spin state
滴定	滴定[法]	titration
滴定碘法, 间接碘量法	碘離子滴定[法]	iodometry
滴定度	滴定濃度, 滴定量	titer
滴定分析法	滴定分析[法]	titrimetric analysis, titrimetry
滴定管	滴定管	buret
滴定剂	滴定劑, 滴定液	titrant
滴定曲线	滴定曲線	titration curve
滴定热量计	滴定熱量計	titrimetric calorimeter
滴定指数	滴定指數	titration exponent
滴汞电极	滴汞電極	dropping mercury electrode, DME
滴沥误差	滴瀝誤差	drainage error
滴下时间	滴下時間	drop time
狄克松检验法	迪克生檢定法	Dixon test method
底漆	引體, 底火, 底漆	primer
底物	受質, 反應物, 底材	substrate
地下处置	地下處置	subterranean disposal
第尔斯-阿尔德反应	狄[耳士]-阿[德爾]反應	Diels-Alder reaction
第三代子体核素	第三代核種, 第二代子	granddaughter nuclide

大 陆 名	台 湾 名	英 文 名
	體核種	
第二类错误	第二類誤差	error of the second kind, type 2 error
第二无场区	第二無場區	second field-free region, 2nd FFR
第一类错误	第一類誤差	error of the first kind, type 1 error
第一无场区	第一無場區	first field-free region, 1st FFR
缔合常数	締合常數	association constant
缔合反应	締合反應	association reaction
缔合机理	締合機構	associative mechanism
缔合聚合物	締合聚合物	association polymer
碲吩	碲吩	tellurophene
碲锌镉探测器	碲鋅鎘偵檢器	cadmium zinc telluride detector
点滴板	點滴板，滴試板	spot plate
点滴法	點滴法	drop method
点估计	點估計	point estimation
点火	點火，燃燒	ignition
点群	點群	point group
点样	點樣	sample application
点样器	點樣器	sample spotter, spot applicator
点源	點源	point source
碘代烷	碘烷，碘化烷基	alkyl iodide, iodoalkane
碘滴定法,直接碘量法	碘滴定［法］	iodimetric titration
碘仿试验	碘仿試驗	iodoform test
碘化内酯化反应	碘化內酯化反應	iodolactonization
碘量法	碘滴定［法］	iodimetry
碘瓶	碘瓶	iodine flask
碘值	碘值	iodine number, iodine value
电场扫描	電場掃描	electric field scanning
电场效应	電場效應	electrical effect
电场跃变	電場躍變	field jump
电磁分离［法］	電磁分離	electromagnetic separation
电磁辐射激发 X 射线荧光光谱法	電磁輻射激發 X 射線螢光光譜法	electromagnetic radiation X-ray excited fluorescence spectrometry
［电］磁搅拌器	磁攪拌器	magnetic stirrer
电催化作用	電催化	electrocatalysis
电导	電導，傳導	conductance
电导滴定法	電導滴定［法］	conductometric titration
电导分析法	電導分析法	conductive analysis
电导检测器	電導偵檢器	conductivity detector
电导率	導電率，導電度	［electrical］ conductivity

大　陆　名	台　湾　名	英　文　名
电动进样	電動進樣	electrokinetic injection
电分析化学	電分析化學	electroanalytical chemistry
电感耦合等离子体原子发射光谱法	感應耦合電漿原子發射光譜法	inductively coupled plasma atomic emission spectrometry, ICP-AES
电感耦合等离子体质谱仪	感應耦合電漿質譜儀	inductively coupled plasma mass spectrometer
电合成	電合成	electrosynthesis
电荷补偿	電荷補償	charge compensation
电荷[电子]跃迁系数	電荷[電子]轉移係數	charge [electron] transfer coefficient
电荷分布宽度	電荷分布寬度	width of charge distribution
电荷交换电离	電荷交換離子化	charge exchange ionization
电荷耦合检测器	電荷耦合偵檢器	charge coupled detector, CCD
电荷平衡	電荷平衡	charge balance
电荷转移	電荷轉移	charge transfer
电荷数	電荷數	charge number
电荷注入检测器	電荷注入偵檢器	charge injection detector, CID
电荷转移聚合	電荷轉移聚合	charge transfer polymerization
电荷转移络合物	電荷轉移錯合物	charge transfer complex
电荷转移吸收光谱	電荷轉移吸收光譜	charge transfer absorption spectrum
电荷转移引发	電荷轉移引發	charge transfer initiation
电荷转移作用	電荷轉移作用	charge transfer interaction
电弧光谱	[電]弧光譜	arc spectrum
电化学	電化學	electrochemistry
电化学传感器	電化學感測器	electrochemical sensor
电化学分析	電化[學]分析	electrochemical analysis
电化学分析仪	電化學分析儀	electrochemical analyzer
电化学合成	電化學合成	electrochemical synthesis
电化学还原	電化學還原	electrochemical reduction
电化学极化	電化學極化	electrochemical polarization
电化学检测器	電化學偵檢器	electrochemical detector
电化学免疫分析法	電化學免疫分析法	electrochemical immunoassay
电化学生物传感器	電化學生物感測器	electrochemical biosensor
DNA 电化学生物传感器	DNA 電化學生物感測器	DNA electrochemical biosensor
电化学石英晶体微天平	電化學石英晶體微天平	electrochemical quartz crystal microbalance, EQCM
电化学探针	電化學探針	electrochemical probe
电化学氧化	電化[學]氧化	electrochemical oxidation
电化学振荡	電化學振盪	electrochemical oscillation
电化学阻抗法	電化學阻抗法	electrochemical impedance spectroscopy

大　陆　名	台　湾　名	英　文　名
电环[化]重排	電環重排	electrocyclic rearrangement
电环[化]反应	電環反應	electrocyclic reaction
电活性聚合物	電活性聚合物	electroactive polymer
电活性物质	電活性物質	electroactive substance
[电]火花光源	火花光源	spark source
电极	電極	electrode
ITO 电极(=铟锡氧化物电极)		
电极反应	電極反應	electrode reaction
电极反应标准速率常数	電極反應標準速率常數	standard rate constant of electrode reaction
电价配[位]键	電價配位鍵	electrovalent coordination bond
电解	電解	electrolysis
电解池	電解槽	electrolytic cell
电解分析法	電解分析法	electrolytic analysis
电解聚合	電解聚合	electrolytic polymerization
电解质	電解質	electrolyte
电解质溶液	電解質溶液	electrolyte solution
电离	游離	ionization
电离常数	游離常數	ionization constant
电离电流	游離電流	ionizing current
电离电位	游離電位，游離能	ionization potential
电离度	游離度	degree of ionization
电离辐射	游離輻射	ionization radiation, ionizing radiation
电离干扰	游離干擾	ionization interference
电离能	游離能	ionization energy
电离平衡	游離平衡	ionization equilibrium
电离室	游離室	ionization chamber
电离效率	游離效率	ionization efficiency
电离异构	游離異構性，游離異構現象	ionization isomerism
电流滴定法	電流滴定[法]	amperometric titration
电流分析法	電流分析法	current analysis
电流阶跃	電流階躍	current step
电流密度	電流密度	current density
电流体动力学电离	電流體動力學游離	electrohydrodynamic ionization, EHI
电流效率	電流效率	current efficiency
电毛细管曲线	電毛細管曲線	electrocapillary curve
电喷雾电离	電灑游離	electrospray ionization, ESI

大　陆　名	台　湾　名	英　文　名
电喷雾电离质谱	電灑游離質譜	electrospray ionization mass spectrometry, ESI-MS
电喷雾接口	電灑介面	electrospray interface
电歧视效应	電歧[視]效應	effect of electrical discrimination
电气石	電氣石	tourmaline
电迁移传质	電遷移質量轉移	mass-transfer by electromigration
电热板	[加]熱板	hot plate
电热原子化器	電熱原子化器	electrothermal atomizer
电容免疫传感器	電容免疫感測器	capacitance immunosensor
电容耦合微波等离子体	電容耦合微波電漿	capacitive coupled microwave plasma
电渗泵	電滲泵	electroosmotic pump
电渗流	電滲[透]流	electroosmotic flow, EOF
电渗流速度	電滲[透]流速度	electroosmotic velocity
电渗淌度	電滲淌度，電滲流動率	electroosmotic mobility
电双层	電雙層	electrical double layer
电双层电流	電雙層電流	double layer current
电双层电位	雙層電位	double layer potential
电位滴定法	電位滴定法	potentiometric titration, potentiometry
电位滴定曲线	電位滴定曲線	potentiometric curve
电位滴定仪	電位滴定儀	potentiometric titrator
电位分析法	電位分析法	potential analysis
电位溶出分析法	電位剝除分析法	potentiometric stripping analysis
电位溶出分析仪	電位剝除分析儀	potentiometric stripping analyzer
电压阶跃	電壓階躍	voltage step
电压扫描	電壓掃描	voltage sweep
电泳	電泳	electrophoresis
电泳图	電泳圖	electrophoretogram
电晕放电	電暈放電	corona discharge
电致变色聚合物	電致變色聚合物	electrochromic polymer
电致发光	電激發光，電致冷光	electroluminescence, EL
电致发光聚合物	電[致]發光聚合物	electroluminescent polymer
电致化学发光	電致化學發光	electrogenerated chemiluminescence
电致化学发光检测器	電致化學發光偵檢器	electrochemiluminescence detector
电致化学发光免疫分析法	電化學發光免疫分析法	electrochemiluminescence immunoassay
电致伸缩	電縮[作用]	electrostriction
电重量法	電重量[測定]法	electrogravimetry
电子倍增器	電子倍增管	electron multiplier

大　陆　名	台　湾　名	英　文　名
电子捕获检测器	電子捕獲偵檢器	electron capture detector
电子成对能	電子成對能	electron pairing energy
电子传递蛋白	電子傳遞蛋白	electron transfer protein
电子电离	電子游離	electron ionization
电子动能	電子動能	electron energy
电子附加	電子附加，電子附著	electron attachment
电子给体	電子予體	electron donor
电子供体受体络合物	電子予體受體錯合物	electron donor-acceptor complex, EDA complex
18 电子规则	18 電子規則	eighteen electron rule
电子-核双共振	電子-核雙共振	electron-nuclear double resonance, ENDOR
电子激发 X 射线荧光光谱法	電子激發 X 射線螢光光譜法	electron excited X-ray fluorescence spectrometry
电子加速电压	電子加速電壓	electron accelerating voltage
电子-空穴对	電子-電洞對	electron-hole pair
电子-空穴复合	電子-電洞復合	electron-hole recombination
电子能量损失谱仪	電子能量損失譜儀	electron energy loss spectrometer
电子能谱仪	電子[能]譜儀	electron spectrometer
电子配分函数	電子分配函數	electronic partition function
电子迁移率	電子移動性	electron mobility
电子受体	電子受體	electron acceptor
电子顺磁共振[波谱]仪	電子順磁共振儀	electron paramagnetic resonance spectrometer
电子探针微区分析	電子探針微分析	electron probe micro-analysis, EPMA
电子陶瓷	電子陶瓷	electronic ceramics
电子天平	電子天平	electronic balance
电子衍射	電子繞射	electron diffraction
电子跃迁	電子躍遷	electron transition
电子转移	電子移轉，電子傳遞	electron transfer
电子转移反应	電子轉移反應	electron transfer reaction
电子自旋共振色散	電子自旋共振分散[峰]	electron spin resonance dispersion, ESR dispersion
电子自旋共振吸收	電子自旋共振吸收	electron spin resonance absorption, ESR absorption
玷污	污染	contamination
淀粉	澱粉	amylum, starch
淀帚	澱帚	policeman
靛蓝	靛藍	indigo

大　陆　名	台　湾　名	英　文　名
迭代法	疊代法	iterative method
迭代目标转换因子分析	疊代目標轉換因數分析	iterative target transformation factor analysis
叠氮化物	疊氮化合物	azide
蝶啶	喋啶	pteridine
蝶状簇	蝶狀團簇	butterfly cluster
丁苯橡胶	苯乙烯-丁二烯橡膠	styrene butadiene rubber
丁吡橡胶	吡啶-丁二烯橡膠	pyridine butadiene rubber
丁基橡胶	丁基橡膠	butyl rubber
丁腈橡胶	丁二烯-丙烯腈橡膠	butadiene-acrylonitrile rubber, nitrile rubber
定标器	定標器，示數器，去垢器	scaler
定量分析	定量分析	quantitative analysis
定量环	試樣環路	sample loop
定量限	檢量極限	quantification limit
定容摩尔热容	定容莫耳熱容[量]	molar heat capacity at constant volume
定容热容	定容熱容	heat capacity at constant volume
定位标记化合物	定位標誌化合物	specifically labeled compound
定形	纖維定型	setting of
定性分析	定性分析	qualitative analysis
定压摩尔热容	定壓莫耳熱容[量]	molar heat capacity at constant pressure
定压热容	定壓熱容	heat capacity at constant pressure
定域粒子系集	定域粒子系集	assembly of localized particles
动力电流	動力電流	kinetic current
动力学比色法	動力學比色法	kinetic colorimetry
动力学拆分	動力學離析	kinetic resolution
动力学分光光度法	動力學分光光度法	kinetic spectrophotometry
动力学分析	動力[學]分析	dynamic mechanical analysis, kinetic analysis
动力学共振	動態諧振	dynamic resonance
动力学光度学	動力學光度學	kinetic photometry
动力学光谱学	動力學光譜學	kinetic spectroscopy
动力学控制	動力學控制，動力控制	kinetic control
动力学链长	動鏈長	kinetic chain length
动力学溶剂效应	動力學溶劑效應	kinetic solvent effect
动力学酸度	動力學酸度	kinetic acidity
动力学同位素效应	動力學同位素效應	kinetic isotope effect
动力学位移	動力學位移	kinetic shift
动力学效应	動力學效應	kinetic effect
动力学盐效应	動力學鹽效應	kinetic salt effect

大　陆　名	台　湾　名	英　文　名
动量谱	動量譜	momentum spectrum
动能释放	動能釋放	kinetic energy release, KER
动态场质谱仪	動態場譜儀	dynamic field spectrometer
动态动力学拆分	動態動力學離析	dynamic kinetic resolution
动态二次离子质谱法	動態二次離子質譜法	dynamic secondary ion mass spectrometry, DSIMS
动态范围	動態範圍	dynamic range
动态光散射	動態光散射	dynamic light scattering
动态红外光谱法	動態紅外線光譜法	dynamic infrared spectrometry
动态力学性质	動態力學性質	dynamic mechanical property
动态硫化	動態硫化	dynamic vulcanization
动态黏度	動態黏度	dynamic viscosity
动态黏弹性	動態黏彈性	dynamic viscoelasticity
动态热变形分析	動態熱機械性能測定	dynamic thermomechanical measurement
动态质谱仪	動態質譜儀	dynamic mass spectrometer
动态转变	動態轉變	dynamic transition
动态组合化学	動態組合化學	dynamic combinatorial chemistry
豆甾烷[类]	豆固烷	stigmastane
独居石	獨居石	monazite
独立产额	獨立產率	independent yield
独立粒子系集	獨立粒子系集	assembly of independent particles
[独立]组分数	[獨立]組成分數	number of [independent] component
杜安-马居尔方程	杜亨-馬古利斯方程[式]	Duhem-Margules equation
杜松烷[类]	杜松烷，蓽橙茄烷	cadinane
杜瓦苯	杜瓦苯	Dewar benzene
C 端	C 端	C-terminal
N 端	N 端	N-terminal
端盖电极	端蓋電極，端帽電極	end cap electrode
端基	[末]端基	end group, terminal group
端基[差向]异构体	變旋異構物	anomer
端基分析	端基分析	end group analysis
端基配体	端基配位基	terminal ligand
端基[异构]效应	變旋異構效應	anomeric effect
端连配体	端鍵配位體	end-bound ligand, end-on ligand
端视电感耦合等离子体	軸向感應耦合電漿	axial inductively coupled plasma
短杆菌肽 S	短杆菌肽 S	gramicidin S
短支链	短支鏈	short-chain branch
断链降解	斷鏈降解	chain scission degradation
断裂反应	斷裂反應	cleavage reaction

大　陆　名	台　湾　名	英　文　名
断裂伸长	斷裂伸長	elongation at break
断续电弧	間斷電弧	interrupted arc
p-p 堆积作用	p-p 堆積作用	p-p stacking
对苯醌	對苯醌	*p*-benzoquinone
对比度	對比[度]，反差度	contrast
对比状态	對應狀態	corresponding state
对比状态方程	對比狀態方程，約分物態方程	reduced equation of state
对比状态原理	對比狀態原理，對應狀態原理	principle of corresponding state
对称禁阻反应	對稱禁阻反應	symmetry forbidden reaction
对称裂变	對稱分裂	symmetric fission
对称面	對稱面	plane of symmetry
对称因素	對稱因素	symmetry element
对电极，辅助电极	輔助電極	auxiliary electrode, counter electrode
对流传质	對流質量轉移	mass-transfer by convection
对流电泳	對流電泳	countercurrent electrophoresis
对数滴定法	對數滴定法	logarithmic titration
对数正态分布	對數常態分布	logarithmic normal distribution
对位	對位	para position
对位交叉构象	相錯構形	staggered conformation
对硝基二苯胺	對硝二苯胺	*p*-nitrodiphenylamine
对旋	反向旋轉	disrotatory
对乙氧基菊橙	對乙氧金黃偶氮素	*p*-ethoxychrysoidine
对映贝壳杉烷[类]	映貝殼杉烷	ent-kaurane
对映汇聚	對映會聚	enantioconvergence
对映体比例	鏡像異構物比例	enantiomeric ratio, *er*
对映[体]不对称聚合	對映體不對稱聚合	enantioasymmetric polymerization
对映体纯度	鏡像異構物純度	enantiomeric purity
对映[体]对称聚合	對映體對稱聚合	enantiosymmetric polymerization
对映体富集	不對稱富集	enantiomerical enrichment, enantioenrichment
对映体过量[百分比]	鏡像異構物超越值	enantiomeric excess, *ee* [percent]
对映体选择性反应	對映體選擇性反應	enantioselective reaction
对映选择性	鏡像選擇性，鏡像對映選擇性	enantioselectivity
对映异构	對應異構	enantiomerism
对映[异构]体	鏡像異構物，對掌體，對映體	enantiomer

大　陆　名	台　湾　名	英　文　名
对照试验	對照試驗	contrast test, control test
对峙反应	逆向反應，反向反應	opposing reaction
钝化	鈍化	passivation
钝化基团	去活化基	deactivating group
多巴	多巴	3-(3,4-dihydroxyphenyl)alanine, DOPA
多巴胺	多巴胺，3,4-二羥苯乙胺	dopamine, DA
多波长分光光度法	多波長分光光度法	multiple-wavelength spectrophotometry
多层吹塑	多層吹塑	multi-layer blow moulding
多层挤出	多層擠出	multi-layer extrusion
多层夹心配合物	多層夾心配合物	multidecker sandwich complex
多齿配体	多牙配位基，多牙配位子	polydentate ligand
多重比较	多重比較法	multiple comparison
多重峰，多重态	多重[譜]線	multiplet
多重碰撞	多重碰撞	multiple collision
多重去质子分子	多重去質子分子	multiply deprotonated molecule
多重态(=多重峰)		
多重线吸收干扰	多重線吸收干擾	multiplet line absorption interference
多重照射	多重照射	multiple irradiation
多重质子化分子	多重質子化分子	multiply protonated molecule
多次展开[法]	多重展開法	multiple development
多道分析器	多頻道分析儀	multi-channel analyzer
多道谱仪	多[頻]道譜儀	multi-channel spectrometer
多道X射线荧光光谱仪	多頻道X射線螢光光譜儀	multi-channel X-ray fluorescence spectrometer
多电荷离子	多電荷離子	multiple-charged ion
多方过程	多方過程，多變程序	polytropic process
多分散性	多分散性	polydispersity
多分散性聚合物	多分散聚合物	polydisperse polymer, non-uniform polymer
多分散性指数	多分散性指數	polydispersity index
多光子电离	多光子游離	multiphoton ionization, MPI
多核磁共振	多核磁共振	multi-nuclear magnetic resonance
多核苷酸	多核苷酸	polynucleotide
多核络合物	多核錯合物	polynuclear complex
多核配合物	多核配位化合物	polynuclear coordination compound
多核子转移反应	多核子轉移反應	multinucleon transfer reaction
多接收器	多接收器	multiple collector

大　陆　名	台　湾　名	英　文　名
多金属氧酸	多金屬氧酸	polyoxometallic acid
多金属氧酸盐	多金屬氧酸鹽	polyoxometallate
多晶型聚合物	多晶形聚合物	polycrystalline polymer
多孔层开管柱	多孔層開管柱	porous layer open tubular column, PLOT column
多孔膜	多孔膜	porous membrane
多离子监测	多離子監測	multiple ion monitoring
多量子跃迁	多量子躍遷	multiple quantum transition, MQT
多硫化物，聚硫化物	多硫化物	polysulfide
多卤化物	多鹵化物	polyhalide
多卤离子	多鹵離子	polyhalide ion
多面体烷	多面體烷	polyhedrane
多面体异构	多面體異構	polytopal isomerism
多配基络合物	多配基化合物	polyligand complex
多普勒变宽	都卜勒增寬	Doppler broadening
多扫循环伏安法	多掃循環伏安法	multi-sweep voltammetry
多色 X 射线吸收分析〔法〕	多色 X 射線吸收分析〔法〕	multichromatic X-ray absorption analysis
多酸	多酸	polyacid
多酸络合物	多質子酸錯合物	polyacid complex
多肽	多肽	polypeptide
多肽链	多肽鏈	polypeptide chain
多糖	多醣類	polysaccharide
多铜氧化酶	多銅氧化酶	multicopper oxidase
多维核磁共振	多維核磁共振	multidimensional nuclear magnetic resonance
多维色谱法	多維層析法	multi dimensional chromatography
多烯大环内酯抗生素	多烯巨環內酯抗生素	polyenemacrolide antibiotic
多相反应	不匀[相]反應	heterogeneous reaction
多相平衡	異相平衡，不匀相平衡，非均相平衡	heterogeneous equilibrium
多项式回归	多項式回歸	polynomial regression
多样性导向合成	多樣性導向合成	diversity oriented synthesis
多元回归分析	多元回歸分析，多重回歸分析	multiple regression analysis
多元聚合物	多[元]聚[合]物	multipolymer
多元络合物	多成分錯合物	polycomponent complex
多元配合物	多元配位化合物	polycomponent coordination compound
多元酸	多質子酸	polybasic acid, polyprotic acid
多元线性回归	多變量線性回歸	multivariate linear regression, MLR

大 陆 名	台 湾 名	英 文 名
多元线性回归分光光度法	多[元]線性回歸分光光度法	multiple linear regression spectrophotometry
多原子离子	多原子離子	multi-atomic ion
多轴拉伸	多軸拉伸	multiaxial drawing
多组分反应	多成分反應	multicomponent reaction, MCR
多组分分光光度法	多組分分光光度法	multicomponent spectrophotometry
夺取模型	奪取模型	stripping model
惰性配合物	惰性錯合物	inert complex
惰性溶剂	惰性溶劑	inert solvent

E

大 陆 名	台 湾 名	英 文 名
俄歇参数	歐傑參數	Auger parameter
俄歇电子	歐傑電子	Auger electron
俄歇电子产额	歐傑電子產率	Auger electron yield
俄歇电子动能	歐傑電子動能	kinetic energy of Auger electron
俄歇电子能谱[法]	歐傑電子能譜術	Auger electron spectroscopy, AES
俄歇化学效应	歐傑化學效應	Auger chemical effect
俄歇基体效应	歐傑基質效應	Auger matrix effect
俄歇深度剖析	歐傑深度剖析	Auger depth profiling
俄歇像	歐傑影像	Auger image
俄歇效应	歐傑效應	Auger effect
俄歇信号强度	歐傑訊號強度	Auger signal intensity
俄歇跃迁	歐傑躍遷	Auger transition
苊	苊	acenaphthylene
噁二唑	噚二唑	oxadiazole
噁嗪	噚𠯤	oxazine
噁唑	噚唑	oxazole
噁唑啉	噚唑啉	oxazoline
噁唑啉酮	噚唑啉酮	oxazolinone, oxazolone
噁唑烷	噚唑啶	oxazolidine
噁唑烷酮	噚唑啶酮	oxazolidone
蒽	蒽	anthracene
蒽环抗生素	蒽環抗生素	anthracycline antibiotic
蒽醌	蒽醌	anthraquinone
蒽酮比色法	蒽酮比色法	anthrone colorimetry
儿茶酚单宁(=缩合鞣质)		

大　陆　名	台　湾　名	英　文　名
儿茶素	兒茶酸，兒茶酚	catechin
二安替比林甲烷	二安替比林[基]甲烷	diantipyrylmethane, DAM
二倍半萜	二倍半萜	sesterterpene
二苯胺蓝	二苯胺藍	diphenylamine blue
二苯并[b,e]吡啶，吖啶	二苯并[b,e]吡啶，吖啶	dibenzo[b,e]pyridine, acridine
二苯并[b,d]吡咯，咔唑	二苯并[b,d]吡咯，咔唑	dibenzo[b,d]pyrrole, carbazole
二苯并[b,e]吡喃	二苯并[b,e]哌喃	dibenzo[b,e]pyran
二苯并[b,e]吡喃酮	二苯并[b,e]哌喃酮	dibenzo[b,e]pyranone
二苯并[b,e]吡嗪，吩嗪	二苯并[b,e]吡畊	dibenzo[b,e]pyrazine
二苯并[b,e]噁嗪	二苯并[b,e]嗎畊	dibenzo[b,e]oxazine
二苯并呋喃	二苯并呋喃	dibenzofuran
二苯并噻吩	二苯并噻吩	dibenzothiophene
二苯并[b,e]噻喃酮	二苯并[b,e]噻喃酮	dibenzo[b,e]thiapyranone
二苯并[b,e]噻嗪，吩噻嗪	二苯并[b,e]噻畊	dibenzo[b,e]thiazine, phenothiazine
二苯铬	雙苯鉻	bis(benzene) chromium
二苯卡巴腙	二苯卡腙	diphenylcarbazone
二苯乙醇酸重排	二苯羥乙酸重排	benzylic acid rearrangement
二苯乙二酮(=偶苯酰)		
二重态(=双峰)		
二醇	二元醇，二醇	glycol, diol
二次结晶	二次結晶	secondary crystallization
二次离子质谱法	二次離子質譜法	secondary ion mass spectrometry
二单元组	二單元組	diad
二氮烯基自由基	二氮烯基自由基	diazenyl radical
二氮杂环丙烷	二氮吭，二吖吭，二氮環丙烷	diaziridine
二氮杂环丙烯	二氮呃，二吖呃，二氮環丙烯	diazirine
二氮杂环丁二烯	二氮環丁二烯，二吖唉	diazacyclobutadiene, diazete
二氮杂环庚三烯	二氮環庚三烯，二氮呯，二吖呯	diazacycloheptatriene, diazepine
1,4-二氮杂环己烷，哌嗪	1,4-二氮環己烷，哌畊	1,4-diazacyclohexane, piperazine
二电极体系	二電極系統	two-electrode system
二噁烷(=1,4-二氧杂环己烷)		
二硅炔(=硅硅炔)		

大　陆　名	台　湾　名	英　文　名
二硅烯(=硅硅烯)		
二环倍半萜	二環倍半萜	bicyclic sesquiterpene
二环单萜	二環單萜	bicyclic monoterpene
二环二萜	二環二萜	bicyclic diterpene
二环金合欢烷[类]	二環金合歡烷[類]，蓲烷	bicyclofarnesane, drimane
二级标准	二級標準，副標準	secondary standard
二级反应	二級反應	second order reaction
二极管阵列检测器	二極體陣列偵檢器	diode-array detector
二级结构	二級結構	secondary structure
二级同位素效应	次級同位素效應	secondary isotope effect
二级图谱	二級圖譜	second order spectrum
二级相变	二級相變	second order phase transition
二甲酚橙	茬酚橙，二甲[苯]酚橙	xylenol orange
二甲基硅橡胶	二甲基矽氧橡膠	dimethyl silicone rubber
二甲基甲酰胺	二甲基甲醯胺	dimethylformamide, DMF
二阶谐波交流伏安法	二階諧波交流伏安法	second harmonic alternating current voltammetry
二聚	二聚合[作用]	dimerization
二聚离子	二聚離子	dimeric ion
二聚体	二聚物	dimer
二硫键	雙硫鍵	disulfide bond
二硫缩醛	二硫縮醛	dithioacetal
二硫缩酮	二硫縮酮	dithioketal
1,4-二硫杂环己烷(=二噻烷)		
二硫腙	雙硫腙	dithizone
2,7-二氯荧光素	2,7-二氯螢光黃	2,7-dichlorofluorescein
二茂铬	二茂鉻	chromocene
[二]茂金属催化剂	[二]茂金屬催化劑	metallocene catalyst
二茂钌	二茂釕	ruthenocene
二茂铍	二茂鈹	beryllocene
二茂铅	二茂鉛	plumbocene
二茂铁	二茂鐵，鐵莘	ferrocene
α-二茂铁碳正离子	α-二茂鐵碳正離子	α-ferrocenyl carbonium ion
二面角	二面角	dihedral angle
2,4-二羟基苯并[g]蝶啶	咯肼	2,4-dihydroxybenzo[g]pteridine, alloxazine
2,3-二氢苯并吡喃	2,3 二氫苯并哌喃	2,3-dihyrobenzopyran, chromane

大　陆　名	台　湾　名	英　文　名
二氢黄酮	二氫黄酮	flavanone, dihydroflavone
二氢黄酮醇	二氫黄酮醇	flavanonol, dihydroflavonol
二氢异黄酮	二氫異黄酮	isoflavanone, dihydroisoflavone
二炔	二炔	diyne
二噻烷，1,4-二硫杂环己烷	二噻𠯤，1,4-二硫環己烷	1,4-dithiacyclo hexane, dithiane
二色性	二色性	dichroism
二糖	雙醣	disaccharide
二萜	雙萜	diterpene
二萜[类]生物碱	二萜[類]生物鹼	diterpenoid alkaloid
二烷基铜锂	二烷基銅(I)酸鋰	lithium dialkylcuprate
二维 J 分解谱	[二維]J-分解譜	J-resolved spectroscopy
二维核磁共振谱	二維核磁共振譜	two dimensional nuclear magnetic resonance spectrum
二维红外光谱	二維紅外線光譜	two dimensional infrared spectrum
二维红外相关光谱	二維紅外線相關光譜	two dimensional infrared correlation spectrum
[二维]化学位移相关谱	[二維]化學位移相關譜	chemical shift correlation spectroscopy
二维交换谱	二維交換譜	exchange spectroscopy, EXSY
二维欧沃豪斯谱法，二维 NOE 谱法	核奧佛豪瑟譜	nuclear Overhauser effect spectroscopy
二维 NOE 谱法(=二维欧沃豪斯谱法)		
二维色谱法	二因次層析術	two dimensional chromatography
二烯	二烯系	diene
二烯丙基聚合物	二烯丙基聚合物	diallyl polymer
二项分布	二項分配	binomial distribution
二氧化三碳	二氧化三碳，次氧化碳	carbon suboxide
2,5-二氧基哌嗪，哌嗪-2,5-二酮	2,5-哌𠯤二酮	2,5-dioxopiperazine, piperazine-2,5-dione
二氧杂环丙烷	二氧環丙烷，二氧吭	dioxirane
1,4-二氧杂环己烷，二噁烷	二㗁烷，二𠯤	dioxane
二乙炔聚合物	聯乙炔聚合物	diacetylene polymer
二元共聚合	二元共聚合	binary copolymerization
二元共聚物	二元共聚物	binary copolymer
二元酸	二質子酸，雙質子酸	diprotic acid
二元乙丙橡胶	乙烯丙烯橡膠	ethylene propylene rubber
二组分系统	二成分系	two-component system

F

大　陆　名	台　湾　名	英　文　名
发光	發光，冷光	luminescence
发光材料	發光材料	luminescent materials
发光猝灭	發光淬滅	luminescence quenching
发光分析法	發光分析法	luminescence analysis
发光量子产率	發光量子產率	luminescence quantum yield
发光强度	發光強度	luminous intensity
发光中心	發光中心	luminescence center
发泡	發泡	foaming
发泡剂	發泡劑	foaming agent
发射光谱	發射光譜	emission spectrum
发射计算机断层显像	發射電腦斷層掃描攝影術	emission computed tomography
发展期	發展期	evolution period
乏[核]燃料后处理	廢[核]燃料再處理	spent [nuclear] fuel reprocessing
乏燃料	廢[核]燃料	spent fuel
[乏]燃料贮存水池	廢燃料貯存池	[spent] fuel storage pool
法定计量单位	法定量測單位	legal unit of measurement
法拉第电流	法拉第電流	faradaic current
法拉第杯收集器	法拉第杯收集器	Faraday cup collector
法拉第筒	法拉第筒	Faraday cylinder
法扬斯法	法揚士法	Fajans method
砝码	砝碼	weight
番荔枝内酯	番荔枝內酯	annonaceous acetogenin
番木鳖碱[类]生物碱	番木虌鹼生物鹼	strychnine alkaloid
矾	礬類	alum, vitriol
反	反	*anti*
反叉构象	反疊構形	antiperiplanar conformation
反常混晶	異常混合晶體	anomalous mixed crystal
反冲	反衝，回跳	recoil
反冲标记	回跳標記	recoil labeling
反冲电子	反衝電子，回跳電子	recoil electron
反冲动能	回跳動能	recoil kinetic energy
反冲核	反衝原子核，回跳原子核	recoil nucleus
反冲技术	回跳技術	recoil technique
反冲[平动]能	反衝能，回跳能	recoil energy

大　陆　名	台　湾　名	英　文　名
反冲射程	回跳射程	recoil range
反冲室	回跳腔	recoil chamber
反吹	反冲［洗］	back flushing
反萃取	反萃取	back extraction
反错构象	反錯構形	anticlinal conformation
反芳香性	反芳性	antiaromaticity
反符合	反符合，反重合	anti-coincidence
反符合电路	反重合線路，反符合線路	anti-coincidence circuit
反荷离子	相對離子，相反離子	counter ion
反馈键	反饋鍵	back donating bonding
反馈键合	反饋鍵合	backbonding
反馈网络	回饋網路	feedback network
反馈作用	逆給予	back donation
反马氏加成	反馬可尼可夫加成	anti-Markovnikov addition
反气相色谱法	反氣相層析法	inverse gas chromatography, IGC
反散射	反向散射，回散射	back scatlering
反射光谱	反射光譜	reflection spectrum
反射光栅	反射光柵	reflection grating
反射检测模式	反射模式	reflection mode
反射式高能电子衍射［法］	反射式高能電子繞射	reflection high energy electron diffraction, RHEED
反渗透膜	逆滲透膜	reverse osmosis membrane
反式聚合物	反式聚合物	transpolymer, transconfiguration polymer
反式异构体	反式異構物	trans-isomer
反式影响	反式影響	trans influence
反弹模型	反彈模型	rebound model
反斯托克斯原子荧光	反斯托克斯原子螢光	anti-Stokes atomic fluorescence
反铁磁性	反鐵磁性	antiferromagnetism
反铁电性	反鐵電性	antiferroelectricity
反铁电液晶	反鐵電液晶	antiferroelectric liquid crystal, antiferroelectric LC
反位效应	反位效應	trans-effect
反相分散聚合	逆相分散聚合	inverse dispersion polymerization
反相高效液相色谱法	逆相高效液相層析法	reversed phase high performance liquid chromatography, RP-HPLC
反相胶束萃取	逆相微胞萃取	reversed phase micelle extraction
反相乳液聚合	逆相乳化聚合	inverse emulsion polymerization
反相悬浮聚合	逆相懸浮聚合	reversed phase suspension polymerization

大　陆　名	台　湾　名	英　文　名
反向传播法	反向傳播演算法	back propagation algorithm
反向构象	反向構形	transoid conformation
反向原子转移自由基聚合	反向原子轉移自由基聚合	reverse atom transfer radical polymerization
反协同效应	反協同效應，反加乘作用	antagonistic effect, antisynergism
反义核酸显像	反[意]義核酸顯像	anti-sense imaging
反应堆化学	反應器化學	reactor chemistry
反应纺丝	反應紡絲	reaction spinning
反应分子数	分子數，分子性	molecularity
反应机理	反應機理，反應機制，反應機構	reaction mechanism
反应级数.	反應級數	reaction order
反应截面	反應截面	reaction cross section
反应进度	反應程度	extent of reaction
反应临界能	反應臨界能，閥能	critical energy of reaction
反应能垒	反應能障，反應障壁	reaction energy barrier
反应黏合	反應黏合	reaction adhesion, reaction bonding
反应气	反應氣[體]	reaction gas
反应气离子	反應氣離子	reaction gas ion
反应气相色谱法	反應氣相層析法，反應氣相層析術	reaction gas chromatography
反应热	反應熱	heat of reaction
反应色谱法	反應層析法	reaction chromatography
反应速率	反應速率	reaction rate
反应速率常数	反應速率常數	reaction rate constant
反应速率方程	反應速率方程	reaction rate equation
反应速率理论	反應速率理論	theory of reaction rate
反应途径	反應途徑	reaction path
反应途径简并	反應途徑簡併	reaction path degeneracy
反应网络	反應網路	reaction network
反应[性]挤出	反應性擠壓	reactive extrusion
反应[性]加工	反應性程式	reactive processing
反应性聚合物	反應性聚合物	reactive polymer
反应性热熔胶	反應性熱熔膠	reactive heat-melting adhesive
反应性散射	反應性散射	reactive scattering
反应注塑	反應注塑	reaction injection moulding
反应坐标	反應坐標	reaction coordinate
反载体	箝制載體	holdback carrier

大　陆　名	台　湾　名	英　文　名
反置双聚焦质谱仪	反置雙聚焦質譜儀	reverse double focusing mass spectrometer
返滴定法	反滴定［法］，逆滴定［法］	back titration
范德瓦耳斯力	凡得瓦力	van der Waals force
范德瓦耳斯位移	凡得瓦位移	van der Waals shift
范第姆特方程	范第姆特方程	van Deemter equation
范托夫定律	凡特何夫定律	van't Hoff law
方波伏安法	方波伏安法	square wave voltammetry
方波极谱法	方波極譜法	square wave polarography
方差	變異，變度	variance
方差分析	變異數分析	analysis of variance
方差估计值	變異數估計值	estimator of variance
方差齐性检验	變異數同質性檢定，變異數均齊性檢定	homogeneity test for variance
方解石	方解石	calcite
方钠石	方鈉石	sodalite
方铅矿	方鉛礦	galena
方石英	白矽石	cristobalite
方铁锰矿	方鐵錳礦	bixbyite
方向聚焦	方向聚焦	direction focusing
芳构化	芳化［作用］	aromatization
芳基	芳基	aryl group
芳基化	芳基化［作用］	arylation
芳基正离子	芳基正離子	arenium ion
芳炔	芳炔	aryne
芳烃	芳［族］烴	arene
芳香化合物	芳［香］族化合物	aromatic compound
芳香六隅	芳族六隅體	aromatic sextet
芳香性	芳香性	aromaticity
芳香族聚醚	聚（芳醚）	poly（aryl ether）
芳香族聚酯	芳［香］族聚酯	aromatic polyester
芳香族亲电取代	芳［香］族親電取代	electrophilic aromatic substitution
芳香族亲核取代［反应］	芳［香］族親核取代［反應］	aromatic nucleophilic substitution
芳正［碳］离子	芳正［碳］離子	aryl cation
防臭氧剂	抗臭氧［老化］劑	antiozonant
防沸棒	防爆沸棒	antibump rod
防焦剂	防焦劑	scorch retarder
防老剂	抗老劑	anti-aging agent

大　陆　名	台　湾　名	英　文　名
仿生材料	仿生材料	biomimic materials
仿生传感器	仿生感測器	biomimic sensor
仿生[的]	仿生[的]	biomimetic
仿生合成	仿生合成	biomimetic synthesis
仿生聚合物	仿生聚合物	biomimetic polymer
仿生学	仿生學	biomimics, bionics
纺丝	自旋紡	spinning
纺织品整理剂	織物整理劑	textile finishing agent
放大效应	放大效應，增殖效應	multiplication effect
放电电离	放電游離	discharge ionization
放热峰	放熱峰	exothermic peak
放射电化学分析	放射電化學分析	radioelectrochemical analysis
放射电泳	放射電泳法	radioelectrophoresis
放射发光材料	放射發光材料	radioluminous materials
放射分析化学	放射分析化學	radioanalytical chemistry
放射光致发光	放射發光現象	radiophotoluminescence
放射化学	放射化學	radiochemistry
放射化学产率	放射化學產率	radiochemical yield
放射化学纯度	放射化學純度	radiochemical purity
放射化学分离	放射化學分離	radiochemical separation
放射化学中子活化分析	放射化學中子活化分析	radiochemical neutron activation analysis
放射极谱法	放射極譜法	radiopolarography
放射计量学	放射計量學	radiometrology
放射量热法	放射量熱法	radiometric calorimetry
放射免疫电泳	放射免疫電泳法	radioimmunoelectrophoresis
放射免疫分析	放射免疫分析	radioimmunoassay
放射免疫分析试剂盒	放射免疫分析套組	radioimmunoassay kit
放射免疫显像	放射免疫顯像	radioimnunoimaging
放射免疫学	放射免疫學	radioimmunology
放射免疫治疗	放射免疫治療	radioimnunotherapy
放射热谱法	放射熱譜法	thermoradiography, TRG
放射性本底	放射性背景	radioactive background
放射性标记	放射性標誌，輻射標誌	radio-labeling
放射性标记化合物	放射性標記化合物	radio-labeled compound
放射性标准	放射性標準	radioactive standard
放射性标准源	放射性標準源	radioactive standard source
放射性产额	放射性產率	radioactive yield
放射性沉降物	放射性落塵	radioactive fallout

大　陆　名	台　湾　名	英　文　名
放射性纯度	放射性純度	radioactive purity
放射性滴定	放射測定滴定	radiometric titration
放射性淀质	放射沈積，放射性礦床	radioactive deposit
放射性废物	放射性廢料	radioactive waste, radwaste
放射性废物处理	放射性廢料處理	radioactive waste treatment, disposal of radioactive waste
放射性废物处置库	放射性廢料儲存庫	radioactive waste repository
[放射性废物处置施设的]屏障	[放射性廢料處置施設的]屏障	barrier [of a radioactive-waste disposal facility]
放射性废物焚烧[化]	放射性廢料焚化	incineration of radioactive waste
放射性废物固化	放射性廢料固化	solidification of radioactive waste
放射性废物管理	放射性廢料管理	radwaste management, radioactive waste management
放射性核素	放射[性]核種	radioactive nuclide, radionuclide
放射性核素标记化合物	放射性核種標記化合物	radionuclide labeled compound
放射性核素发生器	放射性核種產生器	radioisotope generator, radionuclide generator
放射性核素迁移	放射[性]核種遷移	radionuclide migration
放射性核素显像	放射性核種影像	radionuclide image
放射性核素治疗	放射性核[種]治療	radionuclide therapy
[放射性]活度	放射性活性	radioactivity
放射性检测	放射化驗，放射測量	radioassay
放射性检测器	放射性偵檢器	radioactivity detector
放射性胶体	放射性膠體	radioactive colloid
放射性平衡	放射性平衡	radioactive equilibrium
放射性气溶胶	放射性氣溶膠	radioactive aerosol
[放射性]去污	[放射性]去污	[radioactive] decontamination
放射性释放测定	放射性釋放測定	radio-release determination
放射性受体分析	放射性受體檢定	radioreceptor assay
放射性束	放射性射束	radioactive beam
放射性衰变	放射性衰變	radioactive decay
[放射性]衰变常数	[放射性]衰變常數	[radioactive] decay constant
[放射性]衰变纲图	[放射性]衰變圖解	[radioactive] decay scheme
[放射性]衰变链	[放射性]衰變鏈	[radioactive] decay chain
放射性衰变律	放射性衰變[定]律	radioactive decay law
放射性碳年代学	放射性碳年代學	radiocarbon chronology
放射性同位素	放射性同位素	radioisotope
放射性同位素标记	放射性同位素標記	radioisotope labeling
放射性同位素示踪剂	放射性同位素示蹤劑	radioisotope tracer

大　陆　名	台　湾　名	英　文　名
放射性同位素烟雾报警器	放射性同位素煙霧警報器	radioisotope smoke alarm
放射性污染	放射性污染	radioactive contamination
放射性药物	放射性藥品	radiopharmaceutical
放射性元素	放射[性]元素	radioactive element, radioelement
放射性指示剂	放射指示劑	radioactive indicator
放射性籽粒	放射性種粒	radioactive seed
放射药物化学	放射藥物化學	radiopharmaceutical chemistry
放射药物学	放射藥物學	radiopharmacy
放射药物治疗	放射藥物治療	radiopharmaceutical therapy
放射源	放射[性]源	radioactive source
放射自显影术	放射顯跡術, 放射攝影術	autoradiography
放射自显影图	放射自顯影圖	autoradiogram
飞秒化学	飛秒化學	femtochemistry
飞秒激光	飛秒雷射	femtosecond laser
飞行时间	飛行時間	time-of-flight
飞行时间探测器	飛行時間偵檢器	time-of-flight detector
飞行时间质谱仪	飛行時間質譜儀	time-of-flight mass spectrometer
非必需元素	非必需元素	non-essential element
非编码氨基酸	非編碼胺基酸	non-coded amino acid
非参数检验	非參數檢定	non-parameter test
非蛋白[质]氨基酸	非蛋白[質]胺基酸	non-protein amino acid
非电解质溶液	非電解質溶液	non-electrolyte solution
非定域粒子系集	非定域粒子系集	assembly of non-localized particles
非独立粒子系集, 交互作用粒子系集	交互作用粒子系集	assembly of interacting particles
非对称	無對稱[現象]	dissymmetry
非对称参数 β	非對稱參數 β	asymmetry parameter β
非对称裂变	非對稱分裂	asymmetric fission
非对映体比例	非鏡像異構物比例	diastereomeric ratio, dr
非对映体过量[百分比]	非鏡像異構物超越值	diastereomeric excess, de [percent]
非对映选择性	非鏡像選擇性	diastereoselectivity
非对映异构化	非鏡像異構化	diastereoisomerization
非对映[异构]体	非鏡像異構物	diastereomer
非法拉第电流	非法拉第電流	non-faradaic current
非辐射跃迁	非輻射躍遷	non-radiative transition
非共轭单体	非共軛單體	non-conjugated monomer

大　陆　名	台　湾　名	英　文　名
非共价键	非共價鍵	non-covalent bond
非共振原子荧光	非共振原子螢光	non-resonance atomic fluorescence
非规整聚合物	不規則聚合物	irregular polymer
非规整嵌段	不規則嵌段	irregular block
非还原糖	非還原醣	non-reducing sugar
非极性单体	非極性單體	non-polar monomer
非极性键合相	非極性鍵結相	non-polar bonded phase
非极性聚合物	非極性聚合物	non-polar polymer
非极性溶剂	非極性溶劑	non-polar solvent
非键相互作用	非鍵相互作用	non-bonding interaction
非交替烃	非交替烴	non-alternant hydrocarbon
非金属	非金屬	non-metal
非经典碳正离子	非古典碳正離子，非古典碳陽離子	non-classical carbocation
非晶区	非晶區域	amorphous region
非晶取向	非晶取向	amorphous orientation
非晶态	非晶[形]態	amorphous state
非晶相	非晶相	amorphous phase, non-crystalline phase
非绝热过程	非絕熱過程	non-adiabatic process
非均相反应	非均相反應	inhomogeneous reaction
非均相聚合	不勻聚合[作用]	heterogeneous polymerization
非均相膜电极	非均相膜電極	heterogeneous membrane electrode
非均相氢化	不勻[相]氫化	heterogeneous hydrogenation
非均相系统	不勻系	heterogeneous system
非牛顿流体	非牛頓流體	non-Newtonian fluid
非平衡态热力学	非平衡[態]熱力學	non-equilibrium thermodynamics
非平衡统计	非平衡統計	non-equilibrium statistics
非平衡系统	非平衡系統	non-equilibrium system
非破坏性检测器	非破壞性偵檢器	non-destructive detector
非热原子化器	非熱原子化器	non-thermal atomizer
非色散原子荧光光谱仪	非散光原子螢光光譜儀	non-dispersive atomic fluorescence spectrometer
非手性的(=无手性的)		
非手性位的(=无手性位的)		
非水滴定法	非水滴定	non-aqueous titration
非水毛细管电泳	非水[相]毛細管電泳	non-aqueous capillary electrophoresis, NACE
非水溶剂	非水溶劑	non-aqueous solvent

大　陆　名	台　湾　名	英　文　名
非弹性散射	非彈性散射	inelastic scattering
非同位素标记化合物	非同位素標誌化合物	non-isotopic labeled compound
非同位素载体	非同位素載體	non-isotopic carrier
非完全熔合反应	非完全融合反應	incomplete fusion reaction
非吸附性载体	非吸附性載體	non-adsorptive support
非线性非平衡态热力学	非線性非平衡[態]熱力學	non-linear non-equilibrium thermodynamics
非线性光学效应	非線性光學效應	non-linear optical effect
非线性化学动力学	非線性化學動力學	non-linear chemical kinetics
非线性回归	非線性回歸	non-linear regression
非线性黏弹性	非線性黏彈性	non-linear viscoelasticity
非线性色谱法	非線性層析	non-linear chromatography
非线性误差	非線性誤差	non-linear error
非[原子]吸收谱线	非[原子]吸收[譜]線	non-absorption line
非整比化合物	非化學計量化合物	non-stoichiometric compound
非自发过程	非自發過程	non-spontaneous process
菲	菲	phenanthrene
菲啶(=苯并[c]喹啉)		
菲醌	菲醌	phenanthrenequinone
菲咯啉	菲啉	phenanthroline
α废物	α廢料	α-bearing waste
废物的加速器嬗变	廢料加速器蛻變	accelerator transmutation of waste
废物埋藏场	廢物埋藏場	burial ground, waste graveyard
废物最小化	減廢	waste minimization
沸点升高	沸點上升	boiling point elevation
沸石	沸石	zeolite
费林试剂	菲林試劑	Fehling reagent
费米-狄拉克分布	費米-狄拉克分布	Fermi-Dirac distribution
费米能级	費米能階	Fermi level
费歇尔卡宾配合物	費雪碳烯錯合物	Fischer carbene complex
费歇尔投影式	費雪投影式	Fischer projection
分辨率	離析[度]	resolution
F分布	F分布	F-distribution
t分布	t分布	t-distribution
χ^2分布	χ^2分布	χ^2-distribution
分布分数	分布比例	distribution fraction
分布分数图	分布圖	distribution diagram
分步沉淀	分[級沈]澱	fractional precipitation
分步滴定法	逐步滴定法	stepwise titration

大　陆　名	台　湾　名	英　文　名
分步反应，逐步反应	逐步反應	stepwise reaction
分步展开[法]	分段展開[法]，逐步展開[法]	stepwise development
分层抽样	分層抽樣，分層取樣	stratified sampling
分独立产额	分段獨立產率	fractional independent yield
分光光度法	分光光度法，分光光度學	spectrophotometry
分光光度计	分光光度計，光譜儀	spectrophotometer
分光荧光计	分光螢光計	spectrofluorometer
分级	分級，分餾，份化	fractionation
分解	分解[作用]	decomposition
分解电压	分解電壓	decomposition voltage
分累积产额	分段累積產率	fractional cumulative yield
分离单元	分離裝置	separating unit
分离功	分離功	separative work
分离和嬗变	分離和轉變	partitioning and transmutation
分离式正离子自由基	分離式正離子自由基	distonic radical cation
分离势	分離電位	separation potential
分离数	分離[峰對]數	separation number
分裂峰	分裂峰	split peak
分流比	分流比	split ratio
分流进样	分流進樣	split injection
分流器	分流器	splitter
分凝	凝析	segregation
分配比	分配比	partition ratio, distribution ratio
分配常数	分配常數	distribution constant
分配定律	分配定律	distribution law
分配色谱法	分配層析術	partition chromatography
分配系数	分配係數	partition coefficient
分散剂	分散劑	dispersing agent
分散聚合	分散聚合	dispersion polymerization
分速度系数	分速度因數	partial rate factor
分析纯试剂	分析級試劑	analytical reagent, A. R.
分析裂解	分析熱解	analytical pyrolysis
分析器	分析器，檢偏鏡	analyser, analyzer
分析天平	分析天平	analytical balance
分析物	分析物	analyte
分析误差	分析誤差	analysis error
分析型色谱仪	分析型層析儀	analytical type chromatograph

大　陆　名	台　湾　名	英　文　名
分液漏斗	分液漏斗	separatory funnel
分支比	分支比	branching ratio
分支衰变	分支衰變	branching decay
分子	分子	molecule
分子成核作用	分子成核作用	molecular nucleation
分子重排	分子重排	molecular rearrangement
分子带	分子帶	molecular ribbon
分子动力学模拟	分子動力學模擬	molecular dynamics simulation
分子镀	分子鍍	molecular plating
分子发射光谱	分子發射光譜	molecular emission spectrum
分子反应	分子反應	molecular reaction
分子反应动力学	分子反應動力學	molecular reaction dynamics
分子分离器	分子分離器	molecular separator
分子光谱	分子光譜	molecular spectrum
分子轨道	分子軌域	molecular orbital
分子轨道法	分子軌域法	molecular orbital method
分子核医学	分子核醫學	molecular nuclear medicine
分子活化分析	分子活化分析	molecular activation analysis
分子机器	分子機器	molecular machine
分子间能量传递	分子間能量傳遞	intermolecular energy transfer
分子间缩合	分子間縮合[作用]	intermolecular condensation
分子建模	分子模擬	molecular modeling
分子结	分子結	molecular knot
分子晶体	分子晶體	molecular crystal
分子离子	分子離子	molecular ion
[分子]链大尺度取向	[分子]鏈大尺度取向	global chain orientation
分子量	分子量，相對分子質量	molecular weight, relative molecular mass
分子量分布	分子量分布	molecular weight distribution
分子量排除极限	分子量排除極限	molecular weight exclusion limit
分子马达	分子馬達	molecular motor
分子内能量传递	分子內能量傳遞	intramolecular energy transfer
分子内亲核取代[反应]	分子內親核取代[反應]	internal nucleophilic substitution
分子内振动弛豫	分子內振動鬆弛	intramolecular vibrational relaxation, IVR
分子配分函数	分子分配函數	molecular partition function
分子片	分子碎片	molecular fragment
分子钳	分子鉗	molecular clamp
分子热力学	分子熱力學	molecular thermodynamics
分子筛	分子篩	molecular sieve

大　陆　名	台　湾　名	英　文　名
分子识别	分子辨識	molecular recognition
分子实体	分子實體	molecular entity
分子式	分子式	molecular formula
分子束	分子束	molecular beam
分子梭	分子梭	molecular shuttle
分子探针	分子探針	molecular probe
分子吸收	分子吸收	molecular absorption
分子吸收光谱	分子吸收光譜	molecular absorption spectrum
分子吸收谱带	分子吸收光譜帶	molecular absorption band
分子荧光分析法	分子螢光分析法	molecular fluorescence analysis
分子影像学	分子影像學	molecular imaging
分子蒸馏	分子蒸餾	molecular distillation
分子自组装	分子自組裝	molecule self-assembly
分子组装	分子組裝	molecular assembly
吩嗪(=二苯并[b,e]吡嗪)		
吩噻嗪(=二苯并[b,e]噻嗪)		
芬顿反应	芬頓反應	Fenton reaction
酚	[苯]酚	phenol
酚醛树脂	酚醛樹脂	phenolic resin, phenol-formaldehyde resin
酚酞	酚肽	phenolphthalein
酚-酮互变异构	酚-酮互變異構[現象]	phenol-keto tautomerism
酚盐	酚鹽	phenolate
酚氧化合物	酚氧化合物	phenoxide
酚藏花红	酚藏紅，酚番紅	phenosafranine
粉末 X 射线衍射法	粉末 X 射線繞射法	powder X-ray diffractometry
粉末橡胶	粉末橡膠	powdered rubber
丰度	豐度	abundance
丰质子核素	豐質子核種	proton-rich nuclide
丰中子核素	豐中子核素	neutron-rich nuclide
风化	風化，粉化	efflorescence
封闭系统	封閉系統	closed system
封端(=封尾)		
封端反应	封端反應	end capping reaction
封尾，封端	封端	end capping
砜	砜	sulfone
砜烯	砜烯	sulfene
峰	峰	peak

大　陆　名	台　湾　名	英　文　名
峰底	峰底	peak base
峰电流	尖峰電流	peak current
峰电位	尖峰電位	peak potential
峰高	峰高	peak height
峰高测量法	峰高測量法	method of peak height measurement
峰宽	峰寬	peak width
峰面积	峰面積	peak area
峰面积测量法	峰面積測量法	method of peak area measurement
峰匹配法	峰匹配法	peak matching method
峰容量	峰容量	peak capacity
峰值吸光度	峰值吸光度	peak absorbance
峰值吸收系数	峰值吸收係數	peak absorption coefficient
莔烷[类]	莔烷，小茴香烷	fenchane
蜂毒肽	蜂毒肽	melittin
缝管原子捕集	縫管原子捕集	slotted-tube atom trap, STAT
缝式燃烧器	縫式燃燒器	slot burner
呋喃	呋喃	furan
呋喃并香豆素	呋喃并香豆素	furocoumarin
呋喃螺环甾体皂苷	呋喃螺環甾體皂苷	furospirostane saponin
呋喃树脂	呋喃樹脂	furane resin, furan resin
呋喃糖	呋喃糖	furanose
呋甾烷[类]	呋甾烷[類]	furostane
呋甾烷甾体皂苷	呋甾烷甾體皂苷	furostane saponin
弗里德-克雷夫茨反应	夫[里德耳]-夸[夫特] 反應	Friedel-Crafts reaction
弗仑克尔缺陷	夫倫克耳缺陷，法蘭缺 陷	Frenkel defect
弗洛里-哈金斯理论	弗[洛裏]-赫[金斯]理 論	Flory-Huggins theory
伏安法	伏安法	voltammetry
伏安酶联免疫分析法	伏安酶聯免疫分析法	voltammetric enzyme-linked immunoassay
伏安图	伏安圖	voltammogram
伏安仪	伏安計	voltammeter
俘获	捕獲	capture
K俘获	K-捕獲	K-capture
俘获截面	捕獲截面	capture cross section
[^{18}F]-氟代脱氧葡萄糖	[^{18}F]-氟代去氧葡萄糖	[^{18}F]-fluorodeoxyglucose, [^{18}F]-FDG
氟代烷	氟烷，氟化烷基	alkyl fluoride, fluoroalkane
氟硅橡胶	氟矽橡膠	fluorosilicone rubber

大　陆　名	台　湾　名	英　文　名
氟离子选择电极	氟離子選擇［性］電極	fluorine ion-selective electrode
氟利昂	氟氯烷	freon
氟磷灰石	氟磷灰石	fluorapatite
氟醚橡胶	氟醚橡膠	fluoroether rubber
氟硼酸盐	氟硼酸鹽	borofluoride, fluoborate
氟树脂	氟乙烯樹脂	fluoroethylene resin
氟碳树脂	氟碳樹脂	fluorocarbon resin
氟碳相	氟碳相	fluorocarbon phase
氟［碳］相反应	氟［碳］相反應	fluorous phase reaction
氟［碳］相有机合成	氟［碳］相有機合成	fluorous phase organic synthesis
氟碳油	氟油	fluorocarbon oil
氟橡胶	氟橡膠	fluororubber, fluoroelastomer
浮选	浮選［法］	floatation
浮选分光光度法	浮選分光光度法	floatation spectrophotometry
符号检验	符號檢定	sign test
符合	符合，重合	coincidence
符合测量	符合測量，重合測量	coincidence measurement
符合测量装置	符合測量裝置，重合測量裝置	coincidence measurement setup
符合电路	符合電路	coincidence circuit
福尔哈德法	伏哈德［滴定］法	Volhard method
辐射保藏	輻射防腐	radiation preservation
辐射防护	輻射防護	radiation protection
辐射防护最优化	輻射防護最佳化	optimization of radiation protection
辐射防护剂	輻射防護劑	radioprotectant
辐［射分］解	輻射分解	radiolysis, radiation decomposition
辐射俘获	放射捕獲	radiative capture
辐射俘获截面	輻射捕獲截面	radiation capture cross-section
辐射改性	輻射修飾，輻射變性	radiation modification
辐射固定化	輻射固定化	radiation immobilization
辐射固化	輻射固化，輻射治療	radiation curing
辐射合成	輻射合成	radiation synthesis
辐射化工	輻射化工	radiation chemical engineering
辐射化学	輻射化學	radiation chemistry
辐射化学产额	輻射化學產率	radiation chemistry yield
辐射化学次级过程	輻射化學次級過程	secondary process of radiation chemistry
辐射剂量学	輻射劑量［測定］術	radiation dosimetry
辐射加工	輻射處理	radiation processing
辐射降解	輻射降解	radiation degradation

大　陆　名	台　湾　名	英　文　名
辐射交联	輻射交聯［化］	radiation crosslinking
辐射接枝	放射線接枝	radiation grafting
辐射聚合	輻射聚合	radiation polymerization
辐射离子聚合	輻射離子聚合	radiation ionic polymerization
辐射裂解	輻射裂解	radiation cleavage
辐射硫化	輻射硫化	radiation vulcanization
辐射敏化	輻射敏化	radiosensitization
辐射敏化剂	輻射敏化劑	radiation sensitizer
辐射权重因子	輻射權重因子	radiation weighting factor
辐射生物化学	輻射生物化學	radiation biochemistry
辐射事故	輻射事故	radiation accident
辐射束	輻射束	radiation beam
辐射损伤	輻射損傷	radiation damage
辐射消毒	輻射滅菌	radiation sterilization
辐射引发	輻射引發	radiation initiation, radiation induction
辐射引发共聚合	輻射共聚合	radiation induced copolymerization
辐射引发聚合	輻射引發聚合	radiation initiated polymerization
辐射引发自氧化	輻射引發自氧化	radiation induced autoxidation
辐射诱导接枝	輻射誘導接枝	radiation induced grafting
辐射诱发突变	輻射誘發突變	radiation induced mutation
辐射源	輻射源	radiation source
辐射跃迁	輻射轉移	radiative transition
辐射阻尼	輻射阻尼	radiation damping
辐照后聚合	輻照後聚合	post-irradiation polymerization
辐照装置	輻照裝置	irradiation facility
脯氨酸	脯胺酸	proline
辅酶	輔酶，輔酵素	coenzyme
辅酶 B_{12}	輔酶 B_{12}	coenzyme B_{12}
辅因子	輔因子	cofactor
辅助电极(=对电极)		
负峰	負峰	negative peak
负极	負［電］極	negative electrode
负离子(=阴离子)		
负离子电化学聚合	陰離子電化［學］聚合	anionic electrochemical polymerization
负离子化学电离	負離子化學游離	negative ion chemical ionization, NICI
负离子环化聚合	陰離子環化聚合，負離子環化聚合	anionic cyclopolymerization
负离子环加成	陰離子環加成	anionic cycloaddition
负离子交换剂(=阴离		

大　陆　名	台　湾　名	英　文　名
子交换剂)		
负离子交换膜	陰離子交換薄膜	anion exchange membrane
负离子交换色谱法(=阴离子交换色谱法)		
负离子聚合(=阴离子聚合)		
负离子异构化聚合	陰離子異構化聚合	anionic isomerization polymerization
负离子引发剂	陰離子引發劑	anionic initiator
负离子质谱	負離子質譜	negative ion mass spectrum
负离子转移	親核轉移	anionotropy
负离子自由基引发剂	陰離子自由基引發劑	anion radical initiator
负相关	負相關	negative correlation
附加物	附加物	addend
附生结晶(=外延结晶)		
附生结晶生长(=外延结晶生长)		
复分解	複分解	metathesis, double decomposition
复合反应	複合反應	composite reaction
复合纺丝	複合紡絲	conjugate spinning
复合核	複合[原子]核	compound nucleus
复合离子	複合離子	complex ion
复合纤维	複合纖維	conjugate fiber
复合氧化物	錯合氧化物	complex oxide
复丝	多絲纖維	multifilament
复盐	複鹽	double salt
复制光栅	複製光栅	replica grating
副反应	副反應	side reaction
副反应系数	副反應係數	side reaction coefficient
副族	副族，子群	subgroup
傅里叶变换红外光谱仪	傅立葉轉換紅外線光譜儀	Fourier transform infrared spectrometer
傅里叶变换红外光声光谱	傅立葉轉換紅外光聲光譜法	Fourier transform infrared photoacoustic spectroscopy
傅里叶变换拉曼光谱仪	傅立葉轉換拉曼光譜儀	Fourier transform Raman spectrometer
傅里叶变换离子回旋共振质谱法	傅立葉轉換離子迴旋共振質譜法	Fourier transfer ion cyclotron resonance mass spectrometry
富电子[体系]	富電子[體系]	electron rich [system]
富集	加強，濃化	enrichment, gathering
富集靶	濃縮靶	enriched target

大 陆 名	台 湾 名	英 文 名
富集铀，浓缩铀	濃縮鈾	enriched uranium, EU
富勒烯	富勒[烯]，芙	fullerene
富燃火焰	富燃火焰	fuel-rich flame
富烯	富烯	fulvene
富氧空气-乙炔火焰	富氧空氣-乙炔火焰	enriched oxygen-acetylene flame

G

大 陆 名	台 湾 名	英 文 名
改进单纯形法	修飾單純形法	modified simplex method
改性剂	修飾劑，調節劑	modifier
改性载体	修飾載體	modified support
钙泵	鈣泵	calcium pump
钙长石	鈣長石，鈣斜長石	anorthite
钙黄绿素	鈣黃綠素	calcein
钙离子选择电极	鈣離子選擇[性]電極	calcium ion-selective electrode
钙镁指示剂	鈣鎂指示劑	calmagite
钙试剂	鈣試劑	calcon
钙钛矿	鈣鈦礦	perovskite
钙调蛋白	鈣調蛋白，攜鈣蛋白	calmodulin
钙铁石	鈣鐵鋁石	brownmillerite
钙指示剂	鈣[羧酸]指示劑	calconcarboxylic acid
盖尔曼试剂	蓋爾曼試劑	Gilman reagent
盖革-米勒计数器	蓋[革]-繆[勒]計數器	Geiger-Müller counter
概率	機率，或然率	probability
概率密度	機率密度	probability density
干法反应	乾式反應	dry reaction
干法后处理	乾[式]再處理	dry reprocessing
干法灰化	乾灰化	dry ashing
干法柱填充	乾式管柱填充	dry column packing
干纺	乾紡	dry spinning
干[喷]湿法纺丝	乾[噴]濕法紡絲	dry [jet]-wet spinning
干扰成分	干擾元素	interference element
干涉滤光片	干涉濾光片，干擾濾光片	interference filter
干燥剂	乾燥劑	desiccant
干燥器	乾燥器	desiccator
甘氨酸	甘胺酸	glycine
甘汞	甘汞	calomel

大　陆　名	台　湾　名	英　文　名
甘汞电极	甘汞電極	calomel electrode
甘油醛	甘油醛	glyceraldehyde
甘油酯	甘油酯	glyceride
肝糖(=糖原)		
坩埚	坩堝	crucible
酐	酐	anhydride
酐化	酐化	anhydridization
感光聚合物	光聚[合]物	photopolymer
感生放射性	誘發放射性	induced radioactivity
橄榄石	橄欖石	olivine
刚果红	剛果紅	Congo red
刚-柔嵌段共聚物	剛-柔嵌段共聚物	rod coil block copolymer
刚性链	剛性鏈	rigid chain
刚性链聚合物	剛性鏈聚合物	rigid chain polymer
刚玉	剛玉，金剛砂	corundum
杠杆规则	均平規則	level rule
高纯锗探测器	高純鍺偵檢器	high-purity germanium detector
高碘酸盐滴定法	過碘酸鹽滴定法	periodate titration
高放废物	高強度[放射性]廢料	high-level [nuclear] waste, HLW
[高放废物处理库]远场	遠場	far field
高分辨质谱	高解析質譜	high resolution mass spectrum, HRMS
高分辨质谱法	高解析質譜法	high resolution mass spectrometry
高分子	巨分子	macromolecule
高分子半导体	半導體聚合物	semiconducting polymer
高分子表面活性剂	高分子表面活性劑	polymer surfactant
高分子试剂	高分子試劑	polymer reactant, polymer reagent
高分子[异质]同晶现象	巨分子類質同形現象	macromolecular isomorphism
高共轭	同共軛	homoconjugation
高核簇	高核團簇	higher nuclearity cluster
高价碳正离子	碳正離子，碳陽離子，鎓離子	carbonium ion
高阶谐波交流极谱法	高階諧波交流極譜法	higher harmonic alternating current polarography
高抗冲聚苯乙烯	高抗衝擊聚苯乙烯	high impact polystyrene
高锰酸钾滴定法	過錳酸鉀滴定法	permanganometric titration
高密度聚乙烯	高密度聚乙烯	high density polyethylene
高能辐射	高能輻射	high energy radiation

大　陆　名	台　湾　名	英　文　名
高能离子散射谱[法]	高能離子散射譜法	high energy ion scattering spectroscopy
高能碰撞	高能碰撞	high energy collision
高能原子	高能原子	energetic atom
高浓缩铀	高濃縮鈾	high enriched uranium, HEU
高频滴定法	高頻滴定[法]	high frequency titration
高频电导滴定法	高頻電導滴定法	high frequency conductometric titration
高频[电]火花光源	高頻火花光源	high frequency spark source
高强度空心阴极灯	高強度空心陰極燈	high-intensity hollow cathode lamp
高斯分布	高斯分布	Gaussian distribution
高斯峰	高斯峰	Gaussian peak
高斯链	高斯鏈	Gaussian chain
高斯误差函数	高斯誤差函數	Gaussian error function
高斯线型	高斯線形	Gaussian lineshape
高弹形变	高彈形變	high elastic deformation
高铁血红素	高鐵原血紅素	ferriheme
高温反射光谱法	高溫反射光譜法	high temperature reflectance spectrometry, HTRS
高温灰化法	高溫灰化法	high temperature ashing method
高烯丙醇	高烯丙醇	homoallylic alcohol
高效液相色谱法	高效[能]液相層析術	high performance liquid chromatography, HPLC
高性能空心阴极灯	高性能空心陰極燈	high performance hollow cathode lamp
高压电泳	高電壓電泳	high voltage electrophoresis
高压纺丝	高壓紡絲	high-pressure spinning
高压光谱法	高壓光譜法	high-pressure spectrometry
高压辉光放电离子源	高電壓輝光放電離子源	high voltage glow-discharge ion source
高压输液泵	高壓泵	high-pressure pump
高压梯度	高壓梯度	high-pressure gradient
高甾类生物碱	高甾類生物鹼,高類固醇生物鹼	homosteroid alkaloid
高自旋配合物	高自旋配位化合物	high spin coordination compound
高自旋态	高自旋態	high spin state
戈雷方程	高萊方程	Golay equation
戈瑞	戈雷	Gray, Gy
格兰函数	格蘭函數	Gran function
格兰图	格蘭圖	Gran plot
格雷姆盐	格雷姆鹽	Graham salt
格里斯试验	革利士試驗	Griess test

大　陆　名	台　湾　名	英　文　名
格氏试剂	格任亞試劑	Grignard reagent
隔离剂	隔離劑	separant
隔离系统	隔離系統	isolated system
隔膜泵	隔膜泵	diaphragm pump
镉试剂	鎘試劑	cadion
个人剂量限值	個人劑量限值	personal dose limit
铬黑 T	羊毛色媒黑 T	eriochrome black T
铬黄	鉻黃	chrome yellow
铬蓝黑 B	染毛色媒藍黑 B，鉻藍黑 B	eriochrome blue black B
铬天青 S	色天青 S	chrome azurol S
铬铁矿	鉻鐵礦	chromite
铬紫 B	染毛色媒紫 B，鉻紫 B	eriochrome violet B
工程塑料	工程塑膠	engineering plastic
工业色谱法	工業層析法	industrial chromatography
工业色谱仪	工業層析儀	industrial chromatograph
工作电极	工作電極	working electrode
公众照射	公眾曝露	public exposure
功	功	work
功函数	功函數	work function
功率补偿式差热扫描量热法	功率補償式微差掃描熱量法	power compensation differential scanning calorimetry
功能磁共振成像	功能磁共振造影	functional magnetic resonance imaging
功能高分子	功能高分子	functional polymer
功能涂料	功能塗料	functional coating
功能纤维	功能纖維	functional fiber
功能显像	功能顯像	functional imaging
s-供电子配体	s-供電子配位子	s-donor ligand
供体-受体相互作用	予體受體交互作用	donor-acceptor interaction
汞池电极	汞池電極	mercury pool electrode
汞化	加汞作用	mercuration
汞量法	汞量法	mercurimetry
汞膜电极	汞膜電極	mercury film electrode
汞齐	汞齊	amalgam
汞齐化	汞齊法，混汞法	amalgamation, amalgam process
共沉淀	共沈澱	coprecipitation
共轭	共軛作用	conjugation
共轭单体	共軛單體	conjugated monomer
共轭分子	共軛分子	conjugation molecule

大　陆　名	台　湾　名	英　文　名
共轭加成	共軛加成	conjugate addition
共轭碱	共軛鹼	conjugate base
共轭碱机理	共軛鹼機制	conjugate base mechanism
共轭聚合物	共軛聚合物	conjugated polymer
共轭溶液	共軛溶液	conjugate solution
共轭酸	共軛酸	conjugate acid
共轭酸碱对	共軛酸鹼對	conjugated acid base pair
共轭体系	共軛系	conjugated system
共轭相	共軛相	conjugate phase
共纺	共紡	cospinning
共辐射接枝	共輻射接枝	mutual radiation grafting
共混	摻合	blending
共混纺丝	共混紡絲	blend spinning
共挤出	共擠壓	coextrusion
共挤吹塑	共擠吹塑	coextrusion blow moulding
共价晶体	共價晶體	covalent crystal
共价配[位]键	共價配位鍵	covalent coordination bond
共聚单体	共聚單體	comonomer
共聚合[反应]	共聚[作用]	copolymerization
共聚合方程	共聚合方程	copolymerization equation
共聚甲醛	共聚甲醛	copolyoxymethylene
共聚焦显微拉曼光谱法	共聚焦顯微拉曼光譜法	confocal microprobe Raman spectrometry
共聚醚	共聚醚	copolyether
共聚物	共聚[合]物	copolymer
共聚酯	共聚酯	copolyester
共去污	共去污	codecontamination
共缩合	共縮合[作用]	cocondensation
共缩聚	共[聚]縮合[作用]	copolycondensation
共线碰撞	共線碰撞	collinear collision
共引发剂	共引發劑	coinitiator
共振光散射光谱	共振光散射光譜	resonance light scattering spectrum
共振截面	共振截面	resonance cross section
共振拉曼光谱法	共振拉曼光譜法	resonance Raman spectrometry
共振论	共振理論	resonance theory
共振瑞利散射	共振瑞立散射, 共振雷立散射	resonance Rayleigh scattering
共振稳定化	共振穩定	resonance stabilization
共振线	共振譜線	resonance line

大　陆　名	台　湾　名	英　文　名
共振效应	共振效應	resonance effect
共振原子荧光	共振原子螢光	resonance atomic fluorescence
共振增强多光子电离	共振增强多光子游離	resonance-enhanced multiphoton ionization, REMPI
共振增强拉曼光谱法	共振增强拉曼光譜法	resonance-enhanced Raman spectrometry
共注塑	共注塑	coinjection moulding
沟道效应	溝道[流]效應	channeling effect
构象	構形	conformation
构象重复单元	構形重復單元	conformational repeating unit
构象分析	構形分析	conformational analysis
构象无序	構形無序	conformational disorder
构象效应	構形效應	conformational effect
构象异构体	構形異構物	conformer
构型	組態	configuration
构型保持	組態保留	retention of configuration
构型单元	組態單元	configurational unit
构型翻转	組態反轉	inversion of configuration
构型无序	組態無序	configurational disorder
构造	構造，組成	constitution
构造异构体	構造異構體	constitutional isomer
估计量	估計量，估計式	estimator
咕啉	咕啉	corrin
古氏坩埚	古氏坩堝	Gooch crucible
谷氨酸	麩胺酸	glutamic acid
谷氨酰胺	麩醯胺酸	glutamine
谷胱甘肽	麩胱甘肽	glutathione
谷胱甘肽过氧化物酶	麩胱甘肽過氧化物酶	glutathione peroxidase
股	股	strand
骨架电子理论	骨架電子理論	skeletal electron theory
钴胺素	鈷胺素	cobalamine
钴-60 辐射源	鈷-60 辐射源	Co-60 radiation source
固氮酶	固氮酶	nitrogenase
固氮[作用]	固氮作用，氮固定	nitrogen fixation, fixation of nitrogen
固定化 pH 梯度	固定化 pH 梯度	immobilized pH gradient, IPG
固定相	固定相，靜相	stationary phase
固定液	固定液	stationary liquid
固定液的相对极性	固定液的相對極性	relative polarity of stationary liquid
固定液极性	固定液極性	stationary liquid polarity
固定因素	固定因數	fixed factor

大　陆　名	台　湾　名	英　文　名
固化	硬化［處理］	curing
固化剂	固化劑，交聯劑	curing agent
固溶体	固溶體	solid solution
固态电化学	固態電化學	solid state electrochemistry
固态离子学	固態離子學	solid state ionics
固体表面化学发光	固體表面化學發光	solid surface chemiluminescence
固体电解质	固體電解質	solid electrolyte
固体放射性废物	固體放射廢料	solid radwaste
固体核径迹探测器	固體核徑跡偵檢器	solid state nuclear track detector
固体基质室温磷光法	固體基質室溫磷光法	solid-substrate room temperature phosphorimetry, SS-RTP
固体酸	固態酸	solid acid
固体荧光分析	固體螢光分析	solid fluorescence analysis
固相萃取	固相萃取	solid phase extraction, SPE
固相反应	固態反應	solid state reaction
固相分光光度法	固相分光光度法	solid phase spectrophotometry
固相挤出	固相擠出	solid phase extrusion
固相聚合	固相聚合	solid phase polymerization
固相缩聚	固相聚縮	solid phase polycondensation
固相肽合成法	固相肽合成法	solid phase peptide synthesis, SPPS
固相微萃取	固相微萃取	solid phase micro-extraction
固液萃取	固液萃取	solid-liquid extraction
固有溶解度	固有溶解度	intrinsic solubility
瓜氨酸	瓜胺酸	citrulline
寡核苷酸	寡核苷酸，少核苷酸	oligonucleotide
寡聚体	寡聚物	oligomer
寡肽	寡肽，少肽	oligopeptide
寡糖	寡醣，低［聚］醣	oligosaccharide
拐点	轉折點	inflection point
观测值	觀測值	observed value
官能单体	官能單體	functional monomer
官能度	官能性	functionality
官能团	官能基	functional group
官能团频率区	官能基頻率區	functional group frequency region
冠醚	冠醚	crown ether
冠醚固定相	冠［狀］醚固定相	crown ether stationary phase
冠状构象	冠狀構形	crown conformation
管壁效应，器壁效应	壁面效應	wall effect
管壁原子化	管壁原子化	tube-wall atomization

大　陆　名	台　湾　名	英　文　名
管式炉裂解器	管式爐熱解器	tube furnace pyrolyzer
贯流色谱法	貫流層析法	perfusion chromatography
灌注显像	灌注顯像	perfusion imaging
光程	光程	light path
光导纤维	光導纖維	photoconductive fiber
光电倍增管	光電倍增器	photomultiplier
光电比色计	光電比色計	photoelectric colorimeter
光电池	光電池	photocell
光电导体	光電導體	photoconductor
光电导性	光電導性，光電導度	photoconductivity
光电发射	光電發射	photoemission
光电分光光度计	光電光譜儀	photoelectric spectrophotometer
光电化学	光電化學	photoelectrochemistry
光电离过程	光[致]游離過程	photoionization process
光电效应	光電效應	photoelectric effect
光电直读光谱计	光電直讀光譜儀	photoelectric direct reading spectrometer
光度滴定法	光度滴定	photometric titration
光度计	光度計	photometer
光固化	光固化	photo-curing
光合作用	光合作用，光合成	photosynthesis
光化学重排	光化學重排	photochemical rearrangement
光化学反应	光化[學]反應	photochemical reaction
光化学合成	光化學合成	photochemical synthesis
光活化	光活化	photoactivation
光活性聚合物	光活性聚合物	optical active polymer
光降解	光降解	photodegradation
光交联	光交聯	photocrosslinking
光解	光分解	photodecomposition
光老化	光老化	photoaging
光离子化检测器	光離子化偵檢器，光游離偵檢器	photoionization detector, PID
光量计	定量計	quantometer
光卤化	光鹵化[作用]	photohalogenation
光敏化	光敏感化[作用]	photosensitization
光敏聚合	光敏聚合	photosensitized polymerization
光敏聚合物	光敏聚合物	photosensitive polymer
光敏引发剂	光引發劑	photoinitiator
光屏蔽剂	光屏蔽劑	light screener
光谱半定量分析	半定量光譜分析	semiquantitative spectral analysis

大　陆　名	台　湾　名	英　文　名
光谱比较仪	光譜比較器	spectral comparator
光谱成像技术	光譜成像技術	spectral imaging technique
光谱重叠	光譜重疊	spectral overlap
光谱电化学	光譜電化學	spectroelectrochemistry
光谱定性分析	定性光譜分析	qualitative spectral analysis
光谱分析	光譜分析	spectral analysis, spectroanalysis
光谱干扰	光譜干擾	spectral interference
光谱感光板	光譜感光板	spectral photographic plate
光谱化学序列	光譜化學序列	spectrochemical series
光谱缓冲剂	光譜緩衝劑	spectral buffer
光谱仪	［光］譜儀，［光］譜計，分光計	spectrometer
光谱载体	光譜載體	spectroscopic carrier
光气	光氣，二氯化羰	phosgene
光散射	光散射	light scattering
光散射检测器	光散射偵檢器	light scattering detector
光栅光谱仪	光柵攝譜儀	grating spectrograph
光栅红外分光光度计	光柵紅外線分光光度計	grating infrared spectrophotometer
光栅效率	光柵效率	grating efficiency
光声光谱法	光聲光譜法	photoacoustic spectrometry, PAS
光声光谱仪	光聲光譜儀	photoacoustic spectrometer
光声拉曼光谱	光聲拉曼光譜法	photoacoustic Raman spectroscopy
光弹性聚合物	光彈性聚合物	photoelastic polymer
光透玻璃碳电极	光透玻璃碳電極	optically transparent vitreous carbon electrode
光透薄层电化学池	光透薄層電化電池	optically transparent thin-layer electro-chemical cell
光稳定剂	光穩定劑	light stabilizer, photostabilizer
光响应聚合物	光響應聚合物	photoresponsive polymer
光学分析	光學分析	optical analysis
光氧化	光氧化［反應］	photooxidation
光氧化降解	光氧化降解	photooxidative degradation
光异构化	光異構化［作用］	photoisomerization
光引发聚合	光引發聚合	photoinitiated polymerization
光引发转移终止剂	光引發轉移終止劑	photoiniferter
光致变色	光色現象，光色性	photochromism
光致导电聚合物	光導電性高分子	photoconductive polymer
光致电离	光游離	photoionization
光致发光	光發光	photoluminescence

大　陆　名	台　湾　名	英　文　名
光致发光聚合物	光[致]發光聚合物	photoluminescent polymer
光[致]聚合	光誘發聚合	photo-induced polymerization
光致抗蚀剂	光阻劑	photoresist
光[致]氧化还原反应	光[致]氧化還原反應	photoredox reaction
光子活化分析	光子活化分析	photon activation analysis
胱氨酸	胱胺酸	cystine
广度性质	外延性質	extensive property
广义标准加入法	廣義標準添加法	generalized standard addition method
广域缓冲剂	通用緩衝劑	universal buffer
归一化法	歸一化法	normalization method
归一化强度	歸一化強度	normalized intensity
归中反应	逆歧化反應	comproportionation reaction
规定熵	慣用熵	conventional entropy
规整聚合物	規則聚合物	regular polymer
规整嵌段	規則嵌段	regular block
硅胺	矽烷胺	silyl amine
硅硅炔，二硅炔	二矽炔	disilyne
硅硅烯，二硅烯	二矽烯	disilene
硅化作用	矽酸化[作用]	silication
硅胶	矽[凝]膠	silica gel
硅-锂探测器	矽-鋰偵檢器	Si-Li detector
硅面垒探测器	矽面障偵檢器	silicon surface barrier detector
硅氢化	矽氫化	hydrosilication
硅石	矽石	silica
硅酸盐聚合物	矽酸鹽聚合物，聚矽酸鹽	silicate polymer, polysilicate
硅碳炔	矽碳炔	silyne
硅碳烯	矽碳烯	silene
硅烷	矽烷	silicane, silane
硅烷[基]化	矽化[作用]	silylation
硅烷偶联剂	矽烷偶合劑	silane coupling agent
硅烯	矽烯	silylene
硅橡胶	矽橡膠	silicon rubber
硅亚胺	矽亞胺	silyl imine
硅氧烷	矽氧烷	siloxane
硅氧烯指示剂	矽氧烯指示劑	siloxene indicator
硅杂苯	矽苯	silabenzene
硅藻土	矽藻土	kieselguhr
硅正离子	矽正離子	silylium ion

大　陆　名	台　湾　名	英　文　名
硅自由基	矽自由基	silyl radical
轨道磁矩	軌域磁矩	orbital magnetic moment
[轨道]电子俘获	[軌域]電子捕獲	[orbital] electron capture
贵金属	貴金屬	noble metal, precious metal
滚塑	旋轉模製	rotational moulding
果糖	果糖	fructose
过饱和度	過飽和度	super-saturability
过饱和溶液	過飽和溶液	super-saturated solution
过程	過程，程序	process
p 过程	p 過程	p-process
r 过程	r 過程	r-process
s 过程	s 過程，核融合反應	s-process
过程分析	程序分析	process analysis
过程气相色谱仪	程序氣相層析儀	process gas chromatograph
过程色谱法	程序層析法	process chromatography
过程色谱仪	程序層析儀	process chromatograph
过渡后元素	過渡後元素	post-transition element
过渡金属催化剂	過渡金屬催化劑	transition metal catalyst
过渡态理论	過渡態理論	transition state theory
过渡物种	過渡物種，轉移物種	transition species
过渡元素	過渡元素	transition element, transitional element
过硫	過硫化，過交聯，過處理	over cure
过硫酸盐引发剂	過硫酸鹽引發劑	persulphate initiator
过滤	過濾	filteration, filtration
过失误差	總誤差	gross error
过酸	過酸	peracid
过氧化	過氧化[作用]	peroxidization
过氧化氢合物	過氧化氫合物	perhydrate
过氧化氢酶	過氧化氫酶	catalase
过氧化物	過氧化物	peroxide
过氧化物交联	過氧化物交聯	peroxide crosslinking
过氧化物酶	過氧化酶	peroxidase
过氧键	過氧鍵	peroxy bond
η^2-过氧配合物	η^2-過氧錯合物	η^2-peroxo complex
过氧桥	過氧橋	peroxo bridge
过氧酸	過氧酸	peroxy acid
过氧酸酯	過氧酸酯	perester

大　陆　名	台　湾　名	英　文　名
哈金斯方程	赫金斯方程	Huggins equation
哈金斯系数	赫金斯係數	Huggins coefficient
哈米特关系	哈米特關係	Hammett relation
哈米特酸度函数	哈米特酸度函數	Hammett acidity function
哈密顿[算符]	哈密頓[算符]，哈密頓[函數]	Hamiltonian
哈特莱检验	哈特雷檢定法	Hartley test
哈特曼光阑	哈特曼光圈	Hartmann diaphragm
海波	海波，硫代硫酸鈉	hypo
海松烷[类]	海松烷	pimarane
海兔烷[类]	朵蕾烷	dolabellane
亥姆霍兹自由能	亥姆霍茲自由能	Helmholtz free energy
氦离子化检测器	氦游離偵檢器	helium ionization detector
氦燃烧	氦燃燒	helium burning
氦射流传输	氦射流傳輸	He-jet transportation
氦质谱探漏仪	氦質譜探漏儀	helium leak detection mass spectrometer
含氚废物	含氚廢料	tritiated waste
含氚化合物	含氚化合物	tritiated compound
含湿量	水分含量，濕分	moisture content
含氧酸	含氧酸	oxo acid, oxyacid
焓	焓	enthalpy
焓函数	焓函數	enthalpy function
耗散结构	消散結構	dissipative structure
合成	合成	synthesis
合成酶	合成酶	synthetase
合成砌块	建構組元	building block
合成纤维	合成纖維	synthetic fiber
合成橡胶	合成橡膠	synthetic rubber
合成岩石	合成岩石	synroc
合成元	合成組元	synthon
何帕烷[类]	葎草烷	hopane
河鲀毒素	河豚毒素	tetrodotoxin
核保障	核防護	nuclear safeguard
核保障监督技术	核防護監督技術	nuclear safeguard technique
核纯度	核純度	nuclear purity
核磁共振	核磁共振	nuclear magnetic resonance

大　陆　名	台　湾　名	英　文　名
核磁共振波谱法	核磁共振谱法	nuclear magnetic resonance spectroscopy, NMR spectroscopy
核磁共振波谱仪	核磁共振仪	nuclear magnetic resonance spectrometer
核磁共振成像	核磁共振造影	nuclear magnetic resonance imaging, NMRI
核磁矩	核磁矩	nuclear magnetic moment
核电池	核电池	nuclear battery
核电荷	核电荷	nuclear charge
核电四极耦合张量	核电四极耦合张量	nuclear electric quadrupole coupling tensor
核反应	核反应	nuclear reaction
[核反应的]Q值	[核反应]Q值	Q value [of a nuclear reaction]
核反应堆	核反应器	nuclear reactor
核反应分析	核反应分析	nuclear reaction analysis
核苷	核苷	nucleoside
核苷抗生素	核苷抗生素	nucleoside antibiotic
核苷酸	核苷酸	nucleotide
核化工	核化工	nuclear chemical engineering
核化学	核化学	nuclear chemistry
核间双共振	核间双共振[法]	internuclear double resonance, INDOR
核结合能	核结合能	nuclear binding energy
[核]裂变	[核]分裂	[nuclear] fission
核欧沃豪斯效应	核奥佛豪瑟效应	nuclear Overhauser effect, NOE
核配分函数	核分配函数	nuclear partition function
核燃料	核燃料	nuclear fuel
核燃料循环	核燃料循环	nuclear fuel cycle
[核]嬗变	核转变	[nuclear] transmutation
核事故	核子事故	nuclear accident
核衰变	核衰变	nuclear decay
核四极共振	核四极柱共振	nuclear quadrupole resonance, NQR
核四极矩	核四极矩	nuclear quadrupole moment
核素	核种	nuclide
核酸	核酸	nucleic acid
核酸酶	核酸酶	nuclease
核糖	核糖	ribose
核糖核酸	核糖核酸	ribonucleic acid, RNA
核糖核酸酶	核糖核酸酶	ribonuclease
[核]同质异能素	核异构素，异构核	nuclear isomer
核微探针	核微探针	nuclear microprobe
核药物	核药物	nuclear pharmaceutical

大　陆　名	台　湾　名	英　文　名
核药[物]学	核藥[物]學	nuclear pharmacy
核医学	核醫學	nuclear medicine
核宇宙化学	核宇宙化學	nuclear cosmochemistry
荷电酸	荷電酸	charged acid
荷电效应	電荷效應	charge effect
荷尔蒙(=激素)		
褐铁矿	褐鐵礦	limonite
赫斯定律	赫斯定律	Hess's law
黑度计	黑度計	nigrometer
黑色金属	鐵類金屬	ferrous metal
黑钨矿	黑鎢礦，鎢錳鐵礦	wolframite
痕量分析	痕量分析	trace analysis
痕量级	痕量級	trace level
亨利定律	亨利定律	Henry's law
恒电流电解法	恆電流電解法	constant current electrolysis
恒电流法	恆電流法，定電流法	galvanostatic method
恒电流库仑法	恆電流庫侖法	constant current coulometry
恒电位仪	恆電位[自調]器	potentiostat
恒沸点	共沸點	azeotropic point
恒沸[混合]物	共沸物，共沸液	azeotrope
恒流泵	恆流泵	constant flow pump
恒湿器	恆濕裝置	hygrostat
恒温型热量计	恆溫型熱量計，恆溫型卡計	isoperibol-type calorimeter
恒压泵	恆壓泵	constant pressure pump
恒重	恆重	constant weight
恒[组]分共聚合	共沸共聚[作用]	azeotropic copolymerization
恒[组]分共聚物	共沸共聚物	azeotropic copolymer
横向弛豫	橫向鬆弛	transverse relaxation
横向加热原子化器	橫向加熱原子化器	transversely heated atomizer
烘箱	烘箱，爐	oven, drying oven
红宝石	紅寶石	ruby
红铅	紅鉛	red lead
红外标准谱图	紅外線標準譜圖	infrared standard spectrum
红外波数校准	紅外線波數校準	infrared wave number calibration
红外发射光谱	紅外線發射光譜	infrared emission spectrum
红外反射-吸收光谱法	紅外反射-吸收光譜法	infrared reflection-absorption spectrometry
红外分光光度法	紅外線光譜法，紅外線光譜術	infrared spectrophotometry

大　陆　名	台　湾　名	英　文　名
红外分光光度计	紅外線光譜儀	infrared spectrophotometer
红外光分束器	紅外線光分束器	infrared beam spliter
红外光谱	紅外線光譜	infrared spectrum
红外光谱电化学法	紅外光譜電化學法	infrared spectroelectrochemistry
红外光谱法	紅外線光譜法	infrared spectrometry
红外光束聚光器	紅外線光束聚光器	infrared beam condenser
红外光源	紅外線光源	infrared source
红外活性分子	紅外線活性分子	infrared active molecule
红外激光光谱法	紅外線雷射光譜法	infrared laser spectrometry
红外检测器	紅外線偵檢器	infrared detector
红外偏振光谱	紅外線偏光光譜	infrared polarization spectrum
红外偏振器	紅外線偏光器	infrared polarizer
红外气体分析器	紅外線氣體分析計	infrared gas analyzer
红外热成像法	紅外線熱成像法	infrared thermography
红外溶剂	紅外線溶劑	infrared solvent
红外吸收池	紅外線吸收池	infrared absorption cell
红外吸收分析[法]	紅外線吸收分析[法]	infrared absorption analysis
红外吸收光谱	紅外線吸收光譜	infrared absorption spectrum
红外吸收强度	紅外線吸收強度	infrared absorption intensity
红外显微[技]术	紅外線顯微[技]術	infrared microscopy
红外总吸光度重建色谱图	紅外總吸光度重建層析圖	total infrared absorbance reconstruction chromatogram
红移	紅[色位]移	red shift
红移效应	長波效應	bathochromic effect
虹吸进样	虹吸進樣	siphon injection
后沉淀	後沈[澱]	postprecipitation
后端	後端	back end
后过渡金属催化剂	後過渡金屬催化劑	late transition metal catalyst
后聚合	後聚合	post polymerization
后硫化	後硫化	post vulcanization, post cure
后[期]过渡金属	後[期]過渡金屬	late transition metal
后势垒	後勢壘	late barrier
后向散射	反向散射	backward scattering
厚靶	厚靶	thick target
胡萝卜素[类]	胡蘿蔔素[類]	carotene
糊精	糊精	dextrin, amylin
互变异构化	互變異構作用	tautomerization
互变异构[现象]	互變異構性, 互變異構現象	tautomerism

大　陆　名	台　湾　名	英　文　名
互穿[聚合物]网络	互穿[聚合物]網路	interpenetrating polymer network
互换机理	互換機制	interchange mechanism
互扩散	相互擴散	mutual diffusion
互卤化物	鹵素間化合物	interhalogen compound
花菜状聚合物	花菜狀聚合物	cauliflower polymer
花青素	花青素，花色素	anthocyan, anthocyanidin
滑石	滑石	talc
化合	化合[作用]	chemical combination
化合价	價	valence
化合物	化合物	compound
化学波	化學波	chemical wave
化学纯试剂	化學級純試劑	chemically pure reagent, C.P.
化学电离	化學離子化，化學游離	chemical ionization, CI
化学动力学	化學動力學	chemical kinetics
化学镀	化學[浸]鍍	chemical plating
化学发光	化學發光	chemiluminescence
化学发光标记	化學發光標記	chemiluminescence label
化学发光成像分析法	化學發光影像分析法	chemiluminescence imaging analysis
化学发光分析	化學發光分析	chemiluminescence analysis
化学发光剂	化學發光試劑	chemiluminescence reagent
化学发光检测器	化學發光偵檢器	chemiluminescence detector, CLD
化学发光量子产率	化學發光量子產率	chemiluminescence quantum yield
化学发光酶联免疫分 　析法	化學發光酶聯免疫分 　析法	chemiluminescence enzyme-linked 　immunoassay
化学发光免疫分析法	化學發光免疫檢定	chemiluminescence immunoassay, CLIA
化学发光效率	化學發光效率	chemiluminescence efficiency
化学发光指示剂	化學發光指示劑	chemiluminescent indicator
化学发泡	化學發泡	chemical foaming
化学发泡剂	化學發泡劑	chemical foaming agent
化学反应	化學反應	chcmical reaction
化学反应等温式	化學反應等溫式	chemical reaction isotherm
化学反应亲和势	化學反應親和力	affinity of chemical reaction
化学反应性	化學反應性	chemical reactivity
化学分离	化學分離	chemical separation
化学分析	化學分析	chemical analysis
化学分析电子能谱 　[法]	化學分析電子能譜術， 　化學分析電子能譜法	electron spectroscopy for chemical 　analysis, ESCA
化学改进技术	化學修飾技術	chemical modification technique
化学干扰	化學干擾	chemical interference

大　陆　名	台　湾　名	英　文　名
化学混沌	化學混沌	chemical chaos
化学活化	化學活化	chemical activation
化学活性	化學活性	chemical activity
化学激光	化學雷射	chemical laser
化学计量	化學計量[法]，化學計量論	stoichiometry
化学计量点	化學計量點	stoichiometric point
化学计量浓度	化學計量濃度，化學計算濃度	stoichiometric concentration
化学计量数	化學計量數	stoichiometric number
化学计量[性]火焰	化學計量[性]火焰	stoichiometric flame
化学计量学	化學計量學，化學統計	chemometrics
化学剂量计	化學劑量計	chemical dosimeter
化学降解	化學降解	chemical degradation
化学交换	化學交換	chemical exchange
化学交联	化學交聯	chemical crosslinking
化学浸蚀	化學蝕刻	chemical etching
化学能	化學能	chemical energy
化学平衡	化學平衡	chemical equilibrium
化学气相沉积	化學氣相沈積	chemical vapor deposition
化学气相输运	化學蒸氣傳輸	chemical vapor transportation
化学去壳	化學去殼	chemical decanning
化学全同	化學等量[值]	chemical equivalence
化学热力学	化學熱力學	chemical thermodynamics
化学渗透	化學滲透	chemosmosis
化学式	化學式	chemical formula
化学势	化學勢	chemical potential
化学同位素分离[法]	化學同位素分離法	chemical isotope separation
化学位移	化學位移，化學移差	chemical shift
化学位移各向异性	化學位移各向異性	chemical shift anisotropy
化学稳定性	化學穩定性	chemical stability
化学物质	化學物質	chemicals, chemical substance
化学吸附	化學吸附	chemisorption, chemical adsorption
化学纤维	化學纖維	chemical fibre
化学信息学	化學資訊學	cheminformatics
化学修饰	化學修飾	chemical modification
化学修饰电极	化學修飾電極	chemically modified electrode
化学修饰光透电极	化學修飾光透電極	chemically modified optically transparent electrode

大　陆　名	台　湾　名	英　文　名
化学需氧量	化學需氧量	chemical oxygen demand, COD
化学诱导动态电子极化	化學誘導動態[電子]極化	chemically induced dynamic polarization, CIDP
化学振荡	化學振盪	chemical oscillation
还原	還原[作用]	reduction
还原电流	還原電流	reduction current
还原电位	還原電位，還原[電]勢	reduction potential
还原电位溶出分析法	還原電位剝除分析法	reductive potentiometric stripping analysis
还原二聚	還原二聚	reductive dimerization
还原剂	還原劑	reducing agent
还原裂解	還原熱解	reductive pyrolysis
还原态	還原態	reduction state
还原糖	還原糖	reducing sugar
还原烷基化	還原烷化[作用]	reductive alkylation
还原酰化	還原醯化	reductive acylation
还原消除[反应]	還原消去[反應]	reductive elimination
还原性火焰	還原焰	reducing flame
环吖嗪	環吖㗁	cyclazine
环柄化合物	環柄化合物	ansa-compound
环柄类抗生素	環柄類抗生素	ansa-antibiotic
环带球晶	環帶球晶	ringed spherulite
环丁砜	環丁碸	sulfolane
环多醇	環多醇	cyclitol
环翻转	環翻轉	ring inversion
环蕃	環芳	cyclophane
环庚三烯酚酮	草酚酮	tropolone
环庚三烯酮	草酮	tropone
环硅胺	環矽氮	cyclosilazane
环硅氧烷聚合	環矽氧[烷]聚合	cyclosiloxane polymerization
环合	閉環[作用]	ring closure
环合[烯烃]换位反应	環合置換[反應]	ring closure metathesis, RCM
环糊精	環糊精	cyclodextrin
环化	環化[作用]	cyclization
环化聚合	環化聚合[作用]	cyclopolymerization
环加成	環加合[作用]	cycloaddition
环加成聚合	環加成聚合	cycloaddition polymerization
环金属化[反应]	環金屬化[反應]	cyclometallation
环境放射化学	環境放射化學	environmental radiochemistry

大　陆　名	台　湾　名	英　文　名
环境分析	環境分析	environmental analysis
环境监测	環境監測	environmental monitoring
环境友好聚合物	環境友好聚合物	environmental friendly polymer
环-链互变异构	環-鏈互變異構性，環-鏈互變異構現象	ring-chain tautomerism
环试验	環試驗	ring test
环肽	環肽	cyclic peptide, cyclopeptide
环烷烃	環烷烴	cycloalkane
环戊并吡喃萜[类]化合物	環戊并吡喃萜[類]化合物	iridoid
环戊二烯基三羰基锰	環戊二烯基三羰基錳	cymantrene
环烯聚合	環烯聚合	cycloalkene polymerization
环烯烃	環烯烴	cycloalkene
环形电极	環形電極	ring electrode
环形展开[法]	環形展開[法]，圓形展開[法]	circular development
环氧化	環氧化[作用]	epoxidation
环氧化合物	環氧化物	epoxy compound, epoxide
环氧树脂	環氧樹脂	epoxy resin
环氧乙烷(=氧杂环丙烷)		
环酯肽	環酯肽	cyclodepsipeptide
环状单体	環狀單體	cyclic monomer
环状裂解器	環狀熱解器	coil pyrolyser
缓冲指数	緩衝指數	buffer index
缓冲容量	緩衝容量，緩衝能力	buffer capacity
缓冲溶液	緩衝溶液	buffer solution
缓冲液	緩衝液，緩衝劑	buffer
缓冲值	緩衝值	buffer value
缓发中子	遲延中子	delayed neutron
缓发中子发射体	遲延中子發射體	delayed neutron emitter
缓发中子前驱核素	遲延中子前驅核種	delayed neutron precursor
缓聚剂	阻滯劑	retarding agent, retarder
缓聚作用，延迟作用	阻滯[作用]	retardation
幻核	魔核，巧合核	magic nucleus
幻数	巧數，魔數	magic number
换算因子	換算因子，換算因數	conversion factor
换位反应	歧化[反應]	metathesis
黄饼	黃餅	yellow cake

大　陆　名	台　湾　名	英　文　名
黄金分割法	黄金分割法	golden cut method
黄嘌呤氧化酶	黄嘌呤氧化酶	xanthine oxidase
黄铁矿	黄鐵礦	pyrite
黄铜	黄銅	brass
黄铜矿	黄銅礦	chalcopyrite
黄酮	黄酮	flavone
黄酮醇	黄酮醇	flavonol
黄酮类化合物	類黄酮	flavonoid
黄烷	黄烷	flavane
黄烷醇	黄烷醇	flavanol
黄原酸	黄原酸	xanthic acid
黄原酸盐	黄原酸鹽	xanthate, xanthonate
黄原酸酯	黄原酸酯	xanthate, xanthonate
磺化	磺酸化[作用]，磺化[作用]	sulfonation, sulphonation
磺基水杨酸	磺柳酸	sulfosalicylic acid
磺酸	磺酸	sulfonic acid
磺酰化	磺醯化	sulfonylation
灰分	灰分	ash
灰分测定	灰分測定	determination of ash
灰色分析系统	灰色分析系統	grey analytical system
灰色关联分析	灰色相關分析	grey correlation analysis
灰色聚类分析	灰色群聚系統分析，灰色聚集系統分析	grey clustering analysis
挥发法	揮發法	volatilization method
辉光放电光源	輝光放電光源	glow discharge source
辉钼矿	輝鉬礦，鉬鐵礦	molybdenite
辉石	輝石類	pyroxene
辉锑矿	輝銻礦	stibnite
回归方程	回歸方程[式]	regression equation
回归分析	回歸分析	regression analysis
回归平方和	回歸平方和	regression sum of square
回归曲面	回歸曲面	regression surface
回归曲线	回歸曲線	regression curve
回归系数	回歸係數	regression coefficient
回火	回火，逆火	flash back
回收率	回收[速]率	recovery rate
回收试验	回收試驗	recovery test
回缩性	回縮性	nerviness

大 陆 名	台 湾 名	英 文 名
回弹	回彈，彈性	resilience
回咬转移	反咬轉移	backbiting transfer
回转半径	迴轉半徑	radius of gyration
汇聚合成	會聚合成	convergent synthesis
混合常数	混合常數	mixed constant
混合澄清槽	混合澄清槽	mixer settler
混合床离子交换固定相	混合床離子交換固定相	mixed-bed ion exchange stationary phase
混合焓［热］	混合焓［熱］	enthalpy［heat］of mixing
混合夹心配合物	混合夾心錯合物	mixed sandwich complex
混合价	混合價	mixed valence
混合价［态］化合物	混價化合物	mixed valence compound
混合配体配合物	混合配位基配位化合物	mixed ligand coordination compound
混合期	混合期	mixing period
混合物	混合物	mixture
混合［铀、钚］氧化物	混合［鈾、鈽］氧化物	mixed oxide
混合指示剂	混合指示劑	mixed indicator
混晶共沉淀	混晶共沈澱	mixed crystal coprecipitation
混炼	混合	mixing
活度	活度，活性	activity
活度计	活度計，活性計	activity meter
活度因子	活性因數，活性因素	activity factor
活化	活化［作用］	activation
活化单体	活化單體	activated monomer
活化分析	活化分析	activation analysis
活化复合物	活化複合體，活化錯合體	activated complex
活化焓	活化焓	enthalpy of activation
活化基团	活化基團	activating group
活化吉布斯自由能	活化吉布斯自由能	Gibbs free energy of activation
活化剂	活化劑	activator
活化接枝	活化接枝	activation grafting
活化控制反应	活化控制反應	activation controlled reaction
活化能	活化能	activation energy
活化熵	活化熵	entropy of activation
活化缩聚	活化聚縮	activated polycondensation
活泼中间体	活性中間物，活性中間體	reactive intermediate
活塞泵	活塞泵	piston pump

大　陆　名	台　湾　名	英　文　名
活性负离子聚合	活性陰離子聚合，活性負離子聚合	living anionic polymerization
活[性]高分子	活[性]巨分子	living macromolecule
活性聚合	活[性]聚合	living polymerization
活性开环聚合	活性開環聚合	living ring opening polymerization
活性炭	活化炭	activated charcoal
活性碳纤维	活性碳纖維	active carbon fiber
活性氧化铝	活性氧化鋁	activated aluminium oxide
活性氧物种	活性氧物種	reactive oxygen species
活性正离子聚合	活性陽離子聚合，活性正離子聚合	living cationic polymerization
活性中心	活性中心	active center
活性种	活性物種	reactive species
活性组分	有效组分	active constituent
火花放电电离	火花放電游離	spark ionization
火花放电质谱法	火花放電[源]質譜法	spark source mass spectrometry
火花光谱	火花光譜	spark spectrum
火试金法	火化驗法	fire assaying
火焰背景	火焰背景	flame background
火焰发射光谱	火焰發射光譜	flame emission spectrum
火焰光度分析[法]	火焰光度測定法	flame photometry
火焰光度计	火焰光度計	flame photometer
火焰光度检测器	火焰光度偵檢器	flame photometric detector, FPD
火焰离子化检测器	火焰游離偵檢器	flame ionization detector, FID
火焰原子化	火焰原子化	flame atomization
火焰原子吸收光谱法	火焰原子吸收光譜法	flame atomic absorption spectrometry
火焰原子荧光光谱法	火焰原子螢光光譜法	flame atomic fluorescence spectrometry
获能度	獲能度	endoergicity
霍夫曼重排	何夫曼重排	Hofmann rearrangement
霍夫曼消除	何夫曼消去[作用]	Hofmann elimination
霍沃思表达式	哈瓦司表達式	Haworth representation

J

大　陆　名	台　湾　名	英　文　名
机械手	機械手，操縱器	manipulator
肌醇	肌醇	inositol, inose
肌红蛋白	肌紅蛋白，肌球蛋白	myoglobin
[积分]剂量	積分劑量	[integral] dose

大　陆　名	台　湾　名	英　文　名
积分溶解焓	積分溶解焓	integral enthalpy of solution
积分吸收系数	積分吸收係數	integrated absorption coefficient
积分型检测器	積分型偵檢器	integral type detector
积分仪	積分儀，積分器	integrator
基	基	group
基础电荷	基本電荷	elementary electric charge
基尔霍夫定律	克希何夫定律	Kirchhoff law
基峰	基峰	base peak
基频谱带	基頻譜帶	fundamental frequency band
基态	基態	ground state
基体改进剂	基質修飾劑	matrix modifier
基体干扰	基質干擾	matrix interference
基体效应	間質效應	matrix effect
基团频率	基[振動]頻率	group frequency
基团转移聚合	基團轉移聚合	group transfer polymerization
基线	基線	baseline
基线法	基線法	baseline method
基线漂移	基線漂移	baseline drift
基线噪声	基線雜訊	baseline noise
基因显像	基因顯像	gene imaging
基元变化	基元變化	primitive change
基元反应	基本反應	elementary reaction
基元反应步骤	基本反應步驟	elementary reaction step
基质	基質	matrix
基质辅助等离子体解吸	基質輔助電漿脫附	matrix-assisted plasma desorption, MAPD
基质辅助激光解吸电离	基質輔助雷射脫附游離	matrix-assisted laser desorption ionization
基质辅助激光解吸飞行时间质谱仪	基質輔助雷射脫附飛行時間質譜儀	matrix-assisted laser desorption ionization-time of flight mass spectrometer
基准基团	基準基團	fiducial group
畸峰	畸峰，扭曲峰	distorted peak
激波管	衝擊波管	shock tube
激动剂	促效劑	agonist
激发标记	激發標記	excitation labeling
激发电位	激發電位	excitation potential
激发光源	激發光源	excitation light source
激发函数	激發函數	excitation function
激发曲线	激發曲線	excitation curve
激发态	激發態	excited state

大　陆　名	台　湾　名	英　文　名
激发态化学	激發態化學	excited state chemistry
激光低温荧光光谱法	雷射低溫螢光光譜法	laser low temperature fluorescence spectrometry
激光电离	雷射游離	laser ionization
激光电离光谱	雷射游離光譜	laser ionization spectrum
激光多光子离子源	雷射多光子離子源	laser multiphoton ion source
激光共振电离光谱法	雷射共振游離光譜法	laser resonance ionization spectrometry
激光光解	雷射光解	laser photolysis
激光光谱	雷射光譜	laser spectrum
激光光热干涉光谱法	雷射光熱干涉光譜法	laser photothermal interference spectrometry
激光光热光谱法	雷射光熱光譜法	laser photothermal spectrometry
激光光热偏转光谱法	雷射光熱偏轉光譜法	laser photothermal deflection spectrometry
激光光热位移光谱法	雷射光熱位移光譜法	laser photothermal displacement spectrometry
激光光热折射光谱法	雷射光熱折射光譜法	laser photothermal refraction spectrometry
激光光声光谱	雷射光聲光譜	laser photoacoustic spectroscopy
激光光纤	雷射光纖	laser fiber
激光光源	雷射光源	laser source
激光化学	雷射化學	laser chemistry
激光激发原子荧光光谱法	雷射激發原子螢光光譜法	laser excited atomic fluorescence spectrometry
激光解吸电离	雷射脫附游離	laser desorption ionization, LDI
激光拉曼光谱法	雷射拉曼光譜法	laser Raman spectrometry
激光拉曼光声光谱法	雷射拉曼光聲光譜法	laser Raman photoacoustic spectrometry
激光离子源	雷射離子源	laser ion source
激光裂解器	雷射熱解器	laser pyrolyzer
激光热透镜光谱法	雷射熱透鏡光譜法	laser thermal lens spectrometry, LTLS
激光烧蚀共振电离光谱法	雷射剝蝕共振游離光譜法	laser ablation-resonance ionization spectrometry
激光同位素分离［法］	雷射同位素分離法	laser isotope separation
激光微探针	雷射微探針	laser microprobe
激光诱导分子荧光光谱法	雷射誘導分子螢光光譜法	laser-induced molecular fluorescence spectrometry
激光诱导光声光谱法	雷射誘導光聲光譜法	laser-induced photoacoustic spectrometry
激光诱导荧光检测器	雷射誘導螢光偵檢器	laser-induced fluorescence detector
激基缔合物荧光	激發雙體螢光	excimer fluorescence
激基复合物荧光	激基複合物螢光	exciplex fluorescence
激素，荷尔蒙	激素，荷爾蒙	hormone

大　陆　名	台　湾　名	英　文　名
激肽	激肽	kinin
激子转移	激子轉移	exciton transfer, exciton migration
吉布斯-杜安方程	吉[布斯]-杜[漢]方程[式]	Gibbs-Duhem equation
吉布斯相律	吉布斯相律,吉布斯相則	Gibbs phase rule
吉布斯自由能	吉布斯自由能	Gibbs free energy
吉玛烷[类]	牻牛兒烷	germacrane
极差控制图	R 控制圖	R-control chart
极大似然估计量	最大概似估計量	maximum likelihood estimator
极化	極化，偏光[作用]	polarization
极化电极	極化電極	polarized electrode
极化电位	極化電位	polarization potential
极化转移	極化轉移	polarization transfer
极谱波	極譜波	polarographic wave
极谱波方程式	極譜波方程[式]	equation of polarographic wave
极谱催化波	極譜催化波	polarographic catalytic wave
极谱法	極譜術	polarography
极谱图	極譜圖	polarogram
极谱仪	極譜儀，極譜計	polarograph
极限电流	極限電流	limiting current
极限扩散电流	極限擴散電流	limiting diffusion current
极性	極性	polarity
极性单体	極性單體	polar monomer
极性反转	極性逆轉	umpolung
极性键合相	極性鍵結相	polar bonded phase
极性聚合物	極性聚合物	polar polymer
极性溶剂	極性溶劑	polar solvent
极性效应	極性效應	polar effect
极值	極值	extremum value
集成橡胶	集成橡膠	integrated rubber
集体当量剂量	集體當量劑量	collective equivalent dose
集体剂量	集體劑量	collective dose
集体有效剂量	集體有效劑量	collective effective dose
几何标准[偏]差	幾何標準偏差	geometric standard deviation
几何等效	幾何等效	geometrical equivalence
几何平均值	幾何平均值	geometric mean
几何异构	幾何異構現象，幾何異構性	geometrical isomerism
己糖	己醣	hexose

大　陆　名	台　湾　名	英　文　名
挤出	擠壓	extrusion
挤出吹塑	擠壓吹塑	extrusion blow moulding
挤拉吹塑	擠拉吹塑	extrusion draw blow moulding
给电子基团	推電子基團	electron-donating group
给硫剂	給硫劑	sulfur donor agent
给体	予體	donor
pH 计	pH 計，酸鹼度測定計	pH meter, acidometer
计时电流法	時間電流滴定法	chronoamperometry
计时电位法	計時電位[測定]法	chronopotentiometry
计时电位溶出分析法	計時電位剝除分析	chronopotentiometric stripping analysis
计时库仑法	計時庫侖法，計時電量法	chronocoulometry
计数率	計數率	counting rate
计算分光光度法	電腦分光光度法	computational spectrophotometry
计算机断层成像	電腦斷層[掃描]攝影	computed tomography
计温学	測溫法	thermometry
记录仪	記錄器	recorder
记忆效应	記憶效應	memory effect
剂量当量	劑量當量	dose equivalent
剂量积累	劑量累積	dose build-up
剂量积累因子	劑量累積因子	dose build-up factor
剂量监测系统	劑量監測系統	dose monitoring system
剂量率	劑量[速]率	dose rate
剂量限值	劑量限度	dose limit
剂量约束	劑量約束	dose constraint
剂量转换因子	劑量轉換因子	dose conversion factor
季铵化合物	四級銨化合物	quaternary ammonium compound
继发裂变	繼發分裂	sequential fission
1,4-加成	1,4-加成	1,4-addition
加成二聚	加成二聚	additive dimerization
加成反应	加成反應	addition reaction, additive reaction
加[成]聚[合]	加[成]聚[合]	addition polymerization
加[成]聚[合]物	加[成]聚[合]物	addition polymer
加成物	加成物	adduct
加成-消除机理	加成-消去反應機構	addition-elimination mechanism
加工性	加工性	processability
加合离子	加成離子	adduction ion
加宽函数	擴展函數	spreading function
加捻	捻線，捻轉	twisting

大 陆 名	台 湾 名	英 文 名
加权回归	加權回歸	weighted regression
加权平均值	加權[平]均數	weighted mean
加权平均值标准偏差	加權平均值標準偏差	standard deviation of weighted mean
加权最小二乘法	加權最小平方法	weighted least square method
加热曲线测定	加熱曲線測定	heating-curve determination
加热速率	加熱速率	heating rate
加速老化	加速老化	accelerated aging
加速流动法	加速流動法	accelerated flow method
加速器	加速器	accelerator
加速器驱动次临界系统	加速器驅動次臨界系統	accelerator driven subcritical system
加速器质谱法	加速器質譜法	accelerator mass spectrometry, AMS
加压薄层色谱法	加壓薄層層析法	pressured thin layer chromatography
夹心化合物	夾層化合物，三明治化合物	sandwich compound
夹心配合物	夾心配位化合物	sandwich coordination compound
甲醇	甲醇	carbinol
甲酚紫	甲酚紫	cresol purple
甲基百里酚蓝	甲基瑞香草酚藍	methylthymol blue
甲基橙	甲基橙	methyl orange
甲基红	甲基紅	methyl red
甲基红试验	甲基紅試驗	methyl red test
甲基黄	甲基黃	methyl yellow
甲基铝氧烷	甲基鋁氧烷	methylaluminoxane
甲基纤维素	甲纖維素	methyl cellulose
甲基乙烯基硅橡胶	甲基乙烯基矽氧橡膠	methylvinyl silicone rubber
甲阶酚醛树脂	可溶酚醛樹脂	resol
甲硫氨酸，蛋氨酸	甲硫胺酸	methionine
甲壳质	甲殼素，殼糖，幾丁質	chitin
甲醛配合物	甲醛錯合物	formaldehyde complex
甲酰化	甲醯化[作用]	formylation
甲酰基配合物	甲醯基錯合物	formyl complex
钾碱	鉀鹼，鉀肥	potash
钾-氩年代测定	鉀-氬定年法	potassium-argon dating
价带	價帶	valence band
价带结构	價帶結構	valence band structure
价带谱	價帶譜	valence band spectrum
18-价电子规则	18-價電子規則	18-valence electron rule, 18-VE rule
价互变异构	價互變異構作用	valence tautomerism

大　陆　名	台　湾　名	英　文　名
价键理论	價鍵理論	valence bond theory
价态分析	價態分析	valence analysis
价态起伏	價態起伏	valence fluctuation
价态异构	價態異構	valence isomerism
假保留	假滯留	pseudo-retention
假不对称碳	假不對稱碳	pseudoasymmetric carbon
假峰	假峰	ghost peak
假溶液，胶体溶液	假溶液，膠體溶液	pseudosolution
假设检验	假設檢定，假設驗證	hypothesis test
假塑性	假塑性	pseudoplasticity
假酸	假酸	pseudo acid
假正离子活性聚合	假正離子活性聚合，假陽離子活性聚合	pseudo cationic living polymerization
假正离子聚合	假正離子聚合，假陽離子聚合	pseudo cationic polymerization
假终止	假終止	pseudotermination
尖晶石	尖晶石	spinel
间规度	對排度	syndiotacticity
间同立构聚合物	對排聚合物	syndiotactic polymer
间位	間位	meta position
间位定位基	間位定向基，間位引位基	meta directing group
肩峰	肩峰	shoulder
减色效应	減色效應	hypochromic effect
减色作用	減色作用	hypochromism
减尾剂	減拖尾劑	tailing reducer
减阻剂	減阻劑	drag reducer
剪切变稀	剪切稀化	shear thinning
剪切黏度	剪切黏度	shear viscosity
剪切驱动色谱法	剪切驅動層析法	shear-driven chromatography, SDC
检测期	檢測期	detection period
检测限(=检出限)		
检出	偵檢	detection
检出限，检测限	偵測極限	detection limit
F 检验	F 檢定	F-test
t 检验	t 檢定	t-test
χ^2 检验	χ^2 檢定	χ^2-test
检验统计量	檢定統計量	test statistic
简单碰撞理论	簡單碰撞理論	simple collision theory, SCT
碱	鹼	base

大　陆　名	台　湾　名	英　文　名
π 碱	π 鹼，pi 鹼	π-base
碱度	鹼度，鹼性	alkalinity, basicity
碱化	鹼化	alkalization
碱基	鹼基	base
碱金属	鹼金屬	alkali metal
碱量法	鹼定量法	alkalimetry
碱熔	鹼熔	alkali fusion
碱式盐	鹼式鹽	basic salt, hydroxysalt
碱土金属	鹼土金屬	alkaline earth metal
碱性聚合	鹼性聚合	alkaline polymerization
碱性氧化物	鹼性氧化物	basic oxide
间接测量法	間接測量法	indirect determination
间接滴定法(=碘滴定法)		
间接检测	間接檢測	indirect detection
间接荧光法	間接螢光法	indirect fluorimetry
间接原子吸收光谱法	間接原子吸收光譜法	indirect atomic absorption spectrometry
间隙缺陷	間隙缺陷	interstitial defect
间隙体积	間隙體積	interstitial volume
间歇聚合	分批聚合[作用]	batch polymerization
渐进因子分析	開展因數分析	evolving factor analysis, EFA
溅射	濺射	sputtering
溅射产额	濺射產率	sputtering yield
溅射速率	濺射速率	sputtering rate
鉴定	鑑定，證認	identification
键焓	鍵焓	bond enthalpy
键合固定相	鍵結固定相	bonded stationary phase
键合相色谱法	鍵結相層析法	bonded phase chromatography
键合异构	鍵聯異構[性]	linkage isomerism
C-H 键活化反应	C-H 鍵活化反應	C-H bond activation reaction
键能	鍵能	bond energy
姜黄试纸	薑黃試紙	turmeric paper
降变现象	降變現象	falling-off phenomenon
降解	降解[作用]	degradation
降解性聚合物	降解性聚合物	degradable polymer
降木脂体	降木脂體	norlignan
交叉弛豫	交叉鬆弛	cross relaxation
交叉分子束	交叉分子束	crossed molecular beam
交叉共轭	交錯共軛	cross conjugation

大　陆　名	台　湾　名	英　文　名
交叉轰击	交叉轟擊	cross bombardment
交叉极化	交叉極化	cross polarization
交叉偶联反应	交叉偶合反應	cross coupling reaction
交叉羟醛缩合	交醛醇縮合[作用]	cross aldol condensation
交叉束技术	交叉束技術	cross beam technique
交叉增长	交叉增長，交叉傳播	cross propagation
交叉终止	交叉終止	cross termination
交互检验法	交叉確認法	cross validation method
交互作用粒子系集 　（=非独立粒子系集）		
交换容量	交換容量	exchange capacity
交界碱	[軟硬]交界鹼	borderline base
交界酸	[軟硬]交界酸	borderline acid
交联	交聯	crosslinking
交联度	交聯度	degree of crosslinking
交联密度	交聯密度	crosslinking density
交联指数	交聯指數	crosslinking index
交流电弧光源	交流電弧光源	alternating current arc source
交流伏安法	交流伏安法	alternating current voltammetry
交流极谱法	交流極譜法	alternating current polarography, AC 　polarography
交流计时电位法	交流計時電位法	alternating current chronopotentiometry
交流示波极谱法	交流示波極譜法	alternating current oscillopolarography
交替共聚合	交替共聚合	alternating copolymerization
交替共聚物	交替共聚物	alternating copolymer
交替烃	交替烴	alternant hydrocarbon
胶凝作用	膠凝[作用]，膠化[作 用]	gelation
胶溶作用	解膠，膠化	peptization
胶乳	橡漿，乳膠	latex
胶束	微胞，微膠粒	micelle
胶束包合络合物	微胞包容錯合物	micellar inclusion complex
胶束电动色谱法	微胞電動層析法	micellar electrokinetic chromatography, 　MEKC
胶束增敏动力学光度 　法	微胞增敏動力學光度 　法	micelle-sensitized kinetic photometry
胶束增敏流动注射分 　光光度法	微胞增敏流動注射分 　光光度法	micelle-sensitized flow injection 　spectrophotometry
胶束增敏荧光分光法	微胞增敏螢光分光法	micelle-sensitized spectrofluorimetry

大　陆　名	台　湾　名	英　文　名
胶束增敏作用	微胞增敏作用	micellar sensitization
胶束增溶分光光度法	微胞增溶分光光度法	micellar solubilization spectrophotometry
胶束增溶作用	微胞增溶作用	micellar solubilization
胶束增稳室温磷光法	微胞增穩室溫磷光法	micelle-stabilized room temperature phosphorimetry, MS-RTP
胶态化	膠體化	colloidization
胶体溶液(=假溶液)		
胶原[蛋白]	膠[原]蛋白	collagen
胶状沉淀	凝膠狀沈澱	gelatinous precipitate
焦耳-汤姆孙系数	焦[耳]-湯[姆森]係數	Joule-Thomson coefficient
焦耳-汤姆孙效应	焦[耳]-湯[姆森]效應	Joule-Thomson effect
焦谷氨酸	焦麩胺酸	pyroglutamic acid
焦烧	焦化	scorching
焦油	焦油，溚	tar
角重叠模型	角重疊模型	angular overlap model
角分布	角分布	angular distribution
角色散	角度分散	angular dispersion
角鲨烯	[角]鯊烯	squalene
角闪石	角閃石	amphibole
角型呋喃并香豆素	異呋喃并香豆素	isofurocoumarin
角张力	角應變	angle strain
校正	校準	calibration
校正保留体积	校正滯留體積	corrected retention volume
校正曲线	校準曲線	calibration curve
校正曲线法	校準曲線法，檢量線法	calibration curve method
校正因子	校正因子，校正因數	correction factor
校准滤光片	校正濾光片	calibration filter
阶梯减光板	多階衰減器	multistep attenuator
阶梯扫描伏安法	階梯掃描伏安法	staircase sweep voltammetry
阶梯升温程序	階梯升溫程式，步進升溫程式	stepped temperature program
阶跃线原子荧光	逐級線原子螢光	stepwise line atomic fluorescence
接力合成	接力合成	relay synthesis
接受域	接受域，接受範圍	acceptance region
接枝点	接枝點	grafting site
接枝度	接枝度	grafting degree
接枝共聚合	接枝共聚合	graft copolymerization
接枝聚合物	接枝聚合物	graft polymer
接枝效率	接枝效率	efficiency of grafting

大　陆　名	台　湾　名	英　文　名
拮抗剂	對抗劑	antagonist
结构重复单元	結構重複單元	structural repeating unit
结构单元	結構單元	structural unit
结构分析	結構分析	structural analysis
结构控制剂	結構控制劑	constitution controller
结构屏蔽	結構屏蔽	structural shield
结构式	結構式	structural formula
结构水	結構水	constitution water
结构域	結構域	structural domain
结合能	結合能	binding energy, bound energy
结合位点	結合位置	binding site
结晶度	結晶度	degree of crystallinity, crystallinity
结晶聚合物	晶性聚合物	crystalline polymer
结晶水	結晶水	crystal water, water of crystallization
结晶[学]切变	結晶切變	crystallographic shear
结晶紫	結晶紫	crystal violet
结线	連結線	tie line
解蔽	去罩	demasking
解聚	解聚合[作用]	depolymerization
解聚酶	去聚酶	depolymerase
解离常数	解離常數	dissociation constant
解离度	解離度	degree of dissociation
解离机理	解離機構，解離機制	dissociative mechanism
解离能	解離能	dissociation energy
解偏振作用	去極化，消偏光	depolarization
解取向	失向	disorientation
解吸电离	脫附游離	desorption ionization, DI
解吸电子电离	脫附電子游離	desorption electron ionization, DEI
解吸化学电离	脫附化學游離	desorption chemical ionization
解折叠	解折疊	unfolding
介电弛豫	介電弛豫	dielectric relaxation
介电性	介電性	dielectricity
介子化学	介子化學	meschemistry, meson chemistry
介子素	介子	mesonium
介子原子	介子原子	mesonic atom
界面	界面	interface
界面电化学	界面電化學	interfacial electrochemistry
界面分析	界面分析	interface analysis
界面聚合	界面聚合	interfacial polymerization

大　陆　名	台　湾　名	英　文　名
界面缩聚	界面聚縮	interfacial polycondensation
界面相	界面相	boundary phase
金刚石	金剛石，鑽石	diamond
金-硅面垒探测器	金-矽面障偵檢器	Au-Si surface barrier detector
金合欢烷[类]	金合歡烷	farnesane
金红石	金紅石	rutile
金化[反应]	金化[反應]，金化[作用]	auration
金绿石	金綠[寶]石	chrysoberyl
金属	金屬	metal
金属伴侣	金屬伴侶	metallochaperone
金属卟啉	金屬紫質，金屬卟啉	metalloporphyrin
金属簇	金屬簇	metal cluster
金属蛋白	金屬蛋白	metalloprotein
金属电极	金屬電極	metallic electrode
金属富勒烯	金屬富勒烯	metallofullerene
金属化	金屬化[作用]	metallation
金属结合部位	金屬結合部位	metal binding site
金属结合蛋白	金屬結合蛋白質	metal binding protein
金属-金属多重键	金屬-金屬多重鍵	metal-metal multiple bond
金属-金属键	金屬-金屬鍵	metal-metal bond
金属-金属四重键	金屬-金屬四重鍵	metal-metal quadruple bond
金属卡拜	金屬碳炔	metal carbyne, metallocarbyne
金属卡宾	金屬碳烯	metal carbene, metallocarbene
金属离子激活酶	金屬離子活化酶	metal ion activated enzyme
金属硫蛋白	金屬硫蛋白	metallothionein
金属络合物催化剂	金屬錯合物催化劑	metal complex catalyst
金属酶	金屬酶	metalloenzyme
金属配合物离子色谱法	金屬錯合離子層析法	metal complex ion chromatography, MCIC
金属配合物配体	金屬錯合物配位子，金屬錯合物配位基	metallo ligand
金属配位聚合物	金屬配位聚合物	metal coordination polymer
金属硼烷	金屬硼烷	metalloborane
金属氢化物	金屬氫化物	metal hydride
金属酞	金屬酞	metalphthalein
金属酞菁	金屬酞青	metal phthalocyanine
金属碳硼烷	金屬碳硼烷	metallocarborane
金属羰基化合物	金屬羰基化合物	metal carbonyl
金属陶瓷	金屬陶瓷，金屬瓷料	cermet

大　陆　名	台　湾　名	英　文　名
金属亚硝酰配合物	金屬亞硝醯錯合物	metal nitrosyl complex
金属氧酸	金屬氧酸	oxometallic acid
金属氧酸盐	金屬氧酸鹽	oxometallate
金属荧光指示剂	金屬螢光指示劑	metal fluorescent indicator
金属有机骨架	金屬有機骨架	metal-organic framework
金属有机化合物	有機金屬化合物	organometallic compound
金属有机化学	金屬有機化學	organometallic chemistry
金属有机聚合物	有機金屬聚合物	organometallic polymer
金属有机气相沉积	金屬有機氣相沈積	metal organic chemical vapor deposition, MOCVD
金属杂环	金屬雜環	metallocycle
金属指示剂	金屬指示劑	metal indicator
金属转运载体	金屬運輸載體	metal transporter
紧密过渡态	緊密過渡態	tight transition state
紧密离子对	親密離子對	contact ion pair, intimate ion pair, tight ion pair
紧束缚近似	緊束縛近似法	tight binding approximation
近场	近場	near field
近场光谱仪	近場光譜儀	near field spectrometer
近场光学显微镜	近場光學顯微鏡	near field optical microscope
近场激光热透镜光谱法	近場雷射熱透鏡光譜法	near field laser thermal lens spectrometry
近程[放射]治疗	近程[放射]治療	brachytherapy
近程分子内相互作用	近程分子内相互作用	short-range intramolecular interaction
近程结构	近程結構	short-range structure
近红外傅里叶变换表面增强拉曼光谱法	近紅外傅立葉轉換表面增強拉曼光譜法	near infrared Fourier transform surface-enhanced Raman spectrometry, NIR-FT-SERS
近红外光谱	近紅外線光譜	near infrared spectrum, NIR
近红外光谱法	近紅外線光譜法	near infrared spectrometry, NIRS
近红外漫反射光谱法	近紅外線漫散反射光譜法	near infrared diffuse reflection spectrometry
近晶相	層列相	smectic phase
近位	近位，迫位	peri position
进动	進動	precession
进样阀	注入閥	injection valve
进样口	進樣口	inlet
进样量	試樣量，樣本大小	sample size
进样器	試樣注射器	sample injector

大　陆　名	台　湾　名	英　文　名
进样体积	注入體積	injection volume
浸渍	浸漬	impregnation
禁带	禁制帶	forbidden band
禁阻跃迁	禁止躍遷	forbidden transition
经典轨迹计算	古典軌跡計算	classical trajectory calculation
经典热力学	古典熱力學	classical thermodynamics
经式异构体	經式異構物	meridianal isomer
晶格格位	晶格格位	lattice site
晶格间隙	晶格間隙	interstitial void
晶粒间界扩散	晶粒間界擴散	grain boundary diffusion
晶体工程	晶體工程	crystal engineering
[晶体生长]坩埚下降法	[單晶成長]布里奇曼-斯托克巴杰法	Bridgman-Stockbarger method
[晶体生长]提拉法	[單晶成長]柴可斯基法	Czochralski method
[晶体生长]焰熔法	伐諾伊焰熔法	Verneuil flame fusion method
晶体折叠周期	晶體折疊週期	crystalline fold period
晶形沉淀	晶形沈澱	crystalline precipitate
腈	腈	nitrile
腈硫化物	腈硫化物	nitrile sulfide
腈亚胺	腈亞胺	nitrilimine
腈氧化物	腈氧化物	nitrile oxide
腈叶立德	腈偶極體	nitrile ylide
腈正离子	腈正離子	nitrilium ion
精氨酸	精胺酸	arginine
精密度	精確度，精密度	precision
精密聚合	精密聚合	precision polymerization
精细平衡原理	細緻平衡原理	principle of detailed balance
精油	精油	essential oil
井型计数器	井型計數管	well-type counter
阱	阱，閘	trap
颈缩现象	頸化	necking
净保留时间	淨滯留時間	net retention time
净保留体积	淨滯留體積	net retention volume
径迹蚀刻	徑跡蝕刻	track etching
径迹蚀刻剂量计	徑跡蝕刻劑量計	track etch dosimeter
径向展开[法]	徑向展開	radial development
竞聚率	反應性比	reactivity ratio
竞争放射分析	競爭[性]放射化驗	competitive radioassay

大　陆　名	台　湾　名	英　文　名
静电纺丝	靜電紡絲	electrostatic spinning
静电分离器	靜電分離器	electrostatic separator
静电分析器	靜電分析器	electrostatic analyzer
静电作用	靜電交互作用	electrostatic interaction
静态场质谱仪	靜態場質譜儀	static field mass spectrometer
静态磁场	靜態磁場	static magnetic field
静态二次离子质谱法	靜態二次離子質譜法	static secondary ion mass spectrometry, SSIMS
静态光散射	靜態光散射	static light scattering
静态质谱仪	靜態質譜儀	static mass spectrometer
镜面对称	鏡像對稱	mirror symmetry
镜像	鏡像	mirror image
居里(单位)	居里(單位)	Curie, Ci
居里常数	居里常數	Curie constant
居里点	居里點	Curie point
居里点裂解器	居里點熱解器	Curie-point pyrolyzer
局部优化	局部最佳化	local optimization
局域场	局域場,局部場	local field
局域平衡假设	局部平衡假設	assumption of local equilibrium
矩阵	矩陣	matrix
g 矩阵	g 矩陣	g-matrix
巨正则配分函数	大正則分配函數	grand canonical partition function
巨正则系综	大正則系集	grand canonical ensemble
拒绝域	拒絕域,摒棄範圍	rejection region
锯齿链	鋸齒狀鏈	zigzag chain
锯齿形投影式	鋸齒形投影式	zigzag projection
锯木架形投影式	鋸木架型投影式	sawhorse projection
聚(β-氨基丙酸)	聚(β-胺基丙酸)	poly(β-alanine)
聚(ω-氨基己酸)	聚(ω-胺基己酸)	poly(ω-amino caproic acid)
聚氨基甲酸酯,聚氨酯	聚胺甲酸酯	polyurethane
聚氨酯(=聚氨基甲酸酯)		
聚氨酯弹性纤维	聚胺[甲酸]酯彈性纖維	polyurethane elastic fiber
聚氨酯橡胶	聚胺[甲酸]酯橡膠	polyurethane rubber
聚苯胺	聚苯胺	polyaniline
聚苯并咪唑	聚苯并咪唑	polybenzimidazole
聚苯并噻唑	聚苯并噻唑	polybenzothiazole
聚苯硫醚	聚(對伸苯硫醚)	poly(p-phenylene sulfide), PPS

大　陆　名	台　湾　名	英　文　名
聚苯醚	聚伸苯醚	polyphenylene oxide
聚苯乙烯	聚苯乙烯	polystyrene
聚变	［核］融合	fusion
聚变化学	融合化學	fusion chemistry
聚变截面	融合截面	fusion cross section
聚丙烯	聚丙烯	polypropylene
聚丙烯腈	聚丙烯腈	polyacrylonitrile
聚丙烯腈纤维	聚丙烯腈纖維	polyacrylonitrile fiber
聚丙烯酸	聚丙烯酸	poly (acrylic acid)
聚丙烯酸酯	聚丙烯酸酯	polyacrylate
聚丙烯纤维	聚丙烯纖維	polypropylene fiber
聚层夹心配合物	聚層夾心錯合物	polydecker sandwich complex
聚电解质	聚［合］電解質	polyelectrolyte
聚丁二烯	聚丁二烯	polybutadiene
聚 1-丁烯	聚 1-丁烯	poly (1-butene)
聚对苯二甲酸丁二酯	聚對酞酸丁二酯	poly (butylene terephthalate)，poly (tetramethylene terephthalate)
聚对苯二甲酸亚苯酯	聚對酞酸伸苯酯	poly (*p*-phenylene terephthalate)
聚对苯二甲酸乙二酯	聚對酞酸乙二酯	poly (ethylene terephthalate)
聚对亚苯	聚 (對伸苯)	poly (*p*-phenylene)
聚二苯醚砜	聚二苯醚碸	poly (diphenyl ether sulfone)
聚 1,2-二氯亚乙烯	聚 (二氯伸乙烯)	poly (vinylene chloride)
聚芳砜	聚芳碸	poly (aryl sulfone)
聚芳砜酰胺	芳族聚磺醯胺	aromatic polysulfonamide
聚芳酰胺	聚芳醯胺	polyaramide, aromatic polyamide
聚芳酰胺纤维	芳綸纖維，芳香多醯胺纖維	aramid fiber
聚砜	聚碸	polysulfone
聚甘氨酸	聚甘胺酸	polyglycine
聚谷氨酸	聚麩胺酸	poly (glutamic acid)
聚合	聚合［作用］	polymerization
聚合催化剂	聚合觸媒	polymerization catalyst
聚合动力学	聚合動力學	polymerization kinetics
聚合度	聚合度	degree of polymerization
聚合加速剂	聚合加速劑	polymerization accelerator
聚合热力学	聚合熱力學	polymerization thermodynamics
聚合物	聚合物，聚合體	polymer
ω 聚合物	ω 聚合物	ω-polymer
聚合物催化剂	聚合物催化劑，聚合物	polymer catalyst

大　陆　名	台　湾　名	英　文　名
	觸媒	
聚合物电解质	聚合物電解質	polymeric electrolyte
聚合物共混物	聚合物共混物	polyblend, polymer blend
聚合物-金属配合物	聚合物-金屬錯合物	polymer-metal complex
聚合物晶粒	高分子晶粒	polymer crystallite
聚合物晶体	高分子晶體	polymer crystal
聚合物膜	高分子膜	polymeric membrane
聚合物溶剂	聚合物溶剂	polymer solvent
聚合物-溶剂相互作用	聚合物-溶剂相互作用	polymer solvent interaction
聚合物溶液	聚合物溶液	polymer solution
聚合物形态	聚合物形態	morphology of polymer
聚合物絮凝剂	高分子絮凝劑	polymeric flocculant
聚合物药物	高分子藥物	polymer drug
聚合物载体	聚合物載體	polymeric carrier, polymer support
聚合最高温度	聚合最高溫度	ceiling temperature of polymerization
聚环戊二烯	聚環戊二烯	polycyclopentadiene
聚环氧丙烷	聚環氧丙烷	poly (propylene oxide)
聚环氧氯丙烷	聚環氧氯丙烷	polyepichlorohydrin
聚环氧乙烷	聚環氧乙烷	poly (ethylene oxide)
聚集速度	聚集速度	aggregation velocity
聚集体	聚集體，凝集體，集料	aggregate
聚集[作用]	聚集[作用]	aggregation
聚己二酰己二胺	聚六亞甲己二醯胺	poly (hexamethylene adipamide)
聚己内酰胺	聚己內醯胺	polycaprolactam
聚加成反应	複加成反應	polyaddition reaction
聚甲基丙烯酸甲酯	聚甲基丙烯酸甲酯	poly (methyl methacrylate)
聚甲基丙烯酸酯	聚甲基丙烯酸鹽	polymethacrylate
聚 4-甲基-1-戊烯	聚 (4-甲基-1-戊烯)	poly (4-methyl-1-pentene)
聚甲醛	聚甲醛	polyoxymethylene, polyformaldehyde
聚降冰片烯	聚降莰烯	polynorbornene
聚喹喔啉	聚喹噁啉	polyquinoxaline
聚类分析	聚類分析	cluster analysis
聚硫化物(=多硫化物)		
聚硫醚	聚硫醚	polythioether
聚硫橡胶	多硫橡膠	polysulfide rubber
聚氯丁二烯	聚氯平	polychloroprene
聚氯乙烯	聚氯乙烯	poly (vinyl chloride), PVC
聚氯乙烯膜电极	聚氯乙烯膜電極	poly (vinyl chloride) membrane electrode
聚氯乙烯纤维	聚氯乙烯纖維	polyvinyl chloride fiber

大　陆　名	台　湾　名	英　文　名
聚醚	多醚	polyether
聚醚氨酯	聚(醚-胺甲酸乙酯)	poly (ether-urethane)
聚醚砜	聚醚碸	poly (ether sulfone)
聚醚醚酮	聚(醚-醚-酮)	poly (ether-ether-ketone)
聚醚酮	聚(醚-酮)	poly (ether-ketone)
聚醚酮酮	聚(醚-酮-酮)	poly (ether-ketone-ketone)
聚醚酰胺	聚醚醯胺	poly (ether amide)
聚脲	聚脲	polyurea
聚脲树脂	聚脲樹脂	carbamide resin
聚偏氟乙烯	聚(二氟亞乙烯)	poly (vinylidene fluoride)
聚偏氯乙烯	聚(二氯亞乙烯)	poly (vinylidene chloride)
聚全氟丙烯	聚全氟丙烯	poly (perfluoropropene)
聚乳酸	聚乳酸	poly (lactic acid)
聚三氟氯乙烯	聚三氟氯乙烯	poly (chlorotrifluoroethylene)
聚四氟乙烯	聚四氟乙烯	poly (tetrafluoroethylene)
聚四氢呋喃	聚四氫呋喃	polytetrahydrofuran, polyoxytetramethylene
聚醚类抗生素	多醚抗生素	polyether antibiotic
聚碳酸酯	聚碳酸酯	polycarbonate
聚烯烃	聚烯烴	polyolefin
聚酰胺	聚醯胺	polyamide
聚酰胺纤维	聚醯胺纖維	polyamide fiber
聚酰亚胺	聚醯亞胺	polyimide
聚(1-辛烯)	聚(1-辛烯)	poly (1-octene)
聚乙二醇	聚乙二醇	poly (ethylene glycol)
聚乙炔	聚乙炔	polyacetylene
聚乙酸乙烯酯	聚乙酸乙烯酯	poly (vinyl acetate)
聚乙烯	聚乙烯	polyethylene, PE
聚乙烯醇	聚乙烯醇	poly (vinyl alcohol)
聚乙烯醇缩丁醛	聚乙烯醇縮丁醛	poly (vinyl butyral)
聚乙烯醇缩甲醛	聚乙烯醇縮甲醛	poly (vinyl formal)
聚乙烯醇纤维	聚乙烯醇纖維	polyvinyl alcohol fiber
聚乙烯酮类化合物	聚[乙烯]酮類，聚酮類	polyketide
聚异丁烯	聚異丁烯	polyisobutylene
聚异戊二烯	聚異戊二烯，聚異平	polyisoprene
聚酯	聚酯	polyester
聚酯树脂	聚酯樹脂	polyester resin
聚酯纤维	聚酯纖維	polyester fiber
卷积伏安法	卷積伏安法	convolution voltammetry
卷积光谱法	卷積光譜法	convolution spectrometry

大 陆 名	台 湾 名	英 文 名
卷曲构象	捲曲構形	coiled conformation
决速步	速率決定步驟	rate determining step
绝对不对称合成	絕對不對稱合成	absolute asymmetric synthesis
绝对测量	絕對測量	absolute measurement
绝对法	絕對[定量]法	absolute method
绝对反应速率理论	絕對反應速率理論	absolute rate theory
绝对构型	絕對組態	absolute configuration
绝对活度	絕對活度	absolute activity
绝对计数	絕對計數	absolute counting
绝对偏差	絕對偏差	absolute deviation
绝对误差	絕對誤差	absolute error
绝热电离	絕熱游離	adiabatic ionization
绝热过程	絕熱過程	adiabatic process
绝热式热量计	絕熱卡計	adiabatic calorimeter
绝热势能面	絕熱位能面	adiabatic potential energy surface
绝热系统	絕熱系統	adiabatic system
攫取[反应]	摘取[反應]	abstraction
均方根末端距	均方根末端距	root-mean-square end-to-end distance
均方回转半径	均方迴轉半徑	mean square radius of gyration
Z 均分子量	Z 均分子量	Z-average molar mass, Z-average molecular weight
均聚反应	均聚合[作用]，同元聚合[作用]	homopolymerization
均聚物	均聚物，同元聚合物	homopolymer
均聚增长	均聚增長，均聚傳播	homopropagation
均裂	均匀分裂	homolysis
均裂反应	均匀分裂反應	homolytic reaction
均相成核	均相成核	homogeneous nucleation
均相萃取	均相萃取	homogeneous extraction
均相反应	均相反應，匀相反應	homogeneous reaction
均相火焰化学发光	均相火焰化學發光	homogeneous phase flame chemi-luminescence
均相聚合	均相聚合[作用]，匀相聚合[作用]	homogeneous polymerization
均相茂金属催化剂	均相茂金屬催化劑	homogeneous metallocene catalyst
均相膜电极	均相膜電極	homogeneous membrane electrode
均相平衡	均相平衡	homogeneous equilibrium
均相氢化	匀相氫化	homogeneous hydrogenation

大　陆　名	台　湾　名	英　文　名
均相缩聚	均聚縮	homopolycondensation
均相系统	均相系統，均匀系統	homogeneous system
均匀标记化合物	均匀標記化合物	uniformly labeled compound
均匀沉淀	均匀沈澱	homogeneous precipitation
均匀分布	均匀分布	uniform distribution
均匀设计	均匀設計	homogeneous design

K

大　陆　名	台　湾　名	英　文　名
β 咔啉 (=吡啶并 [3,4-b] 吲哚)		
咔唑 (=二苯并 [b,d] 吡咯)		
卡拜	碳炔，次甲基 (中間體)	carbyne
卡宾	碳烯，亞甲體 (中間體)	carbene
卡铂	卡鉑	carboplatin
卡尔·费歇尔滴定法	卡[耳]-費[雪]滴定法	Karl Fischer titration
卡尔·费歇尔试剂	卡[耳]-費[雪]試劑	Karl Fischer reagent
卡尔曼滤波法	卡曼濾波法	Kalman filtering method
卡诺定理	卡諾定理	Carnot theorem
卡诺循环	卡諾循環	Carnot cycle
卡山烷 [类]	苄山烷	cassane
开尔文模型	克耳文模型	Kelvin model
开管柱	開管柱，中空管柱，空心柱	open tubular column
开环共聚合	開環共聚合	ring opening copolymerization
开环聚合	開環聚合 [作用]	ring opening polymerization
开环易位聚合	開環移位聚合	ring opening metathesis polymerization
开路弛豫计时吸收法	開路鬆弛計時吸收法	open-circuit relaxation chronoabsorptometry
开路电位	開路電位	open-circuit potential
锎-252 中子源	鉲-252 中子源	Cf-252 neutron source
凯氏烧瓶	凱耳達燒瓶	Kjeldahl flask
蒈烷类	蒈烷，長松針烷	carane
康普顿散射分析	康普頓散射分析	Compton scattering analysis
糠醛苯酚树脂	糠醛苯酚樹脂	furfural phenol resin
糠醛树脂	糠醛樹脂	furfural resin
抗磁环电流效应	反磁性環電流效應	diamagnetic ring current effect

大　陆　名	台　湾　名	英　文　名
抗磁位移	反磁性位移	diamagnetic shift
抗磁性	反磁性	diamagnetic, diamagnetism
抗磁性配合物	反磁性配位化合物	diamagnetism coordination compound
抗辐射剂	抗輻射劑	anti-radiation agent
抗辐射性	抗輻射性	radiation resistance
抗坏血酸	抗壞血酸，維生素 C	ascorbic acid
抗降解剂	抗降解劑	anti-degradant
抗静电剂	去靜電劑	antistatic agent
抗生素	抗生素	antibiotic
抗体酶	抗體酶	abzyme
抗微生物剂	除生物劑	biocide
抗氧[化]剂	抗氧化劑	antioxidant
考马斯亮蓝	考馬斯亮藍	Coomassie brilliant blue, CBB
苛化	苛性[作用]	causticization
苛性钠	苛性鈉，燒鹼	caustic soda
柯奇拉检验法	柯克蘭檢定法	Cochrane test method
科顿效应	科頓效應	Cotton effect
科尔劳施离子独立迁移定律	科耳洛希離子獨立遷移定律	Kohlrausch law of independent migration of ions
壳[层]模型	殼[層]模型	shell model
壳聚糖	聚葡萄胺糖	chitosan
可变步长	可變步距	variable step size
可萃取酸	可萃取酸	extractable acid
可萃取物种	可萃取物種	extractable species
可纺性	可紡性	spinnability
可合理达到的尽量低原则	合理抑低原則	as low as reasonably achievable principle, ALARA principle
可极化性	極化性，極化率	polarizability
可见分光光度法	可見光分光光度法	visible spectrophotometry
可见光分光光度计	可見光分光光度計	visible spectrophotometer
可见吸收光谱	可見光吸收光譜	visible absorption spectrum
可靠性	可靠性	reliability
可靠性顺序	可靠性排序	reliability ranking
可控-活性自由基聚合	可控-活性自由基聚合	controlled-living radical polymerization
可控因素	可控因素	controllable factor
可离子化基团	可游離化質	ionogen
可裂变核素	可分裂核種	fissionable nuclide
[可]裂变[性]参数	分裂性參數	fissionability parameter
可逆波	可逆波	reversible wave

大 陆 名	台 湾 名	英 文 名
可逆反应	可逆反應	reversible reaction
可逆功	可逆功	reversible work
可逆过程	可逆過程，可逆程序	reversible process
可逆加成断裂链转移聚合	可逆加成碎斷鏈轉移聚合	reversible addition fragmentation chain transfer polymerization
可逆凝胶	可逆凝膠	reversible gel
可调谐激光	可調[頻]雷射	tunable laser
可调谐激光光源	可調[頻]雷射光源	tunable laser source
可移动化	可移動化	mobilization
可转换核素	可轉換核種	fertile nuclide
克拉佩龙方程	克拉伯隆方程[式]	Clapeyron equation
克拉佩龙-克劳修斯方程	克[拉伯隆]-克[勞修斯]方程[式]	Clapeyron-Clausius equation
克拉克氧电极	克拉克氧電極	Clark oxygen electrode
克莱默斯理论	克萊默斯理論	Kramers theory
克莱森重排	克來森重排	Claisen rearrangement
克劳修斯不等式	克勞修斯不等式	Clausius inequality
克罗烷[类]	克羅烷	clerodane
客体	客體	guest
空间电荷效应	空間電荷效應	space-charge effect
空间同位素效应	空間同位素效應	steric isotope effect
空间因子	立體因素，位阻因素	steric factor
空间应变	立體應變	steric strain
空气比释动能率常数	空氣比釋動能率常數	air kerma rate constant
空气动力学同位素分离法	空氣動力學同位素分離法	aerodynamic isotope separation
空气-乙炔火焰	空氣-乙炔火焰	air-acetylene flame
[空气]阻尼天平	空氣阻尼天平	air-damped balance
孔径	細孔大小，細孔尺寸	pore size
孔雀绿	孔雀綠	malachite green
孔雀石	孔雀石	malachite
孔体积	孔體積	pore volume
空白溶液	空白溶液	blank solution
空白试验	對照試驗，比照試驗	blank test
空白值	空白值	blank value
空位缺陷	空位缺陷	vacancy defect
空位元素	空位元素	vacancy element
空心阴极灯	空心陰極燈	hollow cathode lamp
空穴	電洞	hole

大　陆　名	台　湾　名	英　文　名
控温程序	控溫程式	temperature programme
控制电流库仑法	控制電流庫侖法	controlled current coulometry
控制电位电解法	控制電位電解法	controlled potential electrolysis
控制电位库仑滴定法	控制電位庫侖滴定	controlled potential coulometric titration
控制电位库仑法	控制電位庫侖法	controlled potential coulometry
控制中心线	控制中心線	control central line
扣数	扣數	hapticity
蔻	蔻	coronene
苦杏仁酸	苦杏仁酸	mandelic acid
库仑滴定[法]	庫侖滴定[法]	coulometric titration
库仑法	電量分析[法]，電量滴定法	coulometry
库仑计	電量計	coulometer
库仑检测器	庫侖偵檢器	coulometric detector
库仑势垒	庫侖障壁	coulomb barrier
跨环插入	跨環插入	transannular insertion
跨环重排	跨環重排[作用]	transannular rearrangement
跨环相互作用	跨環相互作用	transannular interaction
跨环张力	跨環張力	transannular strain
跨膜运输	跨膜運輸，透膜運輸	transmembrane transport
快反应	快[速]反應	fast reaction
快放射化学分离	快放射化學分離	fast radiochemical separation
快化学	快[中子]化學	fast chemistry
快速分析	快速分析	fast analysis
快速粒子轰击	快速粒子撞擊，快速粒子轟擊	fast-particle bombardment, FPB
快速气相色谱法	快速氣相層析法	fast gas chromatography
快速色谱法	快速層析法	high-speed chromatography, fast chromatography
快速原子轰击离子源	快速原子撞擊離子源，快速原子轟擊離子源	fast atom bombardment ion source
快中子	快中子	fast neutron
宽带核磁共振	寬帶核磁共振	wide band nuclear magnetic resonance
宽带去偶	寬帶去偶	broad band decoupling
宽[辐射]束	寬[輻射]束	broad beam
矿化	礦化[作用]	mineralization
矿化组织	礦化組織	mineralized tissue
奎宁[类]生物碱(=辛可宁生物碱)		

大　陆　名	台　湾　名	英　文　名
喹啉	喹啉	quinoline
喹啉[类]生物碱	喹啉[類]生物鹼	quinoline alkaloid
8-喹啉羧酸	8-喹啉甲酸	8-quinoline carboxylic acid
喹哪啶红	喹哪啶紅	quinaldine red
喹哪啶酸	喹哪啶酸，2-喹啉甲酸	quinaldic acid
喹诺酮	喹啉酮	quinolone
喹嗪	喹呯	quinolizine
喹嗪[类]生物碱	喹呯啶生物鹼	quinolizidine alkaloid
喹唑啉[类]生物碱	喹唑啉生物鹼	quinazoline alkaloid
昆虫外激素	昆蟲激素	insect hormone
昆虫信息素	外泌素，費洛蒙	pheromone
醌	醌	quinone
醌氢醌	苯醌并苯二酚	quinhydrone
扩环[反应]	擴環[反應]	ring expansion, ring enlargement
扩链剂	擴鏈劑	chain extender
扩散传质	擴散質量轉移	mass-transfer by diffusion
扩散电流	擴散電流	diffusion current
扩散电流常数	擴散電流常數	diffusion current constant
扩散控制反应	擴散控制反應	diffusion controlled reaction
扩散控制终止	擴散控制終止	diffusion controlled termination
扩散膜	擴散障壁	diffusion barrier
扩散排序谱	擴散排序譜	diffusion-ordered spectroscopy, DOSY
扩展 X 射线吸收精细结构	延伸 X 光吸收精細結構	extended X-ray absorption fine structure, EXAFS
扩张因子	擴張因數，膨脹因子	expansion factor

L

大　陆　名	台　湾　名	英　文　名
拉德	雷德	rad
拉丁方设计	拉丁方陣設計	Latin square design
拉曼非活性	拉曼非活性	Raman inactivity
拉曼光谱	拉曼光譜	Raman spectrum
拉曼光谱学	拉曼光譜學	Raman spectroscopy
拉曼光谱仪	拉曼[光]譜儀	Raman spectrometer
拉曼活性	拉曼活性	Raman activity
拉曼位移	拉曼位移	Raman shift
拉曼效应	拉曼效應	Raman effect

大　陆　名	台　湾　名	英　文　名
拉莫尔频率	拉莫頻率	Larmor frequency
拉平效应	調平效應	leveling effect
拉伸吹塑	伸縮吹塑	stretch blow moulding
拉伸应力弛豫	拉應力鬆弛	tensile stress relaxation
拉乌尔定律	拉午耳定律	Raoult law
蜡	蠟	wax
铼-锇年代测定	錸-鋨定年法	rhenium-osmium dating
赖氨酸	離胺酸	lysine
雷道克斯流程	REDOX 流程，氧化還原流程	reduction oxidation process, REDOX process
兰多尔特反应	朗[多耳]式反應	Landolt reaction
蓝宝石	藍寶石，青玉	sapphire
蓝铜矿	藍銅礦	azurite
蓝移	藍[色位]移	blue shift
蓝移效应	短波位移效應，藍移效應	hypsochromic effect
镧系收缩	鑭系收縮	lanthanide contraction
镧系位移试剂	鑭系位移試劑	lanthanide shift reagent
镧系元素	鑭系元素	lanthanide
镧系元素配合物	鑭系元素錯合物	lanthanoid complex
榄烷[类]	欖[香]烷	elemane
莨菪烷[类]生物碱	莨菪烷[類]生物鹼	tropane alkaloid
朗伯-比尔定律	朗伯-比爾定律	Lambert-Beer law
劳埃照相法	勞埃照相法	Laue photography
铹后元素	超鐒元素	translawrencium element
老化	老化	aging
酪氨酸	酪胺酸	tyrosine
勒夏特列原理	勒沙特列原理	Le Châtelier principle
雷姆	侖目	rem
雷酸盐	雷酸鹽	fulminate
镭-铍中子源	鐳-鈹中子源	Ra-Be neutron source
类卡宾	類碳烯	carbenoid
类酶高分子	類酶巨分子	enzyme like macromolecule
类双自由基	類雙自由基	biradicaloid
类似物	類似物，類比	analog
类脂，脂质	脂質	lipid, lipoid
累积产额	累積產率	cumulative yield
累积常数	累積常數，總常數	gross constant, cumulative constant
累积多烯	疊烯類	cumulene

大　陆　名	台　湾　名	英　文　名
累积概率	累積機率，累積或然率	accumulative probability
累积频数	累積頻率	cumulative frequency
累积稳定常数	累積穩定常數	cumulative stability constant
棱镜光谱仪	稜鏡攝譜儀	prism spectrograph
棱镜红外分光光度计	稜鏡紅外線分光光度計	prism infrared spectrophotometer
棱锥型翻转	稜錐型翻轉	pyramidal inversion
冷标记	冷標記	cold labeling
冷聚变	冷融合，冷熔合	cold fusion
冷流	冷流	cold flow
冷却曲线	冷卻曲線	cooling curve
冷熔合反应	冷融合反應，冷熔合反應	cold fusion reaction
冷试验	冷試驗	cold run, cold test
冷轧	冷軋	cold rolling
冷蒸气原子吸收光谱法	冷蒸氣原子吸收光譜法	cold vapor atomic absorption spectrometry
冷中子活化分析	冷中子活化分析	cold neutron activation analysis
冷柱上进样	冷[管]柱上進樣	cool on-column injection
离解	解離	dissociation
离去核体	親核性脫離基	nucleofuge
离去基团	脫離基	leaving group
离线裂解	離線熱解	off-line pyrolysis
离心萃取器	離心萃取機	centrifugal extractor
离心法	離心法	centrifugal method
离心机	離心機	centrifuge
离心势垒	離心障壁	centrifugal barrier
离子	離子	ion
离子泵	離子泵	ion pump
离子传输率	離子傳輸率	ion transmission
离子束分析	離子束分析	ion beam analysis, IBA
离子导电性	離子導電性	ionic conductivity
离子缔合	離子締合[作用]	ionic association
离子缔合络合物	離子結合錯合物	ion association complex
离子缔合物萃取	離子締合[物]萃取	ion association extraction
离子电导	離子電導	ionic conductance
离子动能谱法	離子動能譜法	ion kinetic energy spectroscopy, IKES
离子对	離子對	ion pair
离子对电离	離子對游離	ion pair ionization
离子对聚合	離子對聚合	ion pair polymerization

大　陆　名	台　湾　名	英　文　名
离子对色谱法	離子對層析法	ion pair chromatography, IPC
离子对试剂	離子對試劑	ion pair reagent
离子对形成	離子對形成	ion pair formation
离子反应	離子反應	ionic reaction
离子分配图	離子分配圖	ionic partition diagram
离子-分子反应	離子-分子反應	ion-molecule reaction
离子氛	離子氛，離子雲	ionic atmosphere
离子浮选法	離子浮選法	ion floatation
离子共聚合	離子共聚合[作用]	ionic copolymerization
离子光学	離子光學	ion optics
离子化	離子化	ionization
离子化截面	游離截面積	ionization cross section
离子化溶剂	游離溶劑	ionizing solvent
离子化室	離子化室	ionization chamber
离子回旋共振	離子迴旋[加速器]共振	ion cyclotron resonance
离子回旋共振质谱仪	離子迴旋共振質譜儀	ion cyclotron resonance mass spectrometer, ICR mass spectrometer
离子活度系数	離子活性係數	ionic activity coefficient
离子计	離子計	ion meter
离子交换剂	離子交換劑	ion exchanger
离子交换膜	離子交換膜	ion exchange membrane
离子交换色谱法	離子交換層析法	ion exchange chromatography, IEC
离子交换树脂	離子交換樹脂	ion exchange resin
离子解离	離子解離	ionic dissociation
离子阱	離子阱	ion trap
离子阱质谱法	離子阱質譜法	ion trap mass spectrometry
离子阱质谱仪	離子阱質譜儀	ion trap mass spectrometer, ITMS
离子聚合物	離子聚合物	ionomer
离子-偶极相互作用	離子偶極相互作用	ion-dipole interaction
离子排阻色谱法	離子篩析層析法	ion exclusion chromatography, IEC
离子迁移率	離子移動率	ionic mobility
离子迁移数	離子遷移數	ion transference number
离子枪	離子槍	ion gun
离子强度	離子強度	ionic strength
离子取代	離子取代	ionic replacement
离子溶剂化	離子溶[劑]合，離子溶劑合作用	ionic solvation
离子散射谱[法]	離子散射譜法	ion scattering spectroscopy, ISS

大　陆　名	台　湾　名	英　文　名
离子色谱法	離子層析法	ion chromatography, IC
离子式	離子式	ionic formula
离子束	離子束	ion beam
离子束分析	離子束分析	ion beam analysis, IBA
离子水合	離子水合	ionic hydration
离子碎裂机理	離子碎斷機制	mechanism of ion fragmentation
离子探针显微分析	離子探針顯微分析	ion probe microanalysis
离子探针质量分析器	離子微探針質量分析器	ion microprobe mass analyzer, IMMA
离子通道	離子通道	ion channel, ionic channel
离子通道免疫传感器	離子通道免疫感測器	ion channel switching immunosensor
离子线	離子[譜]線	ionic line
离子[型]聚合	離子聚合[作用]	ionic polymerization
离子性参数	離子性參數	ionicity parameter
离子选择场效应晶体管	離子選擇[性]場效應電晶體	ion selective field effect transistor, ISFET
离子选择电极	離子選擇[性]電極	ion selective electrode
离子液体	離子液體	ionic liquid
离子抑制色谱法	離子抑制層析法	ion suppressed chromatography
离子源	離子源	ion source
离子载体	離子載體，親離子基，親離子團	ionophore
离子中和谱[法]	離子中和譜法	ion neutralization spectroscopy, INS
离子-中性分子复合物	離子-中性分子錯合物	ion-neutral complex
离子注入技术	離子植入技術	ion-implantation technique
离子注入修饰电极	離子植入修飾電極	ion-implantation modified electrode
离子转移反应	離子轉移反應	ion transfer reaction
RRK 理论	RRK 理論	Rice-Ramsperger-Kassel theory, RRK theory
RRKM 理论	RRKM 理論	Rice-Ramsperger-Kassel-Marcus theory, RRKM theory
理论塔板高度	[理論]板高	height equivalent to a theoretical plate, HETP
理论塔板数	理論板數	number of theoretical plate
理想非极化电极	理想非極化電極	ideal nonpolarized electrode
理想共聚合	理想共聚合	ideal copolymerization
理想极化电极	理想極化電極	ideal polarized electrode
理想溶液	理想溶液	ideal solution
理想稀[薄]溶液	理想稀溶液	ideal dilute solution
锂化	鋰化[作用]	lithiation
力化学降解	機械化學降解	mechanochemical degradation
立构重复单元	立構重複單元	stereorepeating unit

大　陆　名	台　湾　名	英　文　名
立构规整度	立體規整性	tacticity, stereo-regularity
立构规整聚合	立體規則聚合	stereoregular polymerization
立构嵌段	立體嵌段	stereoblock
立体变更	立體突變	stereomutation
立体电子效应	立體電子效應	stereoelectronic effect
立体化学	立體化學	stereochemistry
立体化学式	立體化學式	stereoformula, stereochemical formula
立体会聚	立體會聚	stereoconvergence
立体特异标记化合物	立體特異標記化合物	stereospecifically labeled compound
立体效应	立體效應，位阻效應	steric effect
立体选择性	立體選擇性	stereoselectivity
立体选择性合成	立體選擇性合成	stereoselective synthesis
立体异构体	立體異構物	stereoisomer, stereoisomeride
立体异构[现象]	立體異構現象，立體異構性	stereoisomerism
立体[异构]源单元	立體[異構]源單元	stereogenic unit, stereoelement
立体[异构]源中心	立體[異構]源中心	stereogenic center
立体专一性	立體特異性	stereospecificity
沥青固化	瀝青固化，煤瀝青化	bituminization, bitumen solidification
例行分析	例行分析	routine analysis
粒度	粒度，粒子大小	particle size
粒子散射函数	粒子散射函數	particle scattering function
粒子束	粒子束	particle beam, PB
连苯三酚	五倍子酚	pyrogallol
连串反应	逐次反應	consecutive reaction, successive reaction
连接酶	連接酶，聯結酶	ligase
连续波核磁共振[波谱]仪	連續波核磁共振儀	continuous wave nuclear magnetic resonance spectrometer
连续萃取	連續萃取	continuous extraction
连续分析法	連續分析	continous analysis
连续光谱	連續光譜	continuous spectrum
连续光源背景校正法	連續光源背景校正法	continuous source method for background correction
连续聚合	連續聚合法	continuous polymerization
连续流动法	連續流動法	continuous flow method
连续流焓分析	連續流焓分析法	continuous flow enthalpimetry
连续热解分析	連續熱解[分析]	sequential pyrolysis
连续式裂解器	連續式熱解器	continuous mode pyrolyser
连续展开[法]	連續展開	continuous development

大　陆　名	台　湾　名	英　文　名
联苯	聯苯	biphenyl
联苯胺	聯苯胺	benzidine
联吡啶	聯吡啶	bipyridyl, bipyridine
联苄	聯苄	bibenzyl
2,2′-联二喹啉	亞銅試劑	2,2′-biquinoline
联芳	聯芳	biaryl
联萘	聯萘	binaphthyl
联烯	重烯	allene
炼丹术，炼金术	煉丹術，煉金術	alchemy
炼金术(=炼丹术)		
链缠结	鏈纏結	chain entanglement
链长	鏈長	chain length
链段	鏈段	chain segment
链段运动	鏈段運動	segmental motion
链断裂	鏈斷裂	chain breaking
链反应	鏈反應，鏈鎖反應	chain reaction
链刚性	鏈剛性	chain rigidity
链构象	鏈構形	chain conformation
链间距	鏈間距	interchain spacing
链间相互作用	鏈間相互作用	interchain interaction
链末端	鏈末端	chain end, chain terminal
链取向无序	鏈位向無序	chain orientational disorder
链柔性	鏈柔韌性	chain flexibility
链式核裂变反应	鏈式核分裂	chain nuclear fission
链[式]聚合	鏈聚[合作用]	chain polymerization
链型聚合物	鏈[型]聚合物	chain polymer
链抑制剂	鏈抑制劑	chain inhibitor
链引发	鏈引發	chain initiation
链载体	鏈載體，連鎖載體	chain carrier
链增长	鏈增長，鏈傳播	chain growth, chain propagation
链折叠	鏈折疊	chain folding
链支化	鏈分枝	chain branching
链终止	鏈終止[作用]，鏈鎖終 止[作用]	chain termination
链终止剂	鏈終止劑	chain termination agent
链轴	鏈軸	chain axis
链转移	鏈轉移[作用]，鏈傳遞 [作用]	chain transfer
链转移常数	鏈轉移常數	chain transfer constant

大　陆　名	台　湾　名	英　文　名
链转移剂	鏈轉移劑，鏈鎖轉移劑	chain transfer agent
良溶剂	良溶劑	good solvent
两可[的]	多位性試劑	ambident
两亲聚合物	兩親聚合物	amphiphilic polymer
两亲嵌段共聚物	兩親嵌段共聚物	amphiphilic block copolymer
两亲体	兩親體	amphiphile
两性电解质(=两性物)		
两性聚电解质	聚兩性電解質	polyampholyte, polyamphoteric electrolyte
两性离子	兩性離子	zwitterion
两性离子聚合	兩性離子聚合	zwitterion polymerization
两性溶剂	兩性溶劑	amphiprotic solvent
两性物，两性电解质	兩性電解質	ampholyte
亮氨酸	白胺酸	leucine
亮绿	亮綠，孔雀綠	brilliant green
量热滴定曲线	熱熔滴定曲線	enthalpimetric titration curve, thermometric titration curve
量热法	熱量測定法，量熱法	calorimetry
量热熵	量熱熵	calorimetric entropy
量压裂解	量壓熱解	pressure monitored pyrolysis
量值传递	量值傳播，量值傳遞	dissemination of quantity value
量值谱	量譜	magnitude spectrum
量子电化学	量子電化學	quantum electrochemistry
裂变产额	分裂產率，分裂量	fission yield
裂变产物	分裂產物	fission product
裂变产物的电荷分布	分裂產物電荷分布	charge distribution of fission product
裂变产物的质量分布	分裂產物質量分布	mass distribution of fission product
裂变产物化学	分裂產物化學	fission product chemistry
裂变产物[衰变]链	分裂產物[衰變]鏈	fission product [decay] chain
裂变化学	[核]分裂化學	fission chemistry
裂变计数器	分裂計數器	fission counter
裂变截面	分裂截面	fission cross-section
裂变径迹年代测定	分裂痕跡定年法	fission track dating
裂变势垒	分裂勢壘	fission barrier
裂变碎片	分裂碎片	fission fragment
裂变同质异能素	[核]分裂同質異能素	fission isomer
裂解残留物	熱解殘留物	pyrolysis residue
裂解反应	熱解反應	pyrolysis reaction
裂解光谱	熱解光譜	pyrolytic spectrum
裂解红外光谱法	熱解-紅外光譜法	pyrolysis-infrared spectroscopy, Py-IRS

大　陆　名	台　湾　名	英　文　名
裂解红外光谱图	熱解-紅外光譜圖	pyrolysis-infrared spectrum
裂解气相色谱法	熱[裂]解氣相層析法	pyrolysis gas chromatography, PGC
裂解-气相色谱-红外光谱法	熱解-氣相層析-紅外光譜法	pyrolysis-gas chromatography-infrared spectroscopy, Py-GC-IRS
裂解器	熱解器	pyrolyser, pyrolyzer
裂解热重分析	熱解熱重分析	pyrolysis thermogram
裂解图	熱解圖	pyrogram
裂解涂层石墨管	熱解塗層石墨管	pyrolytically coated graphite tube
裂解物	熱解物	pyrolysate, pyrolyzate
裂解消除	熱解消去[作用]	pyrolytic elimination
裂解质谱分析法	熱解-質譜法	pyrolysis-mass spectrometry, Py-MS
裂解质谱分析图	熱解-質譜圖	pyrolysis-mass spectrum
裂片元素合金	裂片元素合金	fissium
邻氨基苯甲酸	鄰胺苯甲酸	anthranilic acid
邻苯二酚紫	苯二酚紫	pyrocatechol violet
邻苯醌	鄰[苯]醌	*o*-benzoquinone
邻对位定位基	鄰對位定向基，鄰對位引位基	ortho-para directing group
邻二氮菲亚铁离子	試亞鐵靈	ferroin
邻基参与	鄰基參與	neighboring group participation
邻基效应	鄰基效應	neighboring group effect
邻位	鄰位	ortho position
邻位交叉构象	間扭式構形	gauche conformation, skew conformation
邻位效应	鄰位效應	ortho effect
邻助作用	鄰基協助	neighboring group assistance, anchimeric assistance
林德曼机理	林得曼機制	Lindemann mechanism
临床分析	臨床分析	clinic analysis
临界安全	臨界安全	criticality safety
临界常数	臨界常數	critical constant
临界点	臨界點	critical point
临界分子量	臨界分子量	critical molecular weight
临界共溶温度	臨界互溶溫度	critical solution temperature
临界胶束浓度	臨界微胞濃度	critical micelle concentration
临界聚集浓度	臨界聚集濃度	critical aggregation concentration
临界浓度	臨界濃度	critical concentration
临界事故	臨界事故	criticality accident
临界体积	臨界體積，臨界容積	critical volume
临界温度	臨界溫度	critical temperature

大　陆　名	台　湾　名	英　文　名
临界现象	臨界現象	critical phenomenon
临界压力	臨界壓力	critical pressure
临界值	臨界值	critical value
临界质量	臨界質量	critical mass
临界状态	臨界狀態	critical state
淋洗	洗滌，溶析	elution
淋洗液	溶析液，沖提液	eluent
磷光	磷光	phosphorescence
磷光成像仪	磷光顯像儀	phosphor imager
磷光发射光谱	磷光發射光譜	phosphorescence emission spectrum
磷光分光光度法	光譜磷光法，分光磷光法	spectrophosphorimetry
磷光分析	磷光分析	phosphorescence analysis
磷光激发光谱	磷光激發光譜	phosphorescence excitation spectrum
磷光计	磷光計	phosphorimeter
磷光强度	磷光強度	phosphorescence intensity
磷化	磷化	phosphorization
磷灰石	磷灰石	apatite
磷氢化合物，磷烷	磷氫化合物，磷烷	phosphane
磷酸二酯酶	磷酸二酯酶	phosphodiesterase
磷属化物	磷屬化物	pnictide
磷属元素	［氮］磷族元素	pnicogen
磷肽	磷肽	phosphopeptide
磷烷(=磷氢化合物)		
磷鎓离子，磷正离子	鏻離子	phosphonium ion
磷叶立德	磷偶極體	phosphorus ylide
磷印试验	磷印試驗	phosphorus printing
磷杂呋喃	磷呋喃	phosphafuran
磷正离子(=磷鎓离子)		
磷脂	磷脂［質］	phospholipid
磷脂酶	磷脂酶	phospholipase
鏻盐	鏻鹽	phosphonium salt
膦	膦	phosphine
膦氮烯	膦氮烯	phosphazene
膦氧化物	膦氧化物	phosphine oxide
灵敏度	靈敏度，敏感度	sensibility
菱镁矿	菱鐵礦	magnesite
菱锰矿	菱錳礦	rhodochrosite
零场分裂	零場分裂	zero field splitting

大 陆 名	台 湾 名	英 文 名
零级反应	零級反應	zeroth order reaction
零切[变速率]黏度	零切[變速率]黏度	zero shear viscosity
流变分子	流變分子	fluxional molecule
流变结构	流變結構	fluxional structure
流变性	流變性	fluxionality
流出液	流出液，流出物	effluent
流动分析	流動分析	flow analysis
流动双折射	流體雙折射	flow birefringence, streaming birefringence
流动相	[流]動相	mobile phase
流动注射分光光度法	流動注入分光光度法	flow injection spectrophotometry
流动注射分析	流動注入分析	flow injection analysis, FIA
流动注射焓分析	流動注射熱焓分析	flow injection enthalpimetry
流速	流速，流率	flow rate
流体力学等效球	流體力學等效球	hydrodynamically equivalent sphere
流体力学进样	流體動力[學]進樣	hydrodynamic injection
流体力学体积	流體力學體積	hydrodynamic volume
流通池	流通池，流通槽	flow cell
流延薄膜	鑄模	casting film
硫醇	硫醇	thiol, mercaptan
硫醇盐	硫醇鹽	thiolate
硫代半缩醛	硫代半縮醛	thiohemiacetal
硫代半缩酮	硫代半縮酮	thiohemiketal
硫代酸酯	硫酯	thioester
硫化	硫化	sulfurization, vulcanization
硫化促进剂	硫化加速劑,交聯加速劑	vulcanization accelerator
硫化活化剂	硫化活化劑	vulcanization activator
硫化剂	硫化劑，交聯劑	vulcanizing agent
硫化橡胶	硫化橡膠	vulcanizate, vulcanized rubber
硫硫化	硫硫化，硫交聯	sulfur vulcanization
硫醚	硫化物，硫醚	sulfide
硫羟酸	硫羥酸	thiol acid
硫氰酸盐	硫氰酸鹽	thiocyanate
硫醛	硫醛	thioaldehyde
硫属化物	硫屬化物	chalcogenide
硫属元素	氧族元素，硫族元素	chalcogen
硫酸喹宁	硫酸奎寧	quinine sulfate
硫酸铈剂量计	硫酸鈰劑量計	ceric sulfate dosimeter
硫酸亚铁剂量计	硫酸亞鐵劑量計	ferrous sulfate dosimeter
硫缩醛	硫縮醛	thioacetal

大陆名	台湾名	英文名
硫缩酮	硫缩酮	thioketal
硫羰基配体	硫羰基配位子	thiocarbonyl ligand
硫羰酸	硫羰酸	thio acid
硫酮	硫酮	thioketone
硫鎓离子	銃離子	sulfonium ion
硫叶立德	硫偶極體	sulfur ylide
硫印试验	硫印試驗	sulfur print test
硫杂冠醚	硫冠醚	thiacrown ether
硫杂环丙烯	硫環丙烯，硫吮	thiacyclopropene, thiirene
硫杂环丁酮	硫環丁酮	thiacyclobutanone
硫杂环丁烷	硫環丁烷，硫咀	thiacyclobutane, thietane
硫杂环丁烯	硫環丁烯，硫唉	thiacyclobutene, thiete
硫杂环庚三烯	硫環庚三烯，硫呼，噻呼	thiacycloheptatriene, thiepine
馏分收集器	份收集器，分步收集器	fraction collector
六甲基二硅醚	六甲基二矽氧	hexamethyldisiloxane, HMDSO
六甲基二硅烷	六甲基二矽烷	hexamethyldisilane, HMDS
六氢吡啶，哌啶	六氫吡啶，哌啶	hexahydropyridine, piperidine
龙涎香烷［类］	龍涎香烷	ambrane
笼合物	晶籠化合物	clathrate
笼效应	籠［蔽］效應	cage effect
笼状化合物	籠狀化合物	cage compound
漏斗	漏斗	funnel
卤代醇	鹵醇	halohydrin
卤代烷	鹵烷，烷基鹵化物，鹵化烷基	alkyl halide, haloalkane
卤仿反应	鹵仿反應	haloform reaction
卤化	鹵化［作用］	halogenation
卤化丁基橡胶	鹵化丁基橡膠	halogenated butyl rubber
卤化物	鹵化物	halide
卤桥	鹵橋	halogen bridge
卤素	鹵素	halogen
卤素过氧化物酶	鹵素過氧化物酶	haloperoxidase
卤烷基化	鹵烷化［作用］	haloalkylation
卤正离子	鹵鎓離子，鹵陽離子	halonium ion
鲁米诺	流明諾，發光胺	luminol
路易斯碱	路易斯鹼	Lewis base
路易斯结构	路易斯結構	Lewis structure
路易斯酸	路易斯酸	Lewis acid

大　陆　名	台　湾　名	英　文　名
路易斯酸碱理论	路易斯酸鹼理論	Lewis theory of acids and bases
铝氢化	鋁氫化	hydroalumination
铝热法	鋁熱[法]	aluminothermy
铝试剂	鋁試劑，試鋁靈	aluminon
铝酸酯偶联剂	鋁酸酯偶合劑	aluminate coupling agent
铝土矿	鋁礬土，水礬土	bauxite
绿矾	綠礬	green vitriol
绿色化学	綠色化學	green chemistry
绿松石	綠松石	turquoise
绿柱石	綠柱石，綠寶石	beryl
氯代烷	氯烷，氯化烷基	alkyl chloride, chloroalkane
氯丁橡胶	氯平橡膠，氯丁二烯橡膠	chloroprene rubber
氯酚红	氯酚紅	chlorophenol red
氯化聚乙烯	氯化聚乙烯	chlorinated polyethylene
氯化四苯砷	氯化四苯胂	tetraphenylarsonium chloride
氯磺化聚乙烯	氯磺化聚乙烯	chlorosulfonated polyethylene
氯磺酰化	氯磺化[作用]	chlorosulfonation
氯甲基化	氯甲基化[作用]	chloromethylation
氯醚橡胶	氯醚橡膠	epichloro-hydrin rubber
氯硼烷	氯硼烷	chloroborane
氯冉酸	氯冉酸，二氯氫醌	chloranilic acid
氯羰基化	氯羰基化，氯甲醯基化	chlorocarbonylation
氯亚磺酰化	氯硫化	chlorosulfenation
滤液	濾液	filtrate
滤纸	濾紙	filter paper
卵苯	卵苯	ovalene
乱真谱带	偽真譜帶	spurious band
伦琴	侖琴	roentgen
轮烷	輪烷	rotaxane
轮烯	輪烯	annulene
罗丹明 B	玫瑰紅 B	rhodamine B
罗丹明 6G	玫瑰紅 6G	rhodamine 6G
罗汉松烷[类]	羅漢松烷	podocarpane
罗什奈德常数	羅爾斯耐德常數	Rohrschneider constant
萝芙木生物碱	蘿芙木生物鹼	rauwolfia alkaloid
螺环化合物	螺[環接]化合物	spiro compound
螺桨烷	螺槳烷	propellane
螺烷烃	螺烷烴	spirane
α 螺旋	α 螺旋	α-helix

大　陆　名	台　湾　名	英　文　名
螺旋链	螺旋鏈	helix chain
螺旋手性	螺旋性，螺旋率	helicity
螺旋烃	螺旋烴	helicene
螺旋形聚合物	螺旋形聚合物	helical polymer
螺旋轴	螺旋軸	axis of helicity
螺甾烷[类]	螺甾烷[類]	spirostane
螺甾烷甾体皂苷	螺甾烷皂苷	spirostane saponin
螺增环	螺增環	spiroannulation
裸簇	裸團簇	naked cluster
洛伦兹变宽	羅倫茲增寬	Lorentz broadening
洛伦兹线型	羅倫茲線形	Lorentzian lineshape
络合滴定法	錯合滴定法	complexometry
络合剂	錯合劑，複合劑	complexant, complexing agent
络合色谱法	錯合層析法	complexation chromatography
络合物	錯合物	complex
络合物形成常数	錯合物生成常數	formation constant of complex
络合作用	錯合[作用]，複合[作用]	complexation
络离子	錯離子	complex ion
络阳离子	錯陽離子	complex cation
络阴离子	錯陰離子	complex anion
落球黏度	落球黏度	ball viscosity
落球黏度计	落球黏度計	falling ball viscometer

M

大　陆　名	台　湾　名	英　文　名
马尔科夫尼科夫规则	馬可尼可夫法則	Markovnikov's rule
马弗炉	套爐，回熱爐	muffle furnace
马尿酸，N-苯甲酰甘氨酸	馬尿酸，N-苯甲醯甘胺酸	hippuric acid, N-benzoyl-glycine
吗啉	嗎福林，味啉	morpholine
迈克尔加成反应	麥可反應	Michael addition reaction
麦角甾烷[类]	麥角甾烷	ergostane
麦克灯	麥克爾燈	Meker burner
麦克雷诺常数	麥克雷諾常數	McReynold constant
麦克斯韦关系	馬克士威關係	Maxwell relation
麦克斯韦模型	馬克士威模型	Maxwell model
麦芽糖	麥芽糖	maltose

大　陆　名	台　湾　名	英　文　名
脉冲电流	脈衝電流	pulse current
脉冲伏安法	脈衝伏安法	pulse voltammetry
脉冲辐解	脈衝輻解	pulse radiolysis
脉冲傅里叶变换核磁共振[波谱]仪	脈衝傅立葉轉換核磁共振儀	pulsed Fourier transform nuclear magnetic resonance spectrometer
脉冲火焰光度检测器	脈衝火焰光度偵檢器	pulse flame photometric detector, PFPD
脉冲极谱法	脈衝極譜法	pulse polarography
脉冲间隔	脈衝間隔	pulse interval
脉冲宽度	脈寬	pulse width
脉冲离子引出	脈衝離子引出	pulse ion extraction, PIE
脉冲裂解器	脈衝熱解器	pulse mode pyrolyser
脉冲倾倒角	脈衝傾倒角	pulse flip angle
脉冲梯度场技术	脈衝磁場梯度技術	pulsed magnetic field gradient, PMFG
脉冲序列	脈衝序列	pulse sequence
脉冲延迟	脈衝延遲	pulse delay
脉冲阻尼器	脈衝阻尼器	pulse damper
曼尼希碱	曼尼希鹼	Mannich base
漫反射傅里叶变换红外光谱技术	漫散反射傅立葉轉換紅外線光譜技術	diffuse reflectance-Fourier transform infrared technique, DR-FTIR
漫反射光谱法	漫散反射光譜法	diffuse reflection spectrometry, DRS
芒硝	芒硝，格勞勃鹽	Glauber salt
毛地黄毒苷	毛地黃毒苷	digitoxin
毛细管常数	毛細常數	capillary constant
毛细管等电聚焦	毛細管等電聚焦	capillary isoelectric focusing, CIEF
毛细管等速电泳	毛細管等速電泳	capillary isotachophoresis, CITP
毛细管电色谱法	毛細管電層析法，毛細管電層析術	capillary electrochromatography
毛细管电泳电化学发光分析仪	毛細管電泳電化學發光分析儀	capillary electrophoresis electrochemiluminescence analyzer
毛细管电泳[法]	毛細管電泳[法]	capillary electrophoresis, CE
毛细管电泳仪	毛細管電泳系統	capillary electrophoresis system
毛细管电泳-质谱联用仪	毛細管電泳-質譜系統	capillary electrophoresis-mass spectrometry system, CE-MS
毛细管黏度计	毛細管黏度計	capillary viscometer
毛细管凝胶电泳	毛細管凝膠電泳	capillary gel electrophoresis
毛细管区带电泳	毛細管區帶電泳，毛細管帶域電泳	capillary zone electrophoresis
毛细管液相色谱法	毛細管液相層析法	capillary liquid chromatography
毛细管有效长度	毛細管有效長度	effective length of capillary

大 陆 名	台 湾 名	英 文 名
毛细管柱	毛细管柱	capillary column
茂金属	金屬芳香類	metallocene
没食子鞣质	丹寧	gallotannin
没药烷[类]	甜沒藥烷，蓽沙烷	bisabolane
玫瑰红	玫瑰紅	rose bengal
酶	酶，酵素	enzyme
酶催化动力学分光光 　　度法	酶催化動力學分光光 　　度法	enzyme-catalytic kinetic spectrophotometry
酶电极	酵素電極，酶電極	enzyme electrode
酶聚合	酶聚合	enzymatic polymerization
酶学	酶學	enzymology
镅-铍中子源	鎇-鈹中子源	Am-Be neutron source
每次一个原子的化学	每次一個原子的化學	one-atom-at-a-time chemistry
门控去偶	閘控去偶	gated decoupling
蒙乃尔合金	蒙乃爾合金	Monel metal
蒙特卡罗法	蒙地卡羅法	Monte Carlo method
咪唑	咪唑	imidazole
咪唑[类]生物碱	咪唑[類]生物鹼	imidazole alkaloid
咪唑啉	咪唑啉	imidazoline
咪唑烷	咪唑啶	imidazolidine
咪唑烷-2,4-二酮，乙内 　　酰脲	2,4-咪唑啶二酮，尿囊 　　素	imidazolidine-2,4-dione, hydantoin
咪唑烷酮	2-四氢咪唑酮	imidazolidone
醚	醚，乙醚	ether
脒	脒	amidine
密封源	密封[放射]源	sealed source
嘧啶	嘧啶，1,3-二𠯤	pyrimidine, 1,3-diazine
免疫电极	免疫電極	Immunity electrode
免疫电泳	免疫電泳	immunoelectrophoresis
免疫放射分析	免疫放射分析	immunoradioassay
免疫放射自显影	免疫放射自顯影	immunoradioautography
免疫分析	免疫分析	immune analysis
免疫亲和色谱法	免疫親和層析法	immunoaffinity chromatography, IAC
re 面	*re* 面	*re* face
si 面	*si* 面	*si* face
面桥基	面橋基	face bridging group
面式异构体	面式異構物	facial isomer
面手性	面手性	planar chirality
灭菌保证水平	滅菌保證水準	sterility assurance level

大　陆　名	台　湾　名	英　文　名
灭菌剂量	滅菌劑量	sterilization dose
敏化剂	敏化劑，增感劑	sensitizer
敏化室温磷光法	敏化室溫磷光法	sensitized room temperature phosphorimetry, S-RTP
敏化原子荧光	敏化原子螢光	sensitized atomic fluorescence
敏锐指数	敏銳指數	sharpness index
明矾	明礬	alum
明矾石	明礬石	alunite
明胶	明膠，動物膠	gelatin
D-L 命名体系	D-L 命名系統	D-L system of nomenclature
R-S 命名体系	R-S 命名體系	R-S system of nomenclature
模板合成	模板合成	template synthesis
模板聚合	模板聚合	template polymerization
模糊聚类分析	模糊群聚分析	fuzzy clustering analysis
模糊模式识别	模糊圖形辨識，模糊圖形識別	fuzzy pattern recognition
模糊系统聚类法	模糊階層聚類分析〔法〕	fuzzy hierarchial clustering
模糊正交设计	模糊正交設計	fuzzy orthogonal design
模糊综合评判	模糊廣博評估	fuzzy comprehensive evaluation
模拟谱	模擬譜	simulated spectrum
模拟退火	模擬退火	simulated annealing
模式识别	圖形辨識，圖形識別	pattern recognition
模塑	模製，成型	moulding
模压成型	壓縮成型	compression moulding
模压硫化	模壓硫化	mould cure
LB 膜	LB 膜	Langmuir-Blodgett film, LB film
膜萃取	薄膜萃取	membrane extraction
膜导入质谱法	膜導入質譜法	membrane inlet mass spectrometry, MIMS
膜电化学	膜電化學	membrane electrochemistry
膜进样质谱法	膜進樣質譜法	membrane introduction mass spectrometry
摩擦发光	摩擦發光	triboluminescence
摩尔	莫耳	mole
摩尔磁化率	莫耳磁化率	molar susceptibility
摩尔电导率	莫耳導電度	molar conductivity
摩尔分数	莫耳分率	molar fraction
摩尔丰度	莫耳豐度	molar abundance
摩尔内能	莫耳內能	molar internal energy
摩尔浓度	體積莫耳濃度	molarity

大　陆　名	台　湾　名	英　文　名
摩尔气体常数	莫耳氣體常數	molar gas constant
摩尔热容	莫耳熱容［量］	molar heat capacity
摩尔溶解度	莫耳溶解度	molar solubility
摩尔熵	莫耳熵	molar entropy
摩尔体积	莫耳體積	molar volume
摩尔吸光系数	莫耳吸收率	molar absorptivity
摩尔旋光	莫耳旋光［度］	molar rotation
摩尔质量	莫耳質量	molar mass
摩尔质量排除极限	莫耳質量排除極限	molar mass exclusion limit
摩尔质量平均	莫耳質量平均	molar mass average
魔角	魔角	magic angle
末端间矢量	終端間矢量, 終端間向量	end-to-end vector
末端距	末端距	end-to-end distance
莫尔法	莫爾法	Mohr method
莫尔盐	莫爾鹽, 鐵銨礬	Mohr salt
母体核素	母核種, 親體核種	parent nuclide
木栓烷［类］	木栓烷［類］	friedelane
木素	木質素	lignin
木糖	木糖	xylose
木脂素［类］	樹脂腦, 木聚糖	lignan
目标分子导向合成	目標導向合成	target oriented synthesis
目标转换因子分析	目標轉換因數分析	target transformation factor analysis
目视比色计	視比色計	visual colorimeter
目视滴定法	視測滴定［法］	visual titration
穆尼黏度	孟納黏度	Mooney viscosity
穆斯堡尔谱仪	梅斯堡譜儀	Mössbauer spectrometer
穆斯堡尔源	梅斯堡源	Mössbauer source

N

大　陆　名	台　湾　名	英　文　名
镎衰变系	錼衰變系	neptunium decay series, neptunium family
镎酰	錼醯基	neptunyl
纳米材料	奈米材料	nanomaterial
纳米电化学	奈米電化學	nanoelectrochemistry
纳米电极	奈米電極	nanoelectrode
纳米分析化学	奈米分析化學	nano analytical chemistry
纳米管	奈米管	nanotube
纳米化学	奈米化學	nanochemistry

大　陆　名	台　湾　名	英　文　名
纳米技术	奈米技術	nanotechnology
纳米结构	奈米構造	nanostructure
纳米粒子	奈米粒子	nanoparticle
纳米纤维	奈米纖維	nano-fiber
纳米线	奈米線	nanowire
纳喷雾	奈流電灑	nanoflow electrospray
纳升电喷雾	奈電灑[法]	nanoelectrospray, nano ES
钠长石	鈉長石	albite
奈斯勒试剂	內斯勒試劑	Nessler reagent
萘	萘	naphthalene
萘并[1,8-*de*]嘧啶	萘并[1,8-*de*]嘧啶，呸啶	naphtho[1,8-*de*]pyrimidine, perimidine
5,6-萘喹啉	5,6-苯并喹啉	5,6-naphthoquinoline
萘醌	萘醌	naphthoquinone
南瓜子氨酸	南瓜子胺酸	cucurbitin[e]
难熔金属碳化物涂层石墨管	耐火金屬碳化物塗布石墨管	graphite tube coated with refractory metal carbide
脑啡肽	腦啡肽	enkephalin
内	內	endo
内靶	內靶	internal target
内半缩醛	內半縮醛	lactol
内标法	內標準法	internal standard method
内标物	內標準	internal standard substance
内标线	內標線	internal standard line
内标元素	內標元素	internal standard element
内禀反应坐标	本質反應坐標	intrinsic reaction coordinate
内参比电极	內參考電極	internal reference electrode
内层	內層	inner sphere
内层机理	內層機制	inner sphere mechanism
内啡肽	腦內啡	endorphin
内轨配合物	內軌配位化合物	inner orbital coordination compound
内过渡元素	內過渡元素	inner transition element
内攫取[反应]	內摘取[反應]	internal abstraction
内能	內能	internal energy
内羟亚胺	內醯亞胺	lactim
内锁	內鎖	internal lock
内脱模剂	內脫模劑	internal releasing agent
内稳态	內穩態	homeostasis
内鎓盐	內鹽，甜菜鹼	betaine

大　陆　名	台　湾　名	英　文　名
内酰胺	内醯胺	lactam
β 内酰胺抗生素	β 内醯胺抗生素	β-lactam antibiotic
内消旋化合物	内消旋化合物	*meso*-compound
内型异构体	内型異構物	*endo* isomer
内增塑作用	内塑化[作用]	internal plasticization
内照射	體内曝露	internal exposure
内酯	内酯	lactone
内重原子效应	内重原子效應	internal heavy atom effect
内转换	内轉換	internal conversion, IC
内转换电子	内轉換电子	internal conversion electron
内转换系数	内轉換係數	internal conversion coefficient
内向配位基	内向配位基	endo-ligand
能带	能带	energy band
能带结构	能帶結構	energy band structure
能带宽度	帶寬	band width
能量传递(=能量转移)		
能量分析器	能量分析器	energy analyzer
能量色散 X 射线荧光 光谱仪	能量色散 X 射線螢光 光譜儀	energy dispersive X-ray fluorescence spectrometer
能量随机化	能量隨機化	energy randomization
能量吸收	能量吸收	energy absorption
能量转移，能量传递	能量轉移，能量傳遞	energy transfer
能量转移化学发光	能量轉移化學發光	energy transfer chemiluminescence
尼罗蓝 A	尼羅藍 A	Nile blue A
拟合优度检验	擬合度檢定	goodness of fit test
拟卤素	假鹵素	pseudohalogen
逆第尔斯-阿尔德反应	逆狄耳士-阿德爾反應	retro-Diels-Alder reaction
逆反同位素效应	反[常]同位素效應	inverse isotope effect
逆合成	逆合成	retrosynthesis
逆胶束增稳室温荧光 法	反微胞增穩室溫螢光 法	inversed micelle-stabilized room temperature fluorimetry
逆拉曼效应	反拉曼效應	inverse Raman effect, IRE
逆流色谱法	逆流層析法	counter current chromatography, CCC
逆片呐醇重排	逆醯重排	retro-pinacol rearrangement
逆羟醛缩合	逆行醛醇縮合	retrograde aldol condensation
逆同位素稀释分析	逆同位素稀釋分析	reverse isotope dilution analysis
逆[向]反应	逆[向]反應	backward reaction
年摄入限值	年攝入限度	annual limit on intake
黏度函数	黏度函數	viscosity function

大　陆　名	台　湾　名	英　文　名
黏度调节剂	黏度調節劑	viscosity modifier
黏合	黏附	adhesion
黏合剂	黏合劑，黏著劑	adhesive
黏均分子量	黏均分子量	viscosity-average molar mass, viscosity-average molecular weight
黏胶纤维	黏膠纖維	viscose fiber
黏流态	黏流態	viscous flow state
黏数	黏度值	viscosity number
黏弹性	黏彈性	viscoelasticity
鸟氨酸	鳥胺酸	ornithine
鸟苷	鳥苷	guanosine
鸟嘌呤	鳥[糞]嘌呤	guanine
尿苷	尿苷	uridine
尿嘧啶	尿嘧啶	uracil
尿素	尿素	urea
尿素树脂	脲樹脂	urea resin
脲	脲	urea
脲基甲酸酯	脲甲酸酯	allophanate
脲酶	脲酶	urease
脲醛树脂	脲[甲]醛樹脂	urea-formaldehyde resin
捏和	捏合，捏和	kneading
凝固点降低	凝固點下降	freezing point depression
凝胶	凝膠	gel
凝胶点	膠凝點	gel point
凝胶电泳	凝膠電泳	gel electrophoresis
凝胶纺丝	凝膠紡絲	gel spinning
凝胶分散	凝膠分散	gel fraction
凝胶过滤色谱法	[凝]膠[過]濾層析術	gel filtration chromatography
凝胶剂量	凝膠劑量	gelation dose
凝胶色谱法	凝膠層析法	gel chromatography
凝胶渗透色谱法	[凝]膠[滲]透層析術	gel permeation chromatography
凝聚	凝聚	coalescence
凝聚缠结	凝聚纏結	cohesional entanglement
凝聚剂	凝聚劑	coagulating agent
凝聚态	凝聚態	condensed state
凝聚系统	凝系	condensed system
凝聚相	凝相	condensed phase
凝乳状沉淀	凝乳狀沈澱	curdy precipitate
牛顿剪切黏度	牛頓剪切黏度	Newtonian shear viscosity

大　陆　名	台　湾　名	英　文　名
牛顿流体	牛頓流體	Newtonian fluid
扭辫分析	扭瓣分析	torsional braid analysis
扭力天平	扭力天平	torsion balance
扭型构象	扭型構形	twist conformation
扭转角	扭轉角	torsion angle
纽曼投影式	紐曼投影式	Newman projection
农药残留分析	農藥殘留[量]分析	pesticide residue analysis
浓差超电势	濃[度]差過電位	concentration overpotential
浓差电池	濃[度]差電池	concentration cell
浓差极化	濃[度]差極化	concentration polarization
浓度	濃度，濃縮	concentration
浓度常数	濃度常數，濃度商	concentration constant, concentration quotient
浓度猝灭	濃度淬滅，濃度淬盡，濃度驟滅	concentration quenching
浓度灵敏度	濃度靈敏度	concentration sensitivity
浓度敏感型检测器	濃度敏感偵檢器	concentration sensitive detector
浓度跃变	濃度躍變	concentration jump
浓度直读[法]	濃度直讀[法]	concentration direct reading
诺里什-I 光反应	諾里什-I 光反應	Norrish type I photoreaction
诺里什-II 光反应	諾里什-II 光反應	Norrish type II photoreaction
浓缩铀(=富集铀)		

O

大　陆　名	台　湾　名	英　文　名
偶苯酰，二苯乙二酮	二苯乙二酮	benzil
偶氮化合物	偶氮化合物	azo compound
偶氮类聚合物	偶氮類聚合物	azo polymer
偶氮[类]引发剂	偶氮型引發劑	azo type initiator
偶氮氯膦III	偶氮氯膦III	chlorophosphonazo III
偶氮染料	偶氮染料	azo dye
偶氮亚胺	偶氮亞胺	azo imide
偶电子规则	偶電子法則	even-electron rule
偶电子离子	偶電子離子	even-electron ion
偶合反应化学发光	偶合反應化學發光	coupling reaction chemiluminescence
偶合终止	偶合終止	coupling termination
偶极环加成	偶極環加成	dipolar cycloaddition
偶极-偶极相互作用	偶極-偶極交互作用	dipole-dipole interaction

大　陆　名	台　湾　名	英　文　名
偶联反应	偶合反應	coupled reaction, coupling reaction
偶联剂	偶合試劑，耦合試劑	coupling reagent, coupling agent
偶联聚合	偶合聚合	coupling polymerization
偶然符合	隨機重合，隨機符合	random coincidence, accidental coincidence
偶姻	醯偶姻	acyloin
偶姻缩合	[醯]偶姻縮合，醇酮縮合	acyloin condensation
偶遇络合物	偶遇複合體	encounter complex
耦合	耦合，偶合	coupling
耦合常数	偶合常數，耦合常數	coupling constant
耦合联用技术	耦合聯用技術	coupled simultaneous techniques

P

大　陆　名	台　湾　名	英　文　名
排斥电压	排斥電壓	repeller voltage
排除体积	排外體積	excluded volume
排阻色谱法	排阻層析法,篩析層析法	exclusion chromatography
哌啶(=六氢吡啶)		
哌啶[类]生物碱	哌啶[類]生物鹼	piperidine alkaloid
哌啶酮	哌啶酮	piperidone
哌嗪(=1,4-二氮杂环己烷)		
哌嗪-2,5-二酮(=2,5-二氧基哌嗪)		
蒎烷类	蒎烷，松節烷	pinane
盘状相	盤狀相	discotic phase
判别分析	鑑別分析，辨別分析	discriminant analysis
旁观者-夺取模型	旁觀者奪取模型	spectator-stripping model
泡沫浮选法	泡沫浮選法	foam floatation
配体	配位基	ligand
σ配体	σ配位基，σ配位子	σ-bonding ligand
β配体	β配位基	β-bonding ligand
配体交换	配位基交換	ligand exchange
配体交换色谱法	配[位]基交換層析法	ligand exchange chromatography
配位层	配位層，配位圈	coordination sphere
配位场	配位場	ligand field
配位场分裂	配位場分裂	ligand field splitting
配位场理论	配位子場理論	ligand field theory

大　陆　名	台　湾　名	英　文　名
配位场稳定化能	配位場穩定能	ligand field stabilization energy
配位多面体	配位多面體	coordination polyhedron
配位反应	配位反應	coordination reaction
配位负离子聚合	配位陰離子聚合	coordinated anionic polymerization
配位共价键	配位共價鍵	coordinate-covalent bond
配位化合物	配位化合物	coordination compound
配位化学	配位化學	coordination chemistry
配位键	配位鍵	coordination bond
配位聚合	配位聚合	coordination polymerization
配位聚合物	配位聚合物	coordination polymer
配位数	配位數	coordination number
配位体	配位子	ligand
配位异构	配位異構[現象]，配位異構性	coordination isomerism
配位原子	配位原子	ligating atom
配位正离子聚合	配位陽離子聚合	coordinated cationic polymerization
配位作用	配位[作用]	coordination
喷灯	噴燈	blast burner
喷射纺丝	噴射紡絲	jet spinning
喷雾电离	噴霧游離	spray ionization
盆苯	盆苯	benzvalene
盆式构象	盆式構形	tub conformation
彭宁电离	潘寧游離	Penning ionization, PI
硼氢化	硼氫化作用	hydroboration
硼砂	硼砂	borax
硼砂珠试验	硼砂珠試驗	borax-bead test
硼烷	硼烷	borane
硼杂环己烷	硼環己烷	boracyclohexane, borinane
硼中子俘获治疗	硼中子捕獲治療	boron neutron capture therapy
碰撞变宽	碰撞變寬	collision broadening
碰撞参数	碰撞參數	collision parameter
碰撞传能	碰撞能量轉移	collision energy transfer
碰撞活化	碰撞活化	collisional activation, CA
碰撞活化解离	碰撞活化解離	collision activated dissociation, CAD
碰撞截面	碰撞截面	collision cross section
碰撞室	碰撞室	collision chamber
碰撞诱导解离	碰撞誘發解離	collision induced dissociation, CID
批量注射热量计	批式注射熱量計	batch injection calorimeter
砒霜	砒霜，白砒	white arsenic

大　陆　名	台　湾　名	英　文　名
皮芯纤维	皮芯纖維	sheath core fiber
皮芯效应	皮芯效應	skin and core effect
苉	苉	picene
β片[层]	β褶板	β-sheet
片晶	片晶	lamella, lamellar crystal
片呐醇	醯	pinacol
片呐醇重排	醯重排	pinacol rearrangement
偏差(=偏倚)		
偏光比色计	偏光比色計	polarization colorimeter
偏光荧光计	偏光螢光計	polarization fluorimeter
偏回归系数	偏回歸係數，淨回歸係數	partial regression coefficient
偏离函数	偏差函數	deflection function
偏摩尔焓	偏莫耳焓	partial molar enthalpy
偏摩尔吉布斯自由能	偏莫耳吉布斯自由能，部分吉布斯自由能	partial molar Gibbs free energy
偏摩尔量	偏莫耳[數]量	partial molar quantity
偏摩尔体积	偏莫耳體積	partial molar volume
偏相关系数	偏相關係數	partial correlation coefficient
偏倚，偏差	偏差	bias
偏振分光光度计	偏光分光光度計	polarizing spectrophotometer
偏振光	偏光	polarized light
偏振红外光技术	偏光紅外線光技術	polarization infrared technique
偏最小二乘法	偏最小平方法，部分最小平方法	partial least square method
偏最小二乘分光光度法	偏最小平方回歸分光光度法	partial least square regression spectrophotometry
漂白粉	漂白粉	bleaching powder
漂白土	漂白土	bleaching clay, decoloring clay
嘌呤	嘌呤	purine
嘌呤[类]生物碱	嘌呤[類]生物鹼	purine alkaloid
氕	氕	protium
贫电子键	缺電子鍵	electron deficient bond
贫电子[体系]	缺電子[體系]	electron deficient [system]
贫化铀	耗乏鈾	depleted uranium
贫燃火焰	貧燃火焰	fuel-lean flame
频率	頻率	frequency
频率分布	頻率分布	frequency distribution
频域信号	頻域訊號	frequency domain signal

大　陆　名	台　湾　名	英　文　名
品质因数	品質因數，射質因數	quality factor
平动配分函数	移動分配函數	translational partition function
平[伏]键	赤道鍵	equatorial bond
平衡常数	平衡常數	equilibrium constant
平衡近似	平衡近似[法]	equilibrium approximation
平衡聚合	平衡聚合	equilibrium polymerization
平衡溶胀	平衡潤脹	equilibrium swelling
平衡熔点	平衡熔點	equilibrium melting point
平衡统计	平衡統計	equilibrium statistics
平衡系统	平衡系統	equilibrium system
平均分子量	平均分子量	average molecular weight
平均官能度	平均官能度	average functionality
平均聚合度	平均聚合度	average degree of polymerization
平均离子活度系数	平均離子活性[度]係數	mean ionic activity coefficient
平均寿命	平均壽命	average life, mean life
平均值控制图	控制圖，管制圖表	$\bar{x}$-control chart
平面三角构型	平面三角組態	trigonal planar configuration
平面色谱法	平面層析法	planar chromatography
平面四方配合物	平面四方錯合物	planar square complex
平台原子化	平台原子化	platform atomization
平坦曲线	平坦曲線	plain curve
平行测定	平行測定	parallel determination
平行催化波	平行催化波	parallel catalytic wave
平行反应	平行反應	parallel reaction
平行合成	平行合成	parallel synthesis
平行链晶体	平行鏈晶體	parallel-chain crystal
平移因子	位移因子	shift factor
屏蔽	屏蔽，屏護	shielding
屏蔽常数	屏蔽常數，遮蔽常數	screening constant, shielding constant
屏蔽[地下]室	屏蔽室	shielded cave
屏蔽火焰	屏蔽火焰	shielded flame
屏蔽室	屏蔽室，隔絕室	shielded room
屏蔽体	屏蔽，屏護，遮蔽	shield
破坏性检测器	破壞性偵檢器	destructive detector
破乳剂	去乳化劑	demulsifying agent, demulsifier
葡聚糖	聚葡[萄]糖	dextran
葡萄糖	葡萄糖	glucose
葡萄糖传感器	葡萄糖感測器	glucose sensor

大　陆　名	台　湾　名	英　文　名
葡[萄]糖苷	葡萄糖苷	glucoside
普适标定	普適標準	universal calibration
普通环	普通環	common ring
谱带	[光]譜帶，帶	band
谱带展宽	譜帶寬化	band broadening
谱宽	譜寬	spectral width
普雷克斯流程	鈈-鈾回收流程，PUREX 流程	plutonium and uranium recovery by extraction process, PUREX process
谱线半宽度	譜線半寬度	spectral line half width
谱线黑度	譜線光密度	density of spectral line
谱线轮廓	譜線輪廓	line profile
谱线强度	譜線強度	spectral line intensity
谱线自蚀	譜線自蝕	spectral line self-reversal
谱线自吸	譜線自吸收	spectral line self-absorption
谱型	譜型	spectral pattern
α 谱学	α 譜學	α-spectroscopy
β 谱学	β 譜學	β-spectroscopy
γ 谱学	γ 譜學	γ-spectroscopy
曝射标记	曝射標記	exposure labeling

Q

大　陆　名	台　湾　名	英　文　名
期望值	期望值，預期值	expectation value
齐墩果烷[类]	齊燉果烷	oleanane
齐格勒-纳塔催化剂	戚[格勒]-納[他]觸媒	Ziegler-Natta catalyst
齐格勒-纳塔聚合	戚[格勒]-納[他]聚合	Ziegler-Natta polymerization
齐拉-却尔曼斯效应	西拉德-查麥士效應	Szilard-Chalmers effect
齐姆图	齊姆圖	Zimm plot
奇异核	奇異核	exotic nucleus
奇异原子	奇異原子	exotic atom
奇异原子化学	奇異原子化學	exotic atom chemistry
歧化反应	歧化[作用]，不均化[作用]	disproportionation, disproportionation reaction
歧化终止	歧化終止	disproportionation termination
歧化[作用]	歧化作用	dismutation
气动泵	氣動泵	pneumatic pump
气动跑兔	氣送照射梭	pneumatic rabbit
气动雾化器	氣動霧化器	pneumatic nebulizer

大　陆　名	台　湾　名	英　文　名
气辅注塑	氣輔注塑	gas aided injection moulding
气固色谱法	氣固層析術	gas-solid chromatography
气化室	氣化室，氣化器	vaporizer
气敏电极	氣敏電極	gas sensing electrode
气溶胶	氣溶膠，霧劑	aerosol
气态放射性废物	氣態放射性廢料	gaseous radioactive waste
气体分析	氣體分析法	gasometric analysis
气体扩散法	氣體擴散法	gaseous diffusion method, gaseous diffusion process
气体离心法	氣體離心法	gas centrifuge method, gas centrifuge process
气相化学发光	氣相化學發光	gas phase chemiluminescence
气相聚合	氣相聚合	gaseous polymerization, gas phase polymerization
气相色谱法	氣相層析術	gas chromatography, GC
气相色谱-傅里叶变换红外光谱联用仪	氣相層析-傅立葉轉換紅外光譜儀	gas chromatograph coupled with Fourier transform infrared spectrometer
气相色谱-质谱法	氣相層析-質譜法	gas chromatography-mass spectrometry
气[相色谱]-质[谱]联用仪	氣相層析-質譜儀	gas chromatograph-mass spectrometer
气相色谱专家系统	氣相層析專家系統	expert system of gas chromatography
气液色谱法	氣液層析術	gas-liquid chromatography, GLC
汽化焓[热]	汽化焓[熱]	enthalpy [heat] of vaporization
器壁效应(=管壁效应)		
器官剂量	器官劑量	organ dose
迁移	移動，遷移	migration
迁移插入[反应]	遷移插入[反應]	migratory insertion
σ迁移重排	σ遷移重排	sigmatropic rearrangement
迁移电流	移動電流，遷移電流	migration current
迁移率	流動性，流動率	mobility
迁移倾向	遷移傾向	migratory aptitude
迁移时间	移動時間	migration time
铅白	鉛白	white lead
铅当量	鉛[厚]當量	lead equivalent
铅室	鉛室	lead castle, lead cave
铅糖	①鉛糖 ②醋酸鉛	lead sugar
前-*E*	前-*E*	*pro-E*
前-*Z*	前-*Z*	*pro-Z*
前导肽(=信号肽)		

大 陆 名	台 湾 名	英 文 名
前端	前端	front end
前列腺素	前列腺素	prostaglandin
前末端基效应	前末端基效應	penultimate effect
前[期]过渡金属	前[期]過渡金屬	early transition metal
前驱核素	前驅核種	precursor nuclide
前驱体	前驅物，先質	precursor
前伸峰	前伸峰	leading peak
前势垒(=早势垒)		
前手性	前手性	prochirality
前 R-手性基团	前 R-手性基	*pro-R*-group
前 S-手性基团	前 S-手性基	*pro-S*-group
前手性中心	前手性中心	prochiral center, prochirality center
前向-后向散射	前向-反向散射	forward-backward scattering
前向散射	前向散射	forward scattering
前沿色谱法	前沿層析法	frontal chromatography
潜固化剂	潛固化劑	latent curing agent
潜在照射	潛在曝露	potential exposure
浅层掩埋	淺層掩埋	shallow land burial
欠硫	低硫化	under cure
茜素	茜素	alizarin
茜素红 S	茜素紅 S	alizarin red S
茜素黄 R	茜素黃 R	alizarin yellow R
嵌段	嵌段	block
嵌段共聚合	嵌段共聚[作用]，團聯共聚[作用]	block copolymerization
嵌段共聚物	嵌段共聚物，團聯共聚物	block copolymer
嵌入反应	嵌入反應	intercalation reaction
嵌入化学	嵌入化學	intercalation chemistry
强电解质	強電解質	strong electrolyte
强度性质	內涵性質	intensive property
强啡肽	強啡肽	dynorphin
强碱型离子交换剂	強鹼型離子交換劑	strong base type ion exchanger
强碰撞假设	強碰撞假設	strong collision assumption
强酸型离子交换剂	強酸型離子交換劑	strong acid type ion exchanger
强心苷	強心苷	cardiac glycoside
羟汞化	氧汞化	oxymercuration
羟基化	羥化[作用]	hydroxylation
8-羟基喹啉	8-羥喹啉	8-hydroxyquinoline

大　陆　名	台　湾　名	英　文　名
羟基磷灰石	羥磷灰石，氫氧磷灰石	hydroxyapatite
羟基氧化物	羥基氧化物	oxyhydroxide
羟甲基化	羥甲基化	hydroxymethylation
羟联	羥聯[作用]	olation
羟脯氨酸	羥脯胺酸	hydroxyproline
羟桥	羥橋	hydroxy bridge
羟醛	醛醇	aldol
羟醛缩合	醛醇縮合[作用]	aldol condensation
5-羟色氨酸	5-羥色胺酸	5-hydroxytryptophane
羟烷基化	羥烷基化	hydroxyalkylation
羟乙基纤维素	羥乙基纖維素	hydroxyethyl cellulose
羟自由基	羥自由基	hydroxy radical
桥环体系	橋環體系	bridged-ring system
桥基	橋基	bridging group
桥连茂金属催化剂	橋連茂金屬催化劑	bridged metallocene catalyst
桥连碳正离子	橋連碳正離子	bridged carbocation
桥连配体	外伸配位基	exo-ligand
桥连配位基	橋連配位基	bridging ligand
桥羰基	橋羰基	bridging carbonyl
桥头原子	橋頭原子	bridgehead atom
鞘氨醇，神经氨基醇	神經鞘胺醇	sphingosine, 4-sphingenine
鞘磷脂，神经鞘磷脂	神經鞘磷脂	sphingomyelin, phosphosphingolipid
亲电重排	親電重排	electrophilic rearrangement
亲电加成	親電子加成反應	electrophilic addition
亲电取代[反应]	親電子取代反應	electrophilic substitution
亲电体	親電子劑	electrophile
亲电性	親電性	electrophilicity
亲电子试剂	親電子試劑	electrophilic reagent
亲和毛细管电泳	親和毛細管電泳	affinity capillary electrophoresis, ACE
亲和色谱法	親和力層析術	affinity chromatography
亲核反应	親核反應	nucleophilic reaction
亲核取代[反应]	親核取代[反應]	nucleophilic substitution reaction
亲核体	親核劑	nucleophile
亲核替取代反应	親核替取代反應	vicarious nucleophilic substitution
亲核性	親核性	nucleophilicity
亲双烯体	親二烯物	dienophile
亲水[的]	親水性	hydrophilic
亲水聚合物	親水聚合物	hydrophilic polymer
亲水作用	親水作用	hydrophilic interaction

大　陆　名	台　湾　名	英　文　名
亲脂作用	親脂作用	lipophilic interaction
亲质子溶剂	親質子溶劑	protophilic solvent
青霉烷	青霉烷	penam
青霉烯	青霉烯	penem
青铜	青銅	bronze
氢氨化反应	氫胺化[作用]	hydroamination
氢波	氫波	hydrogen wave
氢电极	氫電極	hydrogen electrode
氢负离子	氫化物	hydride
氢负离子亲合性	氫負離子親合力	hydride affinity, H-A
氢锆化	氫鋯化	hydrozirconation
氢过氧化物	氫過氧化物	hydroperoxide
氢化	氫化[作用]，加氫[作用]	hydrogenation
氢化酶	氫化酶	hydrogenase
氢化偶氮化合物	偶氮氫化合物	hydrazo compound
氢化物发生原子吸收光谱法	氫化物產生原子吸收光譜法	hydride generation-atomic absorption spectrometry, HG-AAS
氢化物发生原子荧光光谱法	氫化物發生原子螢光光譜法	hydride generation atomic fluorescence spectrometry, HG-AFS
氢化橡胶	氫化橡膠	hydrogenated rubber
氢甲酰化[反应]	氫甲醯化[作用]	hydroformylation
氢键	氫鍵	hydrogen bond
氢解	氫解	hydrogenolysis
氢金属化[反应]	氫金屬化[反應]	hydrometallation
氢醌	氫醌，對[苯]二酚	hydroquinone
氢桥	氫橋	hydrogen bridge
氢燃烧	氫燃燒	hydrogen burning
氢羧基化	氫羧基化	hydrocarboxylation
氢锡化	氫錫化	hydrostannation
氢酰化	氫醯化	hydroacylation
氢转移聚合	氫轉移聚合	hydrogen transfer polymerization
倾析	傾析，傾瀉	decantation
清除	清除	clearance
清除剂	①清除劑　②捕獲劑	scavenger
氰胺	氰胺	cyanamide
氰醇	氰醇	cyanohydrin
氰化	氰化	cyanidation
氰基键合相	氰基鍵結相	cyano-bonded phase

大 陆 名	台 湾 名	英 文 名
氰甲基化	氰甲基化	cyanomethylation
氰量法	氰量法	cyanometric titration
氰乙基化	氰乙化［作用］	cyanoethylation
琼脂	瓊脂	agar, agar-agar
蚯蚓血红蛋白	蚯蚓血紅蛋白	hemerythrin
球晶	球晶	spherulite
球形偏转能量分析器	球形偏轉［能量］分析器	spherical deflection analyzer
球状链晶体	球狀鏈晶體	globular-chain crystal
巯基苯并噻唑	氫硫苯并噻唑，巰苯并噻唑，苯并噻唑硫醇	mercaptobenzothiazole, MBT
区带	區帶，帶域，區域	zone
区带电泳	區帶電泳，帶域電泳	zone electrophoresis
区带扩展	區帶擴展	zone spreading
区带压缩	區帶壓縮	zone compression
区间估计	區間估計	interval estimation
区熔法	區域熔融法	zone melting method
区域居留因子	區域居留因數	area occupancy factor
区域选择性	位置選擇性	regioselectivity
区域专一性	位置特異性，位置專一性	regiospecificity
d 区元素	d 區元素	d-block element
ds 区元素	ds 區元素	ds-block element
f 区元素	f 區元素	f-block element
p 区元素	p 區元素	p-block element
s 区元素	s 區元素	s-block element
曲线拟合	曲線適插法	curve fitting
曲线平移	曲線平移	parallel displacement of curve
屈服	屈服	yielding
屈服温度	屈服溫度	yield temperature
取代［反应］	取代［反應］	substitution［reaction］
取代基效应	取代基效應	substituent effect
取代缺陷	取代缺陷	substitutional defect
取向度	取向度	degree of orientation
取样	取樣，抽樣	sampling
去保护	去保護	deprotection
去除插入［反应］	去除插入［反應］	deinsertion
去对称化	去對稱化	desymmetrization
去极化电极	去極化電極	depolarized electrode
去极剂	去極劑，消偏光劑	depolarizer

大　陆　名	台　湾　名	英　文　名
去壳	去殼	decladding
去矿化	去礦質[作用]	demineralization
䓛	茮	chrysene
去离子化	去離子作用	deionization
去离子水	去離子水	deionized water
去屏蔽	去遮蔽	deshielding
去溶剂化	去溶劑化	desolvation
去铁敏	去鐵胺	desferrioxamine
去污剂	去污劑	decontaminating agent
去污因子	去污染因子	decontamination factor
去消旋化	去消旋化	deracemization
去质子化分子	去質子化分子	deprotonated molecule
全标记化合物	全標誌化合物	generally labeled compound
全二维色谱法	全二維層析法，綜合二維層析法	comprehensive two-dimensional chromatography
全反射 X 射线荧光分析	全反射 X 射線螢光分析	total reflection X-ray fluorescence
全反射 X 射线荧光光谱仪	全反射 X 射線螢光光譜儀	total reflection X-ray fluorescence spectrometer
全合成	全合成，總合成	total synthesis
全局最优化	全局最佳化	global optimization
全酶	全酶	holoenzyme
全取向丝	全取向紗	fully oriented yarn
全热解石墨管	全熱解石墨管	completely pyrolytical graphite tube
全熔合反应	全融合反應，全熔合反應	complete fusion
全同立构度(=等规度)		
全同立构聚合	同排聚合	isotactic polymerization, isospecific polymerization
全同立构聚合物	同排聚合物	isotactic polymer
全同[配体]配合物	全同配位體錯合物	homoleptic complex
全息光栅	全訊光柵	holographic grating
全纤维素	全纖維素	hollocellulose
全相关系数	全相關係數，總相關係數	total correlation coefficient
全消耗型燃烧器	[完]全消耗燃燒器	total consumption burner
全自动比色分析器	全自動比色分析器	completely automatic colorimetric analyzer
醛	醛	aldehyde
醛水合物	醛水合物	aldehyde hydrate
醛糖	醛醣	aldose
醛肟	醛肟	aldoxime

大　陆　名	台　湾　名	英　文　名
醛亚胺	醛亞胺	aldimine
炔胺	炔胺	ynamine
炔化物	炔化物	acetylide
炔基	炔基	alkynyl group
炔基金属	炔基金屬	alkynyl metal
炔[烃]	炔[烴]	alkyne
炔烃配合物	炔烴錯合物	alkyne complex
缺陷	缺陷	defect
缺陷簇	缺陷團簇	defect cluster
缺陷的类化学平衡	缺陷的準化學平衡	quasi-chemical equilibrium of defect
缺陷的有效电荷	有效缺陷電荷	effective charge of defect
缺陷晶体	缺陷晶體	imperfect crystal
确定性效应	確定性效應	deterministic effect

R

大　陆　名	台　湾　名	英　文　名
燃耗	燃耗	burn-up
燃料元件	燃料元件	fuel element
燃料组件	燃料組件	fuel assembly
燃烧管	燃燒管	combustion tube
燃烧焓	燃燒焓	enthalpy of combustion
燃烧量热法	燃燒量熱法	combustion calorimetry
燃烧曲线	燃燒曲線	burning-off curve, combustion curve
染料敏化光引发	染料敏化光引發	dye sensitized photoinitiation
扰动尺寸	擾動尺寸	perturbed dimension
扰动角关联	擾動角關聯	perturbed angular correlation
热爆炸	熱爆炸	thermal explosion
热表面电离	熱表面游離	thermal surface ionization, TSI
热超声检测	熱聲[分析]法	thermosonimetry
热磁分析	熱磁分析	thermomagnetometry
热猝灭	熱淬滅	thermal quenching
热萃取	熱萃取	thermal extraction
热导检测器	熱導偵檢器,導熱偵檢器	thermal conductivity detector
热导式热量计	熱傳導熱量計	heat conduction calorimeter
热电分析	熱電分析	thermoelectrometry
热电离	熱游離	thermal ionization
热电离质谱法	熱游離質譜法	thermal ionization mass spectrometry
热电性	熱電[現象],熱電學	thermoelectricity

大　陆　名	台　湾　名	英　文　名
热电性聚合物	熱釋電聚合物	pyroelectric polymer
热反射光谱法	熱反射光譜法	thermal reflectance spectroscopy
热分级	熱分級	thermal fractionation
热分解	熱分解	thermolysis, thermal decomposition
热分析	熱分析	thermal analysis
热分析联用技术	熱分析聯用技術	simultaneous techniques of thermal analysis
热分析图	溫度記錄圖	thermogram
热分析与质谱联用	熱分析與質譜聯用法	simultaneous thermal analysis and mass spectrometry
热固性树脂	熱固型樹脂	thermosetting resin
热光度分析	熱光度分析	thermophotometry
热光谱法	熱[光]譜法	thermospectrometry
热焓分析	焓[測定]分析	enthalpimetric analysis
热焓图	熱焓圖	enthalpogram
热化学	熱化學	thermochemistry
热化学动力学	熱化學動力學	thermochemical kinetics
热化学方程式	熱化學方程[式]	thermochemical equation
热活化	熱活化	thermal activation
热机械分析	熱機械分析	thermomechanical analysis, TMA
热机械分析仪	熱機械分析儀	thermomechanical analyzer
热-机械曲线	熱-機械曲線	thermo-mechanical curve
热机械性能测定	熱機械性能測定	thermomechanical measurement
热降解	熱降解	thermal degradation
热解	熱解	pyrolysis
热解吸气相色谱法	熱脫附氣相層析法	thermal desorption gas chromatography
热聚合	熱聚合	thermal polymerization
热扩散	熱擴散	thermal diffusion
热老化	熱老化	thermal aging
热力学	熱力學	thermodynamics
热力学等效球	熱力學等效球	thermodynamically equivalent sphere
热力学第二定律	熱力學第二定律	the second law of thermodynamics
热力学第零定律	熱力學第零定律	the zeroth law of thermodynamics
热力学第三定律	熱力學第三定律	the third law of thermodynamics
热力学第一定律	熱力學第一定律	the first law of thermodynamics
热力学分析	熱力[學]分析	thermodynamic analysis
热力学概率	熱力學機率	thermodynamic probability
热力学函数	熱力學函數	thermodynamic function
热力学控制	熱力學控制,熱力控制	thermodynamic control
热力学力	熱力學力	thermodynamic force

大　陆　名	台　湾　名	英　文　名
热力学流	熱力學流	thermodynamic flow
热力学平衡	熱力學平衡	thermodynamic equilibrium
热力学平衡常数	熱力學平衡常數	thermodynamic equilibrium constant
热力学酸度	熱力學酸度	thermodynamic acidity
热力学温度	熱力學溫度	thermodynamic temperature
热历史	熱歷史	thermal history
热量计	熱量計，卡計	calorimeter
热裂解	熱裂解	pyrolysis
热流差热扫描量热法	熱流微差掃描熱量法	heat-flux differential scanning calorimetry
热硫化	熱硫化，熱交聯	heat cure, hot cure
热敏	熱敏性	thermosensitivity
热敏发光聚合物	熱敏發光聚合物	thermosensitive luminescent polymer
热喷雾	熱灑[法]	thermospray
热喷雾电离	熱灑游離[法]	thermospray ionization, TSI
热膨胀分析法	熱膨脹分析法	thermodilatometry
热膨胀曲线	熱膨脹曲線	thermodilatometric curve
热容	熱容量	heat capacity
热熔合反应	熱融合反應	hot-fusion reaction
热熔黏合剂	熱熔黏合劑	melt adhesive
热色谱法	熱層析法	thermochromatography
热色现象	熱變色性，熱變色現象，熱致變色	thermochromism
热声分析	熱聲分析	thermoacoustimetry
热实验室	熱實驗室，放射[性]實驗室	hot laboratory
热试验	熱測試	hot run, hot test
热室	熱室，輻射洞	hot cave, hot cell
热释电性	熱電性	pyroelectricity
热塑性树脂	熱塑性樹脂	thermoplastic resin
热塑性弹性体	熱塑性彈性體	thermoplastic elastomer
热天平	熱天平	thermobalance
热脱附谱	熱脫附譜法	thermal desorption spectroscopy, TDS
热稳定剂	熱穩定劑	heat stabilizer
热效应	熱效應	heat effect
热氧化降解	熱氧化降解	thermal oxidative degradation
热氧老化	熱氧老化	thermo-oxidative aging
热引发	熱引發[作用]	thermal initiation
热引发转移终止剂	熱引發轉移終止劑	thermoiniferter
热原子	熱原子	hot atom

大　陆　名	台　湾　名	英　文　名
热原子反应	熱原子反應	hot atom reaction
热原子化学	熱原子化學	hot atom chemistry
热原子退火	熱原子退火	hot atom annealing
热折射法	熱折射法	thermorefractometry
热致发光	熱發光	thermoluminescence
热致发光分析	熱發光分析	thermoluminescence analysis
热致发光剂量计	熱發光劑量計	thermoluminescent dosimeter
热致[性]液晶	熱致[性]液晶	thermotropic liquid crystal
热致液晶聚合物	熱致液晶聚合物	thermotropic liquid crystalline polymer
热中子	熱中子，慢中子	thermal neutron
热重法	熱重法	thermogravimetry, TG
热重法与顺磁共振联用	熱重法-電子順磁共振聯用	simultaneous thermogravimetry and electron paramagnetic resonance
热重分析	熱重分析	thermogravimetric analysis, TGA
热重图	熱重曲線	thermogravimetric curve
热助共振原子荧光	熱助共振原子螢光	thermally assisted resonance atomic fluorescence
热助阶跃线原子荧光	熱助逐級線原子螢光	thermally assisted stepwise atomic fluorescence
热助原子荧光	熱助原子螢光	thermally assisted atomic fluorescence
热助直跃线原子荧光	熱助直接線原子螢光	thermally assisted direct-line atomic fluorescence
人工放射性	人造放射性	artificial radioactivity
人工老化	人工老化	artificial aging
人工神经网络	人工神經網路	artificial neutral network
人参皂苷	人參皂苷	ginsenoside
人造放射性元素	人造放射性元素	man-made radio element, artificial radio element
人造元素	人造元素	artificial element
韧致辐射	制動輻射	bremsstrahlung
韧致辐射源	制動輻射源	bremsstrahlung source
韧性断裂	延性斷裂	ductile fracture
[容]量瓶	[定]容量瓶	volumetric flask
容许[误]差	容許誤差，公差	tolerance error, allowable error
容许限	容許限	tolerance limit
溶出伏安仪	剝除伏安儀	stripping voltammeter
溶度参数	溶度參數	solubility parameter
溶度积	溶度積	solubility product
溶剂	溶劑	solvent

大　陆　名	台　湾　名	英　文　名
θ溶剂	θ溶劑	theta solvent
溶剂萃取	溶劑萃取［法］	solvent extraction
溶剂萃取法	溶劑萃取法	solvent extraction method
溶剂分解	溶劑分解［作用］	solvolysis
溶剂峰消除技术	溶劑峰消除技術	solvent elimination technique
溶剂合物	溶劑合物	solvate
溶剂合异构	溶劑合異構［現象］	solvate isomerism
溶剂化	溶劑合作用	solvation
溶剂化电子	溶［劑］合電子	solvated electron
溶剂化质子	溶合質子	solvated proton
溶剂极性	溶劑極性	solvent polarity
溶剂笼	溶劑籠	solvent cage
溶剂强度	溶劑強度	solvent strength
溶剂热法	溶劑熱法	solvothermal method
溶剂同位素效应	溶劑同位素效應	solvent isotope effect
溶剂位移	溶劑位移	solvent shift
溶剂效应	溶劑效應	solvent effect
溶胶-凝胶法	溶膠凝膠法	sol-gel method
溶胶-凝胶转化	溶膠-凝膠轉化	sol-gel transformation
溶解度	溶［解］度	solubility
溶解度参数	溶解度參數	solubility parameter
溶解焓［热］	溶解焓［熱］	enthalpy［heat］of solution
溶解金属还原	溶解金屬還原	dissolving metal reduction
溶解氧	溶氧	dissolved oxygen
溶聚丁苯橡胶	溶聚丁［二烯］苯［乙烯］橡膠	solution polymerized butadiene styrene rubber
溶纤剂	賽珞蘇	cellosolve
溶液	溶液，溶體	solution
溶液纺丝	溶液紡絲	solution spinning
溶液聚合	溶液聚合［作用］	solution polymerization
溶胀	潤脹	swelling
溶胀度	潤脹度	degree of swelling
溶质	溶質	solute
溶致［性］液晶	溶致性液晶，向液性液晶	lyotropic liquid crystal
溶致液晶聚合物	溶致液晶聚合物，向液性液晶聚合物	lyotropic liquid crystalline polymer
熔纺	熔紡	melt spinning
熔合	熔融	fusion

大　陆　名	台　湾　名	英　文　名
熔合蒸发反应	融合蒸發反應	fusion-evaporation reaction
熔化焓［热］	熔化焓［熱］	enthalpy［heat］of fusion
熔剂	①焊劑 ②助熔劑 ③通量	flux
熔融缩聚	熔融聚縮	melt phase polycondensation
熔体流动速率	熔體流動速率	melt flow rate
熔体破裂	熔體破裂	melt fracture
熔盐电化学	熔鹽電化學	electrochemistry of molten salt
熔铸	熔鑄	fusion casting
柔性链	柔韌性鏈	flexible chain
柔性链聚合物	柔韌性鏈聚合物	flexible chain polymer
鞣质	鞣質，單寧	tannin
铷-锶年代测定	銣-鍶定年法	rubidium-strontium dating
蠕变	潛變	creep
蠕变柔量	蠕變柔量	creep compliance
蠕虫状链	蠕蟲狀鏈	worm-like chain
蠕动泵	蠕動泵	peristaltic pump
乳剂校准［特性］曲线	乳化校正曲線	emulsion calibration［characteristic］curve
乳聚丁苯橡胶	乳聚丁［二烯］苯［乙烯］橡膠	emulsion polymerized butadiene styrene rubber
乳液纺丝	乳液紡絲	emulsion spinning
乳液聚合	乳化聚合［作用］	emulsion polymerization
入射道	入射通道	entrance channel
软化温度	軟化溫度	softening temperature
软碱	軟鹼	soft base
软锰矿	軟錳礦	pyrolusite
软水	軟水	soft water
软酸	軟酸	soft acid
软硬酸碱规则	軟硬酸鹼規則	hard and soft acid and base rule, HSAB rule
锐钛矿	銳鈦礦，銳錐石	anatase
瑞利比	瑞立比值	Rayleigh factor, Rayleigh ratio
瑞利散射	瑞立散射	Rayleigh scattering
瑞利散射分光光度法	瑞立散射分光光度法	Rayleigh scattering spectrophotometry
瑞香烷［类］	瑞香烷	daphnane
弱电解质	弱電解質	weak electrolyte
弱碱型离子交换剂	弱鹼型離子交換劑	weak base type ion exchanger
弱酸型离子交换剂	弱酸型離子交換劑	weak acid type ion exchanger

S

大　陆　名	台　湾　名	英　文　名
脎	脎	osazone
塞曼效应	季曼效應	Zeeman effect
塞曼效应校正背景[法]	季曼效應背景校正	Zeeman effect background correction
塞曼原子吸收分光光度计	季曼原子吸收分光光譜儀	Zeeman atomic absorption spectro-photometer
塞曼原子吸收光谱法	季曼原子吸收光譜法	Zeeman atomic absorption spectrometry, ZAAS
噻二唑	噻二唑	thiadiazole
噻吩	噻吩	thiophene
噻喃	噻喃	thiopyran
噻嗪	噻𠯤	thiazine
噻唑	噻唑	thiazole
噻唑啉	噻唑啉	thiazoline
噻唑烷	四氢噻唑	thiazolidine
三波长分光光度法	三波長分光光度法	three wavelength spectrophotometry
三重峰，三重态	三重線，三合[透]鏡，三重型	triplet
三重四极质谱仪	三階四極質譜儀	triple-stage quadrupole mass spectrometer, TSQ-MS
三重态(=三重峰)		
三单元组	三元组	triad
三电极电解池	三電極電池	three-electrode cell
三电极体系	三電極系統	three-electrode system
三分子反应	三分子反應	termolecular reaction
三氟甲磺酸盐	三氟甲磺酸鹽	triflate
三氟甲磺酸酯	三氟甲磺酸酯	triflate
三官能[基]单体	三官能[基]單體	trifunctional monomer
三官能引发剂	三官能引發劑	trifunctional initiator
三环倍半萜	三環倍半萜	tricyclic sesquiterpene
三环二萜	三環二萜	tricyclic diterpene
三级反应	三級反應，三次反應	third order reaction
三级结构	三級結構	tertiary structure
三价碳正离子	三價碳正離子	carbenium ion
三角型碳	三角型碳	trigonal carbon
三角型杂化	三角混成[作用]	trigonal hybridization

大　陆　名	台　湾　名	英　文　名
三聚	三聚[合]作用	trimerization
三聚氰胺-甲醛树脂	三聚氰胺-甲醛樹脂	melamine-formaldehyde resin, melamine resin
三聚体	三聚物，三聚體	trimer
三扣[连]配体	三扣[連]配位體	trihapto ligand
三棱镜	三稜鏡	triangular prism
三磷酸腺苷，腺苷-5′-三磷酸	腺[核]苷三磷酸	adenosine-5′-triphosphate
三羟铝石	α-三水鋁石	bayerite
三嗪	三𠯗	triazine
三水铝石	水礬土，水鋁氧	gibbsite
三萜	三萜	triterpene
三萜皂苷	三萜皂苷	triterpenoid saponin
三维荧光光谱	三維螢光光譜	three dimensional fluorescence spectrum
三烯	三烯	triene
三线态	三重[線]態	triplet state
三相点	三相點	triple point
1,3,5-三氧杂环己烷	1,3,5-三氧環己烷	1,3,5-trioxacyclohexane, trioxane
三元共聚合	三元共聚合	ternary copolymerization
三元共聚物	三元共聚物	terpolymer
三元络合物	三元錯合物	ternary complex
三组分系统	三成分系統	three-component system
三唑	三唑	triazole
伞形花内酯	繖[形]酮	umbelliferone
散裂产物	散裂產物	spallation product
散裂[反应]	散裂[反應]	spallation [reaction]
散裂中子源	散裂中子源	spallation neutron source
散射的非对称性	散射的非對稱性	dissymmetry of scattering
散射辐射	散射輻射	scattered radiation
散射角	散射角	scattering angle
散射截面	散射截面	scattering cross-section
桑德尔指数	桑德爾指數	Sandell index
桑色素	桑色素，2′,3,4′,5,7-五羟黄酮	morin
扫场模式	掃場模式	field sweep mode
扫描薄层色谱法	掃描薄層層析法	scanning thin layer chromatography
扫描电化学显微镜	掃描電化學顯微鏡	scanning electrochemical microscope
扫描俄歇微探针[法]	掃描歐傑微探針	scanning Auger microprobe
扫描范围	掃描範圍	scan range

大　陆　名	台　湾　名	英　文　名
扫描红外分光光度计	掃描紅外分光光譜儀	scanning infrared spectrophotometer
扫描近场光学显微镜	掃描近場光學顯微鏡	scanning near field optical microscope
扫描隧道谱	掃描穿隧譜	scanning tunneling spectrum
扫描隧道显微镜	掃描穿隧顯微鏡	scanning tunnel microscope
扫描隧道显微术	掃描穿隧顯微鏡術	scanning tunneling microscopy, STM
扫描透射离子显微镜	掃描穿透式離子顯微鏡	scanning transmission ion microscope
扫频模式	掃頻模式	frequency sweep mode
色氨酸	色胺酸	tryptophan
色料	著色劑	colorant
色谱[法]	層析術	chromatography
色谱分析	層析分析	chromatographic analysis
色谱峰	層析峰	chromatographic peak
色谱工作站	層析工作站	chromatographic workstation
色谱数据系统	層析數據處理系統	chromatographic data system
色谱图	層析圖	chromatogram
色谱仪	色譜儀，層析儀	chromatograph
色谱-原子吸收光谱联用仪	層析-原子吸收光譜儀	chromatography- atomic absorption spectrometer
色谱柱	層析管柱	chromatographic column
色散率	色散，分散	dispersion
色散型谱	色散譜	dispersion spectrum
色原醇	色原醇	chromanol
色原酮(=4H-苯并吡喃-4-酮)		
色原烷	哢哯，色原烷	chromane
沙蚕毒素	沙蠶毒素	nereistoxin
沙哈方程	薩哈方程式	Saha equation
[沙]海葵毒素	[沙]海葵毒素	palytoxin
纱[线]	紗[線]	yarn
筛板	玻[璃]料	frit
[筛]目	篩目	mesh
钐-钕年代测定	釤-釹定年法	samarium-neodymium dating
闪发聚合	瞬間聚合	flash polymerization
闪光光解法	閃光光解	flash photolysis
闪光光谱法	閃光光譜法	flash spectroscopy
闪解吸	閃光脫附，瞬間脫附	flash desorption
闪解	瞬間熱解，急驟熱解	flash pyrolysis
闪烁探测器	閃爍偵檢器	scintillation detector
NaI(Tl)闪烁体	NaI(Tl)閃爍體，	NaI(Tl) scintillator

大　陆　名	台　湾　名	英　文　名
	NaI(Tl)闪烁器	
闪烁液	閃爍液	scintillation cocktail
闪锌矿	閃鋅礦	sphalerite, zinc blende
闪耀波长	炫耀波長	blaze wavelength
闪耀光栅	炫耀光柵	blazed grating
闪耀角	炫耀角	blaze angle
闪蒸气相色谱法	急速氣相層析法	flash gas chromatography
扇形场质谱仪	扇形磁場質譜儀	magnetic sector-type mass spectrometer
扇形磁场	扇形磁場	magnetic sector
扇形电场	扇形電場	electric sector
商品检验	商品檢驗	commodity inspection
熵	熵	entropy
熵产生	熵產生	entropy production
熵流	熵通量	entropy flux
熵增原理	熵增原理	principle of entropy increase
上警告限	上警限[度]	upper alarm limit
上控制限	上控限[度]	upper control limit, UCL
上行展开[法]	升展法	ascending development method
烧爆作用	熱爆	decrepitation
烧碱石棉	鹼石綿	ascarite
烧结	燒結	sintering
[烧结]玻璃砂[滤]坩锅	燒結玻璃濾坩鍋	sintered-glass filter crucible
烧结成型	燒結成型	sinter moulding
烧绿石	燒綠石	pyrochlore
烧石膏	燒石膏	burnt plaster
烧蚀聚合物	燒蝕聚合物	ablative polymer
少数原子化学	少數原子化學	few-atom chemistry
射程	射程	range
射流传送	射流傳送	jet transfer
射频放电	射頻電火花	radio frequency spark
射频感应冷坩埚法	射頻感應冷坩堝法	radio frequency cold crucible method
射气	射氣	emanation
X射线单色器	X射線單光器	X-ray monochromator
X射线发光	X射線發光	X-ray luminescence
X射线发生器	X射線發生器	X-ray generator
X射线光电子能谱[法]	X射線光電子光譜法,X射線光電子光譜學	X-ray photoelectron spectroscopy
[X射线或中子]屏蔽	[X射線或中子]屏蔽	shielding transmission ratio [for X-ray or

大　陆　名	台　湾　名	英　文　名
穿透比	穿透比	neutron]
X射线激发俄歇电子	X射線激發歐傑電子	X-ray excited Auger electron
γ射线剂量常数	[比]γ射線劑量常數	specific gamma ray dose constant
γ射线能谱法	γ射線能譜法	γ-ray spectrometry
X射线微区分析	X射線顯微分析	X-ray microanalysis
X射线吸收近边结构	X光吸收近限結構	X-ray absorption near edge structure
X射线吸收限	X射線吸收限	X-ray absorption edge, absorption limit
X射线吸收限光谱法	X射線吸收限光譜法	X-ray absorption edge spectrometry
X射线小角散射	X射線小角散射	small angle X-ray scattering, SAXS
X射线衍射物相分析	X射線繞射相位分析	phase analysis by X-ray diffraction
X射线荧光分析	X射線螢光分析	X-ray fluorescence analysis
X射线荧光光谱法	X射線螢光光譜法	X-ray fluorescence spectrometry
摄谱仪	攝譜儀	spectrograph
摄入	攝入，攝取	intake
伸展链晶体	伸展鏈晶體	extended-chain crystal
砷鎓离子，砷正离子	鉮離子	arsonium ion
砷叶立德	鉮偶極體	arsenic ylide, arsonium ylide
砷正离子(=砷鎓离子)		
[深]地质处置	[深]地質處置	[deep] geological disposal
深度分辨率	深度解析[度]	depth resolution
神经氨基醇(=鞘氨醇)		
神经节苷脂	神經節苷脂	ganglioside
神经鞘磷脂(=鞘磷脂)		
神经酰胺	腦醯胺	ceramide
胂	胂·	arsine
渗碳	增碳[作用]	carburization
渗透性	穿透性，磁導率，透磁性	permeability
渗透压	滲透壓	osmotic pressure
渗透因子	滲透因數	osmotic factor
渗透[作用]	滲透[作用]	osmosis
渗析器	透析器，透析裝置	dialyzer
升汞	生汞，二氯化汞	corrosive sublimate
升华焓[热]	生華焓[熱]	enthalpy [heat] of sublimation
升温速率	升溫速率	temperature rate
升温速率曲线	升溫[速率]曲線	heating-rate curve
生成常数	生成常數	formation constant
生成焓	生成焓	enthalpy of formation
生成截面	生成截面	formation cross section, production cross

大　陆　名	台　湾　名	英　文　名
		section
生化分析	生化分析	biochemical analysis
生化需氧量	生化需氧量	biochemical oxygen demand, BOD
生色团	發色團，發色基	chromophore, chromophoric group
生石灰	生石灰	quicklime
生物半衰期	生物半生期	biological half-life
生物传感器	生物感測器	biosensor
生物催化剂	生物催化劑，生物觸媒	biocatalyst
生物催化[作用]	生物催化[作用]	biocatalysis
生物大分子	生物大分子,生物巨分子	biomacromolecule
生物电化学	生物電化學	bioelectrochemistry
生物发光免疫分析	生物發光免疫分析	bioluminescence immunoassay
生物合成	生[物]合成	biosynthesis
生物活性高分子	生物活性高分子	bioactive polymer
生物甲基化	生物甲基化	biomethylation
生物碱	生物鹼	alkaloid
生物降解	生物降解	biodegradation
生物可蚀性聚合物	生物可蝕性聚合物	bioerodable polymer
生物矿化	生物礦化	biomineralization
生物矿物	生物礦物	biomineral
生物利用度	生物可用度	bioavailability
生物膜电极	生物膜電極	biomembrane electrode
生物色谱法	生物層析法	biological chromatography
生物弹性体	生物彈性體	bioelastomer
生物探针	生物探針	bioprobe
生物陶瓷	生物陶瓷	bioceramic
生物医学色谱法	生物醫學層析法	biomedical chromatography
生物医用高分子	生醫高分子	biomedical polymer
生物有机化学	生物有機化學	bioorganic chemistry
生物质谱法	生物質譜法	biological mass spectrometry, BMS
生物转化	生物轉化	biotransformation
生物自显影法	生物自檢法	bioautography
生橡胶	生橡膠	crude rubber, raw rubber
声波喷雾电离	聲灑游離[法]	sonic spray ionization, SSI
声光可调滤光器	聲光可調[頻]濾光器	acousto-optical tunable filter, AOTF
声光效应	聲光效應	acousto- optical effect
声化学合成	聲化學合成	sonochemical synthesis
声子	聲子	phonon
剩余[核]辐射	剩餘[核]輻射	residual [nuclear] radiation

大 陆 名	台 湾 名	英 文 名
剩余耦合常数	剩餘耦合常數，剩餘偶合常數	residual coupling constant
失透	失透明［現象］，失玻化	devitrification
湿存水	吸濕［水］分	hygroscopic water
湿法	濕法	wet method, wet process, wet way
湿法反应	濕法反應	wet reaction
湿法灰化	濕式灰化	wet ashing
湿纺	濕紡［法］	wet spinning
湿润剂	潤濕劑	wetting agent
十分之一值层厚度	十分之一值層	tenth-value layer
石房蛤毒素	蛤蚌毒素	saxitoxin
石膏	石膏	gypsum
石灰石	石灰石	limestone
石蜡	石蠟	paraffin wax
石榴子石	石榴子石，石榴石	garnet
石墨	石墨	graphite
石墨电极	石墨電極	graphite electrode
石墨化碳黑	石墨化碳黑	graphitized carbon black
石墨炉	石墨爐	graphite furnace
石墨炉原子吸收光谱法	石墨爐原子吸收光譜法	graphite furnace atomic absorption spectrometry, GFAAS
石蕊试纸	石蕊試紙	litmus paper
石英管原子捕集法	石英管原子捕集法	quartz tube atom-trapping
石英晶体微天平	石英晶體微天平	quartz crystal microbalance
石英炉原子化器	石英爐原子化器	quartz furnace atomizer
石油树脂	石油樹脂	petroleum resin
石竹烷［类］	石竹烷	caryophyllane
时间常数	時間常數	time constant
时间分辨傅里叶变换红外光谱法	時間解析傅立葉轉換紅外線光譜法	time-resolved Fourier transform infrared spectrometry
时间分辨光谱法	時間解析光譜法	time-resolved spectrometry, TRS
时间分辨光谱学	時間分辨譜術	time-resolved spectroscopy
时间分辨激光诱导荧光光谱法	時間解析雷射誘導螢光光譜法	time-resolved laser-induced fluorimetry
时间分辨荧光	時間解析螢光	time-resolved fluorescence
时间分辨荧光光谱法	時間解析螢光光譜法	time-resolved fluorescence spectrometry
时间分辨荧光免疫分析法	時間解析螢光免疫分析法	time-resolving fluorescence immunoassay
时间平均法	時間平均法	time averaging method

大　陆　名	台　湾　名	英　文　名
时-温等效原理	時-溫等效原理	time-temperature equivalent principle
时域光声谱技术	時間解析光聲譜技術	time-resolved optoacoustic technique
时域信号	時域訊號	time domain signal
时钟反应	時鐘反應	clock reaction
实验设计	實驗設計	experimental design
实验式	實驗式	empirical formula
食品防腐剂分析	食品防腐劑分析	food preservative analysis
食品分析	食品分析	food analysis
食品添加剂分析	食品添加劑分析	food additive analysis
史蒂文森规则	斯蒂芬生規則	Stevenson rule
示波滴定法	示波滴定法	oscillographic titration
示波极谱滴定法	示波極譜滴定法	oscillopolarographic titration
示波极谱法	示波極譜法	oscillopolarography
示波极谱仪	示波極譜儀	oscillographic polarograph
示差分光光度法	微差光譜測定法	differential spectrophotometry
示差谱	示差譜	difference spectrum
示差折光检测器	示差折射率偵檢器	differential refractive index detector
示踪技术	示蹤[劑]技術	tracer technique
示踪剂	示蹤物，曳光劑	tracer
示踪原子扩散	示蹤劑擴散	tracer diffusion
式量	式量	formula weight
式量电位	形式電位	formal potential
事故照射	意外曝露	accidental exposure
势能面	位能面	potential energy surface, PES
LEP 势能面	LEP 位能面	London-Eyring-Polanyi potential energy surface, LEP PES
LEPS 势能面	LEPS 位能面	London-Eyring-Polanyi-Sato potential energy surface, LEPS PES
势能面交叉	位能面交叉	curve crossing
势能剖面	位能剖面	potential energy profile
试剂	試劑	reagent
试剂空白	空白試劑	reagent blank
试剂瓶	試劑瓶	reagent bottle
试样	試樣	sample
试液	試液	test solution
试纸	試紙	test paper
pH 试纸	pH 試紙，酸鹼度試紙	pH paper
室温磷光法	室溫磷光法	room temperature phosphorimetry
适配体	適配體	aptamer

大　陆　名	台　湾　名	英　文　名
铈(IV)量法	鈰滴定法	cerimetric titration
铈土	鈰氧，氧化鈰	ceria
释放剂	釋放劑	releasing agent
释能度	釋能度	exoergicity
嗜热菌蛋白酶	嗜熱菌蛋白酶	thermolysin
手动进样器	手動注射器	manual injector
α手套箱	α手套箱	α glove box
β手套箱	β手套箱	β glove box
手套箱技术	手套箱技術	glove-box technique
手性	手性，掌性	chirality
手性[的]	手性，掌性	chiral
手性放大	手性放大，不對稱放大	chiral amplification, asymmetric amplification
手性分子	手性分子，掌性分子	chiral molecule
手性辅基	手性輔助	chiral auxiliary, chiral adjuvant
手性高分子	手性巨分子	chiral macromolecule
手性固定相	手性固定相，掌性固定相	chiral stationary phase, CSP
手性流动相	手性流動相	chiral mobile phase
手性毛细管电泳	手性毛細管電泳	chiral capillary electrophoresis, CCE
手性面	手性面	chirality plane
手性配合物	手性配位化合物，掌性配位化合物	chiral coordination compound
手性色谱法	手性層析法，掌性層析法	chiral chromatography
手性位移试剂	手性位移試劑	chiral shift reagent
手性选择剂	手性選擇劑	chiral selector
手性液相色谱法	手性液相層析法，掌性液相層析法	chiral liquid chromatography
手性因素	手性因素	chirality element
手性元	掌性[建構]組元，手性[建構]組元	chiron
手性中心	手性中心，掌性中心	chiral center, chirality center
手性轴	手性軸	chiral axis, axis of chirality
首端过程	首端過程	head-end process
受激发射系数	受激發射係數	stimulated emission coefficient
受激发射跃迁	受激發射躍遷	stimulated emission transition
受激拉曼散射	受激拉曼散射	stimulated Raman scattering
受激拉曼散射效应	受激拉曼散射效應	stimulated Raman scattering effect

大　陆　名	台　湾　名	英　文　名
受激吸收跃迁	受激吸收躍遷	stimulated absorption transition
受屏蔽核	屏蔽核種	shielded nuclide
受体	受體，受基	acceptor, receptor
受体显像	受體顯像	receptor imaging
受限链	受限鏈	confined chain
受限态	受限態	confined state
受阻旋转	限制旋轉	restricted rotation, hindered rotation
梳形聚合物	梳形聚合物	comb polymer
疏电子试剂	疏電子試劑	electrophobic reagent
疏水[的]	疏水性	hydrophobic
疏水聚合物	疏水聚合物	hydrophobic polymer
疏水作用	疏水性作用	hydrophobic interaction
疏水作用色谱法	疏水作用層析法	hydrophobic interaction chromatography
疏质子溶剂	疏質子溶劑	protophobic solvent
舒尔茨-齐姆分布	舒爾茨-齊姆分布	Schulz-Zimm distribution
[舒]缓激肽	舒緩肽	bradykinin
熟化	成熟，催熟	ripening
熟石灰	熟石灰，消石灰	slaked lime
曙红	曙紅	eosine
束-箔谱学	[粒子]束薄膜能譜學	beam-foil spectroscopy
束化学	束流化學	beam chemistry
束监视器	束監測器	beam monitor, BM
束流	束流	beam current
束流能量	束流能量	beam energy
束流[强度]	束流強度	beam intensity
树胶	樹膠，膠	gum
树枝状晶体	樹枝狀晶體	dendrite
树枝状聚合物	樹枝狀聚合物	dendrimer, dendritic polymer, tree polymer
树脂	樹脂	resin
树脂传递模塑	樹脂轉注成型	resin transfer moulding
树脂交换容量	樹脂交換容量	exchange capacity of resin
数据处理	資料處理	data handling, data processing
数均分子量	數均分子量	number-average molecular weight
数量分布函数	數量分布函數	number distribution function
α衰变	α衰變	α-decay
β衰变	β衰變	β-decay
β⁺衰变	β⁺衰變	β⁺-decay
γ衰变	γ衰變	γ-decay
衰减	衰減[作用]，滅弱[作	attenuation

大　陆　名	台　湾　名	英　文　名
	用]	
衰减当量	衰減當量	attenuation equivalent
衰减全反射	滅弱全反射	attenuated total reflection, ATR
双氨基化	雙胺化[作用]	bisamination
双苄基异喹啉[类]生物碱	雙苄基異喹啉[類]生物鹼	bisbenzylisoquinoline alkaloid
双波长分光光度计	雙波長分光光度計	dual wavelength spectrophotometer
双侧检验	雙側檢定，雙側驗證	two-tailed test, two-side test
双重标记	雙標記	double labeling, double-tagging
双氮配合物	雙氮配合物	dinitrogen complex
双电层电容	雙電層電容	double layer capacitance
双电荷离子	雙電荷離子	double-charged ion
双电弧法	雙電弧法	double arc method
双反式环烯	雙反式環烯	betweenanene
双分子反应	雙分子反應	bimolecular reaction
双分子亲核取代[反应]	雙分子親核取代[作用]	bimolecular nucleophilic substitution
双分子终止	雙分子終止	bimolecular termination
双酚 A 环氧树脂	雙酚 A 環氧樹脂	bisphenol A epoxy resin
双份法	雙重的，成對的	duplicate
双峰，二重态	雙線，雙值	doublet
双负离子	雙負離子	dianion
双功能螯合剂	雙功能螯合劑	bifunctional chelator
双功能连接剂	雙功能聯接劑	bifunctional conjugating agent
双共振	雙共振	double resonance
双[股]链	雙[股]鏈	double strand chain
双官能[基]单体	雙官能[基]單體	bifunctional monomer
双官能引发剂	雙官能引發劑	bifunctional initiator
双光束分光光度计	雙光束光譜儀	double beam spectrophotometer
双光束光零点红外分光光度计	雙光束光零點紅外光譜儀	double beam optical-null infrared spectrometer
双光束原子吸收光谱仪	雙光束原子吸收光譜儀	double beam atomic absorption spectrometer
双光子激发原子荧光	雙光子激發原子螢光	two-photon excited atomic fluorescence
双幻核	雙魔核	double magic nucleus
双黄酮	雙黃酮	biflavone
双 π 甲烷重排	雙 π 甲烷重排	di-π-methane rearrangement
双间同立构聚合物	雙對排聚合物	disyndiotactic polymer
双键移位	雙鍵遷移	double bond migration

大　陆　名	台　湾　名	英　文　名
双交换	雙交換	double exchange
双金属催化剂	雙金屬催化劑，雙金屬 觸媒	bimetallic catalyst
双金属电极	雙金屬電極	bimetallic electrode
双金属酶	雙金屬酶	bimetallic enzyme
双聚焦质谱仪	雙聚焦質譜儀	double focusing mass spectrometer
双木脂体	雙木脂體	dilignan
双羟基化反应	雙羥化［作用］	dihydroxylation
双氢催化剂	雙氫催化劑	dihydride catalyst
双全同立构聚合物	雙同排聚合物	diisotactic polymer
双竖键加成	雙豎鍵加成	diaxial addition
双 β 衰变	雙 β 衰變	double β decay
双双峰	雙雙峰	double doublet
双缩脲法	縮二脲方法	biuret method
双通道原子吸收分光 光度计	雙通道原子吸收分光 光度計	dual-channel atomic absorption spectrophotometer
双温交换［法］	雙溫交換［法］	dual-temperature exchange
双烯单体	二烯單體	diene monomer
双烯合成	雙烯合成	diene synthesis
双烯聚合物	二烯聚合物	diene polymer
双烯［类］聚合	二烯聚合［作用］	diene polymerization
双向展开［法］	二維展開法	two dimensional development method
双氧配合物	雙氧配合物	dioxygen complex
双正离子	雙正離子	dication
双轴拉伸	雙軸延伸	biaxial drawing
双轴取向	雙軸取向	biorientation, biaxial orientation
双柱定性法	雙管柱定性法	double-column qualitative method
双自由基	雙自由基	biradical, diradical
双组分催化剂	雙組分催化劑	bicomponent catalyst
水玻璃	水玻璃	water glass
水的离子积	水的離子積	ionic product of water
水法后处理	水溶液再處理	aqueous reprocessing
水辅注塑	水輔注塑	water aided injection moulding
水合	水合	hydration
水合焓［热］	水合焓［熱］	enthalpy［heat］of hydration
水合［化］电子	水合電子	hydrated electron
水合离子	水合離子	aqua ion
水合能	水合能	hydration energy
水合氢离子	鋞離子	hydronium ion

大　陆　名	台　湾　名	英　文　名
水合数	水合數	hydration number
水合物	水合物	hydrate
水解	水解	hydrolysis
水解降解	水解降解	hydrolytic degradation
水解酶	水解酶	hydrolytic enzyme, hydrolase
水铝石	水鋁石	boehmite, diaspore
水煤气反应	水煤氣反應	water-gas reaction
水泥固化	水泥固化	cement solidification
水热法	水熱法	hydrothermal method
水溶发光	水溶發光	aquoluminescence
水溶性聚合物	水溶性聚合物	water soluble polymer
水溶性酸	水溶性酸	water soluble acid
水杨醛肟	柳醛肟	salicylaldoxime
水硬度	水硬度	water hardness
水浴	水浴，水鍋	water bath
水蒸气蒸馏	水蒸氣蒸餾	water vapor distillation
顺铂	順鉑	cisplatin
顺磁屏蔽	順磁性遮蔽	paramagnetic shielding
顺磁位移	順磁位移	paramagnetic shift
顺磁物质	順磁性物質	paramagnetic substance
顺磁效应	順磁效應	paramagnetic effect
顺磁性	順磁性	paramagnetism
顺磁性配合物	順磁性配位化合物	paramagnetism coordination compound
顺磁性位移试剂	順磁性位移試劑	paramagnetic shift reagent
顺错构象	順錯構形	synclinal conformation
顺叠构象	順疊構形	synperiplanar conformation
顺反异构	順反[式]異構現象，順反[式]異構性	*cis-trans* isomerism
顺反异构体	順反[式]異構物	*cis-trans* isomer
顺式聚合物	順式聚合物	*cis*-configuration polymer, *cis*-polymer
顺式异构体	順式異構物	*cis*-isomer
顺向构象	順[式]構形	cisoid conformation
CIP 顺序规则	CIP 序列法則，嵌-英[格]-普[洛]序列法則	Cahn-Ingold-Prelog sequence rule, CIP priority
顺序扫描电感耦合等离子体光谱仪	順序掃描感應耦合電漿光譜儀	sequential scanning inductively coupled plasma spectrometer
顺旋	同向旋轉	conrotatory
瞬发辐射	瞬發輻射	prompt radiation

大　陆　名	台　湾　名	英　文　名
瞬发辐射分析	瞬發輻射分析	prompt radiation analysis
瞬发γ射线中子活化分析	瞬發γ射線中子活化分析	prompt gamma ray neutron activation analysis
丝氨酸	絲胺酸	serine
斯莱特理论	斯雷特理論	Slater theory
斯塔克变宽	斯塔克增寬	Stark broadening
斯托克斯原子荧光	斯托克斯原子螢光	Stokes atomic fluorescence
死端聚合(=无活性聚合)		
死时间	無感時間	dead time
死体积	〔管柱〕怠體積，〔管柱〕呆體積	dead volume
四氨基硅烷	四胺基矽烷	silanetetramine
四苯硼钠	四苯硼酸鈉	sodium tetraphenylborate
四重峰	四重線	quartet
四单元组	四單元組	tetrad
四分〔法〕	四分法	quartering
四号橙	金蓮橙	orange IV
四环二萜	四環二萜	tetracyclic diterpene
四环素	四環素	tetracycline
四环素类抗生素	四環素類抗生素	tetracycline-antibiotic
四级结构	四級結構	quaternary structure
四极质谱仪	四極質譜儀	quadrupole mass spectrometer
四甲基硅烷	四甲矽烷	tetramethylsilane, TMS
四硫代富瓦烯	四硫富烯	tetrathiafulvalene
四面体构型	四面體組態	tetrahedral configuration
四面体配合物	四面體錯合物	tetrahedral complex
四面体型碳	四面體型碳	tetrahedral carbon
四面体杂化	四面體混成〔作用〕	tetrahedron hybridization
四面体中间体	四面體中間體	tetrahedral intermediate
四氢吡咯	四氫吡咯，吡咯啶	tetrahydropyrrole, pyrrolidine
四氢吡喃	四氫哌喃	tetrahydropyran
四氢呋喃	四氫呋喃	tetrahydrofuran, THF
四氢噻吩	四氫噻吩	tetrahydrothiophene, thiophane
四萜	四萜	tetraterpene
四中心聚合	四中心聚合	four center polymerization
四唑	吡咯三唑，四唑	tetrazole, pyrrotriazole
似对映体	準對映體	quasi-enantiomer
似外消旋化合物	準外消旋化合物	quasi-racemic compound

大　陆　名	台　湾　名	英　文　名
似外消旋体	準外消旋體	*quasi* racemate
松散过渡态	鬆散過渡狀態	loose transition state
松香烷［类］	松香烷	abietane
苏阿糖	蘇糖	threose
苏氨酸	蘇胺酸	threonine
苏式构型	蘇型組態	*threo* configuration
苏型双间同立构聚合物	蘇型雙對排聚合物	*threo*-disyndiotactic polymer
苏型双全同立构聚合物	蘇型雙同排聚合物	*threo*-diisotactic polymer
苏型异构体	蘇型異構物	*threo* isomer
速差动力学分析法	速差動力學分析法	differential reaction-rate kinetic analysis
速度分布	速度分布	velocity distribution
速控步	速率控制步驟	rate controlling step
速率理论	速率理論	rate theory
塑化	塑化	plasticizing
塑解剂	解膠劑	peptizer
塑炼	塑煉	plastication
塑料	塑膠	plastic
塑料固化	塑料固化	plastic solidification
塑料合金	塑膠合金	plastic alloy
塑性变形	塑性變形	plastic deformation
塑性流动	塑性流動	plastic flow
塑性体	塑料	plastomer
溯源性	溯源性	traceability
酸	酸	acid
π酸	π酸，pi 酸	π-acid
酸度	酸度，酸性	acidity
酸度常数	酸度常數	acidity constant
酸度函数	酸度函數	acidity function
酸酐	酸酐	anhydride, acid anhydride
酸化	酸化	acidification
酸碱滴定法	酸鹼滴定	acid-base titration
酸碱平衡	酸鹼平衡	acid-base equilibrium
酸碱指示剂	酸鹼指示劑	acid-base indicator
酸碱质子理论(=布朗斯特-劳里酸碱理论)		
酸解	酸解	acidolysis
酸量法	酸定量法	acidimetry
酸式盐	酸式鹽	acidic salt, acid salt, hydrogen salt
酸性氧化物	酸性氧化物	acidic oxide

大　陆　名	台　湾　名	英　文　名
酸值	酸值	acid value
[算术]平均偏差	算術平均偏差	arithmetic average deviation
算术平均值	算術平均值	arithmetic mean
随机变量	隨機變量	random variable
随机抽样	隨機取樣，任意抽樣	random sampling
随机化	無規則化，隨機化	randomization
随机区组设计	隨機區組設計	randomized block design
随机误差	隨機誤差	random error
随机性效应	隨機性效應	stochastic effect
随机样本	隨機樣品	random sample
随机因素	隨機因素	random factor
碎裂[反应]	碎裂[反應]，碎斷[作用]	fragmentation [reaction]
碎片峰	碎體峰	fragment peak
碎片离子	碎體離子	fragment ion
碎片质量谱图	碎片質量譜圖	mass fragmentogram
隧道效应	隧道效應	tunnel effect
羧基化	羧化[作用]	carboxylation
羧甲基纤维素	羧甲纖維素	carboxymethyl cellulose
羧酸	羧酸	carboxylic acid
缩氨基脲	縮胺脲，半卡腙	semicarbazone
缩丙酮化合物	縮丙酮化合物	acetonide
缩合	縮合[作用]，冷凝[作用]	condensation
缩合鞣质，儿茶酚单宁	縮合單寧，兒茶酚單寧	catechol tannin, condensed tannin
缩环[反应]	縮環[反應]	ring contraction
缩甲醛树脂	縮甲醛樹脂	methylal resin
缩聚反应	聚縮反應	polycondensation reaction
缩聚物	聚縮物	polycondensate
缩醛	縮醛	acetal
缩醛交换	縮醛交換	transacetalation
缩醛树脂	縮醛樹脂	acetal resin
缩酮	縮酮	ketal
索尔韦法	索耳末法	Solvay process
索雷谱带	索雷譜帶	Soret band
索氏萃取法	索氏萃取法	Soxhlet extraction method
索烃	交環烷，環連體	catenane

T

大　陆　名	台　湾　名	英　文　名
塔板理论	[塔]板理論	plate theory
塔板理论方程	[塔]板理論方程[式]	plate theory equation
θ态	θ態	theta state
态密度	能量狀態密度	density of state
态-态反应动力学	態-態反應動力學	state-to-state reaction dynamics
肽	[胜]肽	peptide
肽单元	肽單元	peptide unit
肽激素	肽激素	peptide hormone
肽键	[胜]肽鍵	peptide bond
肽抗生素	肽抗生素	peptide-antibiotic
肽库	肽資料庫	peptide library
肽类生物碱	肽類生物鹼	peptide alkaloid
肽模拟物	擬肽物	peptidomimetic
肽序列标签	肽序列標籤	peptide sequence tag, PST
肽质量指纹图	肽[質量]指紋圖	peptide mapping fingerprinting, PMF
钛试剂	試鈦靈	tiron
钛酸酯偶联剂	鈦酸酯偶合劑	titanate coupling agent
钛铁矿	鈦鐵礦	ilmenite
泰伯试剂	泰伯試劑	Tebbe reagent
弹性回复	彈性恢復	elastic recovery
弹性散射	彈性散射	elastic scattering
弹性体	彈性物	elastomer
弹性形变	彈性變形	elastic deformation
弹性滞后	彈性滯後[現象]，彈性遲滯	elastic hysteresis
α檀香烷[类]	α檀香烷	α-santalane
炭黑	碳精塊	carbon block
探测器	偵檢器	detector
探头	探頭，探針	probe
探针原子化	探針原子化	probe atomization
碳棒原子化器	碳棒原子化器	carbon rod atomizer, CRA
碳-氮-氧循环	碳-氮-氧循環	C-N-O cycle
碳电极	碳電極	carbon electrode
碳二亚胺	碳二亞胺	carbodiimide
碳氟化合物	氟碳化[合]物	fluorocarbon
碳负离子	碳陰離子	carbanion

大 陆 名	台 湾 名	英 文 名
碳负离子聚合	碳負離子聚合，碳陰離子聚合	carbanionic polymerization
碳-13 核磁共振	碳-13 核磁共振	^{13}C nuclear magnetic resonance, ^{13}C-NMR
碳糊电极	碳糊電極	carbon paste electrode
碳化硼纤维	碳化硼纖維	boron carbide fiber
碳金属化反应	碳金屬化反應	carbometallation
碳链聚合物	碳鏈聚合物	carbon chain polymer
碳纳米管	碳奈米管，奈米碳管	carbon nanotube
碳纳米管电化学生物传感器	碳奈米管電化學生物感測器	carbon nanotube-based electrochemical biosensor
碳纳米管电化学脱氧核糖核酸传感器	碳奈米管電化學 DNA 感測器	carbon nanotube-based electrochemical deoxyribonucleic acid sensor
碳纳米管酶电极	碳奈米管酵素電極	carbon nanotube-based enzyme electrode
碳纳米管生物组合电极	碳奈米管生物組合電極	carbon nanotube-based biocomposite electrode
碳纳米管修饰电极	碳奈米管修飾電極	carbon nanotube modified electrode
碳-14 年代测定	碳-14 定年法	^{14}C dating
碳硼化[反应]	碳硼化反應	carboboration
碳硼烷	碳硼烷	carborane
碳氢化合物，烃	烃[類]	hydrocarbon
碳水化合物	碳水化合物，醣	carbohydrate
碳酸酐酶	碳[酸]酐酶	carbonic anhydrase
碳酸氢盐	酸式碳酸鹽，碳酸氫鹽	bicarbonate
碳纤维	碳纖維	carbon fiber
碳纤维微盘电极	碳纖維微盤電極	carbon fiber micro-disk electrode
碳正离子	碳正離子，碳陽離子	carbocation
碳正离子聚合	碳正離子聚合，碳陽離子聚合	carbocationic polymerization, carbonium ion polymerization
羰基合成	羰氧化法	oxo process
羰基化	羰基化[作用]	carbonylation
羰基铀配合物	羰基鈾錯合物	uranium carbonyl complex
羰自由基	羰自由基	ketyl
糖	醣	saccharide, sugar
糖醇	醛醣醇	alditol
糖蛋白	醣蛋白	glycoprotein
糖苷	[醣]苷，配糖體	glycoside
糖醛酸	醣醛酸	uronic acid
糖酸	醛醣酸	aldonic acid
糖肽	醣肽	glycopeptide

大　陆　名	台　湾　名	英　文　名
糖原，肝糖	糖原，肝醣	glycogen
糖脂	醣脂	glycolipid
陶瓷膜电极	陶瓷膜電極	ceramic membrane electrode
特［克斯］	德士［支數］	tex
特鲁顿规则	特如吞法則	Trouton rule
特效试剂	特效試劑，特異試劑	specific reagent
特征函数	特徵函數	characteristic function
特性黏数	固有黏度，極限黏度數	intrinsic viscosity, limiting viscosity number
特征离子	特徵離子	characteristic ion
特征能量损失谱	特徵電子能耗譜術，特徵能量損失譜術	characteristic energy loss spectroscopy
特征浓度	特徵濃度	characteristic concentration
特征值和特征向量	特徵值和特徵向量	eigenvalue and eigenvector
特征质量	特徵質量	characteristic mass
梯度共聚物	梯度共聚物	gradient copolymer
梯度洗脱	梯度淘析，梯度沖提	gradient elution
梯度寻优	梯度搜尋，梯度搜索	gradient search
梯度液相色谱法	梯度液相層析法	gradient liquid chromatography
梯形聚合物	階梯聚合物	ladder polymer
梯［形］烷	梯［形］烷	ladderane
提取离子色谱图	萃取離子層析圖	extracted ion chromatogram
体积弛豫	體積鬆弛	volume relaxation
体积热膨胀分析法	體積熱膨脹分析法	volume thermodilatometry
体扩散	體擴散	bulk diffusion
体模	假體	phantom
体内分析	［生物］體內分析，活體分析	in vivo analysis
体内中子活化分析	體內中子活化分析	in vivo neutron activation analysis
体外分析	體外分析	in vitro analysis
体型聚合物	三次元聚合物	three dimensional polymer
体型缩聚	三維聚縮	three dimensional polycondensation
替换方法	替代方法	alternative method
天冬氨酸	天［門］冬胺酸	aspartic acid
天冬酰胺	天冬醯胺酸	asparagine
天青蛋白	天青蛋白	azurin
天然氨基酸	天然胺基酸	natural amino acid
天然放射性核素	天然放射核種	natural radionuclide
天然放射性元素	天然放射元素	natural radioelement

大　陆　名	台　湾　名	英　文　名
天然高分子	天然巨分子	natural macromolecule
天然树脂	天然樹脂	natural resin
天然纤维	天然纖維	natural fiber
天然橡胶	天然橡膠	natural rubber
天然铀	天然鈾	natural uranium, NU
添加剂	添加劑，添加物	additive
填充毛细管柱	填充毛細管柱	packed capillary column
填充柱	填充[管]柱，填充塔	packed column
填料	填料，填充劑	filler, packing material
条带织构	帶狀紋理	banded texture
条件溶度积	條件溶度積	conditional solubility product
条件生成常数	條件形成常數	conditional formation constant
条件稳定常数	條件穩定常數	conditional stability constant
调聚反应	短鏈聚合[作用]	telomerization
调聚物	短鏈聚合物	telomer
调整保留时间	調整滯留時間	adjusted retention time
调整保留体积	調整滯留體積	adjusted retention volume
调制边带	邊帶，旁[頻]帶	side band
萜类化合物	類萜	terpenoid
萜烯树脂	萜烯樹脂	terpene resin
铁磁聚合物	鐵磁性聚合物	ferromagnetic polymer
铁磁性	鐵磁性	ferromagnetism
铁蛋白	鐵蛋白	ferritin
铁电聚合物	鐵電性聚合物	ferroelectric polymer
铁电液晶	鐵電液晶	ferroelectric liquid crystal
铁结合物	螯鐵蛋白	siderophore
铁硫蛋白	鐵硫蛋白質	iron-sulfur protein
铁系元素	鐵系元素	iron group
铁氧化还原蛋白	鐵氧化還原蛋白	ferredoxin
烃(=碳氢化合物)		
烃基	烴基	hydrocarbyl group
烃类树脂	烴類樹脂	hydrocarbon resin
停流法	停流法	stopped-flow method
停流分光光度法	停流分光光度法	stopped-flow spectrophotometry
停流技术	停流技術	stopped-flow technique
通量-速度-角度等量线图	通量-速度-角度等量線圖	flux-velocity-angle-contour map
通用聚合物	大宗聚合物	commodity polymer
通用指示剂	廣用指示劑	universal indicator

大　陆　名	台　湾　名	英　文　名
同	同	*syn*
同步辐射	同步輻射	synchrotron radiation
同步辐射激发 X 射线荧光法	同步輻射激發 X 射線螢光法	synchrotron radiation excited X-ray fluorescence spectrometry
同步辐射 X 射线荧光分析	同步輻射 X 射線螢光分析	synchrotron radiation X-ray fluorescence
同步荧光分析法	同步螢光分析法	synchronous fluorimetry
同多核配合物	同多核配位化合物	isopolynuclear coordination compound
同多酸	同多酸	isopolyacid
同芳香性	同芳香性	homoaromaticity
同核去耦	同核去偶	homonuclear decoupling
同离子效应	[共]同離子效應	common ion effect
同量异位素	同重素	isobar
同面反应	同面反應	synfacial reaction
同 σ 迁移重排	同 σ 遷移重排	homosigmatropic rearrangement
同手性[的]	同手性[的]	homochiral
同素环状化合物	同素環化合物	homocyclic compound
同素异形体	同素異形體	allotrope form, allotrope
同素异形转化	同素異形轉化	allotropic transition
同位素	同位素	isotope
同位素边峰	同位素邊峰, 同位素邊帶	isotope side band
同位素编码亲和标签	同位素編碼親和標籤	isotope-coded affinity tag, ICAT
同位素标记	同位素標記	isotope labeling
同位素标记化合物	同位素標誌化合物	isotopically labeled compound
同位素簇离子	同位素簇	isotopic cluster
同位素地球化学	同位素地球化學	isotope geochemistry
同位素地质年代学	同位素地質年代學	isotope geochronology
同位素地质学	同位素地質學	isotope geology
同位素分离	同位素分離	isotope separation
同位素分馏	同位素分餾, 同位素分化	isotopic fractionation, isotope fractionation
同位素丰度	同位素豐度	isotopic abundance
同位素峰	同位素峰	isotope peak
同位素富集	同位素濃縮	isotopic enrichment
同位素富集离子	同位素濃化離子	isotopically enriched ion
同位素化学	同位素化學	isotope chemistry
同位素激发 X 射线荧光法	同位素激發 X 射線螢光法	isotope excited X-ray fluorescence spectrometry, IEXRF spectrometry
同位素交换	同位素交換	isotopic exchange, isotope exchange

大　陆　名	台　湾　名	英　文　名
同位素年代测定	同位素定年[法]	isotope dating
同位素取代化合物	同位素取代化合物	isotopically substituted compound
同位素示踪剂	同位素示蹤剂	isotope tracer
同位素水文学	同位素水文學	isotope hydrology
同位素稀释分析	同位素稀釋分析法	isotope dilution analysis
同位素稀释质谱法	同位素稀釋質譜法	isotopic dilution mass spectrometry
同位素相关核保障监督技术	同位素相關核防護監督技術	isotopic correlation safeguard technique
同位素效应	同位素效應	isotopic effect, isotope effect
同位素仪表	同位素儀表	isotope gauge
同位素载体	同位素載體	isotopic carrier
同位素[组成]改变的化合物	同位素修飾化合物	isotopically modified compound
同系化	同系化	homologization
同系物	同系物	homolog
同心雾化器	同心[型]霧化器	concentric nebulizer
同质异能素比	同質異能素比	isomer ratio, isomeric ratio
同质异能跃迁	異構素躍遷	isomeric transition
同中子[异位]素	等中子素	isotone
同轴挤出	同軸擠出	coaxial extrusion
铜铁试剂	銅鐵靈	cupferron
酮	酮	ketone
α酮醇重排	α酮醇重排	α-ketol rearrangement
酮卡宾	酮碳烯	keto carbene
酮醛糖	酮醛醣	ketoaldose
酮水合物	酮水合物	ketone hydrate
酮酸酯	酮酸酯	keto ester
酮糖	酮醣	ketose
酮糖酸	酮醣酸	ketoaldonic acid, ulosonic acid
酮肟	酮肟	ketoxime
酮-烯醇互变异构	酮-烯醇互變異構現象，酮-烯醇互變異構性	keto-enol tautomerism
酮亚胺	酮亞胺	ketimine
统计假设	統計假設	statistical assumption
统计检验	統計檢定	statistical test
统计[结构]共聚物	統計[結構]共聚物	statistical copolymer
统计链段	統計鏈段	statistical segment
统计量	統計量	statistic
统计权重	統計權重	statistical weight

大　陆　名	台　湾　名	英　文　名
统计热力学	統計熱力學	statistical thermodynamics
统计熵	統計熵	statistical entropy
统计推断	統計推論，統計推理	statistical inference
桶烯	桶烯	barrelene
筒镜能量分析器	筒鏡[能量]分析器	cylinder mirror analyzer, CMA
头孢烯	頭孢烯	cephem
投影式	投影式	projection formula
透射率	透射率	transmissivity
透射系数	透射係數	transmission coefficient
透析	透析，滲析	dialysis
图解统计分析	圖解統計分析	graphical-statistical analysis
涂布器	塗布機	spreader
涂料	塗料	coating
涂渍	塗布	coat
途径	途徑，路徑	path
土壤分析	土壤分析	soil analysis
吐根碱类生物碱	吐根鹼生物鹼	emetine alkaloid
钍试剂	釷試劑	thorin
钍衰变系	釷衰變系	thorium family, thorium decay series
湍流燃烧器	擾流燃燒器	turbulent flow burner
推迟时间	阻滯時間	retardation time
推迟[时间]谱	阻滯譜	retardation [time] spectrum
推斥型势能面	推斥型位能面，排斥型位能面	repulsive potential energy surface
推扫	掃集	sweeping
退化链转移	降解鏈轉移	degradative chain transfer
退化支链反应	縮退化支鏈反應	degenerated branched chain reaction
退役	[核電廠]退役	decommissioning
蜕皮激素	蛻皮激素	ecdysone, molting hormone
褪色分光光度法	褪色分光光度法	discolor spectrophotometry
托	托	Torr
托伦试剂	多侖試劑	Tollen reagent
拖尾峰	拖尾峰	tailing peak
拖尾因子	拖尾因子，拖尾因數	tailing factor
脱氨基	去胺[作用]	deamination
脱辅基蛋白	脫輔基蛋白，缺輔基蛋白	apoprotein
脱磺酸基化	脫磺[酸作用]，去磺[酸作用]	desulfonation

大　陆　名	台　湾　名	英　文　名
脱甲基化	脱甲基[作用]，去甲基[作用]	demethylation
脱硫[作用]	脱硫[作用]	desulfurization
脱卤	脱卤[作用]，去卤[作用]	dehalogenation
脱卤化氢	去卤氢[作用]，脱卤氢[作用]	dehydrohalogenation
脱模剂	脱離剂，脱模剂	releasing agent
脱气装置	脱氣装置	degasser
脱氢	去氢[作用]	dehydrogenation
脱氰[基]化	去氰[基]化	decyanation
脱氰乙基化	去氰乙基化	decyanoethylation
脱水	脱水[作用]，去水[作用]	dehydration
脱羧	去羧[作用]	decarboxylation
脱羧硝化	去羧硝化[作用]	decarboxylative nitration
脱羰	去羰基化[作用]	decarbonylation
脱硒[作用]	脱硒[作用]	deselenization
脱酰胺化	去醯胺化	decarboxamidation
脱氧	除氧[作用]	deoxygenation
脱氧核苷	去氧核苷	deoxynucleoside
脱氧核苷酸	去氧核苷酸	deoxynucleotide
脱氧核糖	去氧核糖	deoxyribose
脱氧核糖核酸	去氧[核糖]核酸	deoxyribonucleic acid, DNA
脱氧核糖核酸酶	去氧[核糖]核酸酶	deoxyribonuclease
脱氧核糖核酸杂交指示剂	DNA 雜交指示劑	deoxyribonucleic acid hybridization indicator
脱氧胸苷	[去氧]胸苷	thymidine, deoxythymidine
拓扑缠结	拓撲纏結	topological entanglement
拓扑化学聚合	拓撲化學聚合	topochemical polymerization
拓扑异构化	拓撲異構化	topomerization

W

大　陆　名	台　湾　名	英　文　名
瓦尔登翻转	瓦登反轉	Walden inversion
瓦斯卡配合物	瓦斯卡錯合物	Vaska complex
外	外	*exo*
外靶	外靶	external target

大　陆　名	台　湾　名	英　文　名
外标法	外標法	external standard method
外标物	外標準	external standard compound
外层	外層	outer sphere
外层机理	外層機制	outer sphere mechanism
外轨配合物	外軌配位化合物	outer orbital coordination compound
外来标记化合物	外來標記化合物	foreign labeled compound
外斯常数	懷士常數	Weiss constant
外锁	外鎖	external lock
外脱模剂	外脫模劑	external releasing agent
外消旋堆集体	晶團	conglomerate
外消旋固体溶液	外消旋固體溶液	racemic solid solution
外消旋化	[外]消旋化[作用]	racemization
外消旋化合物	[外]消旋化合物	racemic compound
外消旋混合物	[外]消旋混合物	racemic mixture
外消旋体	[外]消旋物	racemate
外型异构体	外型異構物	*exo* isomer
外延结晶，附生结晶	疊晶	epitaxial crystallization
外延结晶生长，附生结晶生长	疊晶生長，[晶體]同軸生長	epitaxial growth
外延生长反应	磊晶成長反應，疊晶生長反應	epitaxial growth reaction
外增塑作用	外塑化[作用]	external plasticization
外照射	體外曝露	external exposure
外重原子效应	外重原子效應	external heavy atom effect
弯曲夹心化合物	彎曲夾心化合物	bent sandwich compound
烷基	烷基	alkyl group
烷基苯	烷基苯	alkylbenzene
烷基化[作用]	烷[基]化[作用]	alkylation
烷基锂引发剂	烷基鋰引發劑	alkyllithium initiator
烷基裂解	烷基裂解	alkylolysis, alkyl cleavage
烷[烃]	烷[屬]烴	alkane
烷氧羰基化	烷氧羰基化	carbalkoxylation
王水	王水	aqua regia, chlorazotic acid
网络	網路	network
网式	蛛	arachno
往复式活塞泵	往復式活塞泵	reciprocating piston pump
威尔金森催化剂	威爾金森催化劑	Wilkinson catalyst
威尔逊氏症	威爾遜[疾]病	Wilson disease
微波促进反应	微波輔助反應	microwave assisted reaction

大　陆　名	台　湾　名	英　文　名
微波萃取分离	微波萃取分離	microwave extraction separation
微波等离子体发射光谱检测器	微波電漿發射光譜偵檢器	microwave plasma emission spectroscopic detector
微波激发无极放电灯	微波激發無電極放電燈	microwave excited electrodeless discharge lamp
微波硫化	微波硫化	microwave cure
微波消解	微波消化［法］	microwave digestion
微波诱导等离子体	微波誘導電漿	microwave induced plasma, MIP
微波诱导等离子体原子发射光谱法	微波誘導電漿原子發射光譜法	microwave induced plasma atomic emission spectrometry, MIP-AES
微波诱导等离子体原子吸收光谱仪	微波誘導電漿原子吸收光譜儀	microwave induced plasma atomic absorption spectrometer
微电极	微電極	microelectrode
微分反应截面	微分反應截面	differential reaction cross section
微分脉冲伏安法	微分脈衝伏安法	differential pulse voltammetry
微分脉冲极谱法	微分脈衝極譜法	differential pulse polarography
微分曲线	微分曲線	derivative curve
微分溶解焓	微溶解焓	differential enthalpy of solution
微分型检测器	微分型偵檢器	differential type detector
微观可逆性	微觀可逆性	microscopic reversibility
微观可逆性原理	微觀可逆性原理	principle of microreversibility
微库仑检测器	微庫侖偵檢器	microcoulometric detector
微量分析	微量分析	micro analysis
微量天平	微天平，微量天平	micro ［analytical］ balance
微量元素	微量元素	microelement, trace element
微流控	微流控	microfluidics
微炉裂解器	微爐熱解器	microfurnace pyrolyzer
微凝胶	微凝膠	microgel
微泡体	囊泡，囊胞	vesicle
微全分析系统	微全分析系統	micro-total analysis system, μ-TAS
微乳液电动色谱法	微乳液電動層析法	microemulsion electrokinetic chromatography, MEEKC
微乳液聚合	微乳化聚合	microemulsion polymerization
微乳液增稳室温磷光法	微乳狀液增穩室溫磷光法	microemulsion stabilized room temperature phosphorimetry
微商热重法	微分熱重量法	derivative thermogravimetry, DTG
微生物电极传感器	微生物電極感測器	microbe electrode sensor
微相区	微相區	microphase domain
微型单光子发射计算	微型光子發射電腦斷	micro-photon emission computed

大　陆　名	台　湾　名	英　文　名
机断层显像	層掃描攝影術	tomography
微型色谱仪	微[型]層析儀	micro-chromatograph
微型正电子发射断层显像	微型正[電]子發射斷層攝影術	micro-positron emission tomography
微正则配分函数	微正則分配函數	microcanonical partition function
微正则系综	微[觀]正則系集	microcanonical ensemble
微柱液相色谱法	微管柱液相層析法	micro-column liquid chromatography
唯铁氢化酶	唯鐵氫化酶	Fe-only hydrogenase
维蒂希反应	威悌反應	Wittig reaction
维尔纳配合物	維爾納錯合物	Werner complex
维生素 C	維生素 C	vitamin C
伪肽	假肽	pseudopeptide
尾端过程	尾端過程	tail-end process
位错	差排	dislocation
位力系数	均功係數	virial coefficient
位形坐标	組態坐標	configuration coordinate
位移试剂	位移試劑	shift reagent
位置敏感探测器	位置靈敏偵檢器	position sensitive detector
位阻	立體阻礙，位阻	steric hindrance
θ温度	θ溫度	theta temperature
温度滴定法	測溫滴定[法]	thermometric titration
温度跃变	溫度躍變	temperature jump
温控裂解	溫控熱解	temperature-programmed pyrolysis
温熔合反应	溫融合反應	warm-fusion reaction
温室效应	溫室效應	greenhouse effect
文石	文石	aragonite
稳定常数	安定常數，穩定常數	stability constant
稳定岛	穩定區	island of stability, stability island
稳定核素	穩定核種	stable nuclide
稳定离子	穩定離子	stable ion
稳定同位素	穩定同位素	stable isotope
稳定同位素标记	穩定同位素標記	stable isotope labeling
稳定同位素标记化合物	穩定同位素標記化合物	stable isotope labeled compound
稳定同位素示踪剂	穩定同位素示蹤劑	stable isotope tracer
稳定性	安定性，穩度	stability
稳健回归	穩健回歸	robustness regression
稳态近似	穩態近似	steady state approximation
稳态相分离	雙節分解	binodal decomposition
锡离子	鎓離子	onium ion

大　陆　名	台　湾　名	英　文　名
钅翁盐	金翁鹽	onium salt
涡流扩散	渦流擴散	eddy diffusion
沃尔夫-基希纳反应	沃[夫]-奇[希諾]反應	Wolff-Kishner reaction
沃维-奈尔森模型	費耳威-奈爾森模型	Verwey-Niessen model
肟	肟	oxime
乌氏[稀释]黏度计	烏氏[稀釋]黏度計	Ubbelohde [dilution] viscometer
乌索烷[类]	烏素烷	ursane
乌头碱[类]生物碱	烏頭鹼生物鹼	aconitine
钨青铜	鎢青銅	tungsten bronze
无保护流体室温磷光法	無保護流體室溫磷光法	non-protected fluid room temperature phosphorimetry, NPF-RTP
无场区	無場區	field-free region, FFR
无尘操作区	無塵操作區	dust-free operating space
无催化聚合	無催化聚合	uncatalyzed polymerization
无定形沉淀	無定形沈澱	amorphous precipitation
无纺布，不织布	非織物，不織布	non-woven fabrics
无规度	雜排度	atacticity
无规共聚合	雜亂共聚合,隨機共聚合	random copolymerization
无规共聚物	雜亂共聚物,隨機共聚物	random copolymer
无规降解	雜亂降解，隨機降解	random degradation
无规交联	雜亂交聯，隨機交聯	random crosslinking
无规卷曲	無規則線圈	random coil
无规立构聚合物	雜排聚合物	atactic polymer
无规立构嵌段	雜排嵌段	atactic block
无规线团	無規則線圈	random coil
无规线团模型	隨機線團模型	random coil model
无规行走模型	隨機行走模型	random walk model
无荷电酸	未荷電酸	uncharged acid
无环倍半萜	非環倍半萜	acyclic sesquiterpene
无环单萜	非環單萜	acyclic monoterpene
无环二萜	非環二萜	acyclic diterpene
无环化合物	非環化合物	acyclic compound
无活性聚合，死端聚合	死端聚合	dead end polymerization
无机分析	無機分析	inorganic analysis
无机共沉淀剂	無機共沈澱劑	inorganic coprecipitant
无机聚合物	無機聚合物	inorganic polymer
无机酸	無機酸	inorganic acid
无畸变极化转移增强	無畸變極化轉移增強	distortionless enhancement by polarization transfer, DEPT

大　陆　名	台　湾　名	英　文　名
无极放电灯	無極放電燈	electrodeless discharge lamp
无键共振	無鍵共振	no-bond resonance
无偏估计量	無偏估計量，無偏估計值	unbiased estimator
无扰尺寸	無擾尺寸	unperturbed dimension
无扰末端距	無干擾末端間距	unperturbed end-to-end distance
无热溶液	無熱溶液	athermal solution
无溶剂反应	無溶劑反應	solvent-free reaction
无乳化剂乳液聚合	無乳化劑乳化聚合	emulsifier free emulsion polymerization
无手性的，非手性的	非手性，非掌性	achiral
无水石膏	硬石膏	anhydrite
无压成型	無壓成型	zero pressure moulding
无压硫化	無壓硫化	non-pressure cure
无盐过程	無鹽過程	salt-free process
无氧酸	氫酸	hydracid
无载体	無載體	carrier free
五单元组	五單元組	pentad
五环二萜	五環二萜	pentacyclic diterpene
五甲基环戊二烯基	五甲基環戊二烯基	pentamethylcyclopentadienyl
η^5-戊二烯基	η^5-戊二烯基	η^5-pentadienyl
戊糖	戊醣類	pentose
芴	莤	fluorene
物理发泡	物理發泡	physical foaming
物理发泡剂	物理發泡劑	physical foaming agent
物理交联	物理交聯	physical crosslinking
物理老化	物理老化	physical aging
物理吸附	物理吸附	physisorption, physical adsorption
物料平衡	物料均衡	material balance
物种分析	物種分析	species analysis
误差	誤差	error
误差传递	誤差傳播，誤差傳遞	error propagation
雾化器	霧化器	nebulizer
雾化效率	霧化效率	nebulization efficiency

X

大　陆　名	台　湾　名	英　文　名
吸电子基团	拉電子基團	electron-withdrawing group

大 陆 名	台 湾 名	英 文 名
吸附	吸附[作用]	adsorption
吸附波	吸附波	adsorption wave
吸附电流	吸附電流	adsorption current
吸附分离法	吸附分離法	adsorption separation
吸附共沉淀	吸附共沈澱	adsorption coprecipitation
吸附剂	吸附劑	adsorbent
吸附聚合	吸附聚合	adsorption polymerization
吸附溶出伏安法	吸附剝除伏安法	adsorptive stripping voltammetry
吸附溶剂强度参数	吸附溶劑強度參數	adsorption solvent strength parameter
吸附色谱法	吸附色層分離法, 吸附層析術	adsorption chromatography
吸附指示剂	吸附指示劑	adsorption indicator
吸光度	吸光度, 吸收率	absorbance
吸光系数	吸收係數	absorptivity
吸量管	量吸管	measuring pipet
吸留共沉淀	包藏共沈澱	occlusion coprecipitation
吸热峰	吸熱峰	endothermic peak
吸收	上升[煙]道, 吸入, 升道	uptake
吸收池	吸收槽	absorption cell
吸收光谱	吸收光譜	absorption spectrum
吸收光谱电化学法	吸收光譜電化學法	absorption spectroelectrochemistry
吸收剂量	吸收劑量	absorbed dose
吸收截面	吸收截面	absorption cross section
吸收谱线	吸收譜線, 吸光譜線	absorption line
吸水性聚合物	吸水性聚合物	water absorbent polymer
吸引型势能面	吸引位能面	attractive potential energy surface
希[沃特]	西弗	sievert
析出电位	沈積電位	deposition potential
析因试验设计	階乘實驗設計	factorial experiment design
烯胺	烯胺	enamine
烯丙醇	烯丙醇	allylic alcohol
烯丙基	烯丙基	allyl group
烯丙基聚合	烯丙聚合	allylic polymerization
烯丙基树脂	烯丙樹脂	allyl resin
烯丙位[的]	烯丙位[的]	allylic
烯丙型重排	烯丙重排[作用]	allylic rearrangement
π-烯丙型络合机理	π-烯丙基錯合反應機構	π-allyl complex mechanism
烯丙型迁移	烯丙型移動[作用]	allylic migration
烯丙型氢过氧化	烯丙型氫過氧化	allylic hydroperoxylation

大　陆　名	台　湾　名	英　文　名
烯醇	烯醇	enol
烯醇化	烯醇化[作用]	enolization
烯醇化物	烯醇鹽	enolate
烯醇醚	烯醇醚	enol ether
烯醇钠引发剂	聚烯[化]引發劑	alfin initiator
烯醇酯	烯醇酯	enol ester
烯反应	烯反應	ene reaction
烯基	烯基	alkenyl group
烯炔	烯炔類	enyne
烯[烃]	烯烴	olefin, alkene
烯烃共聚物	烯烴共聚物	olefin copolymer
烯烃换位反应	烯烴置換[反應]	olefin metathesis
烯烃配合物	烯烴錯合物	olefin complex
烯酮	烯酮	ketene
硒代半胱氨酸	硒[代]半胱胺酸	selenocysteine
硒吩	硒吩	selenophene
硒化	硒化	selenylation
硒羰基	硒羰基	selenocarbonyl
稀溶液依数性	稀溶液依數性	colligative property of dilute solution
稀释	稀釋	dilution
稀释焓[热]	稀釋焓[熱]	enthalpy [heat] of dilution
稀土元素	稀土元素	rare earth element
稀有金属	稀有金屬	rare metal
稀有气体	惰性氣體，鈍氣	noble gas
席夫碱	希夫鹼	Schiff base
席夫试剂	希夫試劑	Schiff reagent
洗出液	析出液	eluate
洗涤	洗滌，滌氣	scrubbing
洗涤碱	洗滌鹼	washing soda
洗瓶	洗瓶	washing bottle
洗脱分级	溶析分級	elution fractionation
洗脱剂	流洗液，溶析液	eluant
洗脱强度	溶析強度，流洗力	eluting power
洗脱色谱法	溶析層析術	elution chromatography
洗脱体积	溶析體積	elution volume
喜树碱[类]生物碱	喜樹鹼生物鹼	camptothecin alkaloid
系统	系統	system
系统抽样	系統取樣	systematic sampling
系统分析	系統分析	systematic analysis

大　陆　名	台　湾　名	英　文　名
系统聚类分析	階層[系統]聚類分析[法]	hierarchial-cluster analysis
系统误差	系統誤差	systematic error
系综	系集	ensemble
细胞分析	細胞分析	cell analysis
细胞色素	細胞色素	cytochrome
细胞色素 P-450	細胞色素 P-450	cytochrome P-450
细胞色素 c 氧化酶	細胞色素 c 氧化酶	cytochrome c oxidase
细菌降解	細菌降解	bacterial degradation
细菌浸出	細菌瀝濾	bacterial leaching
狭缝	[狹]縫	slit
下警告限	下警限[度]	lower alarm limit
下控制限	下控限[度]	lower control limit, LCL
下行展开[法]	[下]降展[開]法	descending development method
先进核燃料后处理流程	先進核燃料再處理流程	advanced nuclear fuel reprocessing process
纤维	纖維	fiber
纤维晶	纖維晶	fibrous crystal
α 纤维素	α 纖維素	α cellulose
β 纤维素	β 纖維素	β cellulose
γ 纤维素	γ 纖維素	γ cellulose
纤锌矿	纖鋅礦	wurtzite
酰胺	醯胺，胺化物	amide
酰碘	醯碘，碘化醯基	acyl iodide
酰叠氮	醯疊氮	acyl azide
酰氟	醯氟，氟化醯基，醯基氟化物	acyl fluoride
酰化	醯化[作用]	acylation
酰基过氧化物	醯基過氧化物	acyl peroxide
酰基裂解	醯基裂解	acylolysis, acyl cleavage
酰基重排	醯基重排	acyl rearrangement
酰[基]物种	醯[基]物種	acyl species
酰[基]正离子	醯[基]正離子，醯陽離子	acyl cation
酰腈	醯基氰化物	acyl cyanide
酰肼	醯肼	hydrazide
酰卤	醯基鹵化物	acyl halide
酰氯	醯氯，醯基氯化物	acyl chloride

大　陆　名	台　湾　名	英　文　名
酰溴	醯溴	acyl bromide
酰亚胺	醯亞胺	imide
酰氧基化	醯氧基化［作用］	acyloxylation
显色剂	顯色試劑，發色劑	chromogenic reagent
显微结构分析	微結構分析	microstructure analysis
显微镜分析	顯微鏡分析	microscopic analysis
显微拉曼光谱	顯微拉曼光譜	microscopic Raman spectroscopy
显微形貌分析	微形態分析	micromorphology analysis
显微荧光成像分析	顯微螢光成像分析	microscopic fluorescence imaging analysis
显像剂	顯像劑	imaging agent
显著性差异	顯著差異	significant difference
显著性检验	顯著性檢定	significance test
显著性水平	顯著水準	significance level
现场分析	現場分析	field assay
现场中子活化分析	現場中子活化分析	in situ neutron activation analysis
线色散	線色散	linear dispersion
线速度	線速度	linear velocity
线团-球状转换	線圈-球狀轉換	coil-globule transition
线团状聚合物	線圈狀聚合物	coiling type polymer
线型低密度聚乙烯	線型低密度聚乙烯	linear low density polyethylene
线型聚合物	線型聚合物	linear polymer
线型肽	線型肽	linear peptide
线性滴定法	線性滴定法	linear titration
线性范围	線性範圍	linearity range
线性非平衡态热力学	線性非平衡態熱力學	linear non-equilibrium thermodynamics
线性合成	線性合成	linear synthesis
线性回归	線性回歸	linear regression
线性吉布斯自由能关系	線性吉布斯自由能關係	linear Gibbs free energy relation
线性检测模式	線性模式	linear mode
线性黏弹性	線性黏彈性	linear viscoelasticity
线性热膨胀分析法	線性熱膨脹分析法	linear thermodilatometry
线性扫描伏安法	線性掃描伏安法	linear sweep voltammetry
线性扫描伏安仪	線性掃描伏安儀	linear sweep voltammeter
线性扫描极谱法	線性掃描極譜法	linear sweep polarography
线性色谱法	線性層析	linear chromatography
线性自由能［关系］	線性自由能［關係］	linear free energy ［relationship］
陷落自由基	捕獲基	trapped radical
腺苷	腺［核］苷	adenosine
腺苷-5′-三磷酸(=三磷		

大　陆　名	台　湾　名	英　文　名
酸腺苷)		
腺嘌呤	腺嘌呤	adenine
相对保留值	相對滯留值	relative retention value
相对标准[偏]差	相對標準[偏]差	relative standard deviation
相对法	相對法	relative method
相对丰度	相對豐度，相對含量	relative abundance
相对构型	相對組態	relative configuration
相对校正因子	相對矯正因子	relative correction factor
相对灵敏度系数	相對感度係數	relative sensitivity coefficient
相对黏度	相對黏度	relative viscosity
相对黏度增量	相對黏度增量	relative viscosity increment
相对偏差	相對偏差	relative deviation
相对强度	相對強度	relative intensity
相对误差	相對誤差	relative error
相对 R_f 值	相對 R_f 值	relative R_f value
相干反斯托克斯拉曼散射	相干反斯托克斯拉曼散射	coherent anti-Stokes Raman scattering
相干控制	同調控制	coherent control
相干转移路径	同調轉移路徑	coherence transfer pathway
相关分析	相關分析	correlation analysis
相关函数	相關函數	correlation function
相关时间	相關時間，關聯時間	correlation time
相关系数	相關係數	correlation coefficient
相关性检验	相關檢驗	correlation test
相合熔点	[相]合熔點	congruent melting point
χ[相互作用]参数	χ 參數	χ-parameter
相邻再入模型	相鄰再入模型	adjacent re-entry model
相容性	相容性，互適性	compatibility
相溶性	互溶性	miscibility
香蕉键	蕉形鍵	banana bond
响应因子	感應因子	response factor
向列相	向列相	nematic phase
向心展开[法]	向心展開	centripetal development
相	相	phase
相比	相比	phase ratio
相分离	相分離	phase separation
相变	相變	phase change, phase transition
相变焓[热]	相變焓，相變熱	phase transition enthalpy [heat]
相图	相圖	phase diagram

大　陆　名	台　湾　名	英　文　名
相转化聚合	相轉移聚合	phase transfer polymerization
相转移催化	相轉移催化[作用]	phase transfer catalysis
橡胶	橡膠	rubber
橡胶胶乳	橡膠乳膠	rubber latex
橡胶态	橡膠態	rubbery state
消除反应	消去反應，脫去反應	elimination reaction
消除-加成	消去加成[作用]，脫去加成[作用]	elimination-addition
消除聚合	消去聚合，脫去聚合	elimination polymerization
消化	消化，浸提，蒸煮	digestion
消泡剂	消泡劑	antifoaming agent
消旋酶	[外]消旋酶	racemase
硝胺	硝胺，四硝基炸藥	nitramine
硝化	硝化[作用]	nitration
硝基化合物	硝基化合物	nitro-compound
硝石	硝石	saltpeter
硝酸试剂	試硝酸靈	nitron
硝酸纤维素	硝酸纖維素，硝化纖維素	cellulose nitrate
硝酸盐还原酶	硝酸鹽還原酶	nitrate reductase
硝酮	硝酮	nitrone
硝亚胺	硝亞胺	nitrimine
小波变换	小波轉換	wavelet transform
小波变换多元分光光度法	小波變換多元分光光度法	wavelet transformation-multiple spectrophotometry
小波分析	小波分析	wavelet analysis
小环	小環	small ring
小角张力	小角張力	small angle strain
小苏打	焙鹼	baking soda
肖特基缺陷	蕭特基缺陷	Schottky defect
蝎毒素	蝎毒素	scorpion toxin
协变量	協變量	concomitant variable
协萃剂	增效萃[取]劑	synergistic extractant
协方差	共變異數	covariance
协方差分析	共變異數分析	analysis of covariance
协同催化	協同催化	concerted catalysis
协同萃取	增效萃取	synergistic extraction
协同反应	協同反應	synergic reaction, concerted reaction
协同显色效应	增效顯色效應	synergistic chromatic effect

大　陆　名	台　湾　名	英　文　名
协同效应	協同效應	synergic effect, cooperative effect
携流效应	留存效應	carryover
缬氨酸	纈胺酸	valine
泄漏辐射	滲漏輻射	leakage radiation
心甾内酯[类]	心甾内酯	cardenolide
芯片电泳	微晶片電泳	microchip electrophoresis
芯片毛细管电泳	晶片毛細管電泳	chip capillary electrophoresis
芯片液相色谱法	晶片液相層析法	chip liquid chromatography, chip-LC
辛可宁	辛可寧	cinchonine
辛可宁生物碱，奎宁[类]生物碱	辛可寧生物鹼，金雞納鹼生物鹼	cinchonine alkaloid
锌白	鋅白	zinc white
锌矾	鋅礬	zinc vitriol
锌铬黄	鋅黃	zinc yellow
锌试剂	試鋅劑	zincon
锌指蛋白	鋅指蛋白	zinc finger protein
新木脂素	新木脂素	neolignan
新铜铁试剂	新銅鐵試劑，新銅鐵靈	neocupferron
信背比	訊號背景比	signal-background ratio
信封[型]构象	信封[型]構形	envelope conformation
信号平均累加器	瞬態訊號平均儀	computer of average transients
信号肽，前导肽	訊息肽	signal peptide, leader peptide
信息	資訊	information
信息容量	資訊容量	information capacity
信息效率	資訊效率	information efficiency
信息增益	資訊增益	information gain
信噪比	訊噪比，信號雜訊比	signal to noise ratio
兴奋剂分析	興奮劑分析	incitant analysis
星形聚合物	星形聚合物	star polymer
形式合成	形式合成，表全合成	formal synthesis
形状记忆高分子	形狀記憶高分子	shape-memory polymer
形状同质异能素	形狀同質異能素	shape isomer
性激素	性激素	sex hormone
胸腺嘧啶	[去氧]胸嘧啶	thymine
雄黄	雄黄，二硫化二砷	realgar
雄甾烷[类]	雄甾烷	androstane
休克尔规则	休克耳定則	Hückel rule
休眠种	休眠物種	dormant species
修饰电极	修飾電極	modified electrode

大 陆 名	台 湾 名	英 文 名
修约方法	捨入法	rounding off method
修约误差	化整誤差，捨入誤差	round-off error
锈蚀	銹蝕	tarnishing
溴百里酚蓝	溴瑞香草酚藍	bromothymol blue
溴代烷	溴烷，溴化烷基	bromoalkane, alkyl bromide
溴酚蓝	溴酚藍	bromophenol blue
溴化内酯化反应	溴化内酯化反應	bromolactonization
溴甲酚绿	溴甲酚綠	bromocresol green
溴量法	溴滴定［法］	bromometry
溴值	溴值	bromine number
虚拟原子	虚擬原子	phantom atom, imaginary atom
虚拟远程耦合	虚擬遠程耦合	virtual long-range coupling
序贯分析	順序分析	sequential analysis
序贯合成	逐次合成	successive synthesis, sequential programmable synthesis
序贯寻优	順序搜尋	sequential search
序列长度分布	序列長度分布	sequence length distribution
序列共聚物	序列共聚物	sequential copolymer
序列聚合	序列聚合	sequential polymerization
悬浮聚合	懸浮聚合［作用］	suspension polymerization
悬浮液进样	懸浮液取樣	suspension sampling
悬汞电极	懸汞滴電極	hanging mercury drop electrode, HMDE
旋光产率	光學產率	optical yield
旋光纯度	光學純度	optical purity
旋光光谱仪	旋光光譜儀，偏光光譜儀	polarization spectrometer
旋光计	旋光計，偏光計	polarimeter
旋光色散	旋光色散	optical rotatory dispersion
旋光性	旋光度	optical rotation
旋光异构	光學異構現象，光學異構性	optical isomerism
旋光异构体	光學異構物	optical isomer
旋转边带	旋轉邊帶	spinning side band
旋转薄层色谱法	旋轉薄層層析術，旋轉薄層層析法	rotating thin layer chromatography
旋转薄层色谱仪	旋轉薄層層析儀	rotating thin layer chromatograph
旋转电极	旋轉電極，轉動電極	rotating electrode
旋转光闸法	旋轉光扇法	rotating sector method
旋转环-盘电极	旋轉環盤電極	rotating ring-disk electrode

大　陆　名	台　湾　名	英　文　名
旋转能垒	旋轉能障	rotational barrier
旋转异构体	旋轉異構體	rotamer
旋转与多脉冲相关谱	旋轉與多脈衝相關譜	combined rotation and multiple pulse spectroscopy, CRAMPS
旋转圆盘电极	旋轉圓盤電極	rotating disk electrode
旋转坐标系的欧沃豪斯	旋轉坐標系奧佛豪瑟增強譜	rotating frame Overhauser-enhancement spectroscopy
选速器	選速器	velocity selector
选态	選態	state selection
选择离子电泳图	選擇[性]離子電泳圖	selective ion electropherogram
选择离子监测	選擇離子監測	selected ion monitoring
选择离子色谱图	選擇[性]離子層析圖	selective ion chromatogram
选择性	選擇性	selectivity
选择性检测器	選擇性偵檢器	selective detector
选择性脉冲	選擇性脈衝	selective pulse
选择[性]试剂	選擇試劑	selective reagent
选择性因子	選擇性因子	selectivity factor
穴蕃	穴芳	cryptophane
穴合物	穴狀化合物	cryptate
穴醚	穴狀配位子	cryptand
穴状配体	穴狀配位子	cryptand
雪松烷[类]	柏木烷，香松烷	cedrane
血卟啉	血紫質，血卟啉	hemoporphyrin
血池显像	血池顯像	blood pool imaging
血管紧张肽	血管收縮肽	angiotensin
血红蛋白	血紅素	hemoglobin
血红素	原血紅素	heme, ferroprotoporphyrin
血红素蛋白	血紅素蛋白	hemoprotein
血浆铜蓝蛋白	細胞藍蛋白	ceruloplasmin
血蓝蛋白	血藍蛋白，血氰蛋白	hemocyanin
巡测仪	偵檢計，測量計	survey meter
循环伏安法	循環伏安法	cyclic voltammetric method
循环伏安图	循環伏安圖	cyclic voltammogram
循环伏安仪	循環伏安儀	cyclic voltammeter
循环过程	循環過程	cyclic process
循环色谱法	循環層析法，循環層析術	recycle chromatography, recirculating chromatography

Y

大　陆　名	台　湾　名	英　文　名
压电传感器	壓電感測器	piezo-electric sensor
压电光谱电化学法	壓電光譜電化學法	piezo-electric spectroelectrochemistry
压电晶体	壓電晶體	piezo-electric crystal
压电聚合物	壓電聚合物	piezo-electric polymer
压电酶传感器	壓電酵素感測器	piezo-electric enzyme sensor
压电免疫传感器	壓電免疫感測器	piezo-electric immunosensor
压电微生物传感器	壓電微生物感測器	piezo-electric microbe sensor
压电性	壓電現象	piezo-electricity
压力梯度校正因子	壓力梯度校正因子, 壓力梯度校正因數	pressure gradient correction factor
压力跃变	壓力躍變	pressure jump
压敏黏合	壓敏黏合	pressure sensitive adhesion
压敏型黏合剂	壓敏型黏合劑	pressure sensitive adhesive
压缩因子	壓縮因數, 壓縮因素	compressibility factor
压缩因子图	壓縮因數圖, 壓縮因素圖	compressibility factor diagram
压延	壓延, 砑光	calendaring
亚氨基酸	亞胺基酸	imino acid
亚胺	亞胺	imine
亚胺-烯胺互变异构	亞胺-烯胺互變異構作用	imine-enamine tautomerism
亚砜	亞碸	sulfoxide
亚化学计量分析	次化學計量分析	substoichiometric analysis
亚化学计量同位素稀释分析	次化學計量同位素稀釋分析[法]	substoichiometric isotope dilution analysis
亚磺酰化	烷硫化	sulfenylation
亚甲基化反应	亞甲基化反應	methylenation, methylidenation
亚甲蓝	亞甲藍	methylene blue
亚铁螯合酶	亞鐵螯合酶	ferrochelatase
亚铁磁性	次鐵磁性	ferrimagnetism
亚铜试剂	亞銅試劑, 銅洛因	cuproine
亚烷基	亞烷基	alkylene
亚稳峰	介穩峰	metastable peak
亚稳离子	介穩離子	metastable ion
亚稳离子衰减	介穩離子衰變	metastable ion decay, MID
亚稳态	介穩[狀]態	metastable state
亚稳态相分离	旋節相分離	spinodal decomposition

大　陆　名	台　湾　名	英　文　名
亚硝化	亞硝化	nitrosation
亚硝基化合物	亞硝基化合物	nitroso compound
1-亚硝基-2-萘酚	1-亞硝-2-萘酚	1-nitroso-2-naphthol
亚硝酸盐还原酶	亞硝酸鹽還原酶	nitrite reductase
亚硝亚胺	亞硝亞胺	nitrosimine
1,1-亚乙烯基单体	1,1-亞乙烯基單體	vinylidene monomer
1,2-亚乙烯基单体	1,2-亞乙烯基單體，伸乙烯基單體	vinylene monomer
亚原子粒子	次原子粒子	subatomic particle
氩离子化检测器	氬游離偵檢器	argon ionization detector
氩-氩年代测定	氬-氬定年	argon-argon dating
烟草烷[类]	煙草烷	cembrane
湮没辐射	互毀輻射	annihilation radiation
延迟弹性	阻滯彈性	retarded elasticity
延迟形变	延遲形變	retarded deformation
延迟引出	遲延引出	delayed extraction, DE
延迟荧光	延遲螢光	delayed fluorescence
延迟作用(=缓聚作用)		
岩盐	岩鹽	rock salt
研钵	①研缽 ②灰泥	mortar
盐	鹽	salt
盐桥	鹽橋	salt bridge
盐溶效应	鹽溶效應	salting in effect
盐析效应	鹽析效應	salting out effect
盐效应	鹽效應	salt effect
衍射光栅	繞射光柵	diffraction grating
衍射光栅光谱仪	繞射光柵光譜儀	diffraction grating spectrometer
衍生室温磷光法	衍生室溫磷光法	derivatization room temperature phosphorimetry, D-RTP
衍生物	衍生物	derivative
掩蔽剂	罩護劑	masking agent
掩蔽指数	遮蔽指數	masking index
厌氧黏合剂	厭氧黏合劑	anaerobic adhesive
焰色试验	火焰試驗法	flame test
羊毛甾烷[类]	羊毛甾烷	lanostane
阳极	陽極	anode
阳极沉积	陽極沉積	anodic deposition
阳极电流	陽極電流	anodic current
阳极合成	陽極合成	anodic synthesis

大　陆　名	台　湾　名	英　文　名
阳极溶出伏安法	陽極析出伏安[測定]法	anodic stripping voltammetry
阳极氧化	陽極氧化[作用]	anodic oxidation
阳离子，正离子	陽離子，正離子	cation
阳离子交换剂	陽離子交換劑	cation exchanger
阳离子交换膜(=正离子交换膜)		
阳离子交换色谱法	陽離子交換層析法，陽離子交換層析術	cation exchange chromatography
阳离子聚合(=正离子聚合)		
阳离子酸	陽離子酸	cationic acid
氧饱和曲线	氧飽和曲線	oxygen saturation curve
氧代羧酸	側氧羧酸	oxo carboxylic acid
氧氮杂环丙烷	氧氮環丙烷，氧氮呎	oxaziridine
氧氮杂环丁烷	氧氮環丁烷，氧氮咀	oxazacyclobutane, oxazetidine
氧电极	氧電極	oxygen electrode
氧合作用	加氧[作用]，充氧	oxygenation
氧化	氧化[作用]	oxidation
氧化电流	氧化電流	oxidation current
氧化电位	氧化電位	oxidation potential
氧化电位溶出分析法	氧化電位剝除分析法	oxidative potentiometric stripping analysis
氧化还原滴定法	氧化還原滴定法	redox titration
氧化还原聚合	氧化還原聚合	redox polymerization
氧化还原树脂	氧化還原樹脂	redox resin
氧化还原缩合法	氧化還原縮合法	redox condensation method
氧化还原引发剂	氧化還原引發劑	redox initiator
氧化还原指示剂	氧[化]還[原]指示劑	redox indicator, oxidation-reduction indicator
氧化还原[作用]	氧化還原[作用]	redox, oxidation-reduction
氧化剂	氧化劑	oxidant, oxidizing agent
氧化加成[反应]	氧化加成[反應]	oxidation addition, oxidative addition
氧化聚合	氧化聚合[作用]	oxidative polymerization
氧化裂解	氧化熱解	oxidative pyrolysis
S 氧化硫酮	S 氧化硫酮	thioketone S-oxide
氧化偶氮化合物	氧偶氮化合物	azoxy compound
氧化偶联聚合	氧化偶合聚合	oxidative coupling polymerization
氧化数	氧化數	oxidation number
氧化态	氧化態	oxidation state

大　陆　名	台　湾　名	英　文　名
氧化脱羧	氧化去羧[作用]	oxidative decarboxylation
氧化稳定性	氧化安定性，氧化穩度	oxidation stability
氧化物	氧化物	oxide
氧化性火焰	氧化性火焰	oxydizing flame
氧化性损伤	氧化性損傷	oxidative damage
氧化亚氮-乙炔火焰	氧化亞氮-乙炔火焰	nitrous oxide-acetylene flame
氧联	氧聯	oxolation
氧桥	氧橋	oxo bridge
氧炔焰	氧炔焰	oxy-acetylene flame
氧鎓化合物	鉎化合物	oxonium compound
氧鎓离子，氧正离子	氧鎓離子，氧陽離子	oxonium ion
氧鎓叶立德	鉎偶極體	oxonium ylide
氧杂环丙烷，环氧乙烷	氧環丙烷	oxacyclopropane
氧杂环丁酮	氧環丁酮	oxacyclobutanone
氧杂环丁烷	氧環丁烷，氧咀	oxacyclobutane, oxetane
氧杂环丁烯	氧環丁烯，氧唉	oxacyclobutene, oxetene
氧杂环庚三烯	氧呯，嘤呯，氧環庚三烯	oxacycloheptatriene, oxepin
1-氧杂环戊-2-酮	1-氧環戊-2-酮，γ-丁內酯	1-oxacyclopentan-2-one
氧载体	氧載體	oxygen carrier
氧正离子(=氧鎓离子)		
样本	樣品	sample
样本标准偏差	樣品標準偏差	standard deviation of sample
样本方差	樣本變異	sample variance
样本偏差	樣品偏差	sample deviation
样本平均值	試樣[平]均值	sample mean
样本容量	樣品容量	sample capacity
样本值	樣本值	sample value
样品池	試樣槽，試樣管	sample cell
样品池组件	試樣架組件	specimen-cell assembly
样品导入	樣品導入	sample introduction
样品堆积	樣品堆積	stacking
样品污染	樣品污染	sample contamination
样品预处理	送樣	sample presentation
遥爪聚合物	遙爪聚合物	telechelic polymer
药物分析	藥物分析	pharmaceutical analysis
叶立德	偶極體	ylide, ylid
叶绿素	葉綠素	chlorophyll

大　陆　名	台　湾　名	英　文　名
液滴模型	液滴模型	liquid drop model
液固色谱法	液固層析法	liquid-solid chromatography
液化焓[热]	液化焓[熱]	enthalpy [heat] of liquefaction
液晶	液晶	liquid crystal
液晶纺丝	液晶紡絲	liquid crystal spinning
液晶聚合物	液晶聚合物	liquid crystal polymer
液晶态	液晶態	liquid crystal state
液膜电极	液膜電極	liquid membrane electrode
液膜分离	液膜分離	liquid film separation
液体接界电位	液界電位	liquid junction potential
液体闪烁探测器	液體閃爍偵檢器	liquid scintillation detector, liquid scintillation counter
液体橡胶	液體橡膠	liquid rubber
液相二次离子质谱法	液相二次離子質譜法	liquid secondary ion mass spectrometry, LSIMS
液相反应	液相反應	liquid phase reaction
液相化学发光	液相化學發光	liquid phase chemiluminescence
液相碱度	液相鹼度	liquid phase basicity
液相色谱法	液相層析法	liquid chromatography, LC
液相色谱-傅里叶变换红外光谱联用仪	液相層析-傅立葉轉換紅外光譜儀	liquid chromatography/Fourier transform infrared spectrometer, LC/FTIS
液相色谱-核磁共振谱联用仪	液相層析-核磁共振儀	liquid chromatography/nuclear magnetic resonance system, LC/NMR
液相色谱-质谱法	液相層析-質譜法	liquid chromatography/mass spectrometry, LC/MS
液相色谱-质谱联用仪	液相層析-質譜系統	liquid chromatography/mass spectrometry system, LC/MS system
液芯光纤分光光度法	液芯光纖分光光度法	liquid core optical fiber spectrophotometry
液液萃取	液液萃取	liquid-liquid extraction, LLE
液-液界面	液-液界面	liquid-liquid interface
液-液界面电化学	液-液界面電化學	electrochemistry at liquid-liquid interface
液液色谱法	液液層析法	liquid-liquid chromatography
一次通过式燃料循环	一次燃料循環	once-through fuel cycle
一锅反应	一鍋反應	one pot reaction
一级标准	原標準，基本標準	primary standard
一级反应	一級反應	first order reaction
一级结构	一級結構，基本結構，初級結構	primary structure
一级同位素效应	一級同位素效應	primary isotope effect

大　陆　名	台　湾　名	英　文　名
一级图谱	一級圖譜	first order spectrum
一级相变	一級相變	first order phase transition
一元酸	單質子酸	monoprotic acid
医学内照射剂量	醫學內照射劑量	medical internal radiation dose
医用电子加速器	醫用電子加速器	medical electron accelerator
医用放射性废物	醫用放射性廢料	medical radioactive waste
医用回旋加速器	醫用迴旋加速器	medical cyclotron
铱异常	銥異常	iridium anomaly
仪器分析	儀器分析	instrumental analysis
仪器联用技术	儀器串聯技術	hyphenated technique of instruments
仪器中子活化分析	儀器中子活化分析	instrumental neutron activation analysis
移动界面电泳	移動介面電泳	moving boundary electrophoresis
移位取代	移位取代	cine substitution
移液管	吸管	pipet
遗传算法	基因演算法	genetic algorithm
乙醇解	乙醇解	ethanolysis
乙二胺四乙酸	[伸]乙二胺四乙酸	ethylenediaminetetraacetic acid, EDTA
乙基化	乙基化[作用]	ethylation
乙阶酚醛树脂	半溶酚醛樹脂	resitol
乙内酰脲(=咪唑烷-2,4-二酮)		
乙炔类聚合物	炔[類]聚合物	acetylenic polymer
乙酸纤维素	乙酸纖維素	cellulose acetate
乙烯基单体	乙烯型單體	vinyl monomer
乙烯基[单体]聚合	乙烯[系]聚合[作用]	vinyl polymerization
[乙]烯类聚合物	乙烯系聚合物	vinyl polymer
乙烯-乙酸乙烯酯共聚物	乙烯-乙酸乙烯酯共聚物	ethylene vinyl acetate copolymer
乙酰丙酮	乙醯丙酮	acetylacetone
乙酰胆碱	乙醯膽鹼	acetylcholine
乙酰化	乙醯化[作用]	acetylation
椅型构象	椅型構形	chair conformation
异常值	異常值，離群值	outlier
异构化聚合	異構化聚合	isomerization polymerization
异构酶	異構酶	isomerase
异构体	異構物	isomer
E 异构体	E 異構物	E isomer
Z 异构体	Z 異構物	Z isomer
Z-E 异构体	Z-E 異構物	Z-E isomer
异构[现象]	異構現象，異構性	isomerism

大　陆　名	台　湾　名	英　文　名
异核化学位移相关谱	［二维］異核化學位移相關譜	heteronuclear chemical shift correlation
异核去耦	異核去偶	heteronuclear decoupling
异黄酮	異黃酮	isoflavone
异腈	異腈	isocyanide
异腈配合物	異氰錯合物	isocyanide complex
异噁唑	異噁唑	isoxazole
异噁唑烷	異噁唑烷，異氧氮咮	isoxazolidine
异喹啉	異喹啉	isoquinoline
异喹啉［类］生物碱	異喹啉［類］生物鹼	isoquinoline alkaloid
异亮氨酸	異白胺酸	isoleucine
异裂	不勻分裂	heterolysis
异裂反应	異裂反應	heterolytic reaction
异硫氰酸荧光素	螢光異硫氰酸鹽	fluorescein isothiocyanate, FITC
异面反应	異側反應，反面反應	antarafacial reaction
异噻唑	異噻唑	isothiazole
异戊橡胶	異平橡膠	isoprene rubber
异相成核	非均相成核	heterogeneous nucleation
异相化学发光	異相化學發光	heterophase chemiluminescence
异吲哚	異吲哚	isoindole, benzo[c]pyrrole
抑制褪色分光光度法	抑制褪色分光光度法	inhibition discoloring spectrophotometry
抑制柱	抑制管柱	suppressed column
抑制作用，阻聚作用	抑制［作用］	inhibition
易变配合物	易變配位化合物	labile complex
易裂变核素	易分裂核種	fissile nuclide
易位聚合	移位聚合	metathesis polymerization
逸出气分析	逸出氣分析	evolved gas analysis, EGA
逸出气检测	逸出氣檢測	evolved gas detection, EGD
逸度	逸壓	fugacity
逸度因子	逸壓因子，逸壓因數	fugacity factor
溢流束源	溢流束源	effusive beam source
因素效应	因數效應	factorial effect
g 因子	g 因子	g-factor
因子分析	因數分析	factor analysis
因子交互效应	因數交互作用	factor interaction
阴极	陰極	cathode
阴极电流	陰極電流	cathodic current
阴极溅射原子化器	陰極濺射原子化器	cathode sputtering atomizer
阴极溶出伏安法	陰極剝除伏安法	cathodic stripping voltammetry

大　陆　名	台　湾　名	英　文　名
阴极射线发光	陰極[射線]發光	cathodoluminescence
阴极荧光	陰極螢光	cathode fluorescence
阴离子，负离子	陰離子，負離子	anion
阴离子碱	陰離子鹼	anion base
阴离子交换剂，负离子交换剂	陰離子交換劑	anion exchanger
阴离子交换色谱法，负离子交换色谱法	陰離子交換層析法	anion exchange chromatography, AEC
阴离子聚合,负离子聚合	陰離子聚合[作用]	anionic polymerization
阴离子酸	陰離子酸	anionic acid
铟锡氧化物电极，ITO电极	銦錫氧化物電極，ITO電極	indium-tin oxide electrode
银镜试验	銀鏡試驗	silver mirror test
银量法	銀量法	argentimetry
银-氯化银电极	銀-氯化銀電極	Ag-AgCl electrode, silver-silver chloride electrode
银纹	龜裂，網狀裂紋	craze
引发	引發，起爆	initiation
引发剂	引發劑，起爆劑	initiator
引发剂效率	引發劑效率	initiator efficiency
引发-转移剂	引發-轉移劑	inifer, initiator transfer agent
引发-转移-终止剂	引發-轉移-終止劑	iniferter, initiator transfer agent terminator
吲哚，苯并[b]吡咯	吲哚	benzo[b]pyrrole, indole
1H-吲哚-2,3-二酮	吲哚-2,3-二酮，靛紅	1H-indole-2,3-dione
吲哚[类]生物碱	吲哚[類]生物鹼	indole alkaloid
吲哚嗪	吲哚	pyrrocoline, indolizine
吲哚试验	吲哚試驗	indole test
吲哚酮	吲哚酮	indolone
吲嗪[类]生物碱	吲哚啶生物鹼	indolizidine alkaloid
吲唑	吲唑	indazole
茚	茚	indene
茚三酮反应	寧海準反應	ninhydrin reaction
茚树脂	茚樹脂	indene resin
应力发白	應力發白	stress whitening
应力开裂	應力開裂	stress cracking
应力应变曲线	應力應變曲線	stress strain curve
应用电化学	應用電化學	applied electrochemistry
应变软化	應變軟化	strain softening
应变硬化	應變硬化	strain hardening

大　陆　名	台　湾　名	英　文　名
樱草花烷[类]	多毛烷	hirsutane
荧光	螢光	fluorescence
荧光胺	螢光胺，螢咔明	fluorescamine
荧光标记分析	螢光標記分析	fluorescence marking assay
荧光标准物	螢光標準物	fluorescence standard substance
荧光薄层板	螢光薄層板	fluorescent thin layer plate
荧光猝灭常数	螢光淬滅常數	fluorescence quenching constant
荧光猝灭法	螢光淬滅法	fluorescence quenching method
荧光猝灭效应	螢光淬滅效應	fluorescence quenching effect
荧光发射光谱	螢光發射光譜	fluorescence emission spectrum
荧光分光光度法	螢光分光光度法	fluorescence spectrophotometry
荧光分光光度计	光譜光度螢光計	spectrophotofluorometer
荧光分析	螢光分析	fluorescence analysis
荧光分子平均寿命	螢光分子平均壽命	average life of fluorescence molecule
荧光共振能量转移	螢光共振能量轉移	fluorescence resonance energy transfer, FRET
荧光光度计	螢光光度計	fluorophotometer
荧光激发谱	螢光激發光譜	fluorescence excitation spectrum
荧光计	螢光計	fluorimeter, fluorometer
荧光检测器	螢光偵檢器	fluorescence detector
荧光量子产额	螢光量子產率	fluorescence quantum yield
荧光免疫分析	螢光免疫分析	fluorescence immunoassay, FIA
荧光漂白剂	光漂白劑	optical bleaching agent
荧光强度	螢光強度	fluorescence intensity
荧光试剂	螢光試劑	fluorescent reagent
荧光素	螢光黃	fluorescein
荧光探针	螢光探針	fluorescence probe
荧光显微法	螢光顯微法	fluorescence microscopy
荧光效率	螢光效率	fluorescence efficiency
荧光增白剂	螢光增白劑	fluorescent whitening agent
荧光指示剂	螢光指示劑	fluorescent indicator
萤石	螢石	fluorite, fluorspar
映谱仪	光譜投影器	spectrum projector
硬碱	硬鹼	hard base
硬水	硬水	hard water
硬酸	硬酸	hard acid
硬质胶	硬橡膠	ebonite
永生[的]聚合	永生[的]聚合	immortal polymerization
尤科维奇方程	依可偉克方程[式]	Ilkovic equation

大　陆　名	台　湾　名	英　文　名
油漆	油漆，塗料	paint
油脂酸败试验	油脂酸敗試驗	rancidity test of fat
铀浓缩物	鈾濃縮物	uranium concentrate
铀-铅年代测定	鈾-鉛定年法	uranium-lead dating
铀衰变系	鈾衰變系	uranium decay series
铀系	鈾衰變系	uranium family
铀酰	鈾醯	uranyl
铀氧化物	鈾氧化物，氧化鈾	uranium oxide
游码	游碼	rider
游走重排	游走重排	walk rearrangement
有规立构聚合物	立體異構聚合物，立體規則性聚合物	tactic polymer, stereoregular polymer
有规立构嵌段	同排嵌段	isotactic block
有机沉淀剂	有機沈澱劑	organic precipitant
有机电化学	有機電化學	organic electrochemistry
有机二次离子质谱法	有機二次離子質譜法	organic secondary ion mass spectrometry, organic SIMS
有机分析	有機分析	organic analysis
有机共沉淀剂	有機共沉[澱]劑	organic coprecipitant
有机硅胺	有機矽胺	organylsilazane
有机硅树脂	[聚]矽氧樹脂	silicone resin
有机化合物	有機化合物	organic compound
有机聚合物	有機聚合物	organic polymer
有机试剂	有機試劑	organic reagent
有机显色剂	有機顯色劑	organic chromogenic reagent
有机质谱	有機質譜	organic mass spectrometry, OMS
有色金属	非鐵金屬	non-ferrous metal
有效半衰期	有效半生期	effective half-life
有效场	有效場	effective field
有效当量剂量	有效當量劑量	effective equivalent dose
有效当量剂量率	有效當量劑量率	effective equivalent dose rate
有效剂量	有效劑量	effective dose, ED
有效数字	有效數字	significant figure
有效塔板高度	有效板高	effective plate height
有效塔板数	有效板數	number of effective plate
有效淌度	有效淌度，有效流動率	effective mobility
有效原子序数规则	有效原子序規則	effective atomic number rule
有序点缺陷	有序點缺陷	ordered point defect
有序-无序转变	有序-無序轉移	order-disorder transition

大　陆　名	台　湾　名	英　文　名
右旋体	右旋體	dextro isomer
诱导反应	誘發反應	induced reaction
诱导分解	誘發分解	induced decomposition
诱导期	誘導期	induction period
诱导效应	誘導效應，感應效應	inductive effect
诱发裂变	誘發分裂	induced fission
淤浆聚合	漿液聚合	slurry polymerization
鱼叉模型	魚叉模型	harpoon model
鱼藤酮类黄酮	類魚藤酮	rotenoid
宇生放射性核素	宇生放射性核種	cosmogenic radionuclide
羽扇豆烷［类］	羽扇豆烷［類］	lupane
预辐射接枝	預輻射接枝	pre-irradiation grafting
预辐照聚合	預輻照聚合	pre-irradiation polymerization
预富集	預濃縮	preconcentration
预混合型燃烧器	預混合型燃燒器	premix burner
预聚合	預聚合	prepolymerization
预聚物	預聚［合］物	prepolymer
预柱	前置管柱	precolumn
元素	元素	element
［元素的］核合成	［元素的］核合成	nucleosynthesis［of element］
［元素的］核起源	［元素的］核起源	nucleogenesis［of element］
元素分析	元素分析	elemental analysis, ultimate analysis
元素丰度	［元素］豐度	abundance of element
元素符号	原子符號	atomic symbol
元素聚合物	元素聚合物	element polymer
元素有机化合物	元素有機化合物	elemento-organic compound
元素有机化学	元素有機化學	elemento-organic chemistry
元素周期表	元素週期表	periodic table of elements
原假设	歸零假說	null hypothesis
原始数据	原始數據	raw data
原酸	原酸	ortho acid
原酸酯	原酸酯	ortho ester
原位定量	就地定量，原地定量	in situ quantitation
原位分析	就地分析，原位分析	in situ analysis
原位富集	就地濃縮	in situ concentration
原位聚合	就地聚合，原位聚合	in situ polymerization
原纤	原纖［維］，小纖維	fibril
原酰胺	原醯胺	ortho amide

大　陆　名	台　湾　名	英　文　名
原小檗碱类生物碱	原小檗鹼類生物鹼	protoberberine alkaloid
原子	原子	atom
原子捕集技术	原子捕集技術	atom trapping technique
原子单位	原子單位	atomic unit
原子发射光谱	原子發射光譜	atomic emission spectrum
原子发射光谱法	原子發射光譜法	atomic emission spectrometry, AES
原子光谱	原子光譜	atomic spectrum
原子化	原子化，霧化，微粒化	atomization
原子化器	原子化器，霧化器	atomizer
原子化效率	原子化效率	atomization efficiency
原子力显微镜	原子力顯微鏡	atomic force microscope, AFM
原子力显微术	原子力顯微鏡術	atomic force microscopy, AFM
原子量	原子量	atomic weight
原子平均质量	原子平均質量	atomic average mass
原子吸收分光光度计	原子吸收分光光度計	atomic absorption spectrophotometer
原子吸收光谱	原子吸收光譜	atomic absorption spectrum
原子吸收光谱法	原子吸收光譜法	atomic absorption spectrometry
原子吸收光谱仪	原子吸收光譜儀	atomic absorption spectrometer
原子吸收谱线	原子吸收[譜]線	atomic absorption line
原子吸收谱线强度	原子吸收[譜]線強度	intensity of absorption line
原子吸收谱线轮廓	原子吸收[譜]線輪廓	absorption line profile
原子吸收系数	原子吸收係數	atomic absorption coefficient
原子线	原子[譜]線	atomic line
原子序数	原子序	atomic number
原子荧光	原子螢光	atomic fluorescence
原子荧光饱和效应	原子螢光飽和效應	saturation effect of atomic fluorescence
原子荧光猝灭效应	原子螢光淬滅效應	quenching effect of atomic fluorescence
原子荧光光谱法	原子螢光光譜法	atomic fluorescence spectrometry, AFS
原子荧光光谱仪	原子螢光光譜儀	atomic fluorescence spectrometer
原子荧光量子效率	原子螢光量子效率	atomic fluorescence quantum efficiency
原子质量常量	原子質量常數	atomic mass constant
原子质量单位	原子質量單位	atomic mass unit
原子转移自由基聚合	原子轉移自由基聚合	atom transfer radical polymerization
圆二色性	圓偏光二色性	circular dichroism
圆偏振光	圓偏[振]光	circularly polarized light
α源	α源	α-source
β源	β源	β-source
γ源	γ源	γ-source

大　陆　名	台　湾　名	英　文　名
源后衰变	源後衰變	post source decay, PSD
源内断裂	源內斷裂	in-source fragmentation
源内裂解	源內熱解	in-source pyrolysis
远程[放射]治疗	遠隔治療	teletherapy
远程分子内相互作用	遠程分子內相互作用	long range intramolecular interaction
远程结构	遠程結構	long range structure
远程耦合	遠程耦合	long range coupling
远红外光谱	遠紅外線光譜	far infrared spectrum
远红外光谱法	遠紅外線光譜法	far infrared spectrometry
远位	遠位	amphi position
云母	雲母	mica
匀场	匀場	shimming
匀场线圈	匀場線圈	shim coil
匀浆填充[法]	漿液填充	slurry packing
允许偏差	容許偏差	allowable deviation
允许误差	容許誤差	permissible error
孕甾生物碱	孕甾烷生物鹼	pregnane alkaloid
孕甾烷[类]	孕甾烷	pregnane
运铁蛋白	轉鐵蛋白	transferrin

Z

大　陆　名	台　湾　名	英　文　名
杂第尔斯-阿尔德反应	雜狄耳士-阿德爾反應	hetero-Diels-Alder reaction
杂多核配合物	雜多核配位化合物	heteropolynuclear coordination compound
杂多酸	雜多酸	heteropolyacid
杂化	混成[作用]	hybridization
杂化物	混成[化合物]	hybrid [compound]
杂环	雜環	heterocycle
杂环化合物	雜環化合物	heterocyclic compound
杂环聚合物	雜環聚合物	heterocyclic polymer
DNA 杂交指示剂	DNA 雜交指示劑	DNA hybridization indicator
杂链聚合物	雜鏈聚合物	heterochain polymer
杂硼烷	雜硼烷	heteroborane
杂散辐射	散逸輻射	stray radiation
杂原子炔烃	雜原子炔烴	heteroalkyne
杂原子烯烃	雜原子烯烴	heteroalkene
杂质缺陷	雜質缺陷	extrinsic defect, impurity defect

大　陆　名	台　湾　名	英　文　名
甾体	甾類，類固醇	steroid
甾体生物碱	甾類生物鹼，類固醇生物鹼	steroid alkaloid
甾体皂苷	甾類皂素，類固醇皂素	steroid saponin
载流子	帶電載體粒子	carrier, charge carrying particle
载流子浓度	載體濃度	carrier concentration
载流子迁移率	載子移動率	carrier mobility
载气	載體氣體	carrier gas
载体	載體	carrier
载体沉淀	載體沈澱	carrier precipitation
载体共沉淀	載體共沈澱	carrier coprecipitation
载体涂渍开管柱	載體塗布開管柱	support coated open tubular column, SCOT column
再聚合	再聚合	repolymerization
再生胶	再生橡膠	reclaimed rubber
再现性，重现性	再現性，重現性	reproducibility
再循环	再循環，再利用	recycling
再引发	再引發	reinitiation
在束电子电离	在束電子游離	in-beam electron ionization
在束化学电离	在束化學游離	in-beam chemical ionization, IBCI
在线分析	線上分析	on-line analysis
在线富集	線上濃縮	on-line concentration
在线气相化学装置	線上氣相化學裝置	on-line gas-chemistry apparatus, OLGCA
暂时平衡	瞬間平衡	transient equilibrium
早势垒	早期勢壘	early barrier
皂苷	皂素	saponin
皂化	皂化[作用]	saponification
皂化值	皂化值	saponification value, saponification number
皂膜流量计	皂膜氣量計	soap film flow meter
造影剂	造影劑，對比劑，顯影劑	contrast agent
增稠剂	增稠劑	thickener, thickening agent
增环反应	增環反應	annulation
增黏剂	膠黏劑，賦黏劑	tackifier, tackifying agent
增强	強化	reinforcing
增强剂	強化劑	reinforcing agent
增韧剂	韌化劑	toughening agent
增容剂	增容劑	compatibilizer
增容作用	相容作用	compatibilization

大　陆　名	台　湾　名	英　文　名
增色团	增色團，深色團	hyperchrome, hyperchromic group
增色效应	深色效應，增色效應	hyperchromic effect
增色作用	增色作用	hyperchromism
增塑剂	可塑劑，塑化劑	plasticizer, plasticity agent
增塑增容剂	塑化劑增容劑	plasticizer extender
增塑作用	塑化[作用]	plasticization
增长链端	增長鏈端	propagating chain end
窄[辐射]束	細射柱，細光束	narrow beam
展开	展開，顯影	development
展开槽	展開槽	developing tank
展开槽饱和	[展開]槽飽和	chamber saturation
展开剂	展開溶劑	developing solvent
章动	章動，盤旋，旋擺	nutation
樟烷类	莰烷，樟烷	camphane
照射孔道	照射通道	irradiation channel
照射量	曝露	exposure
γ照相机	γ照相機	γ-camera
折叠	折疊	folding, fold
折叠表面	折疊表面	fold surface
折叠环	折疊環	puckered ring
折叠链晶体	折疊鏈晶體	folded-chain crystal
折叠面	折疊面	fold plane
β折叠片[层]	β褶板	β-pleated sheet
折叠微区	折疊微區	fold domain
折光指数增量	折射率增量	refractive index increment
折射率	折射率	refractive index
折射仪	折射計	refractometer
锗-锂探测器	鍺-鋰偵檢器	Ge-Li detector
锗酸铋探测器	鍺酸鉍偵檢器	bismuth germinate detector
蔗糖	蔗糖	sucrose
真空成型	真空成形	vacuum forming
真空闪热解	急驟真空熱解	flash vacuum pyrolysis, FVP
真空线技术	真空管線技術	vacuum line technique
真空紫外光谱	真空紫外光譜	vacuum ultraviolet spectrum
真空紫外光源	真空紫外光源	vacuum ultraviolet photosource
真值	真值	true value
阵列毛细管电泳	陣列毛細管電泳	array capillary electrophoresis, ACE
振荡磁场	振盪磁場	oscillating magnetic field
振动配分函数	振動分配函數	vibrational partition function

大　陆　名	台　湾　名	英　文　名
振动特征温度	特徵振動溫度	characteristic vibrational temperature
振动-转动光谱	振動-轉動光譜	vibrational-rotational spectrum
振子强度	振盪子強度	oscillator strength
蒸发光散射检测器	蒸發光散射偵檢器	evaporative light-scattering detector, ELSD
蒸发皿	蒸發皿	evaporating dish
蒸馏	蒸餾	distillation
蒸馏水	蒸餾水	distilled water
蒸气压渗透法	蒸氣壓滲透法	vapor pressure osmometry
蒸气压下降	蒸氣壓下降	vapor pressure lowering
蒸汽硫化	蒸汽硫化，蒸汽熟化，蒸汽交聯	steam cure
整备	整備	conditioning
整比化合物	化學計量化合物	stoichiometric compound
整体柱	整體管柱	monolithic column
正比计数器	比例數計	proportional counter
正长石	正長石	orthoclase
正电子发射断层显像	正[電]子發射斷層攝影術	positron emission tomography
正电子素	[正負]電子偶	positronium
正电子素化学	正[電]子化學	positronium chemistry
正电子湮没谱学	正子消滅能譜學	positron annihilation spectroscopy
正负[离子]同体化合物	兩性離子化合物	zwitterionic compound
正规溶液	正規溶液	regular solution
正极	正[電]極	positive electrode
正交表	正交表	orthogonal table, orthogonal layout
正交多项式回归	正交多項式回歸	orthogonal polynomial regression
正交试验设计	正交實驗設計，正交試驗設計	orthogonal design of experiment
正离子交换膜,阳离子交换膜	陽離子交換薄膜	cation exchange membrane
正离子聚合,阳离子聚合	陽離子聚合[作用]	cationic polymerization
正离子(=阳离子)		
正离子引发剂	陽離子引發劑	cationic initiator
正离子转移重排	正離子轉移重排	cationotropic rearrangement
正硫[化]	最適硫化，最適處理	optimum cure
正氢	正氫	orthohydrogen
正态分布	常態分布，高斯分布	normal distribution
正相高效液相色谱法	正相高效液相層析法	normal phase high performance liquid

大　陆　名	台　湾　名	英　文　名
		chromatography
正相关	正相關	positive correlation
正[向]反应	正反應	forward reaction
正则配分函数	正則分配函數	canonical partition function
正则系综	正則系集	canonical ensemble
支持电解质	支援電解質，輔助電解質	supporting electrolyte, inert electrolyte
支持还原剂	附著還原劑	holding reductant
支化度	分支度	degree of branching
支化聚合物	分支聚合物	branched polymer
支化密度	支化密度，分枝密度	branching density
支化系数	支化係數，分枝係數	branching index
支化因子	分支因素	branching factor
支链	支鏈	branch chain
支链爆炸	分支鏈爆炸	branched chain explosion
支链淀粉	分枝澱粉	amylopectin
支链反应	分支鏈反應	branched chain reaction
织构	結構，組織，紋理	texture
脂肪酶	脂酶	lipase
脂肪族化合物	脂肪族化合物	aliphatic compound
脂肪族环氧树脂	脂肪族環氧樹脂	aliphatic epoxy resin
脂肪族聚酯	脂肪族聚酯	aliphatic polyester
脂环化合物	脂環化合物	alicyclic compound
脂肽	脂肽	lipopeptide
脂质(=类脂)		
脂质体	脂質體	liposome
直方图	直方圖，組織圖	histogram
直接滴定法(=滴定碘法)		
直接反应	直接反應	direct reaction
直接化学电离	直接化學游離	direct chemical ionization
直接进样量热分析	直接進樣焓分析法	direct injection enthalpimetry, DIE
直接进样探头	直接進樣探頭	direct probe
直接裂变产额	直接分裂產率	direct fission yield
直[立]键	軸鍵	axial bond
直链淀粉	直鏈澱粉	amylose
直链反应	直鏈反應	straight chain reaction
直流等离子体光源	直流電漿光源	direct current plasma source
直流电弧光源	直流電弧光源	direct current arc source

大　陆　名	台　湾　名	英　文　名
直流伏安法	直流伏安法	direct current voltammetry
直流极谱法	直流極譜法	direct current polarography
直线型碳	線型碳	digonal carbon
直线型杂化	線型混成[作用]	digonal hybridization
e 值	e 值	e value
Q 值	Q 值	Q value
R_f 值	R_f 值，比移值	R_f value
δ 值	δ 值	δ-value
τ 值	τ 值	τ-value
职业照射	職業性曝露	occupational exposure
植物激素	植激素	plant hormone, phytohormone
植物烷[类]	植烷	phytane
纸电泳	紙電泳	paper electrophoresis
纸色谱法	紙層析術	paper chromatography
指前因子	指[數]前因數，指[數]前因子	preexponential factor
指示电极	指示電極	indicating electrode
指示剂	指示劑，指示燈	indicator
指示剂变色点	指示劑變色點	indicator transition point
指示剂常数	指示劑常數	indicator constant
[指示剂]封闭	阻塞	blocking
指示剂空白	指示劑空白[校正]	indicator blank
酯	酯	ester
酯化	酯化[作用]	esterification
酯交换	轉[換]酯化[作用]	transesterification
酯交换缩聚	酯交換聚縮	ester exchange polycondensation, transesterification polycondensation
酯酶	酯酶	esterase
酯肽	酯肽	depsipeptide
制备气相色谱法	製備氣相層析法	preparative gas chromatography
制备色谱法	製備層析	preparative chromatography
制备色谱仪	製備層析儀	preparative chromatograph
质荷比	質荷比	mass-to-charge ratio
质量标样	質量標準	mass standard
质量产额	質量產率	mass yield
质量范围	質量範圍	mass range
质量分布函数	質量分布函數	mass distribution function
质量控制	品質管制	quality control
质量控制图	品質控制圖，品管圖	control chart for quality

大　陆　名	台　湾　名	英　文　名
质量亏损	質量虧損	mass defect
质量敏感型检测器	質量感應偵檢器	mass sensitive detector
质量摩尔浓度	重量莫耳濃度	molality
质量歧视效应	質量鑑別	mass discrimination
质量色散	質量分散	mass dispersion
质量数	質量數	mass number
质量标数指示器	質量標示物	mass marker
质量阻止本领	質量阻制力	mass stopping power
质谱本底	質譜背景	background of mass spectrum
质谱法	質譜法	mass spectrometry, MS
质谱检测器	質譜偵檢器	mass spectrometric detector, MSD
质谱图	質譜	mass spectrum
质谱仪	質譜儀	mass spectrometer
质体蓝素	色素體藍素	plastocyanin
质子传递	質子轉移	proton transfer
质子给体	質子予體	proton donor
质子核磁共振	質子核磁共振	proton magnetic resonance, PMR
质子化	質子化	protonation
质子化常数	質子化常數	protonation constant
质子化分子	質子化分子	protonated molecule
质子激发X射线荧光分析	質子誘導X射線螢光分析	proton-induced X-ray emission fluorescence analysis
质子激发X射线荧光光谱法	質子激發X射線螢光光譜法	proton excited X-ray fluorescence spectrometry
质子桥接离子	質子橋接離子	proton-bridged ion
质子亲合能	質子親和力	proton affinity
质子溶剂	質子溶劑	protic solvent
质子受体	質子受體	proton acceptor
质子噪声去偶	質子雜訊去偶	proton noise decoupling
质子转移重排	質子轉移重排	prototropic rearrangement
质子自递常数	自遞質子作用常數	autoprotolysis constant
质子自递作用	自遞質子[作用]	autoprotolysis
致死剂量	致死劑量	lethal dose
智利硝石	智利硝石，硝酸鈉	Chile niter, Chile saltpeter, soda niter
智能聚合物	智慧型聚合物	intelligent polymer
置换滴定法	置換滴定	replacement titration
置换反应	置換反應	displacement reaction
置换色谱法	置換層析術	displacement chromatography
置信区间	信賴區間	confidence interval

大　陆　名	台　湾　名	英　文　名
置信系数	信賴係數，可靠係數	confidence coefficient
置信限	信賴界限，可靠界限	confidence limit
中放废物	中強度［放射性］廢料	intermediate-level [radioactive] waste
中和	中和［作用］	neutralization
中和焓［热］	中和焓［熱］	enthalpy [heat] of neutralization
中环	中環	medium ring
中间体	中間體，中間物	intermediate
中阶梯光栅	中階梯光栅	echelle grating
中空纤维	中空纖維	hollow fiber
中位值	中位數，中項	median
中心切割	中心切割	heart-cutting
中心原子	中心原子	central atom
中性点	［酸鹼］中和點，［電］中性點	neutral point
中性红	中性紅	neutral red
中性化再电离质谱法	中性化再游離質譜法	neutralization reionization mass spectrometry, NRMS
中性火焰	中性火焰	neutral flame
中性滤光片	中性濾光片	neutral filter
中性碎片再电离	中性碎片再游離	neutral fragment reionization, NFR
中压液相色谱法	中壓液相層析法	middle-pressure liquid chromatography
中子发生器	中子產生器	neutron generator
中子俘获	中子捕獲	neutron capture
中子活化分析	中子活化分析	neutron activation analysis
中子计数器	中子計數器，中子數計	neutron counter
中子剂量计	中子劑量計	neutron dosimeter
中子监测器	中子監測器	neutron monitor
中子谱学	中子譜學	neutron spectroscopy
中子散射分析	中子散射分析	neutron scattering analysis
中子探测器	中子偵檢器	neutron detector
中子吸收	中子吸收	neutron absorption
中子衍射分析	中子繞射分析	neutron diffraction analysis
中子源	中子源	neutron source
中子照相术	中子照相術	neutron photography
中子注量	中子注量，中子通量	neutron fluence
中子注量率	中子注量率	neutron fluence rate
终点	終點	end point
终点误差	終點誤差	end point error
终了温度	最後溫度	final temperature

大　陆　名	台　湾　名	英　文　名
终止剂	終止劑	terminator
种子聚合	種子聚合	seeding polymerization
仲裁分析	仲裁分析	referee analysis, arbitration analysis
仲氢	仲氫	parahydrogen
重氮氨基化合物	重氮胺基化合物	diazoamino compound
重氮化	重氮化	diazotization
重氮化合物	重氮化合物	diazo compound
重氮偶联	重氮陽離子偶合	diazonium coupling
重氮氢氧化物	重氮氫氧化物	diazohydroxide
重氮烷	重氮烷	diazoalkane
重氮盐	重氮鹽	diazonium salt
重铬酸钾滴定法	二鉻酸鹽滴定法	dichromate titration
重核	重核	heavy nucleus
重晶石	重晶石	barite
重均分子量	重均分子量	weight-average molecular weight
重离子核化学	重離子核化學	heavy ion nuclear chemistry
重离子加速器	重離子加速器	heavy ion accelerator
重离子诱导解吸	重離子誘導脫附	heavy ion induced desorption, HIID
重量分布函数	重量分布函數	weight distribution function
重量分析法	重量分析	gravimetric analysis
重量因子	重量分析因數	gravimetric factor
重水	重水	heavy water
重原子效应	重原子效應	heavy atom effect
舟皿	舟皿	boat
周环反应	周環性反應	pericyclic reaction
周期	周期	period
周期共聚物	周期共聚物	periodic copolymer
轴晶	軸晶	axialite
轴向手性	軸向手性	axial chirality
珠-棒模型	珠-棒模型，珠-桿模型	bead-rod model
珠-簧模型	珠-簧模型	bead-spring model
逐步反应(=分步反应)		
逐步回归	逐步回歸	stepwise regression
逐步模糊聚类法	模糊非階層聚類分析〔法〕	fuzzy nonhierarchical clustering
逐步[增长]聚合	逐步[增長]聚合	step [growth] polymerization
逐次近似法	漸進近似法	successive approximate method
逐级分解	逐步分解	stepwise decomposition
逐级解离	逐步解離	stepwise dissociation

大　陆　名	台　湾　名	英　文　名
逐级水解	逐步水解	stepwise hydrolysis
逐级稳定常数	逐步穩定常數	stepwise stability constant
逐级稀释	逐級稀釋	stepwise dilution
逐级形成常数	逐步形成常數	stepwise formation constant
主成分分析	主成分分析[法]	principal component analysis
主成分回归法	主成分回歸方法	principal component regression method
主成分回归分光光度法	主成分回歸分光光度法	principal component regression spectrophotometry
主从机械手	主從機械手，主從操作器	master-slave manipulator
主带	主[頻]帶	main band
主客体化合物	主客體化合物	host-guest compound
主客体化学	主客體化學	host-guest chemistry
主链	主鏈	main chain, chain backbone
主链型液晶聚合物	主鏈型液晶聚合物	main chain liquid crystalline polymer
主体	主體	host
主同位素	主同位素	principle isotope
主效应	主效應	main effect
主族	主族	main group
助熔剂	①助熔劑 ②焊劑 ③通量	flux
助熔剂法	助熔劑法	flux method
助色团	助色團，助色基	auxochrome, auxochromic group
苧烷类	側柏烷	thujane
注拉吹塑	注拉吹塑	injection draw blow moulding
注射泵	注射泵	syringe pump
注射成型	射出成型	injection moulding
注塑焊接	注塑焊接	injection welding
柱长	管柱長	column length
柱后反应器	[管]柱後反應器	post column reactor
柱后衍生化	[管]柱後衍生化	post column derivatization
柱流失	管柱流失，管柱滲失	column bleeding
柱内径	管柱內徑	column internal diameter
柱前衍生化	[管]柱前衍生化	pro-column derivatization
柱切换	管柱切換	column switching
柱容量	管柱容量	column capacity
柱色谱[法]	管柱層析術	column chromatography
柱上检测	線上檢測	on-line detection
柱上进样	[管]柱上進樣	on-column injection

大　陆　名	台　湾　名	英　文　名
柱上衍生化	[管]柱上衍生化	on-column derivatization
柱寿命	管柱壽命	column life
柱温箱	管柱烘箱	column oven
柱效	管柱效率	column efficiency
柱压	管柱壓力	column pressure
柱再生	管柱再生	column regeneration
铸塑	鑄塑	cast moulding
铸塑聚合	鑄塑聚合[作用]	cast polymerization
抓桥氢	氫橋	agostic hydrogen
抓氢键	氫橋鍵	agostic hydrogen bond
专一性	專一性，特異性，特定性	specificity
转氨基化	胺基轉移作用	transamination
β 转角	β 小彎	β-turn, β-bend
转熔温度	轉熔溫度，轉融點	peritectic temperature
转移氢化	轉移氫化	transfer hydrogenation
转动配分函数	轉動分配函數	rotational partition function
转动特征温度	特徵轉動溫度	characteristic rotational temperature
T 状配合物	T 狀錯合物	T-shaped complex
锥形瓶	錐形[燒]瓶	Erlenmeyer flask
准备期	準備期	preparation period
准参比电极	準參考電極	quasi-reference electrode, pseudo-reference electrode
准定位标记化合物	標稱標誌化合物	nominally labeled compound
准分子离子	準分子離子	quasi-molecular ion
准固定相	準固定相	pseudostationary phase
准经典轨迹	準經典軌跡	quasiclassical trajectory
准可逆波	準可逆波	quasi-reversible wave
准平衡理论	準平衡理論	quasi-equilibrium theory, QET
准确度	準確度	accuracy
准一级反应	準一級反應，假一級反應	pseudo first order reaction
准直镜	準直器	collimator
准自由电子	準自由電子	quasi-free electron
准自由电子近似	準自由電子近似法	quasi-free electron approximation
浊度法	散射測濁法，散射濁度測定法	nephelometry
着火温度	點火溫度，燃點，自燃溫度	ignition temperature

大　陆　名	台　湾　名	英　文　名
μ子谱学	緲子譜學	muon spectroscopy
子体核素	子體核種	daughter nuclide
紫胶	蟲膠	shellac
紫脲酸铵	紫尿酸銨	murexide
紫杉烷[类]	紫杉烷，紅豆杉烷	taxane
紫外反射光谱法	紫外反射光譜法	ultraviolet reflectance spectrometry
紫外分光光度法	紫外線光譜測定法	ultraviolet spectrophotometry
紫外光电子能谱[法]	紫外光電子光譜法，紫外光電子光譜學	ultraviolet photoelectron spectroscopy
紫外光吸收剂	紫外光吸收劑	ultraviolet absorber
紫外激发激光共振拉曼光谱	紫外激發雷射共振拉曼光譜	ultraviolet excited laser resonance Raman spectrum
紫外-可见分光光度计	紫外-可見光分光光度計	ultraviolet-visible spectrophotometer
紫外-可见光检测器	紫外-可見光偵檢器	ultraviolet-visible light detector
紫外吸收光谱	紫外吸收光譜	ultraviolet absorption spectrum
紫外吸收检测器	紫外吸收偵檢器	ultraviolet absorption detector
紫外线稳定剂	紫外線穩定劑	ultraviolet stabilizer
自催化缩聚	自催化聚縮	autocatalytic polycondensation
自电离	自游離化，自身離子化	autoionization
自电离谱[法]	自游離譜法	self-ionization spectroscopy
自动滴定	自動滴定	automatic titration
自动加速效应	自動加速效應	autoacceleration effect
自动进样，自动取样	自動取樣	automatic sampling
自动进样器	自動進樣器	automatic sampler
自动快速化学装置	自動快速化學裝置	automated rapid chemistry apparatus, ARCA
自动取样(=自动进样)		
自发拆分	自發離析	spontaneous resolution
自发发射系数	自發發射係數	spontaneous emission coefficient
自发发射跃迁	自發發射躍遷	transition of spontaneous emission
自发反应	自發反應	spontaneous reaction
自发过程	自發過程	spontaneous process
自发解吸质谱法	自發解吸質譜法	spontaneous desorption mass spectrometry, SDMS
自发聚合	自發聚合	spontaneous polymerization
自发裂变	自發分裂	spontaneous fission
自发终止	自發終止	spontaneous termination
自分解	自動分解[作用]	autodecomposition
自辐解	自動放射分解	self-radiolysis, autoradiolysis
自交联	自交聯	self crosslinking

大　陆　名	台　湾　名	英　文　名
自扩散	自擴散	self-diffusion
自然线宽	自然[譜]線寬	natural line width
自燃	自燃	autoignition, spontaneous ignition
自散射	自散射	self-scattering
自身指示剂法	自身指示剂法	self indicator method
自吸收	自吸收	self-absorption
自吸收校正背景法	自吸收背景校正法	self-absorption background correction
自吸展宽	自吸收增寬	self-absorption broadening
自旋标记	自旋標記	spin labeling
自旋捕捉	自旋捕捉	spin trap
自旋磁矩	自旋磁矩	spin magnetic moment
自旋回波	自旋回波	spin echo
自旋回波重聚焦	自旋回波重聚焦	spin echo refocusing
自旋回波相关谱	自旋回波相關譜[法]	spin echo correlated spectroscopy, SECSY
自旋量子数	自旋量子數	spin quantum number
自旋去耦	自旋去偶	spin decoupling
自旋锁定	自旋鎖定	spin locking
自旋微扰	自旋微擾	spin tickling
自旋-自旋裂分	自旋-自旋分裂	spin-spin splitting
自氧化	自氧化[作用]	auto-oxidation
自氧化化学发光	自氧化化學發光	auto-oxidation chemiluminescence
自氧化还原反应	自氧[化]還[原]反應	self-redox reaction
自由度	自由度	degree of freedom
自由感应衰减	[自由]感應衰減	free induction decay
自由基	自由基	radical, free radical
自由基捕获剂	自由基捕獲劑	radical trapping agent
自由基反应	自由基反應	free radical reaction
自由基负离子	自由基陰離子	radical anion
自由基共聚合	自由基共聚[作用]	radical copolymerization
自由基聚合	自由基聚合[作用]	radical polymerization, free radical polymerization
自由基离子	自由基離子	radical ion
自由基链降解	自由基鏈降解	free radical chain degradation
自由基清除剂	自由基捕獲劑	free radical scavenger
自由基寿命	自由基壽命	free radical lifetime
自由基异构化聚合	自由基異構化聚合	free radical isomerization polymerization
自由基引发剂	自由基引發劑	radical initiator
自由基正离子	自由基陽離子	radical cation
自由连接链	自由連接鏈	freely-jointed chain

大 陆 名	台 湾 名	英 文 名
自由能函数	自由能函數	free energy function
自由旋转	自由轉動	free rotation
自由旋转链	自由旋轉鏈	freely-rotating chain
自增强聚合物	自強化聚合物	self-reinforcing polymer
自增长	自增長，自傳播	self propagation
自终止	自終止	self termination
自组织现象	自組織現象	self-organization phenomenon
自组装	自組裝	self-assembly
自组装单层膜	自組裝單層膜	self-assembled monolayer membrane
自组装膜	自組裝膜	self-assembled membrane
自组装膜修饰电极	自組裝膜修飾電極	self-assembled layer modified electrode
腙	腙	hydrazone
总氮分析	總氮分析	total nitrogen analysis
总发射电流	總發射電流	total emission current
总反应	總反應	overall reaction
总截面	總截面	total cross section
总离子检测	總離子檢測	total ion detection
总离子流电泳图	總離子電泳圖	total ion electropherogram
总离子流色谱图	總離子層析圖	total ion chromatogram, TIC
总酸度	總酸度	total acidity
总体方差	總體變異數	population variance
总体偏差	總體偏差	population deviation
总体平均值	族群平均值	population mean
总稳定常数	總穩定常數	overall stability constant
总线阻止本领	總線性阻止力	total linear stopping power
总相关谱	總相關譜	total correlation spectroscopy
总悬浮物	總懸浮物	total suspended substance
纵向弛豫	縱向鬆弛	longitudinal relaxation
纵向扩散	縱向擴散	longitudinal diffusion
族	族	family, group
阻隔聚合物	阻隔聚合物	barrier polymer
阻聚剂	抑制劑	inhibitor
阻聚作用(=抑制作用)		
阻黏剂	阻黏劑	abhesive
阻燃剂	阻燃劑	flame retardant
阻塞效应	阻隔效應	blocking effect
阻抑动力学分光光度法	抑制動力學分光光度法	inhibition kinetic spectrophotometry
阻转异构体	限制構形異構物	atropisomer

大　陆　名	台　湾　名	英　文　名
组氨酸	組胺酸	histidine
组成重复单元	組成重複單元	constitutional repeating unit
组成单元	組成單元	constitutional unit
组成非均一性	組成不勻性	compositional heterogeneity, constitutional heterogeneity
组合导数分光光度法	組合微分分光光度法	combined derivative spectrophotometry
组合电化学	組合電化學	combinatorial electrochemistry
组合电极	組合電極	combination electrode
组合峰	組合峰	combination line
组合化学	組合化學	combinatorial chemistry
组间方差	組間變異數	variance between laboratories
组距	組距	class interval
组内方差	組內變異數	variance within laboratory
组试剂	族試劑	group reagent
组织等效材料	組織等效材料	tissue equivalent material
组织权重因子	組織權重因子	tissue weighting factor
最大功率升温	最大功率升溫	maximum power temperature
最大裂解温度	最大熱解溫度	maximum pyrolysis temperature
最大容许误差	最大容許誤差	maximum allowable error
最大吸收波长	最大吸收波長	maximum absorption wavelength
最低检测浓度	最小偵檢濃度	minimum detectable concentration
最低临界共溶温度	低臨界溶液溫度	lower critical solution temperature
最低能量途径	最低能量途徑	minimum energy path, MEP
最概然电荷	最概然電荷,最可能電荷	most probable charge
最概然分布	最可能分布	most probable distribution
最高临界共溶温度	高臨界溶液溫度	upper critical solution temperature
最后裂解温度	最後熱解溫度	final pyrolysis temperature
最后线	持久譜線	persistent line
最佳倾倒角	最佳傾倒角	optimum pulse flip angle
最佳无偏估计量	最佳不偏估計量	best unbiased estimator
最速上升法	最陡上升法	steepest ascent method
最速下降法	最陡下降法	steepest descent method
最小残差法	最小殘差法	minimum residual method
最小二乘法	最小平方法	least square method
最小二乘法拟合	最小平方擬合[法]	least square fitting
最小检出量	最小檢出量	minimum detectable quantity
最小熵产生原理	最小熵產生原理	principle of minimum entropy production
最优区组设计	最佳區組設計	optimal block design

大　陆　名	台　湾　名	英　文　名
最优值	最佳值	optimal value
左旋异构体	左旋體	laevo isomer

副 篇

A

英 文 名	大 陆 名	台 湾 名
abhesive	阻黏剂	阻黏劑
abietane	松香烷[类]	松香烷
ablative polymer	烧蚀聚合物	燒蝕聚合物
absolute activity	绝对活度	絕對活度
absolute asymmetric synthesis	绝对不对称合成	絕對不對稱合成
absolute configuration	绝对构型	絕對組態
absolute counting	绝对计数	絕對計數
absolute deviation	绝对偏差	絕對偏差
absolute error	绝对误差	絕對誤差
absolute measurement	绝对测量	絕對測量
absolute method	绝对法	絕對[定量]法
absolute rate theory	绝对反应速率理论	絕對反應速率理論
absorbance	吸光度	吸光度，吸收率
absorbed dose	吸收剂量	吸收劑量
absorption cell	吸收池	吸收槽
absorption cross section	吸收截面	吸收截面
absorption limit	吸收限	吸收[極]限
absorption line	吸收谱线	吸收譜線，吸光譜線
absorption line profile	原子吸收谱线轮廓	原子吸收[譜]線輪廓
absorption spectroelectrochemistry	吸收光谱电化学法	吸收光譜電化學法
absorption spectrum	吸收光谱	吸收光譜
absorptivity	吸光系数	吸收係數
abstraction	攫取[反应]	摘取[反應]
abundance	丰度	豐度
abundance of element	元素丰度	[元素]豐度
abzyme	抗体酶	抗體酶
accelerated aging	加速老化	加速老化
accelerated flow method	加速流动法	加速流動法
accelerator	①加速器 ②促进剂	①加速器 ②加速劑，催速劑

英　文　名	大　陆　名	台　湾　名
accelerator driven subcritical system	加速器驱动次临界系统	加速器驱动次临界系统
accelerator mass spectrometry（AMS）	加速器质谱法	加速器質譜法
accelerator transmutation of waste	废物的加速器嬗变	廢料加速器蛻變
acceptance region	接受域	接受域，接受範圍
acceptor	受体	受體，受基
accidental coincidence（=random coincidence）	偶然符合	偶然重合
accidental exposure	事故照射	意外曝露
accumulative probability	累积概率	累積機率，累積或然率
accuracy	准确度	準確度
ACE（=①affinity capillary electrophoresis ②array capillary electrophoresis）	①亲和毛细管电泳 ②阵列毛细管电泳	①親和毛細管電泳 ②陣列毛細管電泳
acenaphthylene	苊	苊
acene	并苯	并苯
acetal	缩醛	縮醛
acetal resin	缩醛树脂	縮醛樹脂
acetonide	缩丙酮化合物	縮丙酮化合物
acetylacetone	乙酰丙酮	乙醯丙酮
acetylation	乙酰化	乙醯化［作用］
acetylcholine	乙酰胆碱	乙醯膽鹼
acetylenic polymer	乙炔类聚合物	炔［類］聚合物
acetylide	炔化物	炔化物
achiral	无手性的，非手性的	非手性，非掌性
acid	酸	酸
π-acid	π酸	π酸，pi酸
acid anhydride（=anhydride）	酸酐	酸酐
acid-base equilibrium	酸碱平衡	酸鹼平衡
acid-base indicator	酸碱指示剂	酸鹼指示劑
acid-base titration	酸碱滴定法	酸鹼滴定
acidic oxide	酸性氧化物	酸性氧化物
acidic salt	酸式盐	酸式鹽
acidification	酸化	酸化
acidimetry	酸量法	酸定量法
acidity	酸度	酸度，酸性
acidity constant	酸度常数	酸度常數
acidity function	酸度函数	酸度函數
acidolysis	酸解	酸解
acidometer（=pH meter）	pH计	pH計，酸量計

英　文　名	大　陆　名	台　湾　名
acid salt(=acidic salt)	酸式盐	酸式鹽
acid value	酸值	酸值
aconane	阿康烷[类]	阿康烷
aconitine	乌头碱[类]生物碱	烏頭鹼生物鹼
acousto-optical tunable filter(AOTF)	声光可调滤光器	聲光可調[頻]濾光器
acousto-optical effect	声光效应	聲光效應
AC polarography(=alternating current polarography)	交流极谱法	交流極譜法
acquisition time	采样时间	擷取時間
acridine(=dibenzo[b,e]pyridine)	二苯并[b,e]吡啶，吖啶	二苯并[b,e]吡啶，吖啶
acridine derivative	吖啶衍生物	吖啶衍生物
9-acridone	9-吖啶酮	9-吖啶酮
acrylate rubber	丙烯酸酯橡胶	丙烯酸酯橡膠，壓克力橡膠
acrylic resin(=acryl resin)	丙烯酸[酯]树脂	丙烯酸樹脂，壓克力樹脂
acrylonitrile-butadiene-styrene resin	丙烯腈-丁二烯-苯乙烯树脂	丙烯腈-丁二烯-苯乙烯樹脂
acrylonitrile-styrene resin	丙烯腈-苯乙烯树脂	丙烯腈-苯乙烯樹脂
acryl resin	丙烯酸[酯]树脂	丙烯酸樹脂，壓克力樹脂
actinide	锕系元素	錒系元素
actinide-burning	锕系燃烧	錒系燃燒
actinide contraction	锕系收缩	錒系收縮
actinouranium decay series	锕铀衰变系	錒鈾衰變系
actinyl	锕系酰	錒系醯基
activated aluminium oxide	活性氧化铝	活性氧化鋁
activated charcoal	活性炭	活化炭
activated complex	活化复合物	活化複合體 活化錯合體
activated monomer	活化单体	活化單體
activated polycondensation	活化缩聚	活化聚縮
activating group	活化基团	活化基團
activation	活化	活化[作用]
activation analysis	活化分析	活化分析
activation controlled reaction	活化控制反应	活化控制反應
activation energy	活化能	活化能
activation grafting	活化接枝	活化接枝

英　文　名	大　陆　名	台　湾　名
activator	活化剂	活化劑
active carbon fiber	活性碳纤维	活性碳纖維
active center	活性中心	活性中心
active constituent	活性组分	有效組分
activity	活度	活度，活性
activity factor	活度因子	活性因數，活性因素
activity meter	活度计	活度計，活性計
acyclic compound	无环化合物	非環化合物
acyclic diterpene	无环二萜	非環二萜
acyclic monoterpene	无环单萜	非環單萜
acyclic sesquiterpene	无环倍半萜	非環倍半萜
acylation	酰化	醯化[作用]
acyl azide	酰叠氮	醯疊氮
acyl bromide	酰溴	醯溴
acyl cation	酰[基]正离子	醯[基]正離子，醯陽離子
acyl chloride	酰氯	醯氯，醯基氯化物
acyl cleavage（=acylolysis）	酰基裂解	醯基裂解
acyl cyanide	酰腈	醯基氰化物
acyl fluoride	酰氟	醯氟，氟化醯基，醯基氟化物
acyl halide	酰卤	醯基鹵化物
acyl iodide	酰碘	醯碘，碘化醯基
acyloin	偶姻	醯偶姻
acyloin condensation	偶姻缩合	[醯]偶姻縮合，醇酮縮合
acylolysis	酰基裂解	醯基裂解
acyloxylation	酰氧基化	醯氧基化[作用]
acyl peroxide	酰基过氧化物	醯基過氧化物
acyl rearrangement	酰基重排	醯基重排
acyl species	酰[基]物种	醯[基]物種
addend	附加物	附加物
1,4-addition	1,4-加成	1,4-加成
addition-elimination mechanism	加成-消除机理	加成-消去反應機構
addition polymer	加[成]聚[合]物	加[成]聚[合]物
addition polymerization	加[成]聚[合]	加[成]聚[合]
addition reaction	加成反应	加成反應
additive	添加剂	添加劑，添加物
additive dimerization	加成二聚	加成二聚

英　文　名	大　陆　名	台　湾　名
additive reaction（=addition reation）	加成反应	加成反應
adduct	加成物	加成物
adduction ion	加合离子	加成離子
adenine	腺嘌呤	腺嘌呤
adenosine	腺苷	腺[核]苷
adenosine-5′-triphosphate	三磷酸腺苷，腺苷-5′-三磷酸	腺[核]苷三磷酸
adhesion	黏合	黏附
adhesive	黏合剂	黏合劑，黏著劑
adiabatic calorimeter	绝热式热量计	絕熱卡計
adiabatic ionization	绝热电离	絕熱游離
adiabatic potential energy surface	绝热势能面	絕熱位能面
adiabatic process	绝热过程	絕熱過程
adiabatic system	绝热系统	絕熱系統
adjacent re-entry model	相邻再入模型	相鄰再入模型
adjusted retention time	调整保留时间	調整滯留時間
adjusted retention volume	调整保留体积	調整滯留體積
adsorbent	吸附剂	吸附劑
adsorption	吸附	吸附[作用]
adsorption chromatography	吸附色谱法	吸附色層分離法，吸附層析術
adsorption coprecipitation	吸附共沉淀	吸附共沈澱
adsorption current	吸附电流	吸附電流
adsorption indicator	吸附指示剂	吸附指示劑
adsorption polymerization	吸附聚合	吸附聚合
adsorption separation	吸附分离法	吸附分離法
adsorption solvent strength parameter	吸附溶剂强度参数	吸附溶劑強度參數
adsorption wave	吸附波	吸附波
adsorptive stripping voltammetry	吸附溶出伏安法	吸附剝除伏安法
advanced nuclear fuel reprocessing process	先进核燃料后处理流程	先進核燃料再處理流程
AEC（=anion exchange chromatography）	阴离子交换色谱法，负离子交换色谱法	陰離子交換層析法
aerodynamic isotope separation	空气动力学同位素分离法	空氣動力學同位素分離法
aerosol	气溶胶	氣溶膠，霧劑
AES（=①atomic emission spectrometry　②Auger electron spectroscopy）	①原子发射光谱法　②俄歇电子能谱[法]	①原子發射光譜法　②歐傑電子能譜術

英　文　名	大　陆　名	台　湾　名
affinity capillary electrophoresis（ACE）	亲和毛细管电泳	親和毛細管電泳
affinity chromatography	亲和色谱法	親和力層析術
affinity of chemical reaction	化学反应亲和势	化學反應親和力
AFM（=①atomic force microscope 　②atomic force microscopy	①原子力显微镜 　②原子力显微术	①原子力顯微鏡　②原 　子力顯微鏡術
AFS（=atomic fluorescence spectrometry）	原子荧光光谱法	原子螢光光譜法
Ag-AgCl electrode	银-氯化银电极	銀-氯化銀電極
agar	琼脂	瓊脂
agar-agar（=agar）	琼脂	瓊脂
aggregate	聚集体	聚集體，凝集體，集料
aggregation	聚集[作用]	聚集[作用]
aggregation velocity	聚集速度	聚集速度
aging	老化	老化
agonist	激动剂	促效劑
agostic hydrogen	抓桥氢	氫橋
agostic hydrogen bond	抓氢键	氫橋鍵
air-acetylene flame	空气-乙炔火焰	空氣-乙炔火焰
air-damped balance	[空气]阻尼天平	空氣阻尼天平
air kerma rate constant	空气比释动能率常数	空氣比釋動能率常數
alanine	丙氨酸	丙胺酸
ALARA principle（=as low as reasonably 　achievable principle）	可合理达到的尽量低 　原则	合理抑低原則
albite	钠长石	鈉長石
albumin	白蛋白	白蛋白，蛋白素
alchemy	炼丹术，炼金术	煉丹術，煉金術
alcohol	醇	醇，酒精
alcoholization	醇化	醇化[作用]
alcoholysis	醇解	醇解
aldehyde	醛	醛
aldehyde hydrate	醛水合物	醛水合物
aldimine	醛亚胺	醛亞胺
alditol	糖醇	醛醣醇
aldol	羟醛	醛醇
aldol condensation	羟醛缩合	醛醇縮合[作用]
aldonic acid	糖酸	醛醣酸
aldose	醛糖	醛醣
aldoxime	醛肟	醛肟
alexandrite	变石	變石，變色石
alfin initiator	烯醇钠引发剂	聚烯[化]引發劑

英 文 名	大 陆 名	台 湾 名
alicyclic compound	脂环化合物	脂環化合物
aliphatic compound	脂肪族化合物	脂肪族化合物
aliphatic epoxy resin	脂肪族环氧树脂	脂肪族環氧樹脂
aliphatic polyester	脂肪族聚酯	脂肪族聚酯
alizarin	茜素	茜素
alizarin red S	茜素红 S	茜素紅 S
alizarin yellow R	茜素黄 R	茜素黃 R
alkali fusion	碱熔	鹼熔
alkali metal	碱金属	鹼金屬
alkalimetry	碱量法	鹼定量法
alkaline earth metal	碱土金属	鹼土金屬
alkaline polymerization	碱性聚合	鹼性聚合
alkalinity	碱度	鹼度，鹼性
alkalization	碱化	鹼化
alkaloid	生物碱	生物鹼
alkane	烷［烃］	烷［屬］烴
alkene(=olefin)	烯［烃］	烯烴
alkenyl group	烯基	烯基
alkyd resin	醇酸树脂	醇酸樹脂
alkylation	烷基化［作用］	烷［基］化［作用］
alkylbenzene	烷基苯	烷基苯
alkyl bromide（=bromoalkane）	溴代烷	溴烷，溴化烷基
alkyl chloride	氯代烷	氯烷，氯化烷基
alkyl cleavage	烷基裂解	烷基裂解
alkylene	亚烷基	亞烷基
alkyl fluoride	氟代烷	氟烷，氟化烷基
alkyl group	烷基	烷基
alkyl halide	卤代烷	鹵烷，烷基鹵化物，鹵化烷基
alkyl iodide	碘代烷	碘烷，碘化烷基
alkyllithium initiator	烷基锂引发剂	烷基鋰引發劑
alkylolysis（=alkyl cleavage）	烷基裂解	烷基裂解
alkyne	炔［烃］	炔［烴］
alkyne complex	炔烃配合物	炔烴錯合物
alkynyl group	炔基	炔基
alkynyl metal	炔基金属	炔基金屬
allene	联烯	重烯
allophanate	脲基甲酸酯	脲甲酸酯
allotrope	同素异形体	同素異形體

英　文　名	大　陆　名	台　湾　名
allotrope form(=allotrope)	同素异形体	同素異形體
allotropic transition	同素异形转化	同素異形轉化
allowable deviation	允许偏差	容許偏差
allowable error(=tolerance)	容许[误]差	容許誤差，公差
alloxazine(=2,4-dihydroxybenzo[g]pteridine)	2,4-二羟基苯并[g]蝶啶	咯肼
π-allyl complex mechanism	π-烯丙型络合机理	π-烯丙基錯合反應機構
allyl group	烯丙基	烯丙基
allylic	烯丙位[的]	烯丙位[的]
allylic alcohol	烯丙醇	烯丙醇
allylic hydroperoxylation	烯丙型氢过氧化	烯丙型氫過氧化
allylic migration	烯丙型迁移	烯丙型移動[作用]
allylic polymerization	烯丙基聚合	烯丙聚合
allylic rearrangement	烯丙型重排	烯丙重排[作用]
allyl resin	烯丙基树脂	烯丙樹脂
alternant hydrocarbon	交替烃	交替烴
alternating copolymer	交替共聚物	交替共聚物
alternating copolymerization	交替共聚合	交替共聚合
alternating current arc source	交流电弧光源	交流電弧光源
alternating current chronopotentiometry	交流计时电位法	交流計時電位法
alternating current oscillopolarography	交流示波极谱法	交流示波極譜法
alternating current polarography(AC polarography)	交流极谱法	交流極譜法
alternating current voltammetry	交流伏安法	交流伏安法
alternative method	替换方法	替代方法
alum	①矾 ②明矾	①礬[類] ②明礬
aluminate coupling agent	铝酸酯偶联剂	鋁酸酯偶合劑
aluminon	铝试剂	鋁試劑，試鋁靈
aluminothermy	铝热法	鋁熱[法]
alunite	明矾石	明礬石
amalgam	汞齐	汞齊
amalgamation	汞齐化	汞齊法，混汞法
amalgam process(=amalgamation)	汞齐化	汞齊法，混汞法
Am-Be neutron source	镅-铍中子源	鎇-鈹中子源
ambident	两可[的]	多位性試劑
ambrane	龙涎香烷[类]	龍涎香烷
amide	酰胺	醯胺，胺化物
amidine	脒	脒

英　文　名	大　陆　名	台　湾　名
aminal	胺缩醛	胺縮醛
amination	氨基化	胺化[作用]
amine	胺	胺
amine oxide	胺氧化物	氧化胺
amino acid	氨基酸	胺基酸
amino acid analyzer	氨基酸分析仪	胺基酸分析儀
amino acid residue	氨基酸残基	胺基酸殘基
amino acid sequence	氨基酸序列	胺基酸序列
amino-bonded phase	氨基键合相	胺基鍵結相
γ-aminobutyric acid（GABA）	γ-氨基丁酸	γ-胺基丁酸
aminoglycoside	氨基糖苷	胺基糖苷
aminohydroxylation（=oxyamination）	氨羟化反应	胺羥化[作用]
aminomercuration	氨汞化	胺汞化
aminomethylation	氨甲基化	胺甲基化[作用]
amino resin	氨基树脂	胺基樹脂
aminosilane（=silazane）	氨基硅烷	胺基矽烷，矽氮烷
ammonia-soda process	氨碱法	氨鹼法
ammonolysis	氨解	氨解，氨解離
amorphous orientation	非晶取向	非晶取向
amorphous phase	非晶相	非晶相
amorphous precipitation	无定形沉淀	無定形沈澱
amorphous region	非晶区	非晶區域
amorphous state	非晶态	非晶[形]態
amperometric detector	安培检测器	安培偵檢器，電流偵檢器
amperometric titration	电流滴定法	電流滴定[法]
amphibole	角闪石	角閃石
amphiphile	两亲体	兩親體
amphiphilic block copolymer	两亲嵌段共聚物	兩親嵌段共聚物
amphiphilic polymer	两亲聚合物	兩親聚合物
amphi position	远位	遠位
amphiprotic solvent	两性溶剂	兩性溶劑
ampholyte	两性物，两性电解质	兩性電解質
AMS（=accelerator mass spectrometry）	加速器质谱法	加速器質譜法
amylin（=dextrin）	糊精	糊精
amylopectin	支链淀粉	分支澱粉
amylose	直链淀粉	直鏈澱粉
amylum	淀粉	澱粉
anaerobic adhesive	厌氧黏合剂	厭氧黏合劑

英　文　名	大　陆　名	台　湾　名
analog	类似物	類似物，類比
analyser	分析器	分析器，檢偏鏡
analysis error	分析误差	分析誤差
analysis of covariance	协方差分析	共變異數分析
analysis of variance	方差分析	變異數分析
analyte	分析物	分析物
analytical balance	分析天平	分析天平
analytical pyrolysis	分析裂解	分析熱解
analytical reagent（A. R.）	分析纯试剂	分析級試劑
analytical type chromatograph	分析型色谱仪	分析型層析儀
analyzer（=analyser）	分析器	分析器，檢偏鏡
anatase	锐钛矿	銳鈦礦，銳錐石
anchimeric assistance（=neighboring group assistance）	邻助作用	鄰基協助
androstane	雄甾烷[类]	雄甾烷
angiotensin	血管紧张肽	血管收縮肽
angle strain	角张力	角應變
angular dispersion	角色散	角度分散
angular distribution	角分布	角分布
angular overlap model	角重叠模型	角重疊模型
anhydride	①酐 ②酸酐	①酐 ②酸酐
anhydridization	酐化	酐化
anhydrite	无水石膏	硬石膏
anion	阴离子，负离子	陰離子，負離子
anion base	阴离子碱	陰離子鹼
anion exchange chromatography（AEC）	阴离子交换色谱法，负离子交换色谱法	陰離子交換層析法
anion exchange membrane	负离子交换膜	陰離子交換薄膜
anion exchanger	阴离子交换剂，负离子交换剂	陰離子交換劑
anionic acid	阴离子酸	陰離子酸
anionic cycloaddition	负离子环加成	陰離子環加成
anionic cyclopolymerization	负离子环化聚合	陰離子環化聚合，負離子環化聚合
anionic electrochemical polymerization	负离子电化学聚合	陰離子電化[學]聚合
anionic initiator	负离子引发剂	陰離子引發劑
anionic isomerization polymerization	负离子异构化聚合	陰離子異構化聚合
anionic polymerization	阴离子聚合，负离子聚合	陰離子聚合[作用]

英　文　名	大　陆　名	台　湾　名
anionotropy	负离子转移	親核轉移
anion radical initiator	负离子自由基引发剂	陰離子自由基引發劑
annihilation radiation	湮没辐射	互毁輻射
annonaceous acetogenin	番荔枝内酯	番荔枝内酯
annual limit on intake	年摄入限值	年攝入限度
annulation	增环反应	增環反應
annulene	轮烯	輪烯
anode	阳极	陽極
anodic current	阳极电流	陽極電流
anodic deposition	阳极沉积	陽極沈積
anodic oxidation	阳极氧化	陽極氧化[作用]
anodic stripping voltammetry	阳极溶出伏安法	陽極析出伏安[測定]法
anodic synthesis	阳极合成	陽極合成
anomalous mixed crystal	反常混晶	異常混合晶體
anomer	端基[差向]异构体	變旋異構物
anomeric effect	端基[异构]效应	變旋異構效應
anorthite	钙长石	鈣長石，鈣斜長石
ansa-antibiotic	环柄类抗生素	環柄類抗生素
ansa-compound	环柄化合物	環柄化合物
antagonist	拮抗剂	對抗劑
antagonistic effect	反协同效应	反協同效應，反加乘作用
antarafacial reaction	异面反应	異側反應，反面反應
anthocyan	花青素	花青素，花色素
anthocyanidin（=anthocyan）	花青素	花青素，花色素
anthracene	蒽	蒽
anthracycline antibiotic	蒽环抗生素	蒽環抗生素
anthranilic acid	邻氨基苯甲酸	鄰胺苯甲酸
anthraquinone	蒽醌	蒽醌
anthrone colorimetry	蒽酮比色法	蒽酮比色法
anti	反	反
anti-aging agent	防老剂	抗老劑
antiaromaticity	反芳香性	反芳性
antibiotic	抗生素	抗生素
antibump rod	防沸棒	防爆沸棒
anticlinal conformation	反错构象	反錯構形
anti-coincidence	反符合	反符合，反重合
anti-coincidence circuit	反符合电路	反重合線路，反符合線

英　文　名	大　陆　名	台　湾　名
		路
anti-degradant	抗降解剂	抗降解劑
antiferroelectric LC (=antiferroelectric liquid crystal)	反铁电液晶	反鐵電液晶
antiferroelectric liquid crystal	反铁电液晶	反鐵電液晶
antiferroelectricity	反铁电性	反鐵電性
antiferromagnetism	反铁磁性	反鐵磁性
antifoaming agent	消泡剂	消泡劑
anti-Markovnikov addition	反马氏加成	反馬可尼可夫加成
antioxidant	抗氧[化]剂	抗氧化劑
antiozonant	防臭氧剂	抗臭氧[老化]劑
antiperiplanar conformation	反叉构象	反疊構形
anti-radiation agent	抗辐射剂	抗輻射劑
anti-sense imaging	反义核酸显像	反[意]義核酸顯像
antistatic agent	抗静电剂	去靜電劑
anti-Stokes atomic fluorescence	反斯托克斯原子荧光	反斯托克斯原子螢光
antisynergism (=antagonistic effect)	反协同效应	反協同效應, 反加乘作用
AOTF (=acousto-optical tunable filter)	声光可调滤光器	聲光可調[頻]濾光器
apatite	磷灰石	磷灰石
APCI (=atmospheric pressure chemical ionization)	大气压化学电离	大氣壓[力]化學游離
API (=atmospheric pressure ionization)	大气压电离	大氣壓[力]游離
apoprotein	脱辅基蛋白	脱輔基蛋白, 缺輔基蛋白
aporphine alkaloid	阿朴啡[类]生物碱	阿樸啡[類]生物鹼
apparent activation energy	表观活化能	視活化能, 表觀活化能
apparent electrophoretic mobility	表观电泳淌度	視電泳流動率, 表觀電泳淌度
apparent molar mass	表观摩尔质量	視莫耳質量, 表觀莫耳質量
apparent molecular weight	表观分子量	視分子量, 表觀分子量
apparent shear viscosity	表观剪切黏度	視剪切黏度, 表觀剪切黏度
apparent transference number	表观迁移数	視遷移數, 表觀遷移數
applied electrochemistry	应用电化学	應用電化學
APS (=atmospheric pressure spray)	大气压喷雾	大氣壓噴灑[法]
aptamer	适配体	適配體
aqua ion	水合离子	水合離子

英　文　名	大　陆　名	台　湾　名
aqua regia	王水	王水
aqueous reprocessing	水法后处理	水溶液再處理
aquoluminescence	水溶发光	水溶發光
A.R. (=analytical reagent)	分析纯试剂	分析級試劑
arachno	网式	蛛
aragonite	文石	文石
aramid fiber	聚芳酰胺纤维	芳綸纖維，芳香多醯胺纖維
arbitration analysis (=referee analysis)	仲裁分析	仲裁分析
ARCA (=automated rapid chemistry apparatus)	自动快速化学装置	自動快速化學裝置
arc spectrum	电弧光谱	［電］弧光譜
area occupancy factor	区域居留因子	區域居留因數
arene	芳烃	芳［族］烴
arenium ion	芳基正离子	芳基正離子
argentimetry	银量法	銀量法
arginine	精氨酸	精胺酸
argon-argon dating	氩-氩年代测定	氩-氩定年
argon ionization detector	氩离子化检测器	氩游離偵檢器
arithmetic average deviation	［算术］平均偏差	算術平均偏差
arithmetic mean	算术平均值	算術平均值
aromatic compound	芳香化合物	芳［香］族化合物
aromaticity	芳香性	芳香性
aromatic nucleophilic substitution	芳香族亲核取代［反应］	芳［香］族親核取代［反應］
aromatic polyamide (=polyaramide)	聚芳酰胺	聚芳醯胺
aromatic polyester	芳香族聚酯	芳［香］族聚酯
aromatic polysulfonamide	聚芳砜酰胺	芳族聚磺醯胺
aromatic sextet	芳香六隅	芳族六隅體
aromatization	芳构化	芳化［作用］
array capillary electrophoresis (ACE)	阵列毛细管电泳	陣列毛細管電泳
Arrhenius equation	阿伦尼乌斯方程	阿瑞尼斯方程
Arrhenius ionization theory	阿伦尼乌斯电离理论	阿瑞尼斯游離理論
arsenblende	雌黄	雌黄
arsenic ylide	砷叶立德	鉮偶極體
arsine	胂	胂
arsonium ion	砷鎓离子，砷正离子	鉮離子
arsonium ylide (=arsenic ylide)	砷叶立德	鉮偶極體
artificial aging	人工老化	人工老化

英　文　名	大　陆　名	台　湾　名
artificial element	人造元素	人造元素
artificial neutral network	人工神经网络	人工神經網路
artificial radioactivity	人工放射性	人造放射性
artificial radio element (=man-made radio element)	人造放射性元素	人造放射性元素
arylation	芳基化	芳基化[作用]
aryl cation	芳正[碳]离子	芳正[碳]離子
aryl group	芳基	芳基
aryne	芳炔	芳炔
ascarite	烧碱石棉	鹼石綿
ascending development method	上行展开[法]	升展法
ascorbic acid	抗坏血酸	抗壞血酸，維生素 C
ash	灰分	灰分
as low as reasonably achievable principle (ALARA principle)	可合理达到的尽量低原则	合理抑低原則
asparagine	天冬酰胺	天冬醯胺酸
aspartic acid	天冬氨酸	天[門]冬胺酸
assembly of independent particles	独立粒子系集	獨立粒子系集
assembly of interacting particles	非独立粒子系集，交互作用粒子系集	交互作用粒子系集
assembly of localized particles	定域粒子系集	定域粒子系集
assembly of non-localized particles	非定域粒子系集	非定域粒子系集
association constant	缔合常数	締合常數
association polymer	缔合聚合物	締合聚合物
association reaction	缔合反应	締合反應
associative mechanism	缔合机理	締合機構
as-spun fiber	初生纤维	初生纖維
assumption of local equilibrium	局域平衡假设	局部平衡假設
asymmetric activation	不对称活化	不對稱活化[作用]
asymmetric amplification (=chiral amplification)	手性放大	手性放大，不對稱放大
asymmetric atom	不对称原子	不對稱原子
asymmetric auto-catalysis	不对称自催化	不對稱自催化
asymmetric carbon	不对称碳原子	不對稱碳[原子]
asymmetric center	不对称中心	不對稱中心
asymmetric factor	不对称因子	不對稱因數，不對稱因子
asymmetric fission	非对称裂变	非對稱分裂
asymmetric induction	不对称诱导	不對稱誘導

英　文　名	大　陆　名	台　湾　名
asymmetric induction polymerization	不对称诱导聚合	不對稱誘導聚合
asymmetric poisoning	不对称毒化	不對稱毒化
asymmetric selective polymerization	不对称选择性聚合	不對稱選擇性聚合
asymmetric synthesis	不对称合成	不對稱合成
asymmetric transformation	不对称转化	不對稱轉變[作用]
asymmetry parameter β	非对称参数 β	非對稱參數 β
atactic block	无规立构嵌段	雜排嵌段
atacticity	无规度	雜排度
atactic polymer	无规立构聚合物	雜排聚合物
athermal solution	无热溶液	無熱溶液
atmospheric pressure chemical ionization（APCI）	大气压化学电离	大氣壓[力]化學游離
atmospheric pressure ionization（API）	大气压电离	大氣壓[力]游離
atmospheric pressure spray（APS）	大气压喷雾	大氣壓噴灑[法]
atom	原子	原子
atomic absorption coefficient	原子吸收系数	原子吸收係數
atomic absorption line	原子吸收谱线	原子吸收[譜]線
atomic absorption spectrometer	原子吸收光谱仪	原子吸收光譜儀
atomic absorption spectrometry	原子吸收光谱法	原子吸收光譜法
atomic absorption spectrophotometer	原子吸收分光光度计	原子吸收分光光度計
atomic absorption spectrum	原子吸收光谱	原子吸收光譜
atomic average mass	原子平均质量	原子平均質量
atomic emission spectrometry（AES）	原子发射光谱法	原子發射光譜法
atomic emission spectrum	原子发射光谱	原子發射光譜
atomic fluorescence	原子荧光	原子螢光
atomic fluorescence quantum efficiency	原子荧光量子效率	原子螢光量子效率
atomic fluorescence spectrometer	原子荧光光谱仪	原子螢光光譜儀
atomic fluorescence spectrometry（AFS）	原子荧光光谱法	原子螢光光譜法
atomic force microscope（AFM）	原子力显微镜	原子力顯微鏡
atomic force microscopy（AFM）	原子力显微术	原子力顯微鏡術
atomic line	原子线	原子[譜]線
atomic mass constant	原子质量常量	原子質量常數
atomic mass unit	原子质量单位	原子質量單位
atomic number	原子序数	原子序
atomic spectrum	原子光谱	原子光譜
atomic symbol	元素符号	原子符號
atomic unit	原子单位	原子單位
atomic weight	原子量	原子量
atomization	原子化	原子化, 霧化, 微粒化

英　文　名	大　陆　名	台　湾　名
atomization efficiency	原子化效率	原子化效率
atomizer	原子化器	原子化器，霧化器
atom transfer radical polymerization	原子转移自由基聚合	原子轉移自由基聚合
atom trapping technique	原子捕集技术	原子捕集技術
ATR (=attenuated total reflection)	衰减全反射	減弱全反射
atropisomer	阻转异构体	限制構形異構物
attenuated total reflection (ATR)	衰减全反射	減弱全反射
attenuation	衰减	衰減[作用]，減弱[作用]
attenuation equivalent	衰减当量	衰減當量
attractive potential energy surface	吸引型势能面	吸引位能面
Auger chemical effect	俄歇化学效应	歐傑化學效應
Auger depth profiling	俄歇深度剖析	歐傑深度剖析
Auger effect	俄歇效应	歐傑效應
Auger electron	俄歇电子	歐傑電子
Auger electron spectroscopy (AES)	俄歇电子能谱[法]	歐傑電子能譜術
Auger electron yield	俄歇电子产额	歐傑電子產率
Auger image	俄歇像	歐傑影像
Auger matrix effect	俄歇基体效应	歐傑基質效應
Auger parameter	俄歇参数	歐傑參數
Auger signal intensity	俄歇信号强度	歐傑訊號強度
Auger transition	俄歇跃迁	歐傑躍遷
auration	金化[反应]	金化[反應]，金化[作用]
aurone	橙酮	橙酮
Au-Si surface barrier detector	金-硅面垒探测器	金-矽面障偵檢器
autoacceleration effect	自动加速效应	自動加速效應
autocatalytic polycondensation	自催化缩聚	自催化聚縮
autodecomposition	自分解	自動分解[作用]
autoignition	自燃	自燃
autoionization	自电离	自游離化,自身離子化
automated rapid chemistry apparatus (ARCA)	自动快速化学装置	自動快速化學裝置
automatic sampler	自动进样器	自動進樣器
automatic sampling	自动进样，自动取样	自動取樣
automatic titration	自动滴定	自動滴定
auto-oxidation	自氧化	自氧化[作用]
auto-oxidation chemiluminescence	自氧化化学发光	自氧化化學發光
autoprotolysis	质子自递作用	自遞質子[作用]

英　文　名	大　陆　名	台　湾　名
autoprotolysis constant	质子自递常数	自遞質子作用常數
autoradiogram	放射·自显影图	放射自顯影圖
autoradiography	放射自显影术	放射顯跡術，放射攝影術
autoradiolysis（=self-radiolysis）	自辐解	自動放射分解
auto-vulcanization	常温硫化	自硫化
auxiliary electrode	对电极，辅助电极	輔助電極
auxochrome	助色团	助色團，助色基
auxochromic group（=auxochrome）	助色团	助色團，助色基
average degree of polymerization	平均聚合度	平均聚合度
average functionality	平均官能度	平均官能度
average life	平均寿命	平均壽命
average life of fluorescence molecule	荧光分子平均寿命	螢光分子平均壽命
average molecular weight	平均分子量	平均分子量
axial bond	直[立]键	軸鍵
axial chirality	轴向手性	軸向手性
axial inductively coupled plasma	端视电感耦合等离子体	軸向感應耦合電漿
axialite	轴晶	軸晶
axis of chirality（=chiral axis）	手性轴	手性軸
axis of helicity	螺旋轴	螺旋軸
azacrown ether	氮杂冠醚	氮冠醚
azacyclobutadiene（=azete）	氮杂环丁二烯	氮環丁二烯，吖唉，氮唉
azacyclobutane	氮杂环丁烷	四氫吖唉，氮咀，吖咀
azacyclobutanone（=azetidinone）	氮杂环丁酮	氮環丁酮，氮咀酮
azacyclobutene	氮杂环丁烯	氮環丁烯，二氫氮唉
azacycloheptatriene	氮杂环庚三烯	氮環庚三烯，氮呼，吖呼
azacyclooctatetraene	氮杂环辛四烯	氮環辛四烯，吖哞
2-azacyclopentanone	1-氮杂环戊-2-酮	1-氮環戊-2-酮，α-吡咯啶酮
azacyclopropane	氮杂环丙烷	氮環丙烷，吖吭，氮吭
azacyclopropene	氮杂环丙烯	氮環丙烯，吖吮，氮吮
azeotrope	恒沸[混合]物	共沸物，共沸液
azeotropic copolymer	恒[组]分共聚物	共沸共聚物
azeotropic copolymerization	恒[组]分共聚合	共沸共聚[作用]
azeotropic point	恒沸点	共沸點
azepine（=azacycloheptatriene）	氮杂环庚三烯	氮環庚三烯，氮呼，吖

英文名	大陆名	台湾名
		呯
azetane(=azacyclobutane)	氮杂环丁烷	四氫吖唉，氮吅，吖吅
azete	氮杂环丁二烯	氮環丁二烯，氮唉，吖唉
azetidine(=azacyclobutane)	氮杂环丁烷	四氫吖唉，氮吅，吖吅
azetidinone	氮杂环丁酮	氮環丁酮，氮吅酮
azetine (=azacyclobutene)	氮杂环丁烯	氮環丁烯，二氫氮唉
azide	叠氮化物	疊氮化合物
azirane (=azacyclopropane)	氮杂环丙烷	氮環丙烷，吖呒，氮呒
aziridine (=azacyclopropane)	氮杂环丙烷	氮環丙烷，吖呒，氮呒
azirine (=azacyclopropene)	氮杂环丙烯	氮環丙烯，吖吮，氮吮
azocine (=azacyclooctatetraene)	氮杂环辛四烯	氮環辛四烯，吖啐
azo compound	偶氮化合物	偶氮化合物
azo dye	偶氮染料	偶氮染料
azo imide	偶氮亚胺	偶氮亞胺
azole (=pyrrole)	吡咯	吡咯
azo polymer	偶氮类聚合物	偶氮類聚合物
azo type initiator	偶氮[类]引发剂	偶氮型引發劑
azoxy compound	氧化偶氮化合物	氧偶氮化合物
azulene	薁	薁
azurin	天青蛋白	天青蛋白
azurite	蓝铜矿	藍銅礦

B

英文名	大陆名	台湾名
backbiting transfer	回咬转移	反咬轉移
backbonding	反馈键合	反饋鍵合
back donating bonding	反馈键	反饋鍵
back donation	反馈作用	逆給予
back end	后端	後端
back extraction	反萃取	反萃取
back flushing	反吹	反沖[洗]
background	背景	背景
background absorption	背景吸收	背景吸收
background correction	背景校正	背景校正
background electrolyte (BGE)	背景电解质	背景電解質
background of mass spectrum	质谱本底	質譜背景
back propagation algorithm	反向传播法	反向傳播演算法

英　文　名	大　陆　名	台　湾　名
backscattered electron	背散射电子	反向散射電子
backscattering	①背散射　②反散射	反向散射，回散射
backscattering analysis	背散射分析	反向散射分析
backside attack	背面进攻	背面攻擊
back titration	返滴定法	反滴定[法]，逆滴定[法]
backward reaction	逆[向]反应	逆[向]反應
backward scattering	后向散射	反向散射
bacterial degradation	细菌降解	細菌降解
bacterial leaching	细菌浸出	細菌瀝濾
baking soda	小苏打	焙鹼
ball viscosity	落球黏度	落球黏度
banana bond	香蕉键	蕉形鍵
band	谱带	[光]譜帶，帶
band broadening	谱带展宽	譜帶寬化
banded texture	条带织构	帶狀紋理
band-pass retarding field analyzer	带通减速场分析器	帶通減速場分析器
band width	能带宽度	帶寬
barbituric acid（=malonyl urea）	丙二酰脲，巴比妥酸	丙二醯脲，巴比妥酸
barite	重晶石	重晶石
barrelene	桶烯	桶烯
barrier polymer	阻隔聚合物	阻隔聚合物
barrier [of a radioactive-waste disposal facility]	[放射性废物处置施设的]屏障	[放射性廢料處置施設的]屏障
base	①碱　②碱基	①鹼　②鹼基
π-base	π 碱	π 鹼，pi 鹼
baseline	基线	基線
baseline drift	基线漂移	基線漂移
baseline method	基线法	基線法
baseline noise	基线噪声	基線雜訊
base peak	基峰	基峰
basicity（=alkalinity）	碱度	鹼度，鹼性
basic oxide	碱性氧化物	鹼性氧化物
basic salt	碱式盐	鹼式鹽
batch injection calorimeter	批量注射热量计	批式注射熱量計
batch polymerization	间歇聚合	分批聚合[作用]
bathochromic effect	红移效应	長波效應
bauxite	铝土矿	鋁礬土，水礬土
bayerite	三羟铝石	α-三水鋁石

英　文　名	大　陆　名	台　湾　名
bead-rod model	珠-棒模型	珠-棒模型，珠-桿模型
bead-spring model	珠-簧模型	珠-簧模型
beam chemistry	束化学	束流化學
beam current	束流	束流
beam energy	束流能量	束流能量
beam-foil spectroscopy	束-箔谱学	[粒子]束薄膜能譜學
beam intensity	束流[强度]	束流強度
beam monitor（BM）	束监视器	束監測器
α-bearing waste	α 废物	α 廢料
Becquerel	贝可(辐射单位)	貝克(輻射單位)
Beer law	比尔定律	比爾定律
β-bend（=β-turn）	β 转角	β 小彎
bent sandwich compound	弯曲夹心化合物	彎曲夾心化合物
benzene	苯	苯
benzidine	联苯胺	聯苯胺
benzil	偶苯酰，二苯乙二酮	二苯乙二酮
benzimidazole	苯并咪唑	苯并咪唑
benzisoxazole	苯并异噁唑	苯并異噚唑
benzo[b]pyrazine	苯并[b]吡嗪	苯并吡𠯤
benzo[b]pyrrole（=indole）	吲哚，苯并[b]吡咯	吲哚
benzo[c]pyrrole（=isoindole）	异吲哚	異吲哚
benzo[c]quinoline	苯并[c]喹啉，菲啶	苯并喹啉，啡淀
benzofuran	苯并呋喃	苯并呋喃
benzofuranone	苯并呋喃酮	苯并呋喃酮
benzoic acid	苯甲酸，安息香酸	苯甲酸，安息[香]酸， 苄酸
benzoin	苯偶姻	苯偶姻，安息香
benzoin condensation	苯偶姻缩合	安息香縮合[作用]
benzopyran（=chromene）	苯并吡喃	苯并哌喃
benzopyranium salt	苯并吡喃盐	苯并哌喃鹽
4H-benzopyran-4-ketone	4H-苯并吡喃-4-酮	4H-苯并哌喃-4-酮
benzopyridazine	苯并哒嗪	苯并嗒𠯤
benzopyrimidine	苯并嘧啶	苯并嘧啶
benzoquinone	苯醌	苯醌
benzothiadiazole	苯并噻二唑	苯并噻二唑
benzothiazine	苯并噻嗪	苯并噻𠯤
benzothiazole	苯并噻唑	苯并噻唑
benzothiophene	苯并噻吩	苯并噻吩
benzotriazine	苯并三嗪	苯并三[氮]𠯤

英 文 名	大 陆 名	台 湾 名
benzotriazole	苯并三唑	苯并三唑
benzoxadiazole	苯并噁二唑	苯并㗁二唑
benzoxazine	苯并噁嗪	苯并㗁呯
benzoxazole	苯并噁唑	苯并㗁唑
N-benzoyl-glycine(=hippuric acid)	马尿酸, N-苯甲酰甘氨酸	馬尿酸, N-苯甲醯甘胺酸
benzvalene	盆苯	盆苯
benzyl group	苄基	苄基
benzylic	苄位[的]	苄位[的]
benzylic acid rearrangement	二苯乙醇酸重排	二苯羥乙酸重排
benzylic cation	苄[基]正离子	苄[基]正離子, 苄陽離子
benzylic intermediate	苄[基]中间体	苄[基]中間體
benzyne	苯炔	苯炔[體]
Berry pseudorotation mechanism	伯利假旋转机理	伯利假旋轉機構
beryl	绿柱石	綠柱石, 綠寶石
beryllocene	二茂铍	二茂鈹
best unbiased estimator	最佳无偏估计量	最佳不偏估計量
betaine	内鎓盐	內鹽, 甜菜鹼
betweenanene	双反式环烯	雙反式環烯
beyerane	贝叶烷[类]	貝葉烷
BGE(=background electrolyte)	背景电解质	背景電解質
biaryl	联芳	聯芳
bias	偏倚, 偏差	偏差
biaxial drawing	双轴拉伸	雙軸延伸
biaxial orientation(=biorientation)	双轴取向	雙軸取向
bibenzyl	联苄	聯苄
bicarbonate	碳酸氢盐	酸式碳酸鹽, 碳酸氫鹽
bicomponent catalyst	双组分催化剂	雙組分催化劑
bicyclic diterpene	二环二萜	二環二萜
bicyclic monoterpene	二环单萜	二環單萜
bicyclic sesquiterpene	二环倍半萜	二環倍半萜
bicyclofarnesane	二环金合欢烷[类]	二環金合歡烷[類], 蓷烷
biflavone	双黄酮	雙黃酮
bifunctional chelator	双功能螯合剂	雙功能螯合劑
bifunctional conjugating agent	双功能连接剂	雙功能聯接劑
bifunctional initiator	双官能引发剂	雙官能引發劑
bifunctional monomer	双官能[基]单体	雙官能[基]單體

英　文　名	大　陆　名	台　湾　名
bile acid	胆汁酸	膽汁酸
bilirubin	胆红素	膽紅素
bimetallic catalyst	双金属催化剂	雙金屬催化劑，雙金屬 觸媒
bimetallic electrode	双金属电极	雙金屬電極
bimetallic enzyme	双金属酶	雙金屬酶
bimolecular nucleophilic substitution	双分子亲核取代[反应]	雙分子親核取代[作用]
bimolecular reaction	双分子反应	雙分子反應
bimolecular termination	双分子终止	雙分子終止
binaphthyl	联萘	聯萘
binary copolymer	二元共聚物	二元共聚物
binary copolymerization	二元共聚合	二元共聚合
binding energy	结合能	結合能
binding site	结合位点	結合位置
Bingham fluid	宾厄姆流体	賓漢流體
binodal decomposition	稳态相分离	雙節分解
binomial distribution	二项分布	二項分配
bioactive polymer	生物活性高分子	生物活性高分子
bioautography	生物自显影法	生物自檢法
bioavailability	生物利用度	生物可用度
biocatalysis	生物催化[作用]	生物催化[作用]
biocatalyst	生物催化剂	生物催化劑，生物觸媒
bioceramic（=bioavailability）	生物陶瓷	生物陶瓷
biochemical analysis	生化分析	生化分析
biochemical oxygen demand（BOD）	生化需氧量	生化需氧量
biocide	抗微生物剂	除生物劑
biodegradation	生物降解	生物降解
bioelastomer	生物弹性体	生物彈性體
bioelectrochemistry	生物电化学	生物電化學
bioerodable polymer	生物可蚀性聚合物	生物可蝕性聚合物
biological chromatography	生物色谱法	生物層析法
biological half-life	生物半衰期	生物半生期
biological mass spectrometry（BMS）	生物质谱法	生物質譜法
bioluminescence immunoassay	生物发光免疫分析	生物發光免疫分析
biomacromolecule	生物大分子	生物大分子，生物巨分子
biomedical chromatography	生物医学色谱法	生物醫學層析法
biomedical polymer	生物医用高分子	生醫高分子
biomembrane electrode	生物膜电极	生物膜電極
biomethylation	生物甲基化	生物甲基化

英　文　名	大　陆　名	台　湾　名
biomimetic	仿生[的]	仿生[的]
biomimetic polymer	仿生聚合物	仿生聚合物
biomimetic synthesis	仿生合成	仿生合成
biomimic materials	仿生材料	仿生材料
biomimics	仿生学	仿生學
biomimic sensor	仿生传感器	仿生感測器
biomineral	生物矿物	生物礦物
biomineralization	生物矿化	生物礦化
bionics（=biomimics）	仿生学	仿生學
bioorganic chemistry	生物有机化学	生物有機化學
bioprobe	生物探针	生物探針
biorientation	双轴取向	雙軸取向
biosensor	生物传感器	生物感測器
biosynthesis	生物合成	生[物]合成
biotransformation	生物转化	生物轉化
biphenyl	联苯	聯苯
bipyridine（=bipyridyl）	联吡啶	聯吡啶
bipyridyl	联吡啶	聯吡啶
2,2'-biquinoline	2,2'-联二喹啉	亞銅試劑
biradical	双自由基	雙自由基
biradicaloid	类双自由基	類雙自由基
bisabolane	没药烷[类]	甜沒藥烷，蓽沙烷
bisamination	双氨基化	雙胺化[作用]
bis（benzene）chromium	二苯铬	雙苯鉻
bisbenzylisoquinoline alkaloid	双苄基异喹啉[类]生物碱	雙苄基異喹啉[類]生物鹼
bisecting conformation	等分构象	等分構形
bismuth germinate detector	锗酸铋探测器	鍺酸鉍偵檢器
bisphenol A epoxy resin	双酚 A 环氧树脂	雙酚 A 環氧樹脂
bitumen solidification（=bituminization）	沥青固化	瀝青固化
bituminization	沥青固化	煤瀝青化
biuret method	双缩脲法	縮二脲方法
bixbyite	方铁锰矿	方鐵錳礦
blank solution	空白溶液	空白溶液
blank test	空白试验	對照試驗，比照試驗
blank value	空白值	空白值
blast burner	喷灯	噴燈
blaze angle	闪耀角	炫耀角
blazed grating	闪耀光栅	炫耀光柵

英　文　名	大　陆　名	台　湾　名
blaze wavelength	闪耀波长	炫耀波長
bleaching clay	漂白土	漂白土
bleaching powder	漂白粉	漂白粉
blending	共混	掺合
blend spinning	共混纺丝	共混紡絲
bleomycin	博来霉素	博萊黴素
Bloch equation	布洛赫方程	布洛赫方程式
block	嵌段	嵌段
block copolymer	嵌段共聚物	嵌段共聚物，團聯共聚物
block copolymerization	嵌段共聚合	嵌段共聚[作用]，團聯共聚[作用]
blocking	[指示剂]封闭	阻塞
blocking effect	阻塞效应	阻隔效應
blood pool imaging	血池显像	血池顯像
blow moulding	吹塑	吹氣成型法
blow pipe test	吹管试验	吹管試驗
blue shift	蓝移	藍[色位]移
blue vitriol	胆矾	膽藍
BM (=beam monitor)	束监视器	束監測器
BMS (=biological mass spectrometry)	生物质谱法	生物質譜法
boat	舟皿	舟皿
boat conformation	船型构象	船型構形
BOD (=biochemical oxygen demand)	生化需氧量	生化需氧量
boehmite	水铝石	水鋁石
boiling point elevation	沸点升高	沸點上升
Boltzmann distribution law	玻尔兹曼分布定律	波茲曼分布律
Boltzmann superposition principle	玻尔兹曼叠加原理	波茲曼重疊原理
bomb calorimeter	弹式热量计	彈[式]卡計
bonded phase chromatography	键合相色谱法	鍵結相層析法
bonded stationary phase	键合固定相	鍵結固定相
bond energy	键能	鍵能
bond enthalpy	键焓	鍵焓
σ-bonding ligand	σ 配体	σ 配位基，σ 配位子
β-bonding ligand	β 配体	β 配位基
boracyclohexane	硼杂环己烷	硼環己烷
borane	硼烷	硼烷
borax	硼砂	硼砂
borax-bead test	硼砂珠试验	硼砂珠試驗

英　文　名	大　陆　名	台　湾　名
borderline acid	交界酸	[軟硬]交界酸
borderline base	交界碱	[軟硬]交界鹼
borderline mechanism	边界机理	邊界[反應]機構
borinane (=boracyclohexane)	硼杂环己烷	硼環己烷
Born-Haber cycle	玻恩-哈伯循环	玻[恩]-哈[柏]循環
borofluoride	氟硼酸盐	氟硼酸鹽
boron carbide fiber	碳化硼纤维	碳化硼纖維
boron neutron capture therapy	硼中子俘获治疗	硼中子捕獲治療
Bose-Einstein distribution	玻色-爱因斯坦分布	玻[色]-愛[因斯坦]分布
Bouguer-Lambert law	布格-朗伯定律	布格-朗伯定律
Bouguer law	布格定律	布格定律
boundary phase	界面相	界面相
bound energy (=binding energy)	结合能	結合能
bowsprit	船舷[键]	船舷[鍵]
Bq (=Becquerel)	贝可(辐射单位)	貝克(輻射單位)
brachytherapy	近程[放射]治疗	近程[放射]治療
bradykinin	[舒]缓激肽	舒緩肽
Bragg equation	布拉格方程	布拉格方程式
branch chain	支链	支鏈
branched chain explosion	支链爆炸	分支鏈爆炸
branched chain reaction	支链反应	分支鏈反應
branched polymer	支化聚合物	分支聚合物
branching decay	分支衰变	分支衰變
branching density	支化密度	支化密度，分枝密度
branching factor	支化因子	分支因素
branching index	支化系数	支化係數，分枝係數
branching ratio	分支比	分支比
brass	黄铜	黃銅
bremsstrahlung	轫致辐射	制動輻射
bremsstrahlung source	轫致辐射源	制動輻射源
bridged carbocation	桥连碳正离子	橋連碳正離子
bridged metallocene catalyst	桥连茂金属催化剂	橋連茂金屬催化劑
bridged-ring system	桥环体系	橋環體系
bridgehead atom	桥头原子	橋頭原子
bridging carbonyl	桥羰基	橋羰基
bridging group	桥基	橋基
bridging ligand	桥连配位基	橋連配位基
Bridgman-Stockbarger method	[晶体生长]坩埚下降	[單晶成長]布里奇曼-

英　文　名	大　陆　名	台　湾　名
	法	斯托克巴杰法
brilliant green	亮绿	亮綠，孔雀綠
brittle-ductile transition	脆-韧转变	脆延相變
brittleness temperature	脆化温度	脆化溫度
broad band decoupling	宽带去偶	寬帶去偶
broad beam	宽[辐射]束	寬[輻射]束
bromine number	溴值	溴值
bromoalkane	溴代烷	溴烷，溴化烷基
bromocresol green	溴甲酚绿	溴甲酚綠
bromolactonization	溴化内酯化反应	溴化内酯化反應
bromometry	溴量法	溴滴定[法]
bromophenol blue	溴酚蓝	溴酚藍
bromothymol blue	溴百里酚蓝	溴瑞香草酚藍
Brønsted acid	布朗斯特酸	布忍斯特酸，布氏酸
Brønsted base	布朗斯特碱	布忍斯特鹼
Brønsted-Lowry theory of acids and bases	布朗斯特-劳里酸碱理 论，酸碱质子理论	布[忍斯特]-洛[瑞]理 論
bronze	青铜	青銅
brownmillerite	钙铁石	鈣鐵鋁石
Büchner funnel	布氏漏斗	布赫納漏斗，布氏漏斗
bufanolide	蟾甾内酯[类]	蟾甾内酯
buffer	缓冲液	緩衝液，緩衝劑
buffer capacity	缓冲容量	緩衝容量，緩衝能力
buffer index	缓冲指数	緩衝指數
buffer solution	缓冲溶液	緩衝溶液
buffer value	缓冲值	緩衝值
building block	合成砌块	建構組元
bulk diffusion	体扩散	體擴散
bulk polymerization	本体聚合	總體聚合，大塊聚合
bulk viscosity	本体黏度	本體黏度，總體黏度
bumping	暴沸	爆沸，噴沸
buret	滴定管	滴定管
burial ground	废物埋藏场	廢物埋藏場
burning-off curve	燃烧曲线	燃燒曲線
burnt plaster	烧石膏	燒石膏
burn-up	燃耗	燃耗
butadiene-acrylonitrile rubber	丁腈橡胶	丁二烯-丙烯腈橡膠
butterfly cluster	蝶状簇	蝶狀團簇
butyl rubber	丁基橡胶	丁基橡膠

C

英　文　名	大　陆　名	台　湾　名
CA(=collisional activation)	碰撞活化	碰撞活化
CAD(=collision activated dissociation)	碰撞活化解离	碰撞活化解離
cadinane	杜松烷[类]	杜松烷，蓽橙茄烷
cadion	镉试剂	鎘試劑
cadmium zinc telluride detector	碲锌镉探测器	碲鋅鎘偵檢器
cage compound	笼状化合物	籠狀化合物
cage effect	笼效应	籠[蔽]效應
Cahn-Ingold-Prelog sequence rule(CIP priority)	CIP 顺序规则	CIP 序列法則，嵌-英[格]-普[洛]序列法則
calcein	钙黄绿素	鈣黃綠素
calcite	方解石	方解石
calcium ion-selective electrode	钙离子选择电极	鈣離子選擇[性]電極
calcium pump	钙泵	鈣泵
calcon	钙试剂	鈣試劑
calconcarboxylic acid	钙指示剂	鈣[羧酸]指示劑
calendaring	压延	壓延，砑光
calibration	校正	校準
calibration curve	校正曲线	校準曲線
calibration curve method	校正曲线法	校準曲線法，檢量線法
calibration filter	校准滤光片	校正濾光片
calixarene	杯芳烃	杯芳烴
calmagite	钙镁指示剂	鈣鎂指示劑
calmodulin	钙调蛋白	鈣調蛋白，攜鈣蛋白
calomel	甘汞	甘汞
calomel electrode	甘汞电极	甘汞電極
calorimeter	热量计	熱量計，卡計
calorimetric entropy	量热熵	量熱熵
calorimetry	量热法	熱量測定法，量熱法
γ-camera	γ 照相机	γ 照相機
camphane	樟烷类	莰烷，樟烷
camptothecin alkaloid	喜树碱[类]生物碱	喜樹鹼生物鹼
canavanine	刀豆氨酸	刀豆胺酸，4-胍氧丁胺酸
canonical ensemble	正则系综	正則系集
canonical partition function	正则配分函数	正則分配函數

英　文　名	大　陆　名	台　湾　名
capacitance immunosensor	电容免疫传感器	電容免疫感測器
capacitive coupled microwave plasma	电容耦合微波等离子体	電容耦合微波電漿
capillary column	毛细管柱	毛細管柱
capillary constant	毛细管常数	毛細常數
capillary electrochromatography	毛细管电色谱法	毛細管電層析法，毛細管電層析術
capillary electrophoresis（CE）	毛细管电泳［法］	毛細管電泳［法］
capillary electrophoresis electrochemiluminescence analyzer	毛细管电泳电化学发光分析仪	毛細管電泳電化學發光分析儀
capillary electrophoresis-mass spectrometry system（CE-MS）	毛细管电泳-质谱联用仪	毛細管電泳-質譜系統
capillary electrophoresis system	毛细管电泳仪	毛細管電泳系統
capillary gel electrophoresis	毛细管凝胶电泳	毛細管凝膠電泳
capillary isoelectric focusing（CIEF）	毛细管等电聚焦	毛細管等電聚焦
capillary isotachophoresis（CITP）	毛细管等速电泳	毛細管等速電泳
capillary liquid chromatography	毛细管液相色谱法	毛細管液相層析法
capillary viscometer	毛细管黏度计	毛細管黏度計
capillary zone electrophoresis	毛细管区带电泳	毛細管區帶電泳，毛細管帶域電泳
capture	俘获	捕獲
capture cross section	俘获截面	捕獲截面
carane	蒈烷类	蒈烷，長松針烷
carbalkoxylation	烷氧羰基化	烷氧羰基化
carbamate	①氨基甲酸盐　②氨基甲酸酯	①胺甲酸鹽　②胺［基］甲酸酯
carbamic acid	氨基甲酸	胺［基］甲酸
carbamide resin	聚脲树脂	聚脲樹脂
carbanion	碳负离子	碳陰離子
carbanionic polymerization	碳负离子聚合	碳負離子聚合，碳陰離子聚合
carbazole（＝dibenzo［b,d］pyrrole）	二苯并［b,d］吡咯，咔唑	二苯并［b,d］吡咯，咔唑
carbene	卡宾	碳烯，亞甲體（中間體）
carbenium ion	三价碳正离子	三價碳正離子
carbenoid	类卡宾	類碳烯
carbinol	甲醇	甲醇
carboamidation	氨羰基化	胺羰基化
carboboration	碳硼化［反应］	碳硼化反應

英 文 名	大 陆 名	台 湾 名
carbocation	碳正离子	碳正離子，碳陽離子
carbocationic polymerization	碳正离子聚合	碳正離子聚合，碳陽離子聚合
carbodiimide	碳二亚胺	碳二亞胺
carbohydrate	碳水化合物	碳水化合物，醣
β-carboline (=pyrido[3,4-b]indole)	吡啶并[3,4-b]吲哚，β咔啉	吡啶并[3,4-b]吲哚，β咔啉
carbometallation	碳金属化反应	碳金屬化反應
carbon block	炭黑	碳精塊
carbon chain polymer	碳链聚合物	碳鏈聚合物
carbon electrode	碳电极	碳電極
carbon fiber	碳纤维	碳纖維
carbon fiber micro-disk electrode	碳纤维微盘电极	碳纖維微盤電極
carbonic anhydrase	碳酸酐酶	碳[酸]酐酶
carbonium ion	高价碳正离子	碳正離子，碳陽離子，鎓離子
carbonium ion polymerization (=carbocationic polymerization)	碳正离子聚合	碳正離子聚合，碳陽離子聚合
carbon nanotube	碳纳米管	碳奈米管，奈米碳管
carbon nanotube-based biocomposite electrode	碳纳米管生物组合电极	碳奈米管生物組合電極
carbon nanotube-based electrochemical biosensor	碳纳米管电化学生物传感器	碳奈米管電化學生物感測器
carbon nanotube-based electrochemical deoxyribonucleic acid sensor	碳纳米管电化学脱氧核糖核酸传感器	碳奈米管電化學DNA感測器
carbon nanotube-based enzyme electrode	碳纳米管酶电极	碳奈米管酵素電極
carbon nanotube modified electrode	碳纳米管修饰电极	碳奈米管修飾電極
carbon paste electrode	碳糊电极	碳糊電極
carbon rod atomizer (CRA)	碳棒原子化器	碳棒原子化器
carbon suboxide	二氧化三碳	二氧化三碳，次氧化碳
carbonylation	羰基化	羰基化[作用]
carboplatin	卡铂	卡鉑
carborane	碳硼烷	碳硼烷
carboxylation	羧基化	羧化[作用]
carboxylic acid	羧酸	羧酸
carboxymethyl cellulose	羧甲基纤维素	羧甲纖維素
carburization	渗碳	增碳[作用]
carbylamine (=isocyanide)	异腈，胩	異腈，胩
carbyne	卡拜	碳炔，次甲基(中間體)

英　文　名	大　陆　名	台　湾　名
cardenolide	心甾内酯[类]	心甾内酯
cardiac glycoside	强心苷	強心苷
Carnot cycle	卡诺循环	卡諾循環
Carnot theorem	卡诺定理	卡諾定理
carotene	胡萝卜素[类]	胡蘿蔔素[類]
carrier	①载流子 ②载体	①帶電載體粒子 ②載體
carrier concentration	载流子浓度	載體濃度
carrier coprecipitation	载体共沉淀	載體共沈澱
carrier free	无载体	無載體
carrier gas	载气	載體氣體
carrier mobility	载流子迁移率	載子移動率
carrier precipitation	载体沉淀	載體沈澱
carryover	携流效应	留存效應
caryophyllane	石竹烷[类]	石竹烷
cassane	卡山烷[类]	苄山烷
casting film	流延薄膜	鑄模
cast moulding	铸塑	鑄塑
cast polymerization	铸塑聚合	鑄塑聚合[作用]
catalase	过氧化氢酶	過氧化氫酶
catalytical discoloring spectrophotometry	催化褪色分光光度法	催化褪色分光光度法
catalytic antibody	催化抗体	催化抗體
catalytic colorimetry	催化比色法	催化比色法
catalytic current	催化电流	催化電流
catalytic dehydrogenation	催化脱氢	催化脱氫[作用]，觸媒脱氫[作用]
catalytic fluorimetry	催化荧光法	催化螢光法
catalytic hydrogenation	催化氢化	催化氫化[作用]，觸媒氫化[作用]
catalytic hydrogen wave	催化氢波	催化氫波
catalytic kinetic photometry	催化动力学光度法	催化動力學光度法
catalytic pyrolysis	催化裂解	催化熱解
catalytic titration	催化滴定法	催化滴定法
catalytic wave	催化波	催化波
catch foil	捕集箔	捕集箔
catechin	儿茶素	兒茶酸，兒茶酚
catechol tannin	缩合鞣质，儿茶酚单宁	縮合單寧，兒茶酚單寧
catenane	索烃	交環烷，環連體
catenation	成链作用	成鏈現象，成鏈性

英　文　名	大　陆　名	台　湾　名
cathode	阴极	陰極
cathode fluorescence	阴极荧光	陰極螢光
cathode sputtering atomizer	阴极溅射原子化器	陰極濺射原子化器
cathodic current	阴极电流	陰極電流
cathodic stripping voltammetry	阴极溶出伏安法	陰極剝除伏安法
cathodoluminescence	阴极射线发光	陰極[射線]發光
cation	阳离子，正离子	陽離子，正離子
cation exchange chromatography	阳离子交换色谱法	陽離子交換層析法，陽離子交換層析術
cation exchange membrane	正离子交换膜，阳离子交换膜	陽離子交換薄膜
cation exchanger	阳离子交换剂	陽離子交換劑
cationic acid	阳离子酸	陽離子酸
cationic initiator	正离子引发剂	陽離子引發劑
cationic polymerization	正离子聚合,阳离子聚合	陽離子聚合[作用]
cationotropic rearrangement	正离子转移重排	正離子轉移重排
cauliflower polymer	花菜状聚合物	花菜狀聚合物
causticization	苛化	苛性[作用]
caustic soda	苛性钠	苛性鈉，燒鹼
CBB (=Coomassie brilliant blue)	考马斯亮蓝	考馬斯亮藍
CCC (=counter current chromatography)	逆流色谱法	逆流層析法
CCD (=charge coupled detector)	电荷耦合检测器	電荷耦合偵檢器
CCE (=chiral capillary electrophoresis)	手性毛细管电泳	手性毛細管電泳
^{14}C dating	碳-14 年代测定	碳-14 定年法
CE (=capillary electrophoresis)	毛细管电泳[法]	毛細管電泳[法]
cedrane	雪松烷[类]	柏木烷，香松烷
ceiling temperature of polymerization	聚合最高温度	聚合最高溫度
cell analysis	细胞分析	細胞分析
cell-in cell-out method	池入-池出法	槽入-槽出法
cellosolve	溶纤剂	賽珞蘇
α cellulose	α 纤维素	α 纖維素
β cellulose	β 纤维素	β 纖維素
γ cellulose	γ 纤维素	γ 纖維素
cellulose acetate	乙酸纤维素	乙酸纖維素
cellulose nitrate	硝酸纤维素	硝酸纖維素,硝化纖維素
cembrane	烟草烷[类]	煙草烷
cement solidification	水泥固化	水泥固化
CE-MS (=capillary electrophoresis-mass	毛细管电泳-质谱联用	毛細管電泳-質譜系統

英 文 名	大 陆 名	台 湾 名
spectrometry system)	仪	
central atom	中心原子	中心原子
centrifugal barrier	离心势垒	離心障壁
centrifugal extractor	离心萃取器	離心萃取機
centrifugal method	离心法	離心法
centrifuge	离心机	離心機
centripetal development	向心展开[法]	向心展開
cephem	头孢烯	頭孢烯
ceramic membrane electrode	陶瓷膜电极	陶瓷膜電極
ceramide	神经酰胺	腦醯胺
ceria	铈土	鈰氧，氧化鈰
ceric sulfate dosimeter	硫酸铈剂量计	硫酸鈰劑量計
cerimetric titration	铈(IV)量法	鈰滴定法
cermet	金属陶瓷	金屬陶瓷，金屬瓷料
ceruloplasmin	血浆铜蓝蛋白	細胞藍蛋白
Cf-252 neutron source	锎-252 中子源	鉲-252 中子源
chain axis	链轴	鏈軸
chain backbone(=main chain)	主链	主鏈
chain branching	链支化	鏈分枝
chain breaking	链断裂	鏈斷裂
chain carrier	链载体	鏈載體，連鎖載體
chain conformation	链构象	鏈構形
chain end	链末端	鏈末端
chain entanglement	链缠结	鏈纏結
chain extender	扩链剂	擴鏈劑
chain flexibility	链柔性	鏈柔韌性
chain folding	链折叠	鏈折疊
chain growth	链增长	鏈增長，鏈傳播
chain inhibitor	链抑制剂	鏈抑制劑
chain initiation	链引发	鏈引發
chain length	链长	鏈長
chain nuclear fission	链式核裂变反应	鏈式核分裂
chain orientational disorder	链取向无序	鏈位向無序
chain polymer	链型聚合物	鏈[型]聚合物
chain polymerization	链[式]聚合	鏈聚[合作用]
chain propagation(=chain growth)	链增长	鏈增長，鏈傳播
chain reaction	链反应	鏈反應，鏈鎖反應
chain rigidity	链刚性	鏈剛性
chain scission degradation	断链降解	斷鏈降解

英　文　名	大　陆　名	台　湾　名
chain segment	链段	鏈段
chain terminal	链末端	鏈末端
chain termination	链终止	鏈終止[作用]，鏈鎖終止[作用]
chain termination agent	链终止剂	鏈終止劑
chain transfer	链转移	鏈轉移[作用]，鏈傳遞[作用]
chain transfer agent	链转移剂	鏈轉移劑，鏈鎖轉移劑
chain transfer constant	链转移常数	鏈轉移常數
chair conformation	椅型构象	椅型構形
chalcogen	硫属元素	氧族元素，硫族元素
chalcogenide	硫属化物	硫屬化物
chalcone	查耳酮	查耳酮
chalcopyrite	黄铜矿	黃銅礦
chamber saturation	展开槽饱和	[展開]槽飽和
channeling effect	沟道效应	溝道[流]效應
characteristic concentration	特征浓度	特徵濃度
characteristic energy loss spectroscopy	特征能量损失谱	特徵電子能耗譜術，特徵能量損失譜術
characteristic function	特性函数	特徵函數
characteristic ion	特征离子	特徵離子
characteristic mass	特征质量	特徵質量
characteristic rotational temperature	转动特征温度	特徵轉動溫度
characteristic vibrational temperature	振动特征温度	特徵振動溫度
charge balance	电荷平衡	電荷平衡
charge carrying particle（=carrier）	载流子	帶電載體粒子，載體
charge compensation	电荷补偿	電荷補償
charge coupled detector（CCD）	电荷耦合检测器	電荷耦合偵檢器
charged acid	荷电酸	荷電酸
charge distribution of fission product	裂变产物的电荷分布	分裂產物電荷分布
charged particle activation analysis（CPAA）	带电粒子活化分析	荷電粒子活化分析
charged particle excited X-ray fluorescence spectrometry	带电粒子激发 X 射线荧光光谱法	帶電粒子激發 X 射線螢光光譜法
[charged] particle-induced X-ray fluo-rescence analysis	[带电]粒子诱发X射线荧光分析	[帶電]粒子誘發X射線[螢光]分析
charge effect	荷电效应	電荷效應
charge [electron] transfer coefficient	电荷[电子]跃迁系数	電荷[電子]轉移係數
charge exchange ionization	电荷交换电离	電荷交換離子化
charge injection detector（CID）	电荷注入检测器	電荷注入偵檢器

英　文　名	大　陆　名	台　湾　名
charge number	电荷数	電荷數
charge transfer	电荷转移	電荷轉移
charge transfer absorption spectrum	电荷转移吸收光谱	電荷轉移吸收光譜
charge transfer complex	电荷转移络合物	電荷轉移錯合物
charge transfer initiation	电荷转移引发	電荷轉移引發
charge transfer interaction	电荷转移作用	電荷轉移作用
charge transfer polymerization	电荷转移聚合	電荷轉移聚合
charging current	充电电流	充電電流
C-H bond activation reaction	C-H 键活化反应	C-H 鍵活化反應
chelant	螯合剂	螯合劑，鉗合劑
chelate	螯合物	螯合物，鉗合物
chelate effect	螯合效应	螯合效應，鉗合效應
chelate group	螯合基团	螯合基[團]，鉗合基[團]
chelate ligand	螯合配体	螯合配位子，鉗合配位子，螯合配位基，鉗合配位基
chelate polymer	螯合聚合物	螯合聚合物
chelate ring	螯合环	螯合環，鉗合環
chelating agent（=chelant）	螯合剂	螯合劑，鉗合劑
chelating ion chromatography	螯合离子色谱法	螯合離子層析法
chelating ligand（=chelate ligand）	螯合配体	螯合配位子，鉗合配位子，螯合配位基，鉗合配位基
chelation	螯合作用	螯合[作用]，鉗合[作用]
chelation extraction	螯合萃取	螯合萃取
chelatometry	螯合滴定法	螯合計量法，鉗合計量法
cheletropic reaction	螯键反应	螯合鍵反應，鉗合鍵反應
chemical activation	化学活化	化學活化
chemical activity	化学活性	化學活性
chemical adsorption（=chemisorption）	化学吸附	化學吸附
chemical analysis	化学分析	化學分析
chemical chaos	化学混沌	化學混沌
chemical combination	化合	化合[作用]
chemical crosslinking	化学交联	化學交聯
chemical decanning	化学去壳	化學去殼

英　文　名	大　陆　名	台　湾　名
chemical degradation	化学降解	化學降解
chemical dosimeter	化学剂量计	化學劑量計
chemical energy	化学能	化學能
chemical equilibrium	化学平衡	化學平衡
chemical equivalence	化学全同	化學等量[值]
chemical etching	化学浸蚀	化學蝕刻
chemical exchange	化学交换	化學交換
chemical fibre	化学纤维	化學纖維
chemical foaming	化学发泡	化學發泡
chemical foaming agent	化学发泡剂	化學發泡劑
chemical formula	化学式	化學式
chemical interference	化学干扰	化學干擾
chemical ionization(CI)	化学电离	化學離子化, 化學游離
chemical isotope separation	化学法同位素分离 [法]	化學同位素分離法
chemical kinetics	化学动力学	化學動力學
chemical laser	化学激光	化學雷射
chemically induced dynamic polarization 　(CIDP)	化学诱导动态电子极 化	化學誘導動態[電子] 極化
chemically modified electrode	化学修饰电极	化學修飾電極
chemically modified optically transparent 　electrode	化学修饰光透电极	化學修飾光透電極
chemically pure reagent(C.P.)	化学纯试剂	化學級純試劑
chemical modification	化学修饰	化學修飾
chemical modification technique	化学改进技术	化學修飾技術
chemical oscillation	化学振荡	化學振盪
chemical oxygen demand（COD）	化学需氧量	化學需氧量
chemical plating	化学镀	化學[浸]鍍
chemical potential	化学势	化學勢
chemical reaction	化学反应	化學反應
chemical reaction isotherm	化学反应等温式	化學反應等溫式
chemical reactivity	化学反应性	化學反應性
chemicals	化学物质	化學物質
chemical separation	化学分离	化學分離
chemical shift	化学位移	化學位移, 化學移差
chemical shift anisotropy	化学位移各向异性	化學位移各向異性
chemical shift correlation spectroscopy	[二维]化学位移相关谱	[二維]化學位移相關譜
chemical stability	化学稳定性	化學穩定性
chemical substance（=chemicals）	化学物质	化學物質

英　文　名	大　陆　名	台　湾　名
chemical thermodynamics	化学热力学	化學熱力學
chemical vapor deposition	化学气相沉积	化學氣相沈積
chemical vapor transportation	化学气相输运	化學蒸氣傳輸
chemical wave	化学波	化學波
chemiluminescence	化学发光	化學發光
chemiluminescence analysis	化学发光分析	化學發光分析
chemiluminescence detector（CLD）	化学发光检测器	化學發光偵檢器
chemiluminescence efficiency	化学发光效率	化學發光效率
chemiluminescence enzyme-linked immunoassay	化学发光酶联免疫分析法	化學發光酶聯免疫分析法
chemiluminescence imaging analysis	化学发光成像分析法	化學發光影像分析法
chemiluminescence immunoassay（CLIA）	化学发光免疫分析法	化學發光免疫檢定
chemiluminescence label	化学发光标记	化學發光標記
chemiluminescence quantum yield	化学发光量子产率	化學發光量子產率
chemiluminescence reagent	化学发光剂	化學發光試劑
chemiluminescent indicator	化学发光指示剂	化學發光指示劑
cheminformatics	化学信息学	化學資訊學
chemisorption	化学吸附	化學吸附
chemometrics	化学计量学	化學計量學,化學統計
chemosmosis	化学渗透	化學滲透
Chile niter	智利硝石	智利硝石,硝酸鈉
Chile saltpeter（=Chile niter）	智利硝石	智利硝石,硝酸鈉
chip capillary electrophoresis	芯片毛细管电泳	晶片毛細管電泳
chip-LC（=chip liquid chromatography）	芯片液相色谱法	晶片液相層析法
chip liquid chromatography（chip-LC）	芯片液相色谱法	晶片液相層析法
chiral	手性[的]	手性,掌性
chiral adjuvant（=chiral auxiliary）	手性辅基	手性輔助
chiral amplification	手性放大	手性放大,不對稱放大
chiral auxiliary	手性辅基	手性輔助
chiral axis	手性轴	手性軸
chiral capillary electrophoresis（CCE）	手性毛细管电泳	手性毛細管電泳
chiral center	手性中心	手性中心,掌性中心
chiral chromatography	手性色谱法	手性層析法,掌性層析法
chiral coordination compound	手性配合物	手性配位化合物,掌性配位化合物
chirality	手性	手性,掌性
chirality center（=chiral center）	手性中心	手性中心,掌性中心
chirality element	手性因素	手性因素

英 文 名	大 陆 名	台 湾 名
chirality plane	手性面	手性面
chiral liquid chromatography	手性液相色谱法	手性液相層析法，掌性液相層析法
chiral macromolecule	手性高分子	手性巨分子
chiral mobile phase	手性流动相	手性流動相
chiral molecule	手性分子	手性分子，掌性分子
chiral poisoning（=asymmetric poisoning）	不对称毒化	不對稱毒化
chiral selector	手性选择剂	手性選擇劑
chiral shift reagent	手性位移试剂	手性位移試劑
chiral stationary phase（CSP）	手性固定相	手性固定相，掌性固定相
chiron	手性元	手性組元，掌性組元
chitin	甲壳质	甲殼素，殼糖，幾丁質
chitosan	壳聚糖	聚葡萄胺糖
chloranilic acid	氯冉酸	氯冉酸，二氯氫醌
chlorazotic acid（=aqua regia）	王水	王水
chlorinated polyethylene	氯化聚乙烯	氯化聚乙烯
chloroalkane（=alkyl chloride）	氯代烷	氯烷，氯化烷基
chloroborane	氯硼烷	氯硼烷
chlorocarbonylation	氯羰基化	氯羰基化，氯甲醯基化
chloromethylation	氯甲基化	氯甲基化[作用]
chlorophenol red	氯酚红	氯酚紅
chlorophosphonazo Ⅲ	偶氮氯膦Ⅲ	偶氮氯膦Ⅲ
chlorophyll	叶绿素	葉綠素
chloroprene rubber	氯丁橡胶	氯平橡膠，氯丁二烯橡膠
chlorosulfenation	氯亚磺酰化	氯硫化
chlorosulfonated polyethylene	氯磺化聚乙烯	氯磺化聚乙烯
chlorosulfonation	氯磺酰化	氯磺化[作用]
cholane	胆酸烷[类]	膽烷
cholestane	胆甾烷[类]	膽甾烷
cholestane alkaloid	胆甾生物碱	膽甾烷生物鹼
cholesteric phase	胆甾相	膽甾相，膽固醇狀液晶相
chromane	①色原烷 ②2,3-二氢苯并吡喃	①呋呋，色原烷，②2,3-二氢苯并哌喃
chromanol	色原醇	色原醇
chromatogram	色谱图	層析圖
chromatograph	色谱仪	色譜儀，層析儀

英 文 名	大 陆 名	台 湾 名
chromatographic analysis	色谱分析	層析分析
chromatographic column	色谱柱	層析管柱
chromatographic data system	色谱数据系统	層析數據處理系統
chromatographic peak	色谱峰	層析峰
chromatographic workstation	色谱工作站	層析工作站
chromatography	色谱[法]	層析術
chromatography-atomic absorption spectrometer	色谱-原子吸收光谱联用仪	層析-原子吸收光譜儀
chrome azurol S	铬天青 S	色天青 S
chrome yellow	铬黄	鉻黃
chromite	铬铁矿	鉻鐵礦
chromocene	二茂铬	二茂鉻
chromogenic reagent	显色剂	顯色試劑，發色劑
chromophore	生色团	發色團，發色基
chromophoric group（=chromophore）	生色团	發色團，發色基
chromotropic acid	变色酸	變色酸
chronoamperometry	计时电流法	時間電流滴定法
chronocoulometry	计时库仑法	計時庫侖法，計時電量法
chronopotentiometric stripping analysis	计时电位溶出分析法	計時電位剝除分析
chronopotentiometry	计时电位法	計時電位[測定]法
chrysene	䓛	苉
chrysoberyl	金绿石	金綠[寶]石
CI（=chemical ionization）	化学电离	化學離子化，化學游離
Ci（=Curie）	居里(单位)	居里(單位)
CID（=①charge injection detector ②collision induced dissociation）	①电荷注入检测器 ②碰撞诱导解离	①電荷注入偵檢器 ②碰撞誘發解離
CIDP（=chemically induced dynamic polarization）	化学诱导动态电子极化	化學誘導動態[電子]極化
CIEF（=capillary isoelectric focusing）	毛细管等电聚焦	毛細管等電聚焦
cis-polymer	顺式聚合物	順式聚合物
cinchonine	辛可宁	辛可寧
cinchonine alkaloid	辛可宁生物碱，奎宁[类]生物碱	辛可寧生物鹼，金雞納鹼生物鹼
cine substitution	移位取代	移位取代
cinnabar	辰砂	辰砂
CIP priority（=Cahn-Ingold-Prelog sequence rule）	CIP 顺序规则	CIP 序列法則，嵌-英[格]-普[洛]序列法則

英 文 名	大 陆 名	台 湾 名
circular development	环形展开[法]	環形展開[法],圆形展开[法]
circular dichroism	圆二色性	圆偏光二色性
circularly polarized light	圆偏振光	圆偏[振]光
cisoid conformation	顺向构象	顺[式]構形
cisplatin	顺铂	顺鉑
CITP(=capillary isotachophoresis)	毛细管等速电泳	毛細管等速電泳
cis-isomer	顺式异构体	顺式異構物
cis-trans isomer	顺反异构体	顺反[式]異構物
cis-trans isomerism	顺反异构	顺反[式]異構現象,顺反[式]異構性
citrulline	瓜氨酸	瓜胺酸
Claisen rearrangement	克莱森重排	克來森重排
Clapeyron-Clausius equation	克拉佩龙-克劳修斯方程	克[拉伯隆]-克[勞修斯]方程[式]
Clapeyron equation	克拉佩龙方程	克拉伯隆方程[式]
Clark oxygen electrode	克拉克氧电极	克拉克氧電極
classical thermodynamics	经典热力学	古典熱力學
classical trajectory calculation	经典轨迹计算	古典軌跡計算
class interval	组距	組距
clathrate	笼合物	晶籠化合物
clathration	包合作用	包藏,包容
Clausius inequality	克劳修斯不等式	克勞修斯不等式
CLD(=chemiluminescence detector)	化学发光检测器	化學發光偵檢器
clearance	清除	清除
clear point method	澄清点法	澄清點法
cleavage reaction	断裂反应	斷裂反應
clerodane	克罗烷[类]	克羅烷
CLIA(=chemiluminescence immunoassay)	化学发光免疫分析法	化學發光免疫檢定
clinic analysis	临床分析	臨床分析
clock reaction	时钟反应	時鐘反應
closed system	封闭系统	封閉系統
cluster analysis	聚类分析	聚類分析
cluster decay	簇衰变	簇衰變
cluster ion	簇离子	簇離子
cluster radioactivity	簇放射性	簇放射性
CMA(=cylinder mirror analyzer)	筒镜能量分析器	筒鏡[能量]分析器
^{13}C-NMR(=^{13}C nuclear magnetic resonance)	碳-13 核磁共振	碳-13 核磁共振

英　文　名	大　陆　名	台　湾　名
C-N-O cycle	碳-氮-氧循环	碳-氮-氧循環
^{13}C nuclear magnetic resonance (^{13}C-NMR)	碳-13 核磁共振	碳-13 核磁共振
coagulating agent	凝聚剂	凝聚劑
coalescence	凝聚	凝聚
coat	涂渍	塗布
coating	涂料	塗料
coaxial extrusion	同轴挤出	同軸擠出
cobalamine	钴胺素	鈷胺素
Cochrane test method	柯奇拉检验法	柯克蘭檢定法
cocondensation	共缩合	共縮合[作用]
COD（=chemical oxygen demand）	化学需氧量	化學需氧量
codecontamination	共去污	共去污
coded amino acid	编码氨基酸	編碼胺基酸
coded data	编码数据	編碼數據
coenzyme	辅酶	輔酶，輔酵素
coenzyme B$_{12}$	辅酶 B$_{12}$	輔酶 B$_{12}$
coextrusion	共挤出	共擠壓
coextrusion blow moulding	共挤吹塑	共擠吹塑
cofactor	辅因子	輔因子
coherence transfer pathway	相干转移路径	同調轉移路徑
coherent anti-Stokes Raman scattering	相干反斯托克斯拉曼散射	相干反斯托克斯拉曼散射
coherent control	相干控制	同調控制
cohesional entanglement	凝聚缠结	凝聚纏結
coiled conformation	卷曲构象	捲曲構形
coil-globule transition	线团-球状转换	線圈-球狀轉換
coiling type polymer	线团状聚合物	線圈狀聚合物
coil pyrolyser	环状裂解器	環狀熱解器
coincidence	符合	符合，重合
coincidence circuit	符合电路	符合電路
coincidence measurement	符合测量	符合測量，重合測量
coincidence measurement setup	符合测量装置	符合測量裝置，重合測量裝置
coinitiator	共引发剂	共引發劑
coinjection moulding	共注塑	共注塑
cold flow	冷流	冷流
cold fusion	冷聚变	冷融合，冷熔合
cold fusion reaction	冷熔合反应	冷融合反應，冷熔合反應

英 文 名	大 陆 名	台 湾 名
cold labeling	冷标记	冷標記
cold neutron activation analysis	冷中子活化分析	冷中子活化分析
cold rolling	冷轧	冷轧
cold run	冷试验	冷試驗
cold test (=cold run)	冷试验	冷試驗
cold vapor atomic absorption spectrometry	冷蒸气原子吸收光谱法	冷蒸氣原子吸收光譜法
collagen	胶原[蛋白]	膠[原]蛋白
collective dose	集体剂量	集體劑量
collective effective dose	集体有效剂量	集體有效劑量
collective equivalent dose	集体当量剂量	集體當量劑量
colligative property of dilute solution	稀溶液的依数性	稀溶液的依數性
collimator	准直镜	準直器
collinear collision	共线碰撞	共線碰撞
collision activated dissociation (CAD)	碰撞活化解离	碰撞活化解離
collisional activation (CA)	碰撞活化	碰撞活化
collision broadening	碰撞变宽	碰撞變寬
collision chamber	碰撞室	碰撞室
collision cross section	碰撞截面	碰撞截面
collision energy transfer	碰撞传能	碰撞能量轉移
collision induced dissociation (CID)	碰撞诱导解离	碰撞誘發解離
collision parameter	碰撞参数	碰撞參數
colloidization	胶态化	膠體化
colorant	色料	著色劑
color change interval	变色区间	變色區，變色範圍
colorimeter	比色计	比色計
colorimetric analysis	比色分析法	比色分析
column bleeding	柱流失	管柱流失，管柱滲失
column capacity	柱容量	管柱容量
column chromatography	柱色谱[法]	管柱層析術
column efficiency	柱效	管柱效率
column internal diameter	柱内径	管柱內徑
column length	柱长	管柱長
column life	柱寿命	管柱壽命
column oven	柱温箱	管柱烘箱
column pressure	柱压	管柱壓力
column regeneration	柱再生	管柱再生
column switching	柱切换	管柱切換
combination electrode	组合电极	組合電極
combination line	组合峰	組合峰

英　文　名	大　陆　名	台　湾　名
combinatorial chemistry	组合化学	組合化學
combinatorial electrochemistry	组合电化学	組合電化學
combined derivative spectrophotometry	组合导数分光光度法	組合微分分光光度法
combined rotation and multiple pulse spectroscopy（CRAMPS）	旋转与多脉冲相关谱	旋轉與多脈衝相關譜
comb polymer	梳形聚合物	梳形聚合物
combustion calorimetry	燃烧量热法	燃燒量熱法
combustion curve（=burning-off curve）	燃烧曲线	燃燒曲線
combustion tube	燃烧管	燃燒管
committed effective dose	待积有效剂量	約定有效劑量
committed equivalent dose	待积当量剂量	約定等效劑量
commodity inspection	商品检验	商品檢驗
commodity polymer	通用聚合物	大宗聚合物
common ion effect	同离子效应	[共]同離子效應
common-pressure liquid chromatography	常压液相色谱法	常壓液相層析法
common ring	普通环	普通環
comonomer	共聚单体	共聚單體
compatibility	相容性	相容性，互適性
compatibilization	增容作用	相容作用
compatibilizer	增容剂	增容劑
compensation spectrum	补偿光谱	補償光譜
competitive radioassay	竞争放射分析	競爭[性]放射化驗
complete fusion	全熔合反应	全融合反應，全熔合反應
completely automatic colorimetric analyzer	全自动比色分析器	全自動比色分析器
completely pyrolytical graphite tube	全热解石墨管	全熱解石墨管
complex	络合物	錯合物
complex anion	络阴离子	錯陰離子
complexant	络合剂	錯合劑，複合劑
complexation	络合作用	錯合[作用]，複合[作用]
complexation chromatography	络合色谱法	錯合層析法
complex cation	络阳离子	錯陽離子
complexing agent（=complexant）	络合剂	錯合劑，複合劑
complex ion	①复合离子 ②络离子	①複合離子 ②錯離子
complexometry	络合滴定法	錯合滴定法
complex oxide	复合氧化物	錯合氧化物
composite reaction	复合反应	複合反應
compositional heterogeneity（=constitutional	组成非均一性	組成不勻性

英　文　名	大　陆　名	台　湾　名
heterogeneity）		
compound	化合物	化合物
compound nucleus	复合核	複合[原子]核
comprehensive two-dimensional chromatography	全二维色谱法	全二維層析法，綜合二維層析法
compressibility factor	压缩因子	壓縮因數，壓縮因素
compressibility factor diagram	压缩因子图	壓縮因數圖，壓縮因素圖
compression moulding	模压成型	壓縮成型
comproportionation reaction	归中反应	逆歧化反應
Compton scattering analysis	康普顿散射分析	康普頓散射分析
computational spectrophotometry	计算分光光度法	電腦分光光度法
computed tomography	计算机断层成像	電腦斷層[掃描]攝影
computer of average transients	信号平均累加器	瞬態訊號平均儀
concentration	浓度	濃度，濃縮
concentration cell	浓差电池	濃[度]差電池
concentration constant	浓度常数	濃度常數，濃度商
concentration direct reading	浓度直读[法]	濃度直讀[法]
concentration jump	浓度跃变	濃度躍變
concentration overpotential	浓差超电势	濃[度]差過電位
concentration polarization	浓差极化	濃[度]差極化
concentration quenching	浓度猝灭	濃度淬滅，濃度淬盡，濃度驟滅
concentration quotient（=concentration constant）	浓度常数	濃度常數，濃度商
concentration sensitive detector	浓度敏感型检测器	濃度敏感偵檢器
concentration sensitivity	浓度灵敏度	濃度靈敏度
concentric nebulizer	同心雾化器	同心[型]霧化器
concerted catalysis	协同催化	協同催化
concerted reaction（=synergic reaction）	协同反应	協同反應
concomitant variable	协变量	協變量
condensation	缩合	縮合[作用]，冷凝[作用]
condensed phase	凝聚相	凝相
condensed state	凝聚态	凝聚態
condensed system	凝聚系统	凝系
condensed tannin（=catechol tannin）	缩合鞣质，儿茶酚单宁	縮合單寧，兒茶酚單寧
conditional formation constant	条件生成常数	條件形成常數
conditional solubility product	条件溶度积	條件溶度積

英　文　名	大　陆　名	台　湾　名
conditional stability constant	条件稳定常数	條件穩定常數
conditioning	整备	整備
conductance	电导	電導，傳導
conducting polymer	导电聚合物	導電聚合物
conduction band	导带	傳導帶
conductive analysis	电导分析法	電導分析法
conductivity detector	电导检测器	電導偵檢器
conductometric titration	电导滴定法	電導滴定［法］
confidence coefficient	置信系数	信賴係數，可靠係數
confidence interval	置信区间	信賴區間
confidence limit	置信限	信賴界限，可靠界限
configuration	构型	組態
cis-configuration polymer (=cis-polymer)	顺式聚合物	順式聚合物
configurational disorder	构型无序	組態無序
configurational unit	构型单元	組態單元
configuration coordinate	位形坐标	組態坐標
confined chain	受限链	受限鏈
confined state	受限态	受限態
confocal microprobe Raman spectrometry	共聚焦显微拉曼光谱法	共聚焦顯微拉曼光譜法
conformation	构象	構形
conformational analysis	构象分析	構形分析
conformational disorder	构象无序	構形無序
conformational effect	构象效应	構形效應
conformational repeating unit	构象重复单元	構形重復單元
conformer	构象异构体	構形異構物
conglomerate	外消旋堆集体	晶團
Congo red	刚果红	剛果紅
congruent melting point	相合熔点	［相］合熔點
conjugate acid	共轭酸	共軛酸
conjugate addition	共轭加成	共軛加成
conjugate base	共轭碱	共軛鹼
conjugate base mechanism	共轭碱机理	共軛鹼機制
conjugated acid base pair	共轭酸碱对	共軛酸鹼對
conjugated monomer	共轭单体	共軛單體
conjugated polymer	共轭聚合物	共軛聚合物
conjugated system	共轭体系	共軛系
conjugate fiber	复合纤维	複合纖維
conjugate phase	共轭相	共軛相
conjugate solution	共轭溶液	共軛溶液

英　文　名	大　陆　名	台　湾　名
conjugate spinning	复合纺丝	複合紡絲
conjugation	共轭	共軛作用
conjugation molecule	共轭分子	共軛分子
conrotatory	顺旋	同向旋轉
consecutive reaction	连串反应	逐次反應
constant current coulometry	恒电流库仑法	恆電流庫侖法
constant current electrolysis	恒电流电解法	恆電流電解法
constant energy synchronous fluorimetry	等能量同步荧光光谱法	定能量同步螢光法
constant flow pump	恒流泵	恆流泵
constant pressure pump	恒压泵	恆壓泵
constant temperature atomization	等温原子化	等溫原子化，恆溫原子化
constant weight	恒重	恆重
constitution	构造	構造，組成
constitutional heterogeneity	组成非均一性	組成不勻性
constitutional isomer	构造异构体	構造異構體
constitutional repeating unit	组成重复单元	組成重複單元
constitutional unit	组成单元	組成單元
constitution controller	结构控制剂	結構控制劑
constitution water	结构水	結構水
contact ion pair	紧密离子对	親密離子對
contamination	玷污	污染
continuous analysis	连续分析法	連續分析
continuous development	连续展开[法]	連續展開
continuous extraction	连续萃取	連續萃取
continuous flow enthalpimetry	连续流焓分析	連續流焓分析法
continuous flow method	连续流动法	連續流動法
continuous mode pyrolyser	连续式裂解器	連續式熱解器
continuous polymerization	连续聚合	連續聚合法
continuous source method for background correction	连续光源背景校正法	連續光源背景校正法
continuous spectrum	连续光谱	連續光譜
continuous wave nuclear magnetic resonance spectrometer	连续波核磁共振[波谱]仪	連續波核磁共振儀
contrast	对比度	對比[度]，反差度
contrast agent	造影剂	造影劑，對比劑，顯影劑
contrast test	对照试验	對照試驗
control central line	控制中心线	控制中心線

英　文　名	大　陆　名	台　湾　名
$\bar{x}$-control chart	平均值控制图	控制圖，管制圖表
control chart for quality	质量控制图	品質控制圖，品管圖
controllable factor	可控因素	可控因素
controlled current coulometry	控制电流库仑法	控制電流庫侖法
controlled-living radical polymerization	可控-活性自由基聚合	可控-活性自由基聚合
controlled potential coulometric titration	控制电位库仑滴定法	控制電位庫侖滴定
controlled potential coulometry	控制电位库仑法	控制電位庫侖法
controlled potential electrolysis	控制电位电解法	控制電位電解法
control test (=contrast test)	对照试验	對照試驗
conventional entropy	规定熵	慣用熵
convergent synthesis	汇聚合成	會聚合成
conversion factor	换算因子	換算因子，換算因數
convolution spectrometry	卷积光谱法	卷積光譜法
convolution voltammetry	卷积伏安法	卷積伏安法
cooling curve	冷却曲线	冷卻曲線
cool on-column injection	冷柱上进样	冷[管]柱上進樣
Coomassie brilliant blue (CBB)	考马斯亮蓝	考馬斯亮藍
cooperative effect (=synergic effect)	协同效应	協同效應
coordinate-covalent bond	配位共价键	配位共價鍵
coordinated anionic polymerization	配位负离子聚合	配位陰離子聚合
coordinated cationic polymerization	配位正离子聚合	配位陽離子聚合
coordination	配位作用	配位[作用]
coordination bond	配位键	配位鍵
coordination chemistry	配位化学	配位化學
coordination compound	配位化合物	配位化合物
coordination isomerism	配位异构	配位異構[現象]，配位異構性
coordination number	配位数	配位數
coordination polyhedron	配位多面体	配位多面體
coordination polymer	配位聚合物	配位聚合物
coordination polymerization	配位聚合	配位聚合
coordination reaction	配位反应	配位反應
coordination sphere	配位层	配位層，配位圈
copolycondensation	共缩聚	共[聚]縮合[作用]
copolyester	共聚酯	共聚酯
copolyether	共聚醚	共聚醚
copolymer	共聚物	共聚[合]物
copolymerization	共聚合[反应]	共聚[作用]
copolymerization equation	共聚合方程	共聚合方程

英　文　名	大　陆　名	台　湾　名
copolyoxymethylene	共聚甲醛	共聚甲醛
coprecipitation	共沉淀	共沈澱
Co-60 radiation source	钴-60 辐射源	鈷-60 輻射源
corona discharge	电晕放电	電暈放電
coronene	蔻	蔻
corrected retention volume	校正保留体积	校正滯留體積
correction factor	校正因子	校正因子，校正因數
correlation analysis	相关分析	相關分析
correlation coefficient	相关系数	相關係數
correlation function	相关函数	相關函數
correlation test	相关性检验	相關檢驗
correlation time	相关时间	相關時間，關聯時間
corresponding state	对比状态	對應狀態
corrin	咕啉	咕啉
corrosive sublimate	升汞	生汞，二氯化汞
corundum	刚玉	剛玉，金剛砂
cosmogenic radionuclide	宇生放射性核素	宇生放射性核種
cospinning	共纺	共紡
Cotton effect	科顿效应	科頓效應
coulomb barrier	库仑势垒	庫侖障壁
coulometer	库仑计	電量計
coulometric detector	库仑检测器	庫侖偵檢器
coulometric titration	库仑滴定[法]	庫侖滴定[法]
coulometry	库仑法	電量分析[法]，電量滴定法
coumarone-indene resin	苯并呋喃-茚树脂	苯并呋喃-茚樹脂
counter current chromatography（CCC）	逆流色谱法	逆流層析法
countercurrent electrophoresis	对流电泳	對流電泳
counter electrode（=auxiliary eletrode）	对电极，辅助电极	輔助電極
counter ion	反荷离子	相對離子，相反離子
counting rate	计数率	計數率
coupled reaction	偶联反应	偶合反應
coupled simultaneous techniques	耦合联用技术	耦合聯用技術
coupling	耦合	耦合，偶合
coupling agent（=coupling reagent）	偶联剂	偶合試劑，耦合試劑
coupling constant	耦合常数	偶合常數，耦合常數
coupling polymerization	偶联聚合	偶合聚合
coupling reaction（=coupled reaction）	偶联反应	偶合反應
coupling reaction chemiluminescence	偶合反应化学发光	偶合反應化學發光

英　文　名	大　陆　名	台　湾　名
coupling reagent	偶联剂	偶合試劑，耦合試劑
coupling termination	偶合终止	偶合終止
covalent coordination bond	共价配[位]键	共價配位鍵
covalent crystal	共价晶体	共價晶體
covariance	协方差	共變異數
coverage factor	包含因子	涵蓋因數
C.P. (=chemically pure reagent)	化学纯试剂	化學級純試劑
CPAA (=charged particle activation analysis)	带电粒子活化分析	荷電粒子活化分析
CRA (=carbon rod atomizer)	碳棒原子化器	碳棒原子化器
CRAMPS (=combined rotation and multiple pulse spectroscopy)	旋转与多脉冲相关谱	旋轉與多脈衝相關譜
craze	银纹	龜裂，網狀裂紋
creep	蠕变	潛變
creep compliance	蠕变柔量	蠕變柔量
cresol purple	甲酚紫	甲酚紫
cristobalite	方石英	白矽石
critical aggregation concentration	临界聚集浓度	臨界聚集濃度
critical concentration	临界浓度	臨界濃度
critical constant	临界常数	臨界常數
critical energy of reaction	反应临界能	反應臨界能，閾能
criticality accident	临界事故	臨界事故
criticality safety	临界安全	臨界安全
critical mass	临界质量	臨界質量
critical micelle concentration	临界胶束浓度	臨界微胞濃度
critical molecular weight	临界分子量	臨界分子量
critical phenomenon	临界现象	臨界現象
critical point	临界点	臨界點
critical pressure	临界压力	臨界壓力
critical solution temperature	临界共溶温度	臨界互溶溫度
critical state	临界状态	臨界狀態
critical temperature	临界温度	臨界溫度
critical value	临界值	臨界值
critical volume	临界体积	臨界體積，臨界容積
cross aldol condensation	交叉羟醛缩合	交醛醇縮合[作用]
cross beam technique	交叉束技术	交叉束技術
cross bombardment	交叉轰击	交叉轟擊
cross conjugation	交叉共轭	交錯共軛
cross coupling reaction	交叉偶联反应	交叉偶合反應

英　文　名	大　陆　名	台　湾　名
crossed molecular beam	交叉分子束	交叉分子束
crosslinking	交联	交聯
crosslinking density	交联密度	交聯密度
crosslinking index	交联指数	交聯指數
cross polarization	交叉极化	交叉極化
cross propagation	交叉增长	交叉增長，交叉傳播
cross relaxation	交叉弛豫	交叉鬆弛
cross termination	交叉终止	交叉終止
cross validation method	交互检验法	交叉確認法
crown conformation	冠状构象	冠狀構形
crown ether	冠醚	冠醚
crown ether stationary phase	冠醚固定相	冠[狀]醚固定相
crucible	坩埚	坩堝
crude rubber	生橡胶	生橡膠
cryolite	冰晶石	冰晶石
cryptand	①穴醚 ②穴状配体	穴狀配位子
cryptate	穴合物	穴狀化合物
cryptophane	穴蕃	穴芳
crystal engineering	晶体工程	晶體工程
crystalline fold period	晶体折叠周期	晶體折疊週期
crystalline polymer	结晶聚合物	晶性聚合物
crystalline precipitate	晶形沉淀	晶形沈澱
crystallinity	结晶度	結晶度
crystallographic shear	结晶[学]切变	結晶切變
crystal violet	结晶紫	結晶紫
crystal water	结晶水	結晶水
CSP(=chiral stationary phase)	手性固定相	手性固定相,掌性固定相
C-terminal	C 端	C 端
cubebane	荜澄茄烷[类]	蓽澄茄[油]烷,蓽澄茄素
cucurbitin[e]	南瓜子氨酸	南瓜子胺酸
cumulative constant(=gross constant)	累积常数	累積常數,總常數
cumulative frequency	累积频数	累積頻率
cumulative stability constant	累积稳定常数	累積穩定常數
cumulative yield	累积产额	累積產率
cumulene	累积多烯	疊烯類
cupferron	铜铁试剂	銅鐵靈
cuproine	亚铜试剂	亞銅試劑,銅洛因

英　文　名	大　陆　名	台　湾　名
curdy precipitate	凝乳状沉淀	凝乳狀沈澱
Curie (Ci)	居里(单位)	居里(單位)
Curie constant	居里常数	居里常數
Curie point	居里点	居里點
Curie-point pyrolyzer	居里点裂解器	居里點熱解器
curing	固化	硬化[處理]
curing agent	固化剂	固化劑，交聯劑
current analysis	电流分析法	電流分析法
current density	电流密度	電流密度
current efficiency	电流效率	電流效率
current step	电流阶跃	電流階躍
curve crossing	势能面交叉	位能面交叉
curve fitting	曲线拟合	曲線適插法
cyanamide	氰胺	氰胺
cyanidation	氰化	氰化
cyano-bonded phase	氰基键合相	氰基鍵結相
cyanoethylation	氰乙基化	氰乙化[作用]
cyanohydrin	氰醇	氰醇
cyanomethylation	氰甲基化	氰甲基化
cyanometric titration	氰量法	氰量法
cyclazine	环吖嗪	環吖啩
cyclic monomer	环状单体	環狀單體
cyclic peptide	环肽	環肽
cyclic process	循环过程	循環過程
cyclic voltammeter	循环伏安仪	循環伏安儀
cyclic voltammetric method	循环伏安法	循環伏安法
cyclic voltammogram	循环伏安图	循環伏安圖
cyclitol	环多醇	環多醇
cyclization	环化	環化[作用]
cycloaddition	环加成	環加合[作用]
cycloaddition polymerization	环加成聚合	環加成聚合
cycloalkane	环烷烃	環烷烴
cycloalkene	环烯烃	環烯烴
cycloalkene polymerization	环烯聚合	環烯聚合
cyclodepsipeptide	环酯肽	環酯肽
cyclodextrin	环糊精	環糊精
cyclometallation	环金属化[反应]	環金屬化[反應]
cyclopeptide (=cyclic peptide)	环肽	環肽
cyclophane	环蕃	環芳

英 文 名	大 陆 名	台 湾 名
cyclopolymerization	环化聚合	環化聚合[作用]
cyclosilazane	环硅胺	環矽氮
cyclosiloxane polymerization	环硅氧烷聚合	環矽氧[烷]聚合
cylinder mirror analyzer (CMA)	筒镜能量分析器	筒鏡[能量]分析器
cymantrene	环戊二烯基三羰基锰	環戊二烯基三羰基錳
cysteine	半胱氨酸	半胱胺酸
cystine	胱氨酸	胱胺酸
cytidine	胞苷	胞苷
cytochrome	细胞色素	細胞色素
cytochrome c oxidase	细胞色素 c 氧化酶	細胞色素 c 氧化酶
cytochrome P-450	细胞色素 P-450	細胞色素 P-450
cytosine	胞嘧啶	胞嘧啶
Czochralski method	[晶体生长]提拉法	[單晶成長]柴可斯基法

D

英 文 名	大 陆 名	台 湾 名
DA (=dopamine)	多巴胺	多巴胺, 3,4-二羟苯乙胺
Da (=Dalton)	道尔顿	道耳頓
Dalton (Da)	道尔顿	道耳頓
DAM (=diantipyrylmethane)	二安替比林甲烷	二安替比林[基]甲烷
dammarane	达玛烷[类]	達瑪烷[類]
daphnane	瑞香烷[类]	瑞香烷
data handling	数据处理	資料處理
data processing (=data handling)	数据处理	資料處理
daughter nuclide	子体核素	子體核種
d-block element	d 区元素	d 區元素
DE (=delayed extraction)	延迟引出	遲延引出
deactivating group	钝化基团	去活化基
dead end polymerization	无活性聚合, 死端聚合	死端聚合
dead time	死时间	無感時間
dead volume	死体积	[管柱]总體積, [管柱]呆體積
deamination	脱氨基	去胺[作用]
Debye radius	德拜半径	德拜半徑
Debye-Hückel limiting law	德拜-休克尔极限定律	德[拜]-休[克耳]極限定律
Debye-Hückel theory	德拜-休克尔理论	德[拜]-休[克耳]理論

英　文　名	大　陆　名	台　湾　名
decantation	倾析	傾析，傾瀉
decarbonylation	脱羰	去羰基化[作用]
decarboxamidation	脱酰胺化	去醯胺化
decarboxylation	脱羧	去羧[作用]
decarboxylative nitration	脱羧硝化	去羧硝化[作用]
α-decay	α 衰变	α 衰變
β-decay	β 衰变	β 衰變
β⁺-decay	β⁺衰变	β⁺衰變
γ-decay	γ 衰变	γ 衰變
decladding	去壳	去殼
decoloring clay (=bleaching clay)	漂白土	漂白土
decommissioning	退役	[核電廠]退役
decomposition	分解	分解[作用]
decomposition voltage	分解电压	分解電壓
decontaminating agent	去污剂	去污劑
decontamination factor	去污因子	去污染因子
decrepitation	烧爆作用	熱爆
decyanation	脱氰[基]化	去氰[基]化
decyanoethylation	脱氰乙基化	去氰乙基化
[deep] geological disposal	[深]地质处置	[深]地質處置
defect	缺陷	缺陷
defect cluster	缺陷簇	缺陷團簇
deflection function	偏离函数	偏差函數
degasser	脱气装置	脱氣裝置
degenerated branched chain reaction	退化支链反应	縮退化支鏈反應
degradable polymer	降解性聚合物	降解性聚合物
degradation	降解	降解[作用]
degradative chain transfer	退化链转移	降解鏈轉移
degree of branching	支化度	分支度
degree of crosslinking (=network desity)	交联度	交聯度
degree of crystallinity (=crystallinity)	结晶度	結晶度
degree of dissociation	解离度	解離度
degree of freedom	自由度	自由度
degree of ionization	电离度	游離度
degree of orientation	取向度	取向度
degree of polymerization	聚合度	聚合度
degree of swelling	溶胀度	潤脹度
dehalogenation	脱卤	脱鹵[作用]，去鹵[作用]

英　文　名	大　陆　名	台　湾　名
dehydration	脱水	脱水[作用]，去水[作用]
dehydrogenation	脱氢	去氢[作用]
dehydrohalogenation	脱卤化氢	去卤氢[作用]，脱卤氢[作用]
DEI(=desorption electron ionization)	解吸电子电离	脱附電子游離
deinsertion	去除插入[反应]	去除插入[反應]
deionization	去离子化	去離子作用
deionized water	去离子水	去離子水
delayed extraction(DE)	延迟引出	遲延引出
delayed fluorescence	延迟荧光	延遲螢光
delayed neutron	缓发中子	遲延中子
delayed neutron emitter	缓发中子发射体	遲延中子發射體
delayed neutron precursor	缓发中子前驱核素	遲延中子前驅核種
deliquescence	潮解	潮解
demasking	解蔽	去罩
demethylation	脱甲基化	脱甲基[作用]，去甲基[作用]
demineralization	去矿化	去礦質[作用]
demulsifier(=demulsifying agent)	破乳剂	去乳化劑
demulsifying agent	破乳剂	去乳化劑
denaturation	变性作用	變性[作用]
dendrimer	树枝状聚合物	樹枝狀聚合物
dendrite	树枝状晶体	樹枝狀晶體
dendritic polymer(=dendrimer)	树枝状聚合物	樹枝狀聚合物
denier	旦[尼尔]	丹尼
de novo sequencing	从头测序	從頭定序
de novo synthesis	从头合成	從頭合成
density of spectral line	谱线黑度	譜線光密度
density of state	态密度	能量狀態密度
deoxygenation	脱氧	除氧[作用]
deoxynucleoside	脱氧核苷	去氧核苷
deoxynucleotide	脱氧核苷酸	去氧核苷酸
deoxyribonuclease	脱氧核糖核酸酶	去氧[核糖]核酸酶
deoxyribonucleic acid(DNA)	脱氧核糖核酸	去氧[核糖]核酸
deoxyribonucleic acid hybridization indicator	脱氧核糖核酸杂交指示剂	DNA 雜交指示劑
deoxyribose	脱氧核糖	去氧核糖
deoxythymidine(=thymidine)	脱氧胸苷	[去氧]胸苷

英 文 名	大 陆 名	台 湾 名
de [percent] (=diastereomeric excess)	非对映体过量[百分比]	非鏡像異構物超越值
depleted uranium	贫化铀	耗乏鈾
depolarization	解偏振作用	去極化，消偏光
depolarized electrode	去极化电极	去極化電極
depolarizer	去极剂	去極劑，消偏光劑
depolymerase	解聚酶	去聚酶
depolymerization	解聚	解聚合[作用]
deposition potential	析出电位	沈積電位
deprotection	去保护	去保護
deprotonated molecule	去质子化分子	去質子化分子
depsipeptide	酯肽	酯肽
DEPT (=distortionless enhacement by polarization transfer)	无畸变极化转移增强	無畸變極化轉移增強
depth resolution	深度分辨率	深度解析[度]
deracemization	去消旋化	去消旋化
derivative	衍生物	衍生物
derivative chronopotentiometry	导数计时电位法	微分計時電位法
derivative curve	微分曲线	微分曲線
derivative polarography	导数极谱法	導數極譜術
derivative spectrophotometry	导数分光光度法	微分分光光度法
derivative spectrum	导数光谱	微分光譜
derivative synchronous fluorescence	导数同步荧光光谱	微分同步螢光
derivative synchronous fluorimetry	导数同步荧光分析法	微分同步螢光分析法
derivative thermogravimetry (DTG)	微商热重法	微分熱重量法
derivatization room temperature phosphorimetry (D-RTP)	衍生室温磷光法	衍生室溫磷光法
descending development method	下行展开[法]	[下]降展[開]法
deselenization	脱硒[作用]	脫硒[作用]
desferrioxamine	去铁敏	去鐵胺
deshielding	去屏蔽	去遮蔽
desiccant	干燥剂	乾燥劑
desiccator	干燥器	乾燥器
desolvation	去溶剂化	去溶劑化
desorption chemical ionization	解吸化学电离	脫附化學游離
desorption electron ionization (DEI)	解吸电子电离	脫附電子游離
desorption ionization (DI)	解吸电离	脫附游離
destructive detector	破坏性检测器	破壞性偵檢器
desulfonation	脱磺酸基化	脫磺[酸作用]，去磺

英　文　名	大　陆　名	台　湾　名
		［酸作用］
desulfurization	脱硫［作用］	脱硫［作用］
desymmetrization	去对称化	去對稱化
detection	检出	偵檢
detection limit	检出限，检测限	偵測極限
detection period	检测期	檢測期
detector	探测器	偵檢器
determination limit	测定限	測定限度，測定極限
determination of ash	灰分测定	灰分測定
determination of protein	蛋白质测定	蛋白質測定
deterministic effect	确定性效应	確定性效應
detritiation	除氚	除氚
deuterated solvent	氘代溶剂	氘代溶劑
deuteration	氘化	氘化［作用］
deuteride	氘化物	氘化物
deuterium	氘	氘
deuterium exchange	氘交换	氘交換
deuterium lamp background correction	氘灯校正背景	氘燈背景校正
deuteron	氘核	氘核
developing solvent	展开剂	展開溶劑
developing tank	展开槽	展開槽
development	展开	展開，顯影
deviation	偏差	偏差
devitrification	失透	失透明［现象］，失玻化
Dewar benzene	杜瓦苯	杜瓦苯
dextran	葡聚糖	聚葡［萄］糖
dextrin	糊精	糊精
dextro isomer	右旋体	右旋體
DI（＝desorption ionization）	解吸电离	脱附游離
diacetylene polymer	二乙炔聚合物	聯乙炔聚合物
diad	二单元组	二單元組
diallyl polymer	二烯丙基聚合物	二烯丙基聚合物
dialysis	透析	透析，滲析
dialyzer	渗析器	透析器，透析裝置
diamagnetic	抗磁性	反磁性
diamagnetic ring current effect	抗磁环电流效应	反磁性環電流效應
diamagnetic shift	抗磁位移	反磁性位移
diamagnetism（＝diamagnetic）	抗磁性	反磁性
diamagnetism coordination compound	抗磁性配合物	反磁性配位化合物

英　文　名	大　陆　名	台　湾　名
diamond	金刚石	金刚石，鑽石
dianion	双负离子	雙負離子
diantipyrylmethane（DAM）	二安替比林甲烷	二安替比林[基]甲烷
diaphragm pump	隔膜泵	隔膜泵
diaspore（=boehmite）	水铝石	水鋁石
diastereoisomerization	非对映异构化	非鏡像異構化
diastereomer	非对映[异构]体	非鏡像異構物
diastereomeric excess	非对映体过量[百分比]	非鏡像異構物超越值
diastereomeric ratio（*dr*）	非对映体比例	非鏡像異構物比例
diastereoselectivity	非对映选择性	非鏡像選擇性
diaxial addition	双竖键加成	雙豎鍵加成
diazacyclobutadiene	二氮杂环丁二烯	二氮環丁二烯，二吖唉
diazacycloheptatriene	二氮杂环庚三烯	二氮環庚三烯，二氮呼，二吖呼
1,4-diazacyclohexane	1,4-二氮杂环己烷	1,4-二氮環己烷，哌㗂
diazenyl radical	二氮烯基自由基	二氮烯基自由基
diazepine（=diazacycloheptatriene）	二氮杂环庚三烯	二氮環庚三烯，二氮呼，二吖呼
diazete（=diazacyclobutadiene）	二氮杂环丁二烯	二氮環丁二烯，二吖唉
1,2-diazine（=pyridazine）	哒嗪	嗒㗂，1,2-二㗂
1,3-diazine（=pyrimidine）	嘧啶	嘧啶，1,3-二㗂
1,4-diazine（=pyrazine）	吡嗪	吡㗂，1,4-二㗂
diaziridine	二氮杂环丙烷	二氮吭，二吖吭，二氮環丙烷
diazirine	二氮杂环丙烯	二氮吭，二吖吭，二氮環丙烯
diazo compound	重氮化合物	重氮化合物
diazoalkane	重氮烷	重氮烷
diazoamino compound	重氮氨基化合物	重氮胺基化合物
diazohydroxide	重氮氢氧化物	重氮氫氧化物
diazonium coupling	重氮偶联	重氮陽離子偶合
diazonium salt	重氮盐	重氮鹽
diazotization	重氮化	重氮化
dibenzofuran	二苯并呋喃	二苯并呋喃
dibenzo[*b,e*]oxazine	二苯并[*b,e*]噁嗪	二苯并[*b,e*]㗁㗂
dibenzo[*b,e*]pyran	二苯并[*b,e*]吡喃	二苯并[*b,e*]哌喃
dibenzo[*b,e*]pyranone	二苯并[*b,e*]吡喃酮	二苯并[*b,e*]哌喃酮
dibenzo[*b,e*]pyrazine	二苯并[*b,e*]吡嗪，吩嗪	二苯并[*b,e*]吡㗂

英　文　名	大　陆　名	台　湾　名
dibenzo[b,e]pyridine	二苯并[b,e]吡啶，吖啶	二苯并[b,e]吡啶
dibenzo[b,d]pyrrole	二苯并[b,d]吡咯，咔唑	二苯并[b,d]吡咯，咔唑
dibenzo[b,e]thiapyranone	二苯并[b,e]噻喃酮	二苯并[b,e]噻喃酮
dibenzo[b,e]thiazine	二苯并[b,e]噻嗪，吩噻嗪	二苯并[b,e]噻哄
dibenzothiophene	二苯并噻吩	二苯并噻吩
dication	双正离子	雙正離子
2,7-dichlorofluorescein	2,7-二氯荧光素	2,7-二氯螢光黃
dichroism	二色性	二色性
dichromate titration	重铬酸钾滴定法	二鉻酸鹽滴定法
DIE(=direct injection enthalpimetry)	直接进样量热分析	直接進樣焓分析法
die swell	出模膨胀	模頭膨脹
dielectric relaxation	介电弛豫	介電弛豫
dielectricity	介电性	介電性
Diels-Alder reaction	第尔斯-阿尔德反应	狄[耳士]-阿[德爾]反應
diene	二烯	二烯系
diene monomer	双烯单体	二烯單體
diene polymer	双烯聚合物	二烯聚合物
diene polymerization	双烯[类]聚合	二烯聚合[作用]
diene synthesis	双烯合成	雙烯合成
dienophile	亲双烯体	親二烯物
difference spectrum	示差谱	示差譜
differential enthalpy of solution	微分溶解焓	微分溶解焓
differential fiber	差别纤维	差別纖維
differential pulse polarography	微分脉冲极谱法	微分脈衝極譜法
differential pulse voltammetry	微分脉冲伏安法	微分脈衝伏安法
differential reaction cross section	微分反应截面	微分反應截面
differential reaction-rate kinetic analysis	速差动力学分析法	速差動力學分析法
differential refractive index detector	示差折光检测器	示差折射率偵檢器
differential scanning calorimeter curve	差示扫描量热曲线	微差掃描量熱曲線
differential scanning calorimetry(DSC)	差示扫描量热分析法	微差掃描熱量法
differential spectrophotometry	示差分光光度法	微差光譜測定法
differential spectrum	差谱	微差光譜
differential thermal analysis(DTA)	差热分析	微差熱分析[法]
differential type detector	微分型检测器	微分型偵檢器
diffraction grating	衍射光栅	繞射光柵
diffraction grating spectrometer	衍射光栅光谱仪	繞射光柵光譜儀
diffuse reflectance-Fourier transform infrared technique(DR-FTIR)	漫反射傅里叶变换红外光谱技术	漫散反射傅立葉轉換紅外線光譜技術

英 文 名	大 陆 名	台 湾 名
diffuse reflection spectrometry（DRS）	漫反射光谱法	漫散反射光譜法
diffusion barrier	扩散膜	擴散障壁
diffusion controlled reaction	扩散控制反应	擴散控制反應
diffusion controlled termination	扩散控制终止	擴散控制終止
diffusion current	扩散电流	擴散電流
diffusion current constant	扩散电流常数	擴散電流常數
diffusion-ordered spectroscopy（DOSY）	扩散排序谱	擴散排序譜
difunctional initiator	双官能引发剂	雙官能引發劑
digestion	消化	消化，浸提，蒸煮
digitoxin	毛地黄毒苷	毛地黄毒苷
digonal carbon	直线型碳	線型碳
digonal hybridization	直线型杂化	線型混成[作用]
dihedral angle	二面角	二面角
dihydride catalyst	双氢催化剂	雙氫催化劑
dihydroflavone（=flavanone）	二氢黄酮	二氫黄酮
dihydroflavonol（=flavanonol）	二氢黄酮醇	二氫黄酮醇
dihydroisoflavone（=isoflavanone）	二氢异黄酮	二氫異黄酮
2,4-dihydroxybenzo[g]pteridine	2,4-二羟基苯并[g]蝶啶	咯肼
dihydroxylation	双羟基化反应	雙羥化[作用]
3-（3,4-dihydroxyphenyl）alanine（DOPA）	多巴	多巴
2,3-dihyrobenzopyran	2,3-二氢苯并吡喃	2,3-二氫苯并哌喃
2,5-dioxopiperazine	2,5-二氧基哌嗪，哌嗪-2,5-二酮	2,5-哌㗂二酮
diisotactic polymer	双全同立构聚合物	雙同排聚合物
dilignan	双木脂体	雙木脂體
dilution	稀释	稀釋
dimer	二聚体	二聚物
dimeric ion	二聚离子	二聚離子
dimerization	二聚	二聚合[作用]
di-π-methane rearrangement	双π甲烷重排	雙π甲烷重排
dimethylformamide（DMF）	二甲基甲酰胺	二甲基甲醯胺
dimethyl silicone rubber	二甲基硅橡胶	二甲基矽氧橡膠
dinitrogen complex	双氮配合物	雙氮配合物
diode-array detector	二极管阵列检测器	二極體陣列偵檢器
diol（=glycol）	二醇	二醇，二元醇
dioxane	1,4-二氧杂环己烷，二噁烷	二噚烷，二㗂
dioxirane	二氧杂环丙烷	二氧環丙烷，二氧呋

英　文　名	大　陆　名	台　湾　名
dioxygen complex	双氧配合物	雙氧配合物
diphenylamine blue	二苯胺蓝	二苯胺藍
diphenylcarbazone	二苯卡巴腙	二苯卡腙
dipolar cycloaddition	偶极环加成	偶極環加成
dipole-dipole interaction	偶极-偶极相互作用	偶極-偶極交互作用
diprotic acid	二元酸	二質子酸，雙質子酸
diradical (=biradical)	双自由基	雙自由基
direct chemical ionization	直接化学电离	直接化學游離
direct current arc source	直流电弧光源	直流電弧光源
direct current plasma source	直流等离子体光源	直流電漿光源
direct current polarography	直流极谱法	直流極譜法
direct current voltammetry	直流伏安法	直流伏安法
direct fission yield	直接裂变产额	直接分裂產率
direct injection enthalpimetry (DIE)	直接进样量热分析	直接進樣焓分析法
direct probe	直接进样探头	直接進樣探頭
direct reaction	直接反应	直接反應
direction focusing	方向聚焦	方向聚焦
disaccharide	二糖	雙醣
discharge ionization	放电电离	放電游離
discolor spectrophotometry	褪色分光光度法	褪色分光光度法
discotic phase	盘状相	盤狀相
discriminant analysis	判别分析	鑑別分析，辨別分析
disilene	硅硅烯，二硅烯	二矽烯
disilyne	硅硅炔，二硅炔	二矽炔
dislocation	位错	差排
dismutation	歧化[作用]	歧化作用
disorientation	解取向	失向
dispersing agent	分散剂	分散劑
dispersion	色散率	色散，分散
dispersion polymerization	分散聚合	分散聚合
dispersion spectrum	色散型谱	色散譜
displacement chromatography	置换色谱法	置換層析術
displacement reaction	置换反应	置換反應
disposal of radioactive waste (=radioactive waste treatment)	放射性废物处理	放射性廢料處理
disproportionation	歧化反应	歧化[作用]，不均化[作用]
disproportionation reaction (=disproportionation)	歧化反应	歧化[作用]，不均化[作用]

英　文　名	大　陆　名	台　湾　名
disproportionation termination	歧化终止	歧化終止
disrotatory	对旋	反向旋轉
dissemination of quantity value	量值传递	量值傳播，量值傳遞
dissipative structure	耗散结构	消散結構
dissociation	离解	解離
dissociation constant	解离常数	解離常數
dissociation energy	解离能	解離能
dissociative mechanism	解离机理	解離機構，解離機制
dissolved oxygen	溶解氧	溶氧
dissolving metal reduction	溶解金属还原	溶解金屬還原
dissymmetry	非对称	無對稱[現象]
dissymmetry of scattering	散射的非对称性	散射的非對稱性
distillation	蒸馏	蒸餾
distilled water	蒸馏水	蒸餾水
distonic radical cation	分离式正离子自由基	分離式正離子自由基
distorted peak	畸峰	畸峰，扭曲峰
distortionless enhancement by polarization transfer（DEPT）	无畸变极化转移增强	無畸變極化轉移增強
χ^2-distribution	χ^2 分布	χ^2 分布
distribution constant	分配常数	分配常數
distribution diagram	分布分数图	分布圖
distribution fraction	分布分数	分布比例
distribution law	分配定律	分配定律
distribution ratio（=partition ratio）	分配比	分配比
disulfide bond	二硫键	雙硫鍵
disyndiotactic polymer	双间同立构聚合物	雙對排聚合物
diterpene	二萜	雙萜
diterpenoid alkaloid	二萜[类]生物碱	二萜[類]生物鹼
1,4-dithiacyclohexane	二噻烷，1,4-二硫杂环己烷	二噻呬，1,4-二硫環己烷
dithiane（=1,4-dithiacyclohexane）	二噻烷，1,4-二硫杂环己烷	二噻呬，1,4-二硫環己烷
dithioacetal	二硫缩醛	二硫縮醛
dithioketal	二硫缩酮	二硫縮酮
dithizone	二硫腙	雙硫腙
diversity oriented synthesis	多样性导向合成	多樣性導向合成
Dixon test method	狄克松检验法	迪克生檢定法
diyne	二炔	二炔
D-L system of nomenclature	D-L 命名体系	D-L 命名系統

英　文　名	大　陆　名	台　湾　名
DME（=dropping mercury electrode）	滴汞电极	滴汞電極
DMF（=dimethylformamide）	二甲基甲酰胺	二甲基甲醯胺
DNA（=deoxyribonucleic acid）	脱氧核糖核酸	去氧［核糖］核酸
DNA electrochemical biosensor	DNA 电化学生物传感器	DNA 電化學生物感測器
DNA hybridization indicator	DNA 杂交指示剂	DNA 雜交指示劑
dolabellane	海兔烷［类］	朵蕾烷
dolomite	白云石	白雲石
donor	给体	予體
donor-acceptor interaction	供体-受体相互作用	予體受體交互作用
DOPA（=3-（3,4-dihydroxyphenyl）alanine）	多巴	多巴
dopamine（DA）	多巴胺	多巴胺, 3,4-二羟苯乙胺
doped crystal	掺杂晶体	掺雜晶體
doping	掺杂	掺雜
Doppler broadening	多普勒变宽	都卜勒增寬
dormant species	休眠种	休眠物種
dose build-up	剂量积累	劑量累積
dose build-up factor	剂量积累因子	劑量累積因子
dose constraint	剂量约束	劑量約束
dose conversion factor	剂量转换因子	劑量轉換因子
dose equivalent	剂量当量	劑量當量
dose limit	剂量限值	劑量限度
dose monitoring system	剂量监测系统	劑量監測系統
dose rate	剂量率	劑量［速］率
DOSY（=diffusion-ordered spectroscopy）	扩散排序谱	擴散排序譜
double arc method	双电弧法	雙電弧法
double beam atomic absorption spectrometer	双光束原子吸收光谱仪	雙光束原子吸收光譜儀
double beam optical-null infrared spectrometer	双光束光零点红外分光光度计	雙光束光零點紅外光譜儀
double beam spectrophotometer	双光束分光光度计	雙光束光譜儀
double bond migration	双键移位	雙鍵遷移
double-column qualitative method	双柱定性法	雙管柱定性法
double β decay	双 β 衰变	雙 β 衰變
double decomposition（=metathesis）	复分解	複分解
double doublet	双双峰	雙雙峰
double exchange	双交换	雙交換
double focusing mass spectrometer	双聚焦质谱仪	雙聚焦質譜儀
double labeling	双重标记	雙標記

英 文 名	大 陆 名	台 湾 名
double layer capacitance	双电层电容	雙電層電容
double layer current	电双层电流	電雙層電流
double layer potential	电双层电位	雙層電位
double magic nucleus	双幻核	雙魔核
double resonance	双共振	雙共振
double salt	复盐	複鹽
double strand chain	双[股]链	雙[股]鏈
doublet	双峰，二重态	雙線，雙值
double-tagging（=double labeling）	双重标记	雙標記
double-charged ion	双电荷离子	雙電荷離子
dr（=diastereomeric ratio）	非对映体比例	非鏡像異構物比例
drag reducer	减阻剂	減阻劑
drainage error	滴沥误差	滴瀝誤差
DR-FTIR（=diffuse reflectance-Fourier transform infrared technique）	漫反射傅里叶变换红外光谱技术	漫散反射傅立葉轉換紅外線光譜技術
drimane（=bicyclofarnesane）	二环金合欢烷[类]	二環金合歡烷[類]，蓲烷
drop method	点滴法	點滴法
drop time	滴下时间	滴下時間
dropping mercury electrode（DME）	滴汞电极	滴汞電極
DRS（=diffuse reflection spectrometry）	漫反射光谱法	漫散反射光譜法
D-RTP（=derivatization room temperature phosphorimetry）	衍生室温磷光法	衍生室溫磷光法
dry ashing	干法灰化	乾灰化
dry column packing	干法柱填充	乾式管柱填充
drying oven（=oven）	烘箱	烘箱，爐
dry [jet]-wet spinning	干[喷]湿法纺丝	乾[噴]濕法紡絲
dry reaction	干法反应	乾式反應
dry reprocessing	干法后处理	乾[式]再處理
dry spinning	干纺	乾紡
ds-block element	ds 区元素	ds 區元素
DSC（=differential scanning calorimetry）	差式扫描量热分析法	微差掃描熱量法
DSIMS（=dynamic secondary ion mass spectrometry）	动态二次离子质谱法	動態二次離子質譜法
DTA（=differential thermal analysis）	差热分析	微差熱分析[法]
DTG（=derivative thermogravimetry）	微商热重法	微分熱重量法
dual-channel atomic absorption spectrophotometer	双通道原子吸收分光光度计	雙通道原子吸收分光光度計
dual-temperature exchange	双温交换[法]	雙溫交換[法]

英 文 名	大 陆 名	台 湾 名
dual wavelength spectrophotometer	双波长分光光度计	雙波長分光光度計
ductile fracture	韧性断裂	延性斷裂
Duhem-Margules equation	杜安-马居尔方程	杜亨-馬古利斯方程[式]
duplicate	双份法	雙重的，成對的
dust-free operating space	无尘操作区	無塵操作區
dwell time	采样间隔时间	採樣間隔時間
dye sensitized photoinitiation	染料敏化光引发	染料敏化光引發
dynamic combinatorial chemistry	动态组合化学	動態組合化學
dynamic field spectrometer	动态场质谱仪	動態場譜儀
dynamic infrared spectrometry	动态红外光谱法	動態紅外線光譜法
dynamic kinetic resolution	动态动力学拆分	動態動力學離析
dynamic light scattering	动态光散射	動態光散射
dynamic mass spectrometer	动态质谱仪	動態質譜儀
dynamic mechanical analysis	动力学分析	動力[學]分析
dynamic mechanical property	动态力学性质	動態力學性質
dynamic range	动态范围	動態範圍
dynamic resonance	动力学共振	動態諧振
dynamic secondary ion mass spectrometry （DSIMS）	动态二次离子质谱法	動態二次離子質譜法
dynamic thermomechanical measurement	动态热变形分析	動態熱機械性能測定
dynamic transition	动态转变	動態轉變
dynamic viscoelasticity	动态黏弹性	動態黏彈性
dynamic viscosity	动态黏度	動態黏度
dynamic vulcanization	动态硫化	動態硫化
dynorphin	强啡肽	強啡肽

E

英 文 名	大 陆 名	台 湾 名
early barrier	早势垒前势垒	早期勢壘
early transition metal	前[期]过渡金属	前[期]過渡金屬
ebonite	硬质胶	硬橡膠
ecdysone	蜕皮激素	蛻皮激素
echelle grating	中阶梯光栅	中階梯光柵
eclipsed conformation	重叠构象	交會構形
eclipsing effect	重叠效应	交會效應
eclipsing strain	重叠张力	交會張力
ED（=effective dose）	有效剂量	有效劑量

英 文 名	大 陆 名	台 湾 名
EDA complex（=electron donor-acceptor complex）	电子供体受体络合物	電子予體受體錯合物
eddy diffusion	涡流扩散	渦流擴散
edge bridging group	边桥基	邊橋基
EDTA（=ethylenediaminetetraacetic acid）	乙二胺四乙酸	［伸］乙二胺四乙酸
ee［percent］（=enantiomeric excess）	对映体过量［百分比］	鏡像異構物超越值
EFA（=evolving factor analysis）	渐进因子分析	開展因數分析
effect of electrical discrimination	电歧视效应	電歧［視］效應
effective atomic number rule	有效原子序数规则	有效原子序規則
effective charge of defect	缺陷的有效电荷	有效缺陷電荷
effective dose（ED）	有效剂量	有效劑量
effective equivalent dose	有效当量剂量	有效當量劑量
effective equivalent dose rate	有效当量剂量率	有效當量劑量率
effective field	有效场	有效場
effective half-life	有效半衰期	有效半生期
effective length of capillary	毛细管有效长度	毛細管有效長度
effective mobility	有效淌度	有效淌度，有效流動率
effective plate height	有效塔板高度	有效板高
efficiency of grafting	接枝效率	接枝效率
efflorescence	风化	風化，粉化
effluent	流出液	流出液，流出物
effusive beam source	溢流束源	溢流束源
EGA（=evolved gas analysis）	逸出气分析	逸出氣分析
EGD（=evolved gas detection）	逸出气检测	逸出氣檢測
EHI（=electrohydrodynamic ionization）	电流体动力学电离	電流體動力學游離
Ehrenfest equation	埃伦菲斯特方程	艾倫費斯特方程
eigenvalue and eigenvector	特征值和特征向量	特徵值和特徵向量
eighteen electron rule	18 电子规则	18 電子規則
E isomer	*E* 异构体	*E* 異構物
EL（=electroluminescence）	电致发光	電激發光，電致冷光
elastic deformation	弹性形变	彈性變形
elastic hysteresis	弹性滞后	彈性滯後［現象］，彈性遲滯
elastic recovery	弹性回复	彈性恢復
elastic scattering	弹性散射	彈性散射
elastomer	弹性体	彈性物
［electrical］conductivity	电导率	導電率，導電度
electrical double layer	电双层	電雙層
electrical effect	电场效应	電場效應

英　文　名	大　陆　名	台　湾　名
electrical field magnified injection	场放大进样	電場放大進樣
electric field scanning	电场扫描	電場掃描
electric sector	扇形电场	扇形電場
electroactive polymer	电活性聚合物	電活性聚合物
electroactive substance	电活性物质	電活性物質
electroanalytical chemistry	电分析化学	電分析化學
electrocapillary curve	电毛细管曲线	電毛細管曲線
electrocatalysis	电催化作用	電催化
electrochemical analysis	电化学分析	電化[學]分析
electrochemical analyzer	电化学分析仪	電化學分析儀
electrochemical biosensor	电化学生物传感器	電化學生物感測器
electrochemical detector	电化学检测器	電化學偵檢器
electrochemical immunoassay	电化学免疫分析法	電化學免疫分析法
electrochemical impedance spectroscopy	电化学阻抗法	電化學阻抗法
electrochemical oscillation	电化学振荡	電化學振盪
electrochemical oxidation	电化学氧化	電化[學]氧化
electrochemical polarization	电化学极化	電化學極化
electrochemical probe	电化学探针	電化學探針
electrochemical quartz crystal microbalance （EQCM）	电化学石英晶体微天平	電化學石英晶體微天平
electrochemical reduction	电化学还原	電化學還原
electrochemical sensor	电化学传感器	電化學感測器
electrochemical synthesis	电化学合成	電化學合成
electrochemiluminescence immunoassay	电致化学发光免疫分析法	電化學發光免疫分析法
electrochemiluminescence detector	电致化学发光检测器	電致化學發光偵檢器
electrochemistry	电化学	電化學
electrochemistry at liquid-liquid interface	液-液界面电化学	液-液界面電化學
electrochemistry of molten salt	熔盐电化学	熔鹽電化學
electrochemistry of semiconductor	半导体电化学	半導體電化學
electrochromic polymer	电致变色聚合物	電致變色聚合物
electrocyclic reaction	电环[化]反应	電環反應
electrocyclic rearrangement	电环[化]重排	電環重排
electrode	电极	電極
electrodeless discharge lamp	无极放电灯	無極放電燈
electrode reaction	电极反应	電極反應
electrogenerated chemiluminescence	电致化学发光	電致化學發光
electrogravimetry	电重量法	電重量[測定]法
electrohydrodynamic ionization（EHI）	电流体动力学电离	電流體動力學游離

英　文　名	大　陆　名	台　湾　名
electrokinetic injection	电动进样	電動進樣
electroluminescence(EL)	电致发光	電激發光，電致冷光
electroluminescent polymer	电致发光聚合物	電[致]發光聚合物
electrolysis	电解	電解
electrolyte	电解质	電解質
electrolyte solution	电解质溶液	電解質溶液
electrolytic analysis	电解分析法	電解分析法
electrolytic cell	电解池	電解槽
electrolytic polymerization	电解聚合	電解聚合
electromagnetic radiation X-ray excited fluorescence spectrometry	电磁辐射激发 X 射线荧光光谱法	電磁輻射激發 X 射線螢光光譜法
electromagnetic separation	电磁分离[法]	電磁分離
electron accelerating voltage	电子加速电压	電子加速電壓
electron acceptor	电子受体	電子受體
electron attachment	电子附加	電子附加，電子附著
electron capture detector	电子捕获检测器	電子捕獲偵檢器
electron deficient bond	贫电子键	缺電子鍵
electron deficient [system]	贫电子[体系]	缺電子[體系]
electron diffraction	电子衍射	電子繞射
electron-donating group	给电子基团	推電子基團
electron donor	电子给体	電子予體
electron donor-acceptor complex(EDA complex)	电子供体受体络合物	電子予體受體錯合物
electron energy	电子动能	電子動能
electron energy loss spectrometer	电子能量损失谱仪	電子能量損失譜儀
electron excited X-ray fluorescence spectrometry	电子激发 X 射线荧光光谱法	電子激發 X 射線螢光光譜法
electron-hole pair	电子-空穴对	電子-電洞對
electron-hole recombination	电子-空穴复合	電子-電洞復合
electronic balance	电子天平	電子天平
electronic ceramics	电子陶瓷	電子陶瓷
electronic partition function	电子配分函数	電子分配函數
electron ionization	电子电离	電子游離
electron mobility	电子迁移率	電子移動性
electron multiplier	电子倍增器	電子倍增管
electron-nuclear double resonance (ENDOR)	电子-核双共振	電子-核雙共振
electron pairing energy	电子成对能	電子成對能
electron paramagnetic resonance	电子顺磁共振[波谱]	電子順磁共振儀

英　文　名	大　陆　名	台　湾　名
spectrometer	仪	
electron probe micro-analysis（EPMA）	电子探针微区分析	電子探針微分析
electron rich［system］	富电子［体系］	富電子［體系］
electron spectrometer	电子能谱仪	電子［能］譜儀
electron spectroscopy for chemical analysis（ESCA）	化学分析电子能谱［法］	化學分析電子能譜術，化學分析電子能譜法
electron spin resonance absorption（ESR absorption）	电子自旋共振吸收	電子自旋共振吸收
electron spin resonance dispersion（ESR dispersion）	电子自旋共振色散	電子自旋共振分散［峰］
electron transfer	电子转移	電子移轉，電子傳遞
electron transfer protein	电子传递蛋白	電子傳遞蛋白
electron transfer reaction	电子转移反应	電子轉移反應
electron transition	电子跃迁	電子躍遷
electron-withdrawing group	吸电子基团	拉電子基團
electroosmotic flow（EOF）	电渗流	電滲［透］流
electroosmotic mobility	电渗淌度	電滲淌度，電滲流動率
electroosmotic pump	电渗泵	電滲泵
electroosmotic velocity	电渗流速度	電滲［透］流速度
electrophile	亲电体	親電子劑
electrophilic addition	亲电加成	親電子加成反應
electrophilic aromatic substitution	芳香族亲电取代	芳［香］族親電取代
electrophilicity	亲电性	親電性
electrophilic reagent	亲电子试剂	親電子試劑
electrophilic rearrangement	亲电重排	親電重排
electrophilic substitution	亲电取代［反应］	親電子取代反應
electrophobic reagent	疏电子试剂	疏電子試劑
electrophoresis	电泳	電泳
electrophoretogram	电泳图	電泳圖
electrospray interface	电喷雾接口	電灑介面
electrospray ionization（ESI）	电喷雾电离	電灑游離
electrospray ionization mass spectrometry（ESI-MS）	电喷雾电离质谱	電灑游離質譜
electrostatic analyzer	静电分析器	靜電分析器
electrostatic interaction	静电作用	靜電交互作用
electrostatic separator	静电分离器	靜電分離器
electrostatic spinning	静电纺丝	靜電紡絲
electrostriction	电致伸缩	電縮［作用］
electrosynthesis	电合成	電合成

英　文　名	大　陆　名	台　湾　名
electrothermal atomizer	电热原子化器	電熱原子化器
electrovalent coordination bond	电价配[位]键	電價配位鍵
elemane	榄烷[类]	欖[香]烷
element	元素	元素
elemental analysis	元素分析	元素分析
elementary electric charge	基础电荷	基本電荷
elementary reaction	基元反应	基本反應
elementary reaction step	基元反应步骤	基本反應步驟
elementary substance	单质	元素態物質
elemento-organic chemistry	元素有机化学	元素有機化學
elemento-organic compound	元素有机化合物	元素有機化合物
element polymer	元素聚合物	元素聚合物
elimination	消除	消去[作用]，脱去[作用]
elimination-addition	消除-加成	消去加成[作用]，脱去加成[作用]
elimination polymerization	消除聚合	消去聚合，脱去聚合
elimination reaction	消除反应	消去反應，脱去反應
elongation at break	断裂伸长	斷裂伸長
ELSD (=evaporative light-scattering detector)	蒸发光散射检测器	蒸發光散射偵檢器
eluant	洗脱剂	流洗液，溶析液
eluate	洗出液	析出液
eluent	淋洗液	溶析液，沖提液
eluting power	洗脱强度	溶析強度，流洗力
elution	淋洗	洗滌，溶析
elution chromatography	洗脱色谱法	溶析層析術
elution fractionation	洗脱分级	溶析分級
elution volume	洗脱体积	溶析體積
emanation	射气	射氣
emetine alkaloid	吐根碱类生物碱	吐根鹼生物鹼
emission computed tomography	发射计算机断层显像	發射電腦斷層掃描攝影術
emission spectrum	发射光谱	發射光譜
empirical formula	实验式	實驗式
emulsifier free emulsion polymerization	无乳化剂乳液聚合	無乳化劑乳化聚合
emulsion calibration [characteristic] curve	乳剂校准[特性]曲线	乳化校正曲線
emulsion polymerization	乳液聚合	乳化聚合[作用]
emulsion polymerized butadiene styrene	乳聚丁苯橡胶	乳聚丁[二烯]苯[乙

英　文　名	大　陆　名	台　湾　名
rubber		烯]橡膠
emulsion spinning	乳液纺丝	乳液紡絲
enamine	烯胺	烯胺
enantioasymmetric polymerization	对映[体]不对称聚合	對映體不對稱聚合
enantioconvergence	对映汇聚	對映會聚
enantioenrichment (=enantiomerical enrichment)	对映体富集	不對稱富集
enantiomer	对映[异构]体	鏡像異構物，對掌體，對映體
enantiomerical enrichment	对映体富集	不對稱富集
enantiomeric excess (*ee*)	对映体过量	鏡像異構物超越值
enantiomeric purity	对映体纯度	鏡像異構物純度
enantiomeric ratio (er)	对映体比例	鏡像異構物比例
enantiomerism	对映异构	對應異構
enantioselective reaction	对映体选择性反应	對映體選擇性反應
enantioselectivity	对映选择性	鏡像選擇性，鏡像對映選擇性
enantiosymmetric polymerization	对映[体]对称聚合	對映體對稱聚合
encapsulation	包结作用	膠囊封裝
encounter complex	偶遇络合物	偶遇複合體
end-bound ligand	端连配体	端鍵配位體
end cap electrode	端盖电极	端蓋電極，端帽電極
end copping	封尾，封端	封端
end capping reaction	封端反应	封端反應
end group	端基	[末]端基
end group analysis	端基分析	端基分析
endo	内	内
endoergicity	获能度	獲能度
endo isomer	内型异构体	内型異構物
end-on ligand (=end-bound ligand)	端连配体	端鍵配位體
ENDOR (=electron-nuclear double resonance)	电子-核双共振	電子-核雙共振
endorphin	内啡肽	腦内啡
endothermic peak	吸热峰	吸熱峰
end point	终点	終點
end point error	终点误差	終點誤差
end-to-end distance	末端距	末端距
end-to-end vector	末端间矢量	終端間矢量,終端間向量
ene reaction	烯反应	烯反應

英　文　名	大　陆　名	台　湾　名
energetic atom	高能原子	高能原子
energy absorption	能量吸收	能量吸收
energy analyzer	能量分析器	能量分析器
energy band	能带	能帶
energy band structure	能带结构	能帶結構
energy dispersive X-ray fluorescence spectrometer	能量色散 X 射线荧光光谱仪	能量色散 X 射線螢光光譜儀
energy randomization	能量随机化	能量隨機化
energy transfer	能量转移，能量传递	能量轉移，能量傳遞
energy transfer chemiluminescence	能量转移化学发光	能量轉移化學發光
engineering plastic	工程塑料	工程塑膠
enkephalin	脑啡肽	腦啡肽
enol	烯醇	烯醇
enolate	烯醇化物	烯醇鹽
enol ester	烯醇酯	烯醇酯
enol ether	烯醇醚	烯醇醚
enolization	烯醇化	烯醇化[作用]
enriched oxygen-acetylene flame	富氧空气-乙炔火焰	富氧空氣-乙炔火焰
enriched target	富集靶	濃縮靶
enriched uranium（EU）	富集铀，浓缩铀	濃縮鈾
enrichment	富集	加强，濃化
ensemble	系综	系集
enterobactin	肠杆菌素	腸[桿]菌素
enthalpimetric analysis	热焓分析	焓[測定]分析
enthalpimetric titration curve	量热滴定曲线	熱焓滴定曲線
enthalpogram	热焓图	熱焓圖
enthalpy	焓	焓
enthalpy function	焓函数	焓函數
enthalpy [heat] of dilution	稀释焓[热]	稀釋焓[熱]
enthalpy [heat] of fusion	熔化焓[热]	熔化焓[熱]
enthalpy [heat] of hydration	水合焓[热]	水合焓[熱]
enthalpy [heat] of liquefaction	液化焓[热]	液化焓[熱]
enthalpy [heat] of mixing	混合焓 [热]	混合焓[熱]
enthalpy [heat] of neutralization	中和焓[热]	中和焓[熱]
enthalpy [heat] of solution	溶解焓[热]	溶解焓[熱]
enthalpy [heat] of sublimation	升华焓[热]	生華焓[熱]
enthalpy [heat] of vaporization	汽化焓[热]	汽化焓[熱]
enthalpy of activation	活化焓	活化焓
enthalpy of combustion	燃烧焓	燃燒焓

英　文　名	大　陆　名	台　湾　名
enthalpy of formation	生成焓	生成焓
ent-kaurane	对映贝壳杉烷[类]	映貝殼杉烷
entrance channel	入射道	入射通道
entropy	熵	熵
entropy flux	熵流	熵通量
entropy of activation	活化熵	活化熵
entropy production	熵产生	熵產生
envelope conformation	信封[型]构象	信封[型]構形
environmental analysis	环境分析	環境分析
environmental friendly polymer	环境友好聚合物	環境友好聚合物
environmental monitoring	环境监测	環境監測
environmental radiochemistry	环境放射化学	環境放射化學
enyne	烯炔	烯炔類
enzymatic polymerization	酶聚合	酶聚合
enzyme	酶	酶，酵素
enzyme-catalytic kinetic spectrophotometry	酶催化动力学分光光度法	酶催化動力學分光光度法
enzyme electrode	酶电极	酵素電極，酶電極
enzyme like macromolecule	类酶高分子	類酶巨分子
enzymology	酶学	酶學
EOF (=electroosmotic flow)	电渗流	電滲[透]流
eosine	曙红	曙紅
epichloro-hydrin rubber	氯醚橡胶	氯醚橡膠
epimer	差向异构体	差向異構物，表異構物
epimerization	差向立体异构化	差向異構[作用]，表異構[作用]
epitaxial crystallization	外延结晶，附生结晶	疊晶
epitaxial growth	外延结晶生长，附生晶体生长	疊晶生長，[晶體]同軸生長
epitaxial growth reaction	外延生长反应	磊晶成長反應，疊晶生長反應
epithermal neutron	超热中子	超熱能中子
epithermal neutron activation analysis	超热中子活化分析	超熱中子活化分析
EPMA (=electron probe micro-analysis)	电子探针微区分析	電子探針微分析
epoxidation	环氧化	環氧化[作用]
epoxide (=epoxy compound)	环氧化合物	環氧化物
epoxy compound	环氧化合物	環氧化物
epoxyethane	环氧乙烷	氧環丙烷
epoxy resin	环氧树脂	環氧樹脂

英　文　名	大　陆　名	台　湾　名
EQCM (=electrochemical quartz crystal microbalance)	电化学石英晶体微天平	電化學石英晶體微天平
equation of polarographic wave	极谱波方程式	極譜波方程[式]
equatorial bond	平[伏]键	赤道鍵
equilibrium approximation	平衡近似	平衡近似[法]
equilibrium constant	平衡常数	平衡常數
equilibrium melting point	平衡熔点	平衡熔點
equilibrium polymerization	平衡聚合	平衡聚合
equilibrium statistics	平衡统计	平衡統計
equilibrium swelling	平衡溶胀	平衡潤脹
equilibrium system	平衡系统	平衡系統
equivalent chain	等效链	等效鏈
equivalent dose	当量剂量	當量劑量
er (=enantiomeric ratio)	对映体比例	鏡像異構物比例
ergostane	麦角甾烷[类]	麥角甾烷
eriochrome black T	铬黑 T	羊毛色媒黑 T
eriochrome blue black B	铬蓝黑 B	染毛色媒藍黑 B，鉻藍黑 B
eriochrome violet B	铬紫 B	染毛色媒紫 B，鉻紫 B
Erlenmeyer flask	锥形瓶	錐形[燒]瓶
error	误差	誤差
error of the first kind	第一类错误	第一類誤差
error of the second kind	第二类错误	第二類誤差
error propagation	误差传递	誤差傳播，誤差傳遞
erythro configuration	赤式构型	赤蘚型組態
erythro-diisotactic polymer	赤型双全同立构聚合物	赤型雙同排聚合物
erythro-disyndiotactic polymer	赤型双间同立构聚合物	赤型雙對排聚合物
erythro isomer	赤型异构体	赤蘚型異構物
erythrose	赤蘚糖	赤藻糖
ESCA (=electron spectroscopy for chemical analysis)	化学分析电子能谱[法]	化學分析電子能譜術，化學分析電子能譜法
ESI (=electrospray ionization)	电喷雾电离	電灑游離
ESI-MS (=electrospray ionization mass spectrometry)	电喷雾电离质谱	電灑游離質譜
ESR absorption (=electron spin resonance absorption)	电子自旋共振吸收	電子自旋共振吸收
ESR dispersion (=electron spin resonance dispersion)	电子自旋共振色散	電子自旋共振分散[峰]
essential amino acid	必需氨基酸	必需胺基酸

英 文 名	大 陆 名	台 湾 名
essential element	必需元素	必需元素
essential oil	精油	精油
ester	酯	酯
esterase	酯酶	酯酶
ester exchange polycondensation	酯交换缩聚	酯交换聚缩
esterification	酯化	酯化[作用]
estimator	估计量	估计量，估计式
estimator of variance	方差估计值	变异数估计值
estrane	雌甾烷[类]	雌甾烷
ethanolysis	乙醇解	乙醇解
ether	醚	醚，乙醚
ethylation	乙基化	乙基化[作用]
ethylenediaminetetraacetic acid（EDTA）	乙二胺四乙酸	[伸]乙二胺四乙酸
ethylene propylene rubber	二元乙丙橡胶	乙烯丙烯橡胶
ethylene vinyl acetate copolymer	乙烯-乙酸乙烯酯共聚物	乙烯-乙酸乙烯酯共聚物
EU（=enriched uranium）	富集铀，浓缩铀	浓缩铀
eudesmane	桉烷[类]	桉叶烷，芹子烷
euphane	大戟烷[类]	大戟烷
eutectic mixture	低共熔[混合]物	共熔混合物
eutectic point	低共熔点	共熔点
e value	e 值	e 值
evaporating dish	蒸发皿	蒸发皿
evaporative light-scattering detector（ELSD）	蒸发光散射检测器	蒸发光散射侦检器
even-electron ion	偶电子离子	偶电子离子
even-electron rule	偶电子规则	偶电子法则
evolution period	发展期	发展期
evolved gas analysis（EGA）	逸出气分析	逸出气分析
evolved gas detection（EGD）	逸出气检测	逸出气检测
evolving factor analysis（EFA）	渐进因子分析	开展因数分析
EXAFS（=extended X-ray absorption fine structure）	扩展 X 射线吸收精细结构	延伸 X 光吸收精细结构
excess enthalpy	超额焓	超额焓
excess entropy	超额熵	超额熵
excess function	超额函数	超额函数，馀额函数
excess［Gibbs］free energy	超额[吉布斯]自由能	超额[吉布斯]自由能
excess Rayleigh ratio	超瑞利比	超瑞立比值
excess volume	超额体积	超额体积
exchange capacity	交换容量	交换容量
exchange capacity of resin	树脂交换容量	树脂交换容量

英　文　名	大　陆　名	台　湾　名
exchange half-time	半交换期	半交換期
exchange spectroscopy（EXSY）	二维交换谱	二維交換譜
excimer fluorescence	激基缔合物荧光	激發雙體螢光
exciplex fluorescence	激基复合物荧光	激基複合物螢光
excitation curve	激发曲线	激發曲線
excitation function	激发函数	激發函數
excitation labeling	激发标记	激發標記
excitation light source	激发光源	激發光源
excitation potential	激发电位	激發電位
excited state	激发态	激發態
excited state chemistry	激发态化学	激發態化學
exciton migration（=exciton transfer）	激子转移	激子轉移
exciton transfer	激子转移	激子轉移
excluded volume	排除体积	排外體積
exclusion chromatography	排阻色谱法	排阻層析法, 篩析層析法
exhaustive desilylation	彻底脱硅基化	徹底去矽化［作用］
exhaustive methylation	彻底甲基化	徹底甲基化［作用］
exit channel	出射道	出口通道
exo	外	外
exoergicity	释能度	釋能度
exo isomer	外型异构体	外型異構物
exo-ligand	桥连配体	外伸配位基
exothermic peak	放热峰	放熱峰
exotic atom	奇异原子	奇異原子
exotic atom chemistry	奇异原子化学	奇異原子化學
exotic nucleus	奇异核	奇異核
expansion factor	扩张因子	擴張因數, 膨脹因子
expectation value	期望值	期望值, 預期值
experimental design	实验设计	實驗設計
expert system of gas chromatography	气相色谱专家系统	氣相層析專家系統
explosion limit	爆炸界限	爆炸極限
exposure	照射量	曝露
exposure labeling	曝射标记	曝射標記
EXSY（=exchange spectroscopy）	二维交换谱	二維交換譜
extended-chain crystal	伸展链晶体	伸展鏈晶體
extended X-ray absorption fine structure（EXAFS）	扩展 X 射线吸收精细结构	延伸 X 光吸收精細結構
extensive property	广度性质	外延性質
extent of reaction	反应进度	反應程度

英　文　名	大　陆　名	台　湾　名
external exposure	外照射	體外曝露
external heavy atom effect	外重原子效应	外重原子效應
external lock	外锁	外鎖
external plasticization	外增塑作用	外塑化[作用]
external releasing agent	外脱模剂	外脱模劑
external standard compound	外标物	外標準
external standard method	外标法	外標法
external target	外靶	外靶
extract	①萃取液 ②萃取	①萃取物 ②萃取
extractable acid	可萃取酸	可萃取酸
extractable species	可萃取物种	可萃取物種
extractant	萃取剂	萃取劑
extracted ion chromatogram	提取离子色谱图	萃取離子層析圖
extracting agent（=extractant）	萃取剂	萃取劑
extraction-catalytical kinetic spectro-photometry	萃取催化动力学分光光度法	萃取催化動力學分光光度法
extraction column	萃取柱	萃取[管]柱
extraction constant	萃取常数	萃取常數
extraction floatation	萃取浮选法	萃取浮選法
extraction fractionation	萃取分级	萃取分級
extraction-inhibition kinetic spectro-photometry	萃取阻抑动力学分光光度法	萃取抑制動力學分光光度法
extraction ratio	萃取比	萃取比
extraction spectrophotometry	萃取分光光度法	萃取分光光度法
extremum value	极值	極值
extrinsic defect	杂质缺陷	雜質缺陷
extrusion	挤出	擠壓
extrusion blow moulding	挤出吹塑	擠壓吹塑
extrusion draw blow moulding	挤拉吹塑	擠拉吹塑

F

英　文　名	大　陆　名	台　湾　名
face bridging group	面桥基	面橋基
facial isomer	面式异构体	面式異構物
factor analysis	因子分析	因數分析
factorial effect	因素效应	因數效應
factorial experiment design	析因试验设计	階乘實驗設計

英　文　名	大　陆　名	台　湾　名
factor interaction	因子交互效应	因數交互作用
Fajans method	法扬斯法	法揚士法
falling ball viscometer	落球黏度计	落球黏度計
falling-off phenomenon	降变现象	降變現象
family	族	族
faradaic current	法拉第电流	法拉第電流
Faraday cup collector	法拉第杯收集器	法拉第杯收集器
Faraday cylinder	法拉第筒	法拉第筒
far field	[高放废物处理库]远场	遠場
far infrared spectrometry	远红外光谱法	遠紅外線光譜法
far infrared spectrum	远红外光谱	遠紅外線光譜
farnesane	金合欢烷[类]	金合歡烷
fast analysis	快速分析	快速分析
fast atom bombardment ion source	快速原子轰击离子源	快速原子撞擊離子源，快速原子轟擊離子源
fast chemistry	快化学	快[中子]化學
fast chromatography（=high-speed chromatography）	快速色谱法	快速層析法
fast gas chromatography	快速气相色谱法	快速氣相層析法
fast neutron	快中子	快中子
fast-particle bombardment（FPB）	快速粒子轰击	快速粒子撞擊，快速粒子轟擊
fast radiochemical separation	快放射化学分离	快放射化學分離
fast reaction	快反应	快[速]反應
faujasite	八面沸石	八面沸石
f-block element	f区元素	f區元素
FD（=field desorption）	场解吸	場脫附
F-distribution	F 分布	F 分布
feedback network	反馈网络	回饋網路
Fehling reagent	费林试剂	菲林試劑
feldspar	长石	長石
femtochemistry	飞秒化学	飛秒化學
femtosecond laser	飞秒激光	飛秒雷射
fenchane	葑烷[类]	葑烷，小茴香烷
Fenton reaction	芬顿反应	芬頓反應
Fe-only hydrogenase	唯铁氢化酶	唯鐵氫化酶
Fermi-Dirac distribution	费米-狄拉克分布	費米-狄拉克分布
Fermi level	费米能级	費米能階

英　文　名	大　陆　名	台　湾　名
ferredoxin	铁氧化还原蛋白	鐵氧化還原蛋白
ferriheme	高铁血红素	高鐵原血紅素
ferrimagnetism	亚铁磁性	次鐵磁性
ferritin	铁蛋白	鐵蛋白
ferrocene	二茂铁	二茂鐵，鐵莘
α-ferrocenyl carbonium ion	α-二茂铁碳正离子	α-二茂鐵碳正離子
ferrochelatase	亚铁螯合酶	亞鐵螯合酶
ferroelectric liquid crystal	铁电液晶	鐵電液晶
ferroelectric polymer	铁电聚合物	鐵電性聚合物
ferroin	邻二氮菲亚铁离子	試亞鐵靈
ferromagnetic polymer	铁磁聚合物	鐵磁性聚合物
ferromagnetism	铁磁性	鐵磁性
ferroprotoporphyrin (=heme)	血红素	原血紅素
ferrous metal	黑色金属	鐵類金屬
ferrous sulfate dosimeter	硫酸亚铁剂量计	硫酸亞鐵劑量計
fertile nuclide	可转换核素	可轉換核種
few-atom chemistry	少数原子化学	少數原子化學
$[^{18}F]$-FDG (=$[^{18}F]$-fluorodeoxyglucose)	$[^{18}F]$-氟代脱氧葡萄糖	$[^{18}F]$-氟代去氧葡萄糖
FFF (=field flow fractionation)	场流分级法	場流分級法
$[^{18}F]$-fluorodeoxyglucose ($[^{18}F]$-FDG)	$[^{18}F]$-氟代脱氧葡萄糖	$[^{18}F]$-氟代去氧葡萄糖
FFR (=field-free region)	无场区	無場區
FI (=field ionization)	场电离	場[致]電離，場[致]游離
FIA (=①flow injection analysis ②fluorescence immunoassay)	①流动注射分析 ②荧光免疫分析	①流動注入分析 ②螢光免疫分析
fiber	纤维	纖維
fiber forming	成纤	成纖
fibril	原纤	原纖[維]，小纖維
fibrous crystal	纤维晶	纖維晶
FID (=flame ionization detector)	火焰离子化检测器	火焰游離偵檢器
fiducial group	基准基团	基準基團
field assay	现场分析	現場分析
field desorption (FD)	场解吸	場脱附
field effect	场效应	場效應，F效應
field emission Auger electron spectroscopy	场发射俄歇电子能谱法	場發射歐傑電子能譜術
field flow fractionation (FFF)	场流分级法	場流分級法
field flow fractionation system	场流分离仪	場流分離系統
field-free region (FFR)	无场区	無場區
field ionization (FI)	场电离	場[致]電離，場[致]游

英　文　名	大　陆　名	台　湾　名
		離
field ion microscope（FIM）	场离子显微镜[法]	場離子顯微鏡
field jump	电场跃变	電場躍變
field sweep mode	扫场模式	掃場模式
filament	长丝	燈絲
filler	填料	填料，填充劑
filteration	过滤	過濾
filter paper	滤纸	濾紙
filtrate	滤液	濾液
filtration（=filteration）	过滤	過濾
FIM（=field ion microscope）	场离子显微镜[法]	場離子顯微鏡
final pyrolysis temperature	最后裂解温度	最後熱解溫度
final temperature	终了温度	最後溫度
fire assaying	火试金法	火化驗法
first field-free region	第一无场区	第一無場區
first order phase transition	一级相变	一級相變
first order reaction	一级反应	一級反應
first order spectrum	一级图谱	一級圖譜
Fischer carbene complex	费歇尔卡宾配合物	費雪碳烯錯合物
Fischer projection	费歇尔投影式	費雪投影式
fissile nuclide	易裂变核素	易分裂核種
fissionability parameter	[可]裂变[性]参数	分裂性參數
fissionable nuclide	可裂变核素	可分裂核種
fission barrier	裂变势垒	分裂勢壘
fission chemistry	裂变化学	[核]分裂化學
fission counter	裂变计数器	分裂計數器
fission cross-section	裂变截面	分裂截面
fission fragment	裂变碎片	分裂碎片
fission isomer	裂变同质异能素	[核]分裂同質異能素
fission product	裂变产物	分裂產物
fission product chemistry	裂变产物化学	分裂產物化學
fission product [decay] chain	裂变产物[衰变]链	分裂產物[衰變]鏈
fission track dating	裂变径迹年代测定	分裂痕跡定年法
fission yield	裂变产额	分裂產率，分裂量
fissium	裂片元素合金	裂片元素合金
FITC（=fluorescein isothiocyanate）	异硫氰酸荧光素	螢光異硫氰酸鹽
fixation of nitrogen（=nitrogen fixation）	固氮[作用]	固氮作用，氮固定
fixed factor	固定因素	固定因數
flagpole	船杆[键]	船杆[鍵]

英　文　名	大　陆　名	台　湾　名
flame atomic absorption spectrometry	火焰原子吸收光谱法	火焰原子吸收光譜法
flame atomic fluorescence spectrometry	火焰原子荧光光谱法	火焰原子螢光光譜法
flame atomization	火焰原子化	火焰原子化
flame background	火焰背景	火焰背景
flame emission spectrum	火焰发射光谱	火焰發射光譜
flame ionization detector（FID）	火焰离子化检测器	火焰游離偵檢器
flame photometer	火焰光度计	火焰光度計
flame photometric detector（FPD）	火焰光度检测器	火焰光度偵檢器
flame photometry	火焰光度分析［法］	火焰光度測定法
flame retardant	阻燃剂	阻燃劑
flame test	焰色试验	火焰試驗法
flash back	回火	回火，逆火
flash desorption	闪解吸	閃光脫附，瞬間脫附
flash gas chromatography	闪蒸气相色谱法	急速氣相層析法
flash photolysis	闪光光解	閃光光解
flash polymerization	闪发聚合	瞬間聚合
flash pyrolysis	闪解	瞬間熱解，急驟熱解
flash spectroscopy	闪光光谱法	閃光光譜法
flash vacuum pyrolysis（FVP）	真空闪热解	急驟真空熱解
flavane	黄烷	黄烷
flavanol	黄烷醇	黄烷醇
flavanone	二氢黄酮	二氫黄酮
flavanonol	二氢黄酮醇	二氫黄酮醇
flavone	黄酮	黄酮
flavonoid	黄酮类化合物	類黄酮
flavonol	黄酮醇	黄酮醇
flexible chain	柔性链	柔韌性鏈
flexible chain polymer	柔性链聚合物	柔韌性鏈聚合物
floatation	浮选	浮選［法］
floatation by precipitation adsorption	沉淀吸附浮选	沈澱吸附浮選
floatation spectrophotometry	浮选分光光度法	浮選分光光度法
Flory-Huggins theory	弗洛里-哈金斯理论	弗［洛裏］-赫［金斯］理論
flow analysis	流动分析	流動分析
flow birefringence	流动双折射	流體雙折射
flow cell	流通池	流通池，流通槽
flow injection analysis（FIA）	流动注射分析	流動注入分析
flow injection enthalpimetry	流动注射焓分析	流動注射熱焓分析
flow injection spectrophotometry	流动注射分光光度法	流動注入分光光度法

英　文　名	大　陆　名	台　湾　名
flow rate	流速	流速，流率
fluoborate (=borofluoride)	氟硼酸盐	氟硼酸鹽
fluorapatite	氟磷灰石	氟磷灰石
fluorene	芴	茀
fluorescamine	荧光胺	螢光胺，螢咔明
fluorescein	荧光素	螢光黃
fluorescein isothiocyanate (FITC)	异硫氰酸荧光素	螢光異硫氰酸鹽
fluorescence	荧光	螢光
fluorescence analysis	荧光分析	螢光分析
fluorescence detector	荧光检测器	螢光偵檢器
fluorescence efficiency	荧光效率	螢光效率
fluorescence emission spectrum	荧光发射光谱	螢光發射光譜
fluorescence excitation spectrum	荧光激发光谱	螢光激發光譜
fluorescence immunoassay (FIA)	荧光免疫分析	螢光免疫分析
fluorescence intensity	荧光强度	螢光強度
fluorescence marking assay	荧光标记分析	螢光標記分析
fluorescence microscopy	荧光显微法	螢光顯微法
fluorescence probe	荧光探针	螢光探針
fluorescence quantum yield	荧光量子产额	螢光量子產率
fluorescence quenching constant	荧光猝灭常数	螢光淬滅常數
fluorescence quenching effect	荧光猝灭效应	螢光淬滅效應
fluorescence quenching method	荧光猝灭法	螢光淬滅法
fluorescence resonance energy transfer (FRET)	荧光共振能量转移	螢光共振能量轉移
fluorescence spectrophotometry	荧光分光光度法	螢光分光光度法
fluorescence standard substance	荧光标准物	螢光標準物
fluorescent indicator	荧光指示剂	螢光指示劑
fluorescent reagent	荧光试剂	螢光試劑
fluorescent thin layer plate	荧光薄层板	螢光薄層板
fluorescent whitening agent	荧光增白剂	螢光增白劑
fluorimeter	荧光计	螢光計
fluorine ion-selective electrode	氟离子选择电极	氟離子選擇[性]電極
fluorite	萤石	螢石
fluoroalkane (=alkyl fluoride)	氟代烷	氟烷，氟化烷基
fluorocarbon	碳氟化合物	氟碳化[合]物
fluorocarbon oil	氟碳油	氟油
fluorocarbon phase	氟碳相	氟碳相
fluorocarbon resin	氟碳树脂	氟碳樹脂
fluoroelastomer (=fluororubber)	氟橡胶	氟橡膠

英　文　名	大　陆　名	台　湾　名
fluoroether rubber	氟醚橡胶	氟醚橡膠
fluoroethylene resin	氟树脂	氟乙烯樹脂
fluorometer（=fluorimeter）	荧光计	螢光計
fluorophotometer	荧光光度计	螢光光度計
fluororubber	氟橡胶	氟橡膠
fluorosilicone rubber	氟硅橡胶	氟矽橡膠
fluorous phase organic synthesis	氟［碳］相有机合成	氟［碳］相有機合成
fluorous phase reaction	氟［碳］相反应	氟［碳］相反應
fluorspar（=fluorite）	萤石	螢石
flux	①熔剂　②助熔剂	①焊劑　②助熔劑 　③通量
fluxionality	流变性	流變性
fluxional molecule	流变分子	流變分子
fluxional structure	流变结构	流變結構
flux method	助熔剂法	助熔劑法
flux-velocity-angle-contour map	通量-速度-角度等量线图	通量-速度-角度等量線圖
foam floatation	泡沫浮选法	泡沫浮選法
foaming	发泡	發泡
foaming agent	发泡剂	發泡劑
fold（=folding）	折叠	折疊
fold domain	折叠微区	折疊微區
folded-chain crystal	折叠链晶体	折疊鏈晶體
folding	折叠	折疊
fold plane	折叠面	折疊面
fold surface	折叠表面	折疊表面
food additive analysis	食品添加剂分析	食品添加劑分析
food analysis	食品分析	食品分析
food preservative analysis	食品防腐剂分析	食品防腐劑分析
forbidden band	禁带	禁制帶
forbidden transition	禁阻跃迁	禁止躍遷
foreign labeled compound	外来标记化合物	外來標記化合物
formaldehyde complex	甲醛配合物	甲醛錯合物
formal potential	式量电位	形式電位
formal synthesis	形式合成	形式合成，表全合成
formation constant	生成常数	生成常數
formation constant of complex	络合物形成常数	錯合物生成常數
formation cross section	生成截面	生成截面
formula weight	式量	式量

英　文　名	大　陆　名	台　湾　名
formylation	甲酰化	甲醯化[作用]
formyl complex	甲酰基配合物	甲醯基錯合物
forward-backward scattering	前向-后向散射	前向-反向散射
forward reaction	正[向]反应	正反應
forward scattering	前向散射	前向散射
four center polymerization	四中心聚合	四中心聚合
Fourier transfer ion cyclotron resonance mass spectrometry	傅里叶变换离子回旋共振质谱法	傅立葉轉換離子迴旋共振質譜法
Fourier transform infrared photoacoustic spectroscopy	傅里叶变换红外光声光谱	傅立葉轉換紅外光聲光譜法
Fourier transform infrared spectrometer	傅里叶变换红外光谱仪	傅立葉轉換紅外線光譜儀
Fourier transform Raman spectrometer	傅里叶变换拉曼光谱仪	傅立葉轉換拉曼光譜儀
FPB（=fast-particle bombardment）	快速粒子轰击	快速粒子撞擊，快速離子轟擊
FPD（=flame photometric detector）	火焰光度检测器	火焰光度偵檢器
fractional cumulative yield	分累积产额	分段累積產率
fractional independent yield	分独立产额	分段獨立產率
fractional precipitation	分步沉淀	分[級沈]澱
fractionation	分级	分級，分餾，份化
fraction collector	馏分收集器	份收集器，分步收集器
fragmentation［reaction］	碎裂[反应]	碎裂[反應],碎斷[作用]
fragment ion	碎片离子	碎體離子
fragment peak	碎片峰	碎體峰
free energy function	自由能函数	自由能函數
free induction decay	自由感应衰减	[自由]感應衰減
freely-jointed chain	自由连接链	自由連接鏈
freely-rotating chain	自由旋转链	自由旋轉鏈
free radical（=radical）	自由基	自由基
free radical chain degradation	自由基链降解	自由基鏈降解
free radical isomerization polymerization	自由基异构化聚合	自由基異構化聚合
free radical lifetime	自由基寿命	自由基壽命
free radical polymerization（=radical polymerization）	自由基聚合	自由基聚合[作用]
free radical reaction	自由基反应	自由基反應
free radical scavenger	自由基清除剂	自由基捕獲劑
free rotation	自由旋转	自由轉動

英　文　名	大　陆　名	台　湾　名
freezing point depression	凝固点降低	凝固點下降
Frenkel defect	弗仑克尔缺陷	夫倫克耳缺陷,法蘭缺陷
freon	氟利昂	氟氯烷
frequency	频率	頻率
frequency distribution	频率分布	頻率分布
frequency domain signal	频域信号	頻域訊號
frequency sweep mode	扫频模式	掃頻模式
FRET（=fluorescence resonance energy transfer）	荧光共振能量转移	螢光共振能量轉移
friedelane	木栓烷[类]	木栓烷[類]
Friedel-Crafts reaction	弗里德-克雷夫茨反应	夫[里德耳]-夸[夫特]反應
frit	筛板	玻[璃]料
frontal chromatography	前沿色谱法	前沿層析法
front end	前端	前端
fructose	果糖	果糖
F-test	F检验	F檢定
fuel assembly	燃料组件	燃料組件
fuel element	燃料元件	燃料元件
fuel-lean flame	贫燃火焰	貧燃火焰
fuel-rich flame	富燃火焰	富燃火焰
fugacity	逸度	逸壓
fugacity factor	逸度因子	逸壓因子，逸壓因數
fullerene	富勒烯	富勒[烯]，芙
fully oriented yarn	全取向丝	全取向紗
fulminate	雷酸盐	雷酸鹽
fulvene	富烯	富烯
functional coating	功能涂料	功能塗料
functional fiber	功能纤维	功能纖維
functional group	官能团	官能基
functional group frequency region	官能团频率区	官能基頻率區
functional imaging	功能显像	功能顯像
functionality	官能度	官能性
functional magnetic resonance imaging	功能磁共振成像	功能磁共振造影
functional monomer	官能单体	官能單體
functional polymer	功能高分子	功能高分子
fundamental frequency band	基频谱带	基頻譜帶
funnel	漏斗	漏斗
furan	呋喃	呋喃

英 文 名	大 陆 名	台 湾 名
furane resin	呋喃树脂	呋喃樹脂
furanose	呋喃糖	呋喃糖
furan resin (=furane resin)	呋喃树脂	呋喃樹脂
furfural phenol resin	糠醛苯酚树脂	糠醛苯酚樹脂
furfural resin	糠醛树脂	糠醛樹脂
furocoumarin	呋喃并香豆素	呋喃并香豆素
furospirostane saponin	呋喃螺环甾体皂苷	呋喃螺環甾體皂苷
furostane	呋甾烷[类]	呋甾烷[類]
furostane saponin	呋甾烷甾体皂苷	呋甾烷甾體皂苷
fused ring compound	稠环化合物, 并环化合物	稠環化合物
fusion	①熔合 ②聚变	①熔融 ②[核]融合
fusion casting	熔铸	熔鑄
fusion chemistry	聚变化学	融合化學
fusion cross section	聚变截面	融合截面
fusion-evaporation reaction	熔合蒸发反应	融合蒸發反應
fuzzy clustering analysis	模糊聚类分析	模糊群聚分析
fuzzy comprehensive evaluation	模糊综合评判	模糊廣博評估
fuzzy hierarchial clustering	模糊系统聚类法	模糊階層聚類分析[法]
fuzzy nonhierarchical clustering	逐步模糊聚类法	模糊非階層聚類分析[法]
fuzzy orthogonal design	模糊正交设计	模糊正交設計
fuzzy pattern recognition	模糊模式识别	模糊圖形辨識, 模糊圖形識別
FVP (=flash vacuum pyrolysis)	真空闪热解	急驟真空熱解

G

英 文 名	大 陆 名	台 湾 名
GABA (=γ-aminobutyric acid)	γ-氨基丁酸	γ-胺基丁酸
galena	方铅矿	方鉛礦
gallotannin	没食子鞣质	丹寧
galvanostatic method	恒电流法	恆電流法, 定電流法
ganglioside	神经节苷脂	神經節苷脂
garnet	石榴子石	石榴子石, 石榴石
gas aided injection moulding	气辅注塑	氣輔注塑
gas centrifuge method	气体离心法	氣體離心法

英　文　名	大　陆　名	台　湾　名
gas centrifuge process（=gas centrifuge method）	气体离心法	氣體離心法
gas chromatograph-mass spectrometer	气[相色谱]-质[谱]联用仪	氣相層析-質譜儀
gas chromatography（GC）	气相色谱法	氣相層析術
gas chromatograph coupled with Fourier transform infrared spectrometer	气相色谱-傅里叶变换红外光谱联用仪	氣相層析-傅立葉轉換紅外光譜儀
gas chromatography-mass spectrometry	气相色谱-质谱法	氣相層析-質譜法
gaseous diffusion method	气体扩散法	氣體擴散法
gaseous diffusion process（=gaseous diffusion method）	气体扩散法	氣體擴散法
gaseous polymerization	气相聚合	氣相聚合
gaseous radioactive waste	气态放射性废物	氣態放射性廢料
gas-filled separator	充气分离器	充氣分離器
gas-liquid chromatography（GLC）	气液色谱法	氣液層析術
gasometric analysis	气体分析	氣體分析法
gas phase chemiluminescence	气相化学发光	氣相化學發光
gas phase polymerization（=gaseous polymerization）	气相聚合	氣相聚合
gas sensing electrode	气敏电极	氣敏電極
gas-solid chromatography	气固色谱法	氣固層析術
gated decoupling	门控去偶	閘控去偶
gauche conformation	邻位交叉构象	間扭式構形
Gaussian chain	高斯链	高斯鏈
Gaussian distribution	高斯分布	高斯分布
Gaussian error function	高斯误差函数	高斯誤差函數
Gaussian lineshape	高斯线型	高斯線形
Gaussian peak	高斯峰	高斯峰
GC（=gas chromatography）	气相色谱法	氣相層析術
Geiger-Müller counter	盖革-米勒计数器	蓋[革]-繆[勒]計數器
gel	凝胶	凝膠
gelatin	明胶	明膠，動物膠
gelatinous precipitate	胶状沉淀	凝膠狀沈澱
gelation	胶凝作用	膠凝[作用]，膠化[作用]
gelation dose	凝胶剂量	凝膠劑量
gel chromatography	凝胶色谱法	凝膠層析法
gel electrophoresis	凝胶电泳	凝膠電泳
gel filtration chromatography	凝胶过滤色谱法	[凝]膠[過]濾層析術

英　文　名	大　陆　名	台　湾　名
gel fraction	凝胶分散	凝膠分散
Ge-Li detector	锗-锂探测器	鍺-鋰偵檢器
gel permeation chromatography	凝胶渗透色谱法	[凝]膠[滲]透層析術
gel point	凝胶点	膠凝點
gel spinning	凝胶纺丝	凝膠紡絲
gene imaging	基因显像	基因顯像
generalized standard addition method	广义标准加入法	廣義標準添加法
generally labeled compound	全标记化合物	全標誌化合物
genetic algorithm	遗传算法	基因演算法
geometrical equivalence	几何等效	幾何等效
geometrical isomerism	几何异构	幾何異構現象，幾何異構性
geometric mean	几何平均值	幾何平均值
geometric standard deviation	几何标准[偏]差	幾何標準偏差
germacrane	吉玛烷[类]	牻牛兒烷
GFAAS (=graphite furnace atomic absorption spectrometry)	石墨炉原子吸收光谱法	石墨爐原子吸收光譜法
g-factor	g 因子	g 因子
ghost peak	假峰	假峰
gibbane (=gibberellane)	赤霉烷[类]	赤黴烷
gibberellane	赤霉烷[类]	赤黴烷
Gibbs-Duhem equation	吉布斯-杜安方程	吉[布斯]-杜[漢]方程[式]
Gibbs free energy	吉布斯自由能	吉布斯自由能
Gibbs free energy of activation	活化吉布斯自由能	活化吉布斯自由能
gibbsite	三水铝石	水礬土，水鋁氧
Gibbs phase rule	吉布斯相律	吉布斯相律，吉布斯相則
Gilman reagent	盖尔曼试剂	蓋爾曼試劑
ginsenoside	人参皂苷	人參皂苷
glass electrode	玻璃电极	玻璃電極
glass transition	玻璃化转变	玻璃轉移[現象]
glass transition temperature	玻璃化转变温度	玻璃轉移溫度
glassy carbon electrode	玻碳电极	玻[璃]碳電極
glassy state	玻璃态	玻璃態
Glauber salt	芒硝	芒硝，格勞勃鹽
GLC (=gas-liquid chromatography)	气液色谱法	氣液層析術
global chain orientation	[分子]链大尺度取向	[分子]鏈大尺度取向
global optimization	全局最优化	全局最佳化

英 文 名	大 陆 名	台 湾 名
globular-chain crystal	球状链晶体	球狀鏈晶體
α glove box	α 手套箱	α 手套箱
β glove box	β 手套箱	β 手套箱
glove-box technique	手套箱技术	手套箱技術
glow discharge source	辉光放电光源	輝光放電光源
glucose	葡萄糖	葡萄糖
glucose sensor	葡萄糖传感器	葡萄糖感測器
glucoside	葡[萄]糖苷	葡萄糖苷
glutamic acid	谷氨酸	麩胺酸
glutamine	谷氨酰胺	麩醯胺酸
glutathione	谷胱甘肽	麩胱甘肽
glutathione peroxidase	谷胱甘肽过氧化物酶	麩胱甘肽過氧化物酶
glyceraldehyde	甘油醛	甘油醛
glyceride	甘油酯	甘油酯
glycine	甘氨酸	甘胺酸
glycogen	糖原，肝糖	糖原，肝醣
glycol	二醇	二元醇，二醇
glycolipid	糖脂	醣脂
glycopeptide	糖肽	醣肽
glycoprotein	糖蛋白	醣蛋白
glycoside	糖苷	[醣]苷，配糖體
g-matrix	g 矩阵	g 矩陣
Golay equation	戈雷方程	高萊方程
golden cut method	黄金分割法	黃金分割法
Gooch crucible	古氏坩埚	古氏坩堝
goodness of fit test	拟合优度检验	擬合度檢定
good solvent	良溶剂	良溶劑
gradient copolymer	梯度共聚物	梯度共聚物
gradient elution	梯度洗脱	梯度淘析，梯度沖提
gradient liquid chromatography	梯度液相色谱法	梯度液相層析法
gradient search	梯度寻优	梯度搜尋，梯度搜索
graft copolymerization	接枝共聚合	接枝共聚合
grafting degree	接枝度	接枝度
grafting site	接枝点	接枝點
graft polymer	接枝聚合物	接枝聚合物
Graham salt	格雷姆盐	格雷姆鹽
grain boundary diffusion	晶粒间界扩散	晶粒間界擴散
gramicidin S	短杆菌肽 S	短杆菌肽 S
grand canonical ensemble	巨正则系综	大正則系集

英　文　名	大　陆　名	台　湾　名
grand canonical partition function	巨正则配分函数	大正則分配函數
granddaughter nuclide	第三代子体核素	第三代核種，第二代子體核種
Gran function	格兰函数	格蘭函數
Gran plot	格兰图	格蘭圖
graphical-statistical analysis	图解统计分析	圖解統計分析
graphite	石墨	石墨
graphite electrode	石墨电极	石墨電極
graphite furnace	石墨炉原子化器	石墨爐
graphite furnace atomic absorption spectrometry（GFAAS）	石墨炉原子吸收光谱法	石墨爐原子吸收光譜法
graphite tube coated with refractory metal carbide	难熔金属碳化物涂层石墨管	耐火金屬碳化物塗布石墨管
graphitized carbon black	石墨化碳黑	石墨化碳黑
grating efficiency	光栅效率	光柵效率
grating spectrograph	光栅光谱仪	光柵攝譜儀
grating infrared spectrophotometer	光栅红外分光光度计	光柵紅外線分光光度計
gravimetric analysis	重量分析法	重量分析
gravimetric factor	重量因子	重量分析因數
gravity bottle	比重瓶	比重瓶
Gray（Gy）	戈瑞	戈雷
green chemistry	绿色化学	綠色化學
greenhouse effect	温室效应	溫室效應
green vitriol	绿矾	綠礬
grey analytical system	灰色分析系统	灰色分析系統
grey clustering analysis	灰色聚类分析	灰色群聚系統分析，灰色聚集系統分析
grey correlation analysis	灰色关联分析	灰色相關分析
Griess test	格里斯试验	革利士試驗
Grignard reagent	格氏试剂	格任亞試劑
gross constant	累积常数	累積常數，總常數
gross error	过失误差	總誤差
ground state	基态	基態
group	①基　②族	①基　②族
group frequency	基团频率	基［振動］頻率
group reagent	组试剂	族試劑
group transfer polymerization	基团转移聚合	基團轉移聚合
guanine	鸟嘌呤	鳥［糞］嘌呤
guanosine	鸟苷	鳥苷

英　文　名	大　陆　名	台　湾　名
guard column	保护柱	保護管柱
guest	客体	客體
gum	树胶	樹膠，膠
Gy（=Gray）	戈瑞	戈雷
gypsum	石膏	石膏

H

英　文　名	大　陆　名	台　湾　名
H-A（=hydride affinity）	氢负离子亲合性	氫負離子親合力
Hadamard transform spectrum	阿达玛变换光谱	阿達瑪轉換光譜
half-chair conformation	半椅型构象	半椅型構形
half-life	半衰期	半衰期，半生期
half-sandwich complex	半夹心配合物	半夾心錯合物
half thickness（=half-value layer）	半厚度	半衰減厚度
half-value layer	半厚度	半衰減厚度
half-wave potential	半波电位	半波電位
halide	卤化物	鹵化物
haloalkane（=alkyl halide）	卤代烷	鹵烷
haloalkylation	卤烷基化	鹵烷化[作用]
haloform reaction	卤仿反应	鹵仿反應
halogen	卤素	鹵素
halogenated butyl rubber	卤化丁基橡胶	鹵化丁基橡膠
halogenation	卤化	鹵化[作用]
halogen bridge	卤桥	鹵橋
halohydrin	卤代醇	鹵醇
halonium ion	卤正离子	鹵鎓離子，鹵陽離子
haloperoxidase	卤素过氧化物酶	鹵素過氧化物酶
Hamiltonian	哈密顿[算符]	哈密頓[算符]，哈密頓[函數]
Hammett acidity function	哈米特酸度函数	哈米特酸度函數
Hammett relation	哈米特关系	哈米特關係
hanging mercury drop electrode（HMDE）	悬汞电极	懸汞滴電極
hapten	半抗原	半抗原，不[完]全抗原
hapticity	扣数	扣數
hard acid	硬酸	硬酸
hard and soft acid and base rule（HSAB rule）	软硬酸碱规则	軟硬酸鹼規則

英　文　名	大　陆　名	台　湾　名
hard base	硬碱	硬鹼
hard water	硬水	硬水
harpoon model	鱼叉模型	魚叉模型
Hartley test	哈特莱检验	哈特雷檢定法
Hartmann diaphragm	哈特曼光阑	哈特曼光圈
Haworth representation	霍沃思表达式	哈瓦司表達式
head-end process	首端过程	首端過程
heart-cutting	中心切割	中心切割
heat capacity	热容	熱容量
heat capacity at constant pressure	定压热容	定壓熱容
heat capacity at constant volume	定容热容	定容熱容
heat conduction calorimeter	热导式热量计	熱傳導熱量計
heat cure	热硫化	熱硫化，熱交聯
heat effect	热效应	熱效應
heat-flux differential scanning calorimetry	热流差热扫描量热法	熱流微差掃描熱量法
heating-curve determination	加热曲线测定	加熱曲線測定
heating rate	加热速率	加熱速率
heating-rate curve	升温速率曲线	升溫[速率]曲線
heat of reaction	反应热	反應熱
heat stabilizer	热稳定剂	熱穩定劑
heavy atom effect	重原子效应	重原子效應
heavy ion accelerator	重离子加速器	重離子加速器
heavy ion induced desorption（HIID）	重离子诱导解吸	重離子誘導脫附
heavy ion nuclear chemistry	重离子核化学	重離子核化學
heavy nucleus	重核	重核
heavy water	重水	重水
height equivalent to a theoretical plate（HETP）	理论塔板高度	[理論]板高
He-jet transportation	氦射流传输	氦射流傳輸
helical polymer	螺旋形聚合物	螺旋形聚合物
helicene	螺旋烃	螺旋烴
helicity	螺旋手性	螺旋性，螺旋率
helium burning	氦燃烧	氦燃燒
helium ionization detector	氦离子化检测器	氦游離偵檢器
helium leak detection mass spectrometer	氦质谱探漏仪	氦質譜探漏儀
α-helix	α 螺旋	α 螺旋
helix chain	螺旋链	螺旋鏈
Helmholtz free energy	亥姆霍兹自由能	亥姆霍茲自由能
hematite	赤铁矿	赤鐵礦

英　文　名	大　陆　名	台　湾　名
heme	血红素	原血紅素
hemerythrin	蚯蚓血红蛋白	蚯蚓血紅蛋白
hemiacetal	半缩醛	半縮醛
hemiaminal	半胺缩醛	半胺縮醛
hemiketal	半缩酮	半縮酮
hemiterpene	半萜	半萜
hemocyanin	血蓝蛋白	血藍蛋白，血氰蛋白
hemoglobin	血红蛋白	血紅素
hemoporphyrin	血卟啉	血紫質，血卟啉
hemoprotein	血红素蛋白	血紅素蛋白
Henry's law	亨利定律	亨利定律
Hess's law	赫斯定律	赫斯定律
heteroalkene	杂原子烯烃	雜原子烯烴
heteroalkyne	杂原子炔烃	雜原子炔烴
heteroborane	杂硼烷	雜硼烷
heterochain polymer	杂链聚合物	雜鏈聚合物
heterocycle	杂环	雜環
heterocyclic compound	杂环化合物	雜環化合物
heterocyclic polymer	杂环聚合物	雜環聚合物
hetero-Diels-Alder reaction	杂第尔斯-阿尔德反应	雜狄耳士-阿德爾反應
heterogeneous equilibrium	多相平衡	異相平衡，不勻相平衡，非均相平衡
heterogeneous hydrogenation	非均相氢化	不勻[相]氫化
heterogeneous membrane electrode	非均相膜电极	非均相膜電極
heterogeneous nucleation	异相成核	非均相成核
heterogeneous polymerization	非均相聚合	不勻聚合[作用]
heterogeneous reaction	多相反应	不勻[相]反應
heterogeneous system	非均相系统	不勻系
heterolysis	异裂	不勻分裂
heterolytic reaction	异裂反应	異裂反應
heteronuclear chemical shift correlation	异核化学位移相关谱	[二維]異核化學位移相關譜
heteronuclear decoupling	异核去耦	異核去偶
heterophase chemiluminescence	异相化学发光	異相化學發光
heteropolyacid	杂多酸	雜多酸
heteropolynuclear coordination compound	杂多核配合物	雜多核配位化合物
HETP（=height equivalent to a theoretical plate）	理论塔板高度	[理論]板高
HEU（=high enriched uranium）	高浓缩铀	高濃縮鈾

英 文 名	大 陆 名	台 湾 名
hexahydropyridine	六氢吡啶，哌啶	六氢吡啶，哌啶
hexamethyldisilane（HMDS）	六甲基二硅烷	六甲基二矽烷
hexamethyldisiloxane（HMDSO）	六甲基二硅醚	六甲基二矽氧
hexose	己糖	己醣
HG-AAS（=hydride generation-atomic absorption spectrometry）	氢化物发生原子吸收光谱法	氢化物产生原子吸收光谱法
HG-AFS（=hydride generation-atomic fluorescence spectrometry）	氢化物发生-原子荧光光谱法	氢化物发生-原子萤光光谱法
hierarchial-cluster analysis	系统聚类分析	阶层[系统]聚类分析[法]
high density polyethylene	高密度聚乙烯	高密度聚乙烯
high elastic deformation	高弹形变	高弹形变
high energy collision	高能碰撞	高能碰撞
high energy ion scattering spectroscopy	高能离子散射谱[法]	高能离子散射谱法
high energy radiation	高能辐射	高能辐射
high enriched uranium（HEU）	高浓缩铀	高浓缩铀
higher harmonic alternating current polarography	高阶谐波交流极谱法	高阶谐波交流极谱法
higher nuclearity cluster	高核簇	高核团簇
high frequency conductometric titration	高频电导滴定法	高频电导滴定法
high frequency spark source	高频[电]火花光源	高频火花光源
high frequency titration	高频滴定法	高频滴定[法]
high impact polystyrene	高抗冲聚苯乙烯	高抗冲击聚苯乙烯
high-intensity hollow cathode lamp	高强度空心阴极灯	高强度空心阴极灯
high-level［nuclear］waste（HLW）	高放废物	高强度[放射性]废料
high performance hollow cathode lamp	高性能空心阴极灯	高性能空心阴极灯
high performance liquid chromatography（HPLC）	高效液相色谱法	高效[能]液相层析术
high-pressure gradient	高压梯度	高压梯度
high-pressure pump	高压输液泵	高压泵
high-pressure spectrometry	高压光谱法	高压光谱法
high-pressure spinning	高压纺丝	高压纺丝
high-purity germanium detector	高纯锗探测器	高纯锗侦检器
high resolution mass spectrometry	高分辨质谱法	高解析质谱法
high resolution mass spectrum（HRMS）	高分辨质谱	高解析质谱
high-speed chromatography	快速色谱法	快速层析法
high spin coordination compound	高自旋配合物	高自旋配位化合物
high spin state	高自旋态	高自旋态
high temperature ashing method	高温灰化法	高温灰化法

英　文　名	大　陆　名	台　湾　名
high temperature reflectance spectrometry（HTRS）	高温反射光谱法	高溫反射光譜法
high voltage electrophoresis	高压电泳	高電壓電泳
high voltage glow-discharge ion source	高压辉光放电离子源	高電壓輝光放電離子源
HIID（=heavy ion induced desorption）	重离子诱导解吸	重離子誘導脫附
hindered rotation（=restricted rotation）	受阻旋转	限制旋轉
hippuric acid	马尿酸，N-苯甲酰甘氨酸	馬尿酸，N-苯甲醯甘胺酸
hirsutane	樱草花烷[类]	多毛烷
histidine	组氨酸	組胺酸
histogram	直方图	直方圖，組織圖
HLW（=high-level [nuclear] waste）	高放废物	高強度[放射性]廢料
HMDE（=hanging mercury drop electrode）	悬汞电极	懸汞滴電極
HMDS（=hexamethyldisilane）	六甲基二硅烷	六甲基二矽烷
HMDSO（=hexamethyldisiloxane）	六甲基二硅醚	六甲基二矽氧
Hofmann elimination	霍夫曼消除	何夫曼消去[作用]
Hofmann rearrangement	霍夫曼重排	何夫曼重排
holdback carrier	反载体	箝制載體
holding reductant	支持还原剂	附著還原劑
hole	空穴	電洞
hollocellulose	全纤维素	全纖維素
hollow cathode lamp	空心阴极灯	空心陰極燈
hollow fiber	中空纤维	中空纖維
holoenzyme	全酶	全酶
holographic grating	全息光栅	全訊光柵
homeostasis	内稳态	內穩態
homoallylic alcohol	高烯丙醇	高烯丙醇
homoaromaticity	同芳香性	同芳香性
homochiral	同手性[的]	同手性[的]
homoconjugation	高共轭	同共軛
homocyclic compound	同素环状化合物	同素環化合物
homofiber	单组分纤维	單組分纖維
homogeneity test for variance	方差齐性检验	變異數同質性檢定，變異數均齊性檢定
homogeneous design	均匀设计	均匀設計
homogeneous equilibrium	均相平衡	均相平衡
homogeneous extraction	均相萃取	均相萃取
homogeneous hydrogenation	均相氢化	匀相氫化
homogeneous membrane electrode	均相膜电极	均相膜電極

英　文　名	大　陆　名	台　湾　名
homogeneous metallocene catalyst	均相茂金属催化剂	均相茂金屬催化劑
homogeneous nucleation	均相成核	均相成核
homogeneous phase flame chemilu- minescence	均相火焰化学发光	均相火焰化學發光
homogeneous polymerization	均相聚合	均相聚合[作用]，匀相 聚合[作用]
homogeneous precipitation	均匀沉淀	均匀沈澱
homogeneous reaction	均相反应	均相反應，匀相反應
homogeneous system	均相系统	均相系統，均匀系統
homoleptic complex	全同[配体]配合物	全同配位體錯合物
homolog	同系物	同系物
homologization	同系化	同系化
homolysis	均裂	均匀分裂
homolytic reaction	均裂反应	均匀分裂反應
homonuclear decoupling	同核去耦	同核去偶
homopolycondensation	均相缩聚	均聚縮
homopolymer	均聚物	均聚物，同元聚合物
homopolymerization	均聚反应	均聚合[作用]，同元聚 合[作用]
homopropagation	均聚增长	均聚增長，均聚傳播
homosigmatropic rearrangement	同 σ 迁移重排	同 σ 遷移重排
homosteroid alkaloid	高甾类生物碱	高甾類生物鹼，高類固 醇生物鹼
hopane	何帕烷[类]	葎草烷
hormone	激素，荷尔蒙	激素，荷爾蒙
host	主体	主體
host-guest chemistry	主客体化学	主客體化學
host-guest compound	主客体化合物	主客體化合物
hot atom	热原子	熱原子
hot atom annealing	热原子退火	熱原子退火
hot atom chemistry	热原子化学	熱原子化學
hot atom reaction	热原子反应	熱原子反應
hot cave	热室	熱室，輻射洞
hot cell（=hot cave）	热室	熱室，輻射洞
hot cure（=heat cure）	热硫化	熱硫化，熱交聯
hot-fusion reaction	热熔合反应	熱融合反應
hot laboratory	热实验室	熱實驗室，放射[性]實 驗室
hot plate	电热板	[加]熱板

英　文　名	大　陆　名	台　湾　名
hot run	热试验	熱測試
hot test（=hot run）	热试验	熱測試
HPLC（=high performance liquid chromatography）	高效液相色谱法	高效[能]液相層析術
HRMS（=high resolution mass spectrum）	高分辨质谱	高解析質譜
HSAB rule（=hard and soft acid and base rule）	软硬酸碱规则	軟硬酸鹼規則
η^1-superoxo complex	η^1-超氧配合物	η^1-超氧錯合物
HTRS（=high temperature reflectance spectrometry）	高温反射光谱法	高溫反射光譜法
Hückel rule	休克尔规则	休克耳定則
Huggins coefficient	哈金斯系数	赫金斯係數
Huggins equation	哈金斯方程	赫金斯方程
hybrid [compound]	杂化物	混成[化合物]
hybridization	杂化	混成[作用]
hydantoin（=imidazolidine-2,4-dione）	咪唑烷-2，4-二酮，乙内酰脲	2,4-咪唑啶二酮，尿囊素
hydracid	无氧酸	氫酸
hydrate	水合物	水合物
hydrated electron	水合[化]电子	水合電子
hydration	水合	水合
hydration energy	水合能	水合能
hydration number	水合数	水合數
hydrazide	酰肼	醯肼
hydrazo compound	氢化偶氮化合物	偶氮氫化合物
hydrazone	腙	腙
hydride	氢负离子	氫化物
hydride affinity（H-A）	氢负离子亲合性	氫負離子親合力
hydride generation-atomic absorption spectrometry（HG-AAS）	氢化物发生原子吸收光谱法	氫化物產生原子吸收光譜法
hydride generation atomic fluorescence spectrometry（HG-AFS）	氢化物发生原子荧光光谱法	氫化物發生原子螢光光譜法
hydroacylation	氢酰化	氫醯化
hydroalumination	铝氢化	鋁氫化
hydroamination	氢氨化反应	氫胺化[作用]
hydroboration	硼氢化	硼氫化作用
hydrocarbon	碳氢化合物，烃	烴[類]
hydrocarbon resin	烃类树脂	烴類樹脂
hydrocarboxylation	氢羧基化	氫羧基化

英　文　名	大　陆　名	台　湾　名
hydrocarbyl group	烃基	烴基
hydrodynamically equivalent sphere	流体力学等效球	流體力學等效球
hydrodynamic injection	流体力学进样	流體動力[學]進樣
hydrodynamic volume	流体力学体积	流體力學體積
hydroformylation	氢甲酰化[反应]	氫甲醯化[作用]
hydrogenase	氢化酶	氫化酶
hydrogenated rubber	氢化橡胶	氫化橡膠
hydrogenation	氢化	氫化[作用]，加氫[作用]
hydrogen bond	氢键	氫鍵
hydrogen bridge	氢桥	氫橋
hydrogen burning	氢燃烧	氫燃燒
hydrogen electrode	氢电极	氫電極
hydrogenolysis	氢解	氫解
hydrogen salt	酸式盐	酸式鹽
hydrogen transfer polymerization	氢转移聚合	氫轉移聚合
hydrogen wave	氢波	氫波
hydrolase（=hydrolytic enzyme）	水解酶	水解酶
hydrolysis	水解	水解
hydrolytic degradation	水解降解	水解降解
hydrolytic enzyme	水解酶	水解酶
hydrometallation	氢金属化[反应]	氫金屬化[反應]
hydronium ion	水合氢离子	鋞離子
hydroperoxide	氢过氧化物	氫過氧化物
hydrophilic	亲水[的]	親水性
hydrophilic interaction	亲水作用	親水作用
hydrophilic polymer	亲水聚合物	親水聚合物
hydrophobic	疏水[的]	疏水性
hydrophobic interaction	疏水作用	疏水性作用
hydrophobic interaction chromatography	疏水作用色谱法	疏水作用層析法
hydrophobic polymer	疏水聚合物	疏水聚合物
hydroquinone	氢醌	氫醌，對[苯]二酚
hydrosilication	硅氢化	矽氫化
hydrotannation	氢锡化	氫錫化
hydrothermal method	水热法	水熱法
hydroxyalkylation	羟烷基化	羥烷基化
hydroxyapatite	羟基磷灰石	羥磷灰石，氫氧磷灰石
hydroxy bridge	羟桥	羥橋
hydroxyethyl cellulose	羟乙基纤维素	羥乙基纖維素

英 文 名	大 陆 名	台 湾 名
hydroxylation	羟基化	羥化［作用］
hydroxymethylation	羟甲基化	羥甲基化
hydroxyproline	羟脯氨酸	羥脯胺酸
8-hydroxyquinoline	8-羟基喹啉	8-羥喹啉
hydroxy radical	羟自由基	羥自由基
hydroxysalt（=basic salt）	碱式盐	鹼式鹽
5-hydroxytryptophane	5-羟色氨酸	5-羥色胺酸
hydrozirconation	氢锆化	氫鋯化
hygroscopic water	湿存水	吸濕［水］分
hygrostat	恒湿器	恆濕裝置
hyperbranched polymer	超支化聚合物	超分支聚合物
hyperchrome	增色团	增色團，深色團
hyperchromic effect	增色效应	深色效應，增色效應
hyperchromic group（=hyperchrome）	增色团	增色團，深色團
hyperchromism	增色作用	增色作用
hyperconjugation	超共轭	超共軛
hyperfine coupling constant	超精细耦合常数	超精細耦合常数，超精細偶合常數
hyper Raman scattering	超拉曼散射	超拉曼散射
hyphenated technique of instruments	仪器联用技术	儀器串聯技術
hypo	海波	海波，硫代硫酸鈉
hypochromic effect	减色效应	減色效應
hypochromism	减色作用	減色作用
hypothesis test	假设检验	假設檢定，假設驗證
hypsochromic effect	蓝移效应	短波位移效應，藍移效應

I

英 文 名	大 陆 名	台 湾 名
IAC（=immunoaffinity chromatography）	免疫亲和色谱法	免疫親和層析法
IBA（=ion beam analysis）	离子束分析	離子束分析
IBCI（=in-beam chemical ionization）	在束化学电离	在束化學游離，束丙化學游離
IC（=①internal conversion ②ion chromatography）	①内转换 ②离子色谱法	①内轉換 ②離子層析法
ICAT（=isotope-coded affinity tag）	同位素编码亲和标签	同位素編碼親和標籤
iceland spar	冰洲石	冰洲石，冰島晶石
ICP-AES（=inductively coupled plasma	电感耦合等离子体原	感應耦合電漿原子發射

英　文　名	大　陆　名	台　湾　名
atomic emission spectrometry)	子发射光谱法	光譜法
ICR mass spectrometer（=ion cyclotron resonance mass spectrometer）	离子回旋共振质谱仪	離子迴旋共振質譜儀
ideal copolymerization	理想共聚合	理想共聚合
ideal dilute solution	理想稀[薄]溶液	理想稀溶液
ideal nonpolarized electrode	理想非极化电极	理想非極化電極
ideal polarized electrode	理想极化电极	理想極化電極
ideal solution	理想溶液	理想溶液
identification	鉴定	鑑定，證認
identity period	等同周期	恆等週期
IEC（=①ion exchange chromatography ②ion exclusion chromatography）	①离子交换色谱法 ②离子排阻色谱法	①離子交換層析法 ②離子篩析層析法
IEXRF spectrometry（=isotope excited X-Ray fluorescence spectrometry）	同位素激发 X 射线荧光法	同位素激發 X 射線螢光法
IGC（=inverse gas chromatography）	反气相色谱法	反氣相層析法
ignition	点火	點火，燃燒
ignition temperature	着火温度	點火溫度，燃點，自燃溫度
IKES（=ion kinetic energy spectroscopy）	离子动能谱法	離子動能譜法
Ilkovic equation	尤科维奇方程	依可偉克方程式
ilmenite	钛铁矿	鈦鐵礦
image X-ray photoelectron spectroscopy	成像 X 射线光电子能谱[法]	成像 X 射線光電子能譜術
imaginary atom（=phantom atom）	虚拟原子	虛擬原子
imaging agent	显像剂	顯像劑
imidazole	咪唑	咪唑
imidazole alkaloid	咪唑[类]生物碱	咪唑[類]生物鹼
imidazolidine	咪唑烷	咪唑啶
imidazolidine-2,4-dione	咪唑烷-2，4-二酮，乙内酰脲	2,4-咪唑啶二酮，尿囊素
imidazolidone	咪唑烷酮	2-四氫咪唑酮
imidazoline	咪唑啉	咪唑啉
imide	酰亚胺	醯亞胺
imine	亚胺	亞胺
imine-enamine tautomerism	亚胺-烯胺互变异构	亞胺-烯胺互變異構作用
imino acid	亚氨基酸	亞胺基酸
IMMA（=ion microprobe mass analyzer）	离子探针质量分析器	離子微探針質量分析器
immiscibility	不相溶性	不互溶性
immobilized pH gradient（IPG）	固定化 pH 梯度	固定化 pH 梯度

英　文　名	大　陆　名	台　湾　名
immortal polymerization	永生[的]聚合	永生[的]聚合
immune analysis	免疫分析	免疫分析
immunity electrode	免疫电极	免疫電極
immunoaffinity chromatography (IAC)	免疫亲和色谱法	免疫親和層析法
immunoelectrophoresis	免疫电泳	免疫電泳
immunoradioassay	免疫放射分析	免疫放射分析
immunoradioautography	免疫放射自显影	免疫放射自顯影
impact moulding	冲压模塑	衝壓模塑
imperfect crystal	缺陷晶体	缺陷晶體
impregnation	浸渍	浸漬
impurity defect (=extrinsic defect)	杂质缺陷	雜質缺陷
in-beam chemical ionization (IBCI)	在束化学电离	在束化學游離，束内化學游離
in-beam electron ionization	在束电子电离	在束電子游離，束内電子游離
incineration of radioactive waste	放射性废物焚烧[化]	放射性廢料焚化
incitant analysis	兴奋剂分析	興奮劑分析
inclusion (=clathration)	包合作用	包藏，包容
inclusion compound	包合物	包藏化合物，包容化合物
inclusion constant	包结常数	包容常數
incompatibility	不相容性	不相容性
incomplete fusion reaction	非完全熔合反应	非完全融合反應
indazole	吲唑	吲唑
indene	茚	茚
indene resin	茚树脂	茚樹脂
independent yield	独立产额	獨立產率
indicating electrode	指示电极	指示電極
indicator	指示剂	指示劑，指示燈
indicator blank	指示剂空白	指示劑空白[校正]
indicator constant	指示剂常数	指示劑常數
indicator transition point	指示剂变色点	指示劑變色點
indigo	靛蓝	靛藍
indirect atomic absorption spectrometry	间接原子吸收光谱法	間接原子吸收光譜法
indirect detection	间接检测	間接檢測
indirect determination	间接测量法	間接測量法
indirect fluorimetry	间接荧光法	間接螢光法
indium-tin oxide electrode	铟锡氧化物电极，ITO电极	銦錫氧化物電極，ITO電極

英　文　名	大　陆　名	台　湾　名
indole	吲哚，苯并[b]吡咯	吲哚
indole alkaloid	吲哚[类]生物碱	吲哚[類]生物鹼
1H-indole-2,3-dione	1H-吲哚-2,3-二酮	吲哚-2,3-二酮，靛紅
indole test	吲哚试验	吲哚試驗
indolizidine alkaloid	吲嗪[类]生物碱	吲哶啶生物鹼
indolizine(=pyrrolo[1,2-a]pyridine)	吲哚嗪	吲哶
indolone	吲哚酮	吲哚酮
INDOR(=internuclear double resonance)	核间双共振	核間雙共振[法]
induced decomposition	诱导分解	誘發分解
induced fission	诱发裂变	誘發分裂
induced radioactivity	感生放射性	誘發放射性
induced reaction	诱导反应	誘發反應
induction period	诱导期	誘導期
inductive effect	诱导效应	誘導效應，感應效應
inductively coupled plasma atomic emission spectrometry(ICP-AES)	电感耦合等离子体原子发射光谱法	感應耦合電漿原子發射光譜法
inductively coupled plasma mass spectrometer	电感耦合等离子体质谱仪	感應耦合電漿質譜儀
industrial chromatograph	工业色谱仪	工業層析儀
industrial chromatography	工业色谱法	工業層析法
inelastic scattering	非弹性散射	非彈性散射
INEPT(=insensitive nucleus enhanced by polarization transfer)	低敏核极化转移增强	低敏核極化轉移增強
inert complex	惰性配合物	惰性錯合物
inert electrolyte(=supporting electrolyte)	支持电解质	支援電解質
inert solvent	惰性溶剂	惰性溶劑
inflection point	拐点	轉折點
information	信息	資訊
information capacity	信息容量	資訊容量
information efficiency	信息效率	資訊效率
information gain	信息增益	資訊增益
infrared absorption analysis	红外吸收分析[法]	紅外線吸收分析[法]
infrared absorption cell	红外吸收池	紅外線吸收池
infrared absorption intensity	红外吸收强度	紅外線吸收強度
infrared absorption spectrum	红外吸收光谱	紅外線吸收光譜
infrared active molecule	红外活性分子	紅外線活性分子
infrared beam condenser	红外光束聚光器	紅外線光束聚光器
infrared beam spliter	红外光分束器	紅外線光分束器
infrared detector	红外检测器	紅外線偵檢器

英 文 名	大 陆 名	台 湾 名
infrared emission spectrum	红外发射光谱	紅外線發射光譜
infrared gas analyzer	红外气体分析器	紅外線氣體分析計
infrared laser spectrometry	红外激光光谱法	紅外線雷射光譜法
infrared microscopy	红外显微[技]术	紅外線顯微[技]術
infrared polarization spectrum	红外偏振光谱	紅外線偏光光譜
infrared polarizer	红外偏振器	紅外線偏光器
infrared reflection-absorption spectrometry	红外反射-吸收光谱法	紅外反射-吸收光譜法
infrared solvent	红外溶剂	紅外線溶劑
infrared source	红外光源	紅外線光源
infrared spectroelectrochemistry	红外光谱电化学法	紅外光譜電化學法
infrared spectrometry	红外光谱法	紅外線光譜法
infrared spectrophotometer	红外分光光度计	紅外線光譜儀
infrared spectrophotometry	红外分光光度法	紅外線光譜法，紅外線光譜術
infrared spectrum	红外光谱	紅外線光譜
infrared standard spectrum	红外标准谱图	紅外線標準譜圖
infrared thermography	红外热成像法	紅外線熱成像法
infrared wave number calibration	红外波数校准	紅外線波數校準
inherent viscosity	比浓对数黏度	比濃對數黏度，固有黏度
inhibition	抑制作用，阻聚作用	抑制[作用]
inhibition discoloring spectrophotometry	抑制褪色分光光度法	抑制褪色分光光度法
inhibition kinetic spectrophotometry	阻抑动力学分光光度法	抑制動力學分光光度法
inhibitor	阻聚剂	抑制劑
inhomogeneous reaction	非均相反应	非均相反應
inifer	引发-转移剂	引發-轉移劑
iniferter	引发-转移-终止剂	引發-轉移-終止劑
initial temperature	初始温度	初始溫度
initiation	引发	引發，起爆
initiator	引发剂	引發劑，起爆劑
initiator efficiency	引发剂效率	引發劑效率
initiator transfer agent (=inifer)	引发-转移剂	引發-轉移劑
initiator transfer agent terminator (=iniferter)	引发-转移-终止剂	引發-轉移-終止劑
injection draw blow moulding	注拉吹塑	注拉吹塑
injection moulding	注射成型	射出成型
injection valve	进样阀	注入閥
injection volume	进样体积	注入體積
injection welding	注塑焊接	注塑焊接
inlet	进样口	進樣口
inner orbital coordination compound	内轨配合物	內軌配位化合物

英 文 名	大 陆 名	台 湾 名
inner sphere	内层	内層
inner sphere mechanism	内层机理	内層機制
inner transition element	内过渡元素	内過渡元素
inorganic acid	无机酸	無機酸
inorganic analysis	无机分析	無機分析
inorganic coprecipitant	无机共沉淀剂	無機共沈澱劑
inorganic polymer	无机聚合物	無機聚合物
inose(=inositol)	肌醇	肌醇
inositol	肌醇	肌醇
INS(=ion neutralization spectroscopy	离子中和谱[法]	離子中和譜法
insect hormone	昆虫外激素	昆蟲激素
insensitive nucleus enhanced by polarization transfer(INEPT)	低敏核极化转移增强	低敏核極化轉移增強
insertion polymerization	插入聚合	插入聚合
insertion reaction	插入反应	插入反應
in situ analysis	原位分析	就地分析，原位分析
in situ concentration	原位富集	就地濃縮
in situ neutron activation analysis	现场中子活化分析	現場中子活化分析
in situ polymerization	原位聚合	原位聚合，就地聚合
in situ quantitation	原位定量	原地定量，就地定量
in-source fragmentation	源内断裂	源内斷裂
in-source pyrolysis	源内裂解	源内熱解
instability constant	不稳定常数	不穩度常數
instrumental analysis	仪器分析	儀器分析
instrumental neutron activation analysis	仪器中子活化分析	儀器中子活化分析
intake	摄入	攝入，攝取
[integral] dose	[积分]剂量	積分劑量
integral enthalpy of solution	积分溶解焓	積分溶解焓
integral type detector	积分型检测器	積分型偵檢器
integrated absorption coefficient	积分吸收系数	積分吸收係數
integrated rubber	集成橡胶	集成橡膠
integrator	积分仪	積分儀，積分器
intelligent polymer	智能聚合物	智慧型聚合物
intensity of absorption line	原子吸收谱线强度	原子吸收[譜]線強度
intensive property	强度性质	内涵性質
intercalation chemistry	嵌入化学	嵌入化學
intercalation polymerization	插层聚合	插層聚合
intercalation reaction	嵌入反应	嵌入反應
inter chain interaction	链间相互作用	鏈間相互作用

英　文　名	大　陆　名	台　湾　名
interchain spacing	链间距	鏈間距
interchange mechanism	互换机理	互換機制
interface	界面	界面
interface analysis	界面分析	界面分析
interfacial electrochemistry	界面电化学	界面電化學
interfacial polycondensation	界面缩聚	界面聚縮
interfacial polymerization	界面聚合	界面聚合
interference element	干扰成分	干擾元素
interference filter	干涉滤光片	干涉濾光片，干擾濾光片
interhalogen compound	互卤化物	鹵素間化合物
intermediate	中间体	中間體，中間物
intermediate-level [radioactive] waste	中放废物	中強度[放射性]廢料
intermolecular condensation	分子间缩合	分子間縮合[作用]
intermolecular energy transfer	分子间能量传递	分子間能量傳遞
internal abstraction	内攫取[反应]	内摘取[反應]
internal conversion (IC)	内转换	内轉換
internal conversion coefficient	内转换系数	内轉換係數
internal conversion electron	内转换电子	内轉換電子
internal energy	内能	内能
internal exposure	内照射	體内曝露
internal heavy atom effect	内重原子效应	内重原子效應
internal lock	内锁	内鎖
internal nucleophilic substitution	分子内亲核取代[反应]	分子内親核取代[反應]
internal plasticization	内增塑作用	内塑化[作用]
internal reference electrode	内参比电极	内參考電極
internal releasing agent	内脱模剂	内脱模劑
internal standard substance	内标物	内標準
internal standard element	内标元素	内標元素
internal standard line	内标线	内標線
internal standard method	内标法	内標準法
internal target	内靶	内靶
internuclear double resonance (INDOR)	核间双共振	核間雙共振[法]
interpenetrating polymer network	互穿[聚合物]网络	互穿[聚合物]網路
interrupted arc	断续电弧	間斷電弧
interstitial defect	间隙缺陷	間隙缺陷
interstitial void	晶格间隙	晶格間隙
interstitial volume	间隙体积	間隙體積

英　文　名	大　陆　名	台　湾　名
interval estimation	区间估计	區間估計
intimate ion pair (=contact ion pair)	紧密离子对	親密離子對
intramolecular energy transfer	分子内能量传递	分子內能量傳遞
intramolecular vibrational relaxation (IVR)	分子内振动弛豫	分子內振動鬆弛
intrinsic defect	本征缺陷	本質缺陷
intrinsic reaction coordinate	内禀反应坐标	本質反應坐標
intrinsic solubility	固有溶解度	固有溶解度
intrinsic viscosity	特性黏数	固有黏度，極限黏度數
inverse dispersion polymerization	反相分散聚合	逆相分散聚合
inversed micelle-stabilized room temperature fluorimetry	逆胶束增稳室温荧光法	反微胞增穩室溫螢光法
inverse emulsion polymerization	反相乳液聚合	逆相乳化聚合
inverse gas chromatography (IGC)	反气相色谱法	反氣相層析法
inverse isotope effect	逆反同位素效应	反[常]同位素效應
inverse Raman effect (IRE)	逆拉曼效应	反拉曼效應
inversion of configuration	构型翻转	組態反轉
in vitro analysis	体外分析	體外分析
in vivo analysis	体内分析	[生物]體內分析，活體分析
in vivo neutron activation analysis	体内中子活化分析	體內中子活化分析
iodimetric titration	碘滴定法，直接碘量法	碘滴定[法]
iodimetry	碘量法	碘滴定[法]
iodine flask	碘瓶	碘瓶
iodine number	碘值	碘值
iodine value (=iodine number)	碘值	碘值
iodoalkane (=alkyl iodide)	碘代烷	碘烷，碘化烷基
iodoform test	碘仿试验	碘仿試驗
iodolactonization	碘化内酯化反应	碘化内酯化反應
iodometry	滴定碘法，间接碘量法	碘離子滴定[法]
ion	离子	離子
ion association complex	离子缔合络合物	離子結合錯合物
ion association extraction	离子缔合物萃取	離子締合[物]萃取
ion beam	离子束	離子束
ion beam analysis (IBA)	离子束分析	離子束分析
ion channel	离子通道	離子通道
ion channel switching immunosensor	离子通道免疫传感器	離子通道免疫感測器
ion chromatography (IC)	离子色谱法	離子層析法
ion cyclotron resonance	离子回旋共振	離子迴旋[加速器]共振
ion cyclotron resonance mass spectrometer	离子回旋共振质谱仪	離子迴旋共振質譜儀

英 文 名	大 陆 名	台 湾 名
（ICR mass spectrometer）		
ion-dipole interaction	离子-偶极相互作用	離子偶極相互作用
ion exchange chromatography（IEC）	离子交换色谱法	離子交換層析法
ion exchange membrane	离子交换膜	離子交換膜
ion exchanger	离子交换剂	離子交換劑
ion exchange resin	离子交换树脂	離子交換樹脂
ion exclusion chromatography（IEC）	离子排阻色谱法	離子篩析層析法
ion floatation	离子浮选法	離子浮選法
ion gun	离子枪	離子槍
ionic activity coefficient	离子活度系数	離子活性係數
ionic association	离子缔合	離子締合［作用］
ionic atmosphere	离子氛	離子氛，離子雲
ionic channel（=ion channel）	离子通道	離子通道
ionic conductance	离子电导	離子電導
ionic conductivity	离子导电性	離子導電性
ionic copolymerization	离子共聚合	離子共聚合［作用］
ionic dissociation	离子解离	離子解離
ionic formula	离子式	離子式
ionic hydration	离子水合	離子水合
ionicity parameter	离子性参数	離子性參數
ionic line	离子线	離子［譜］線
ionic liquid	离子液体	離子液體
ionic mobility	离子迁移率	離子移動率
ionic partition diagram	离子分配图	離子分配圖
ionic polymerization	离子［型］聚合	離子聚合［作用］
ionic product of water	水的离子积	水的離子積
ionic reaction	离子反应	離子反應
ionic replacement	离子取代	離子取代
ionic solvation	离子溶剂化	離子溶［劑］合，離子溶劑合作用
ionic strength	离子强度	離子強度
ion-implantation modified electrode	离子注入修饰电极	離子植入修飾電極
ion-implantation technique	离子注入技术	離子植入技術
ionization	①离子化 ②電離	①離子化 ②游離
ionization chamber	①电离室 ②离子化室	①游離室 ②離子化室
ionization constant	电离常数	游離常數
ionization cross section	离子化截面	游離截面積
ionization efficiency	电离效率	游離效率
ionization energy	电离能	游離能

英　文　名	大　陆　名	台　湾　名
ionization equilibrium	电离平衡	游離平衡
ionization interference	电离干扰	游離干擾
ionization isomerism	电离异构	游離異構性，游離異構現象
ionization potential	电离电位	游離電位，游離能
ionization radiation	电离辐射	游離輻射
ionizing current	电离电流	游離電流
ionizing radiation（=ionization radiation）	电离辐射	游離輻射
ionizing solvent	离子化溶剂	游離溶劑
ion kinetic energy spectroscopy（IKES）	离子动能谱法	離子動能譜法
ion meter	离子计	離子計
ion microprobe mass analyzer（IMMA）	离子探针质量分析器	離子微探針質量分析器
ion-molecule reaction	离子-分子反应	離子-分子反應
ion-neutral complex	离子-中性分子复合物	離子-中性分子錯合物
ion neutralization spectroscopy（INS）	离子中和谱［法］	離子中和譜法
ionogen	可离子化基团	可游離化質
ionomer	离子聚合物	離子聚合物
ionophore	离子载体	離子載體，親離子基，親離子團
ion optics	离子光学	離子光學
ion pair	离子对	離子對
ion pair chromatography（IPC）	离子对色谱法	離子對層析法
ion pair formation	离子对形成	離子對形成
ion pair ionization	离子对电离	離子對游離
ion pair polymerization	离子对聚合	離子對聚合
ion pair reagent	离子对试剂	離子對試劑
ion probe microanalysis	离子探针显微分析	離子探針顯微分析
ion pump	离子泵	離子泵
ion scattering spectroscopy（ISS）	离子散射谱［法］	離子散射譜法
ion selective electrode	离子选择电极	離子選擇［性］電極
ion selective field effect transistor（ISFET）	离子选择场效应晶体管	離子選擇［性］場效應電晶體
ion source	离子源	離子源
ion suppressed chromatography	离子抑制色谱法	離子抑制層析法
ion transference number	离子迁移数	離子遷移數
ion transfer reaction	离子转移反应	離子轉移反應
ion transmission	离子传输率	離子傳輸率
ion trap	离子阱	離子阱
ion trap mass spectrometer（ITMS）	离子阱质谱仪	離子阱質譜儀

英 文 名	大 陆 名	台 湾 名
ion trap mass spectrometry	离子阱质谱法	離子阱質譜法
IPC（=ion pair chromatography）	离子对色谱法	離子對層析法
IPG（=immobilized pH gradient）	固定化 pH 梯度	固定化 pH 梯度
IRE（=inverse Raman effect）	逆拉曼效应	反拉曼效應
iridium anomaly	铱异常	銥異常
iridoid	环戊并吡喃萜[类]化合物	環戊并吡喃萜[類]化合物
iron group	铁系元素	鐵系元素
iron-sulfur protein	铁硫蛋白	鐵硫蛋白質
irradiation channel	照射孔道	照射通道
irradiation facility	辐照装置	輻照裝置
irregular block	非规整嵌段	不規則嵌段
irregular polymer	非规整聚合物	不規則聚合物
irreversible process	不可逆过程	不可逆程序，不可逆過程
irreversible reaction	不可逆反应	不可逆反應
irreversible wave	不可逆波	不可逆波
isenthalpic process	等焓过程	等焓過程，等焓程序
isentropic process	等熵过程	等熵過程，等熵程序
ISFET（=ion selective field effect transistor）	离子选择场效应晶体管	離子選擇[性]場效應電晶體
island of stability	稳定岛	穩定區
isoabsorptive point（=isobestic point）	等吸收点	等吸收點
isobar	同量异位素	同重素
isobaric mass-change determination	等压质量变化测量	等壓質量變化測量
isobaric process	等压过程	等壓過程，等壓程序
isobestic point	等吸收点	等吸收點
isochoric process	等容过程	等容過程，等容程序
isocratic elution	等度洗脱	等度沖提，等度溶析
isocyanide	异腈	異腈
isocyanide complex	异腈配合物	異氰錯合物
isodose curve	等剂量曲线	等劑量曲線
isoelectric focus electrophoresis	等电聚焦电泳	等電聚焦電泳
isoelectric point	等电点	等電點
isoelectronic species	等电子体	等電子物種，等電子體
isoflavanone	二氢异黄酮	二氫異黃酮
isoflavone	异黄酮	異黃酮
isofurocoumarin	角型呋喃并香豆素	異呋喃并香豆素
isoindole	异吲哚	異吲哚

英　文　名	大　陆　名	台　湾　名
isokinetic temperature	等动力学温度，等速温度	等速溫度
isolated system	隔离系统	隔離系统
isoleucine	异亮氨酸	異白胺酸
isolobal	等瓣	等瓣
isolobal addition	等瓣加成	等瓣加成
isolobal analogy	等瓣相似	等瓣類似，等翼對比
isolobal displacement	等瓣置换	等瓣置換
isolobal fragment	等瓣碎片	等瓣碎片
isomer	异构体	異構物
isomerase	异构酶	異構酶
isomeric ratio（=isomer ratio）	同质异能素比	同質異能素比
isomeric transition	同质异能跃迁	異構素躍遷
isomerism	异构[现象]	異構現象，異構性
isomerization polymerization	异构化聚合	異構化聚合
isomer ratio	同质异能素比	同質異能素比
isoperibolic calorimeter	等环境热量计	等環境熱量計
isoperibol-type calorimeter	恒温型热量计	恆溫型熱量計，恆溫型卡計
isopolyacid	同多酸	同多酸
isopolynuclear coordination compound	同多核配合物	同多核配位化合物
isoprene rubber	异戊橡胶	異平橡膠
isoquinoline	异喹啉	異喹啉
isoquinoline alkaloid	异喹啉[类]生物碱	異喹啉[類]生物鹼
isospecific polymerization	全同立构聚合	同排聚合
isostructural species	等结构体	等結構體，等結構物
isotachophoresis	等速电泳	等速電泳
isotactic block	有规立构嵌段	同排嵌段
isotacticity	等规度，全同立构度	同排度
isotactic polymer	全同立构聚合物	同排聚合物
isotactic polymerization（=isospecific polymerization）	全同立构聚合	同排聚合
isothermal process	等温过程	定溫過程，定溫程序
isothermal pyrolysis	等温裂解	等溫熱解
isothiazole	异噻唑	異噻唑
isotone	同中子[异位]素	等中子素
isotope	同位素	同位素
isotope chemistry	同位素化学	同位素化學
isotope-coded affinity tag（ICAT）	同位素编码亲和标签	同位素編碼親和標籤

英　文　名	大　陆　名	台　湾　名
isotope dating	同位素年代测定	同位素定年[法]
isotope dilution analysis	同位素稀释分析	同位素稀释分析法
isotope effect（=isotopic effect）	同位素效应	同位素效應
isotope exchange（=isotopic exchange）	同位素交换	同位素交換
isotope excited X-ray fluorescence spectrometry（IEXRF spectrometry）	同位素激发 X 射线荧光法	同位素激發 X 射線螢光法
isotope fractionation（=isotopic fractionation）	同位素分馏	同位素分餾，同位素分化
isotope gauge	同位素仪表	同位素儀表
isotope geochemistry	同位素地球化学	同位素地球化學
isotope geochronology	同位素地质年代学	同位素地質年代學
isotope geology	同位素地质学	同位素地質學
isotope hydrology	同位素水文学	同位素水文學
isotope labeling	同位素标记	同位素標記
isotope peak	同位素峰	同位素峰
isotope separation	同位素分离	同位素分離
isotope side band	同位素边峰	同位素邊峰，同位素邊帶
isotope tracer	同位素示踪剂	同位素示蹤劑
isotopic abundance	同位素丰度	同位素豐度
isotopically enriched ion	同位素富集离子	同位素濃化離子
isotopically labeled compound	同位素标记化合物	同位素標誌化合物
isotopically modified compound	同位素[组成]改变的化合物	同位素修飾化合物
isotopically substituted compound	同位素取代化合物	同位素取代化合物
isotopic carrier	同位素载体	同位素載體
isotopic cluster	同位素簇离子	同位素簇
isotopic correlation safeguard technique	同位素相关核保障监督技术	同位素相關核防護監督技術
isotopic dilution mass spectrometry	同位素稀释质谱法	同位素稀釋質譜法
isotopic effect	同位素效应	同位素效應
isotopic enrichment	同位素富集	同位素濃縮
isotopic exchange	同位素交换	同位素交換
isotopic fractionation	同位素分馏	同位素分餾，同位素分化
isovalent hyperconjugation	等价超共轭	等價超共軛
isoxazole	异噁唑	異噁唑
isoxazolidine	异噁唑烷	異噁唑烷，異氧氮㑵
ISS（=ion scattering spectroscopy）	离子散射谱[法]	離子散射譜法

英 文 名	大 陆 名	台 湾 名
iterative method	迭代法	疊代法
iterative target transformation factor analysis	迭代目标转换因子分析	疊代目標轉換因數分析
ITMS（=ion trap mass spectrometer）	离子阱质谱仪	離子阱質譜儀
IVR（=intramolecular vibrational relaxation）	分子内振动弛豫	分子内振動鬆弛

J

英 文 名	大 陆 名	台 湾 名
jet spinning	喷射纺丝	噴射紡絲
jet transfer	射流传送	射流傳送
Joule-Thomson coefficient	焦耳-汤姆孙系数	焦[耳]-湯[姆森]係數
Joule-Thomson effect	焦耳-汤姆孙效应	焦[耳]-湯[姆森]效應
J-resolved spectroscopy	二维 J 分解谱	[二維]J-分解譜
juvenile hormone	保幼激素	保幼激素

K

英 文 名	大 陆 名	台 湾 名
Kalman filtering method	卡尔曼滤波法	卡曼濾波法
Karl Fischer reagent	卡尔·费歇尔试剂	卡[耳]-費[雪]試劑
Karl Fischer titration	卡尔·费歇尔滴定法	卡[耳]-費[雪]滴定法
kaurane	贝壳杉烷[类]	貝殼杉烷
K-capture	K 俘获	K-捕獲
Kelvin model	开尔文模型	克耳文模型
KER（=kinetic energy release）	动能释放	動能釋放
ketal	缩酮	縮酮
ketene	烯酮	烯酮
ketimine	酮亚胺	酮亞胺
ketoaldonic acid	酮糖酸	酮醣酸
ketoaldose	酮醛糖	酮醛醣
keto carbene	酮卡宾	酮碳烯
keto-enol tautomerism	酮-烯醇互变异构	酮-烯醇互變異構現象，酮-烯醇互變異構性
keto ester	酮酸酯	酮酸酯
α-ketol rearrangement	α 酮醇重排	α 酮醇重排
ketone	酮	酮
ketone hydrate	酮水合物	酮水合物
ketose	酮糖	酮醣

英　文　名	大　陆　名	台　湾　名
ketoxime	酮肟	酮肟
ketyl	羰自由基	羰自由基
kieselguhr	硅藻土	矽藻土
kinetic acidity	动力学酸度	動力學酸度
kinetic analysis（=dynamic mechanical analysis）	动力学分析[法]	動力[學]分析
kinetic chain length	动力学链长	動鏈長
kinetic colorimetry	动力学比色法	動力學比色法
kinetic control	动力学控制	動力學控制，動力控制
kinetic current	动力电流	動力電流
kinetic effect	动力学效应	動力學效應
kinetic energy of Auger electron	俄歇电子动能	歐傑電子動能
kinetic energy release（KER）	动能释放	動能釋放
kinetic energy released in matter	比释动能	比釋動能，物質釋放動能
kinetic isotope effect	动力学同位素效应	動力學同位素效應
kinetic photometry	动力学光度学	動力學光度學
kinetic resolution	动力学拆分	動力學離析
kinetic salt effect	动力学盐效应	動力學鹽效應
kinetic shift	动力学位移	動力學位移
kinetic solvent effect	动力学溶剂效应	動力學溶劑效應
kinetic spectrophotometry	动力学分光光度法	動力學分光光度法
kinetic spectroscopy	动力学光谱学	動力學光譜學
kinin	激肽	激肽
Kirchhoff law	基尔霍夫定律	克希何夫定律
Kjeldahl flask	凯氏烧瓶	凱耳達燒瓶
kneading	捏和	捏合，捏和
Kohlrausch law of independent migration of ions	科尔劳施离子独立迁移定律	科耳洛希離子獨立遷移定律
Kramers theory	克莱默斯理论	克萊默斯理論

L

英　文　名	大　陆　名	台　湾　名
labdane	半日花烷[类]	半日花烷
labeled compound	标记化合物	標記化合物
labeling efficiency	标记率	標記率
labeling of monoclonal antibody	单克隆抗体标记	單株抗體標記

英　文　名	大　陆　名	台　湾　名
labile complex	易变配合物	易變配位化合物
lactam	内酰胺	内醯胺
β-lactam antibiotic	β 内酰胺抗生素	β 内醯胺抗生素
lactim	内羟亚胺	内醯亞胺
lactol	内半缩醛	内半縮醛
lactone	内酯	内酯
ladderane	梯[形]烷	梯[形]烷
ladder polymer	梯形聚合物	階梯聚合物
laevo isomer	左旋异构体	左旋體
Lambert-Beer law	朗伯-比尔定律	朗伯-比爾定律
lamella	片晶	片晶
lamellar crystal (=lamella)	片晶	片晶
laminar flame	层流火焰	層焰
laminar flow burner	层流燃烧器	層流燃燒器
lamination	层压	層壓[作用]
Landolt reaction	兰多尔特反应	朗[多耳]式反應
Langmuir-Blodgett film (LB film)	LB 膜	LB 膜
lanostane	羊毛甾烷[类]	羊毛甾烷
lanthanide	镧系元素	鑭系元素
lanthanide contraction	镧系收缩	鑭系收縮
lanthanide shift reagent	镧系位移试剂	鑭系位移試劑
lanthanoid complex	镧系元素配合物	鑭系元素錯合物
large angle strain	大角张力	大角張力
large ring	大环	大環
large-volumn injection	大体积进样	大體積進樣
Larmor frequency	拉莫尔频率	拉莫頻率
laser ablation-resonance ionization spectrometry	激光烧蚀共振电离光谱法	雷射剝蝕共振游離光譜法
laser chemistry	激光化学	雷射化學
laser desorption ionization (LDI)	激光解吸电离	雷射脱附游離
laser excited atomic fluorescence spectrometry	激光激发原子荧光光谱法	雷射激發原子螢光光譜法
laser fiber	激光光纤	雷射光纖
laser-induced fluorescence detector	激光诱导荧光检测器	雷射誘導螢光偵檢器
laser-induced molecular fluorescence spectrometry	激光诱导分子荧光光谱法	雷射誘導分子螢光光譜法
laser-induced photoacoustic spectrometry	激光诱导光声光谱法	雷射誘導光聲光譜法
laser ionization	激光电离	雷射游離
laser ionization spectrum	激光电离光谱	雷射游離光譜

英　文　名	大　陆　名	台　湾　名
laser ion source	激光离子源	雷射離子源
laser isotope separation	激光同位素分离[法]	雷射同位素分離法
laser low temperature fluorescence spectrometry	激光低温荧光光谱法	雷射低溫螢光光譜法
laser microprobe	激光微探针	雷射微探針
laser multiphoton ion source	激光多光子离子源	雷射多光子離子源
laser photoacoustic spectroscopy	激光光声光谱	雷射光聲光譜
laser photolysis	激光光解	雷射光解
laser photothermal deflection spectrometry	激光光热偏转光谱法	雷射光熱偏轉光譜法
laser photothermal displacement spectrometry	激光光热位移光谱法	雷射光熱位移光譜法
laser photothermal interference spectrometry	激光光热干涉光谱法	雷射光熱干涉光譜法
laser photothermal refraction spectrometry	激光光热折射光谱法	雷射光熱折射光譜法
laser photothermal spectrometry	激光光热光谱法	雷射光熱光譜法
laser pyrolyzer	激光裂解器	雷射熱解器
laser Raman photoacoustic spectrometry	激光拉曼光声光谱法	雷射拉曼光聲光譜法
laser Raman spectrometry	激光拉曼光谱法	雷射拉曼光譜法
laser resonance ionization spectrometry	激光共振电离光谱法	雷射共振游離光譜法
laser source	激光光源	雷射光源
laser spectrum	激光光谱	雷射光譜
laser thermal lens spectrometry (LTLS)	激光热透镜光谱法	雷射熱透鏡光譜法
late barrier	后势垒	後勢壘
latent curing agent	潜固化剂	潛固化劑
late transition metal	后[期]过渡金属	後[期]過渡金屬
late transition metal catalyst	后过渡金属催化剂	後過渡金屬催化劑
latex	胶乳	橡漿，乳膠
Latin square design	拉丁方设计	拉丁方陣設計
lattice site	晶格格位	晶格格位
Laue photography	劳埃照相法	勞厄照相法
LB film (=Langmuir-Blodgett film)	LB 膜	LB 膜
LC (=liquid chromatography)	液相色谱法	液相層析法
LC/FTIS (=liquid chromatography/ Fourier transform infrareds spectrometer)	液相色谱-傅里叶变换红外光谱联用仪	液相層析-傅立葉轉換紅外光譜儀
LCL (=lower control limit)	下控制限	下控限[度]
LC/MS (=liquid chromatography/mass spectrometry)	液相色谱-质谱法	液相層析-質譜法
LC/MS system (=liquid chromatography/ mass spectrometry system)	液相色谱-质谱联用仪	液相層析-質譜系統

英　文　名	大　陆　名	台　湾　名
LC/NMR（=liquid chromatography/nuclear magnetic resonance system）	液相色谱-核磁共振谱联用仪	液相層析-核磁共振儀
LDI（=laser desorption ionization）	激光解吸电离	雷射脫附游離
lead castle	铅室	鉛室
lead cave（=lead castle）	铅室	鉛室
lead equivalent	铅当量	鉛[厚]當量
leader peptide（=signal peptide）	信号肽，前导肽	訊息肽
leading peak	前伸峰	前伸峰
lead sugar	铅糖	鉛糖，醋酸鉛
leakage radiation	泄漏辐射	滲漏輻射
least square fitting	最小二乘法拟合	最小平方擬合[法]
least square method	最小二乘法	最小平方法
leaving group	离去基团	脫離基
Le Châtelier principle	勒夏特列原理	勒沙特列原理
LEED（=low energy electron diffraction）	低能电子衍射[法]	低能電子繞射[法]
legal unit of measurement	法定计量单位	法定量測單位
LEIS spectroscopy（=low energy ion scattering spectroscopy）	低能离子散射谱[法]	低能離子散射譜法
LEP PES（=London-Eyring-Polanyi potential energy surface）	LEP 势能面	LEP 位能面
LEPS PES（=London-Eyring-Polanyi-Sato potential energy surface）	LEPS 势能面	LEPS 位能面
lethal dose	致死剂量	致死劑量
LEU（=low enriched uranium）	低浓缩铀	低濃縮鈾
leucine	亮氨酸	白胺酸
leucite	白榴石	白榴石
leucoanthocyanidin	白花青素	花白素
leukotriene	白三烯	白三烯
leveling effect	拉平效应	調平效應
level rule	杠杆规则	均平規則
Lewis acid	路易斯酸	路易斯酸
Lewis base	路易斯碱	路易斯鹼
Lewis structure	路易斯结构	路易斯結構
Lewis theory of acids and bases	路易斯酸碱理论	路易斯酸鹼理論
ligand	①配位体 ②配体	①配位子 ②配位基
ligand exchange	配体交换	配位基交換
ligand exchange chromatography	配体交换色谱法	配[位]基交換層析法
ligand field	配位场	配位場
ligand field splitting	配位场分裂	配位場分裂

英　文　名	大　陆　名	台　湾　名
ligand field stabilization energy	配位场稳定化能	配位場穩定能
ligand field theory	配位场理论	配位子場理論
ligase	连接酶	連接酶，聯結酶
ligating atom	配位原子	配位原子
light path	光程	光程
light scattering	光散射	光散射
light scattering detector	光散射检测器	光散射偵檢器
light screener	光屏蔽剂	光屏蔽劑
light stabilizer	光稳定剂	光穩定劑
lignan	木脂素[类]	樹脂腦，木聚糖
lignin	木素	木質素
limestone	石灰石	石灰石
limiting current	极限电流	極限電流
limiting diffusion current	极限扩散电流	極限擴散電流
limiting viscosity number（=intrinsic viscosity）	特性黏数	固有黏度，極限黏度數
limonite	褐铁矿	褐鐵礦
Lindemann mechanism	林德曼机理	林得曼機制
linear chromatography	线性色谱法	線性層析
linear dispersion	线色散	線色散
linear free energy [relationship]	线性自由能[关系]	線性自由能[關係]
linear Gibbs free energy relation	线性吉布斯自由能关系	線性吉布斯自由能關係
linearity range	线性范围	線性範圍
linear low density polyethylene	线型低密度聚乙烯	線型低密度聚乙烯
linear mode	线性检测模式	線性模式
linear non-equilibrium thermodynamics	线性非平衡态热力学	線性非平衡態熱力學
linear peptide	线型肽	線型肽
linear polymer	线型聚合物	線型聚合物
linear regression	线性回归	線性回歸
linear sweep polarography	线性扫描极谱法	線性掃描極譜法
linear sweep voltammeter	线性扫描伏安仪	線性掃描伏安儀
linear sweep voltammetry	线性扫描伏安法	線性掃描伏安法
linear synthesis	线性合成	線性合成
linear thermodilatometry	线性热膨胀分析法	線性熱膨脹分析法
linear titration	线性滴定法	線性滴定法
linear velocity	线速度	線速度
linear viscoelasticity	线性黏弹性	線性黏彈性
line profile	谱线轮廓	譜線輪廓
linkage isomerism	键合异构	鍵聯異構[性]

英　文　名	大　陆　名	台　湾　名
lipase	脂肪酶	脂酶
lipid	类脂，脂質	脂質
lipoid（=lipid）	类脂，脂質	脂質
lipopeptide	脂肽	脂肽
lipophilic interaction	亲脂作用	親脂作用
liquid chromatography（LC）	液相色谱法	液相層析法
liposome	脂质体	脂質體
liquid chromatography/Fourier transform infrared spectrometer（LC/FTIS）	液相色谱-傅里叶变换红外光谱联用仪	液相層析-傅立葉轉換紅外光譜儀
liquid chromatography/mass spectrometry（LC/MS）	液相色谱-质谱法	液相層析-質譜法
liquid chromatography/mass spectrometry system（LC/MS system）	液相色谱-质谱联用仪	液相層析-質譜系統
liquid chromatography/nuclear magnetic resonance system（LC/NMR）	液相色谱-核磁共振谱联用仪	液相層析-核磁共振儀
liquid core optical fiber spectrophotometry	液芯光纤分光光度法	液芯光纖分光光度法
liquid crystal	液晶	液晶
liquid crystal polymer	液晶聚合物	液晶聚合物
liquid crystal spinning	液晶纺丝	液晶紡絲
liquid crystal state	液晶态	液晶態
liquid drop model	液滴模型	液滴模型
liquid film separation	液膜分离	液膜分離
liquid junction potential	液体接界电位	液界電位
liquid-liquid chromatography	液液色谱法	液液層析法
liquid-liquid extraction（LLE）	液液萃取	液液萃取
liquid-liquid interface	液-液界面	液-液界面
liquid membrane electrode	液膜电极	液膜電極
liquid phase basicity	液相碱度	液相鹼度
liquid phase chemiluminescence	液相化学发光	液相化學發光
liquid phase reaction	液相反应	液相反應
liquid rubber	液体橡胶	液體橡膠
liquid scintillation counter（=liquid scintillation detector）	液体闪烁探测器	液體閃爍偵檢器
liquid scintillation detector	液体闪烁探测器	液體閃爍偵檢器
liquid secondary ion mass spectrometry（LSIMS）	液相二次离子质谱法	液相二次離子質譜法
liquid-solid chromatography	液固色谱法	液固層析法
lithiation	锂化	鋰化[作用]
lithium dialkylcuprate	二烷基铜锂	二烷基銅(I)酸鋰

英　文　名	大　陆　名	台　湾　名
litmus paper	石蕊试纸	石蕊試紙
living anionic polymerization	活性负离子聚合	活性陰離子聚合，活性負離子聚合
living cationic polymerization	活性正离子聚合	活性陽離子聚合，活性正離子聚合
living macromolecule	活[性]高分子	活[性]巨分子
living polymerization	活性聚合	活[性]聚合
living ring opening polymerization	活性开环聚合	活性開環聚合
LLE(=liquid-liquid extraction)	液液萃取	液液萃取
local field	局域场	局域場，局部場
localization of spot	斑点定位法	斑點定位法
local optimization	局部优化	局部最佳化
logarithmic normal distribution	对数正态分布	對數常態分布
logarithmic titration	对数滴定法	對數滴定法
logarithmic viscosity number(=inherent viscosity)	比浓对数黏度	比濃對數黏度，固有黏度
London-Eyring-Polanyi potential energy surface(LEP PES)	LEP 势能面	LEP 位能面
London-Eyring-Polanyi-Sato potential energy surface(LEPS PES)	LEPS 势能面	LEPS 位能面
long-chain branch	长支链	長支鏈
longifolane	长叶松烷[类]	長葉烷
longitudinal diffusion	纵向扩散	縱向擴散
longitudinal relaxation	纵向弛豫	縱向鬆弛
long-lived complex	长寿命络合物	長[壽]命錯合物
long period	长周期	長週期
long range coupling	远程耦合	遠程耦合
long range electron transfer	长程电子传递	長程電子傳遞
long range intramolecular interaction	远程分子内相互作用	遠程分子內相互作用
long range order	长程有序	長程有序
long range structure	远程结构	遠程結構
loose transition state	松散过渡态	鬆散過渡狀態
Lorentz broadening	洛伦兹变宽	羅倫茲增寬
Lorentzian lineshape	洛伦兹线型	羅倫茲線形
low abundance protein	低丰度蛋白质	低豐度蛋白質
low density polyethylene	低密度聚乙烯	低密度聚乙烯
low energy collision	低能碰撞	低能碰撞
low energy electron diffraction(LEED)	低能电子衍射[法]	低能電子繞射[法]
low energy ion scattering spectroscopy	低能离子散射谱[法]	低能離子散射譜法

英 文 名	大 陆 名	台 湾 名
（LEIS spectroscopy）		
low enriched uranium（LEU）	低浓缩铀	低濃縮鈾
lower alarm limit	下警告限	下警限[度]
lower control limit（LCL）	下控制限	下控限[度]
lower critical solution temperature	最低临界共溶温度	低臨界溶液溫度
low-level [radioactive] waste	低放废物	低强度[放射性]廢料
low-pressure gradient	低压梯度	低壓梯度
low-pressure liquid chromatography（LPLC）	低压液相色谱	低壓液相層析法
low spin coordination compound	低自旋配合物	低自旋配位化合物
low spin state	低自旋态	低自旋態
low temperature ashing method	低温灰化法	低溫灰化法
low temperature atomization	低温原子化	低溫原子化
low temperature fluorescence spectrometry	低温荧光光谱法	低溫螢光光譜法
low temperature infrared spectrum	低温红外光谱	低溫紅外線光譜
low temperature phosphorescence spectrometry（LTPS）	低温磷光光谱法	低溫磷光光譜法
low voltage alternating current arc	低压交流电弧	低壓交流電弧
low voltage arc ion source	低压电弧离子源	低電壓電弧離子源
LPLC（=low-pressure liquid chromatography）	低压液相色谱法	低壓液相層析法
LSIMS（=liquid secondary ion mass spectrometry）	液相二次离子质谱法	液相二次離子質譜法
LTLS（=laser thermal lens spectrometry）	激光热透镜光谱法	雷射熱透鏡光譜法
LTPS（=low temperature phosphorescence spectrometry）	低温磷光光谱法	低溫磷光光譜法
luminescence	发光	發光，冷光
luminescence analysis	发光分析法	發光分析法
luminescence center	发光中心	發光中心
luminescence quantum yield	发光量子产率	發光量子產率
luminescence quenching	发光猝灭	發光淬滅
luminescent materials	发光材料	發光材料
luminol	鲁米诺	流明諾，發光胺
luminous intensity	发光强度	發光強度
lupane	羽扇豆烷[类]	羽扇豆烷[類]
lyotropic liquid crystal	溶致[性]液晶	溶致性液晶，向液性液晶
lyotropic liquid crystalline polymer	溶致液晶聚合物	溶致液晶聚合物，向液性液晶聚合物
lysine	赖氨酸	離胺酸

M

英　文　名	大　陆　名	台　湾　名
macro analysis	常量分析	巨量分析
macrocycle（=large ring）	大环	大環
macrocyclic alkaloid	大环生物碱	大環生物鹼
macrocyclic diterpene	大环二萜	大環二萜
macrocyclic effect	大环效应	大環效應
macrocyclic ligand	大环配体	大環配位子,大環配位基
macrocyclic polymer	大环聚合物	巨環聚合物
macroinitiator	大分子引发剂	巨分子引發劑
macrolide-antibiotic	大环内酯抗生素	巨環內酯抗生素
macromer（=macromonomer）	大[分子]单体	巨[分子]單體
macromolecular isomorphism	高分子[异质]同晶现象	巨分子類質同形現象
macromolecular ligand	大分子配体	巨分子配位子, 巨分子配位基
macromolecule	高分子	巨分子
macromonomer	大[分子]单体	巨[分子]單體
macroporous polymer	大孔聚合物	大孔聚合物
macroreticular resin	大网络树脂	大孔樹脂
magic angle	魔角	魔角
magic nucleus	幻核	魔核，巧合核
magic number	幻数	巧數，魔數
magnesite	菱镁矿	菱鐵礦
magnetically anisotropic group	磁各向异性基团	磁各向異性基團
magnetic analyzer	磁分析器	磁分析器
magnetic deflection	磁偏转	磁偏轉
magnetic field scan	磁场扫描	磁場掃描
magnetic hysteresis loop	磁滞回线	磁滯迴線
magnetic material	磁性材料	磁性材料
magnetic moment	磁矩	磁矩
magnetic optical rotation	磁致旋光	磁致旋光
magnetic polymer	磁性聚合物	磁性聚合物
magnetic quantum number	磁量子数	磁量子數
magnetic resonance imaging（MRI）	磁共振成像	磁共振造影
magnetic sector	扇形磁场	扇形磁場
magnetic sector-type mass spectrometer	扇形场质谱仪	扇形磁場質譜儀
magnetic stirrer	[电]磁搅拌器	磁攪拌器

英　文　名	大　陆　名	台　湾　名
magnetic susceptibility	磁化率	磁化率, 感磁率, 感磁性
magnetism	磁性	磁性
magnetization	磁化强度	磁化
magnetogyric ratio	磁旋比	迴轉磁比
magneto-resistance effect	磁阻效应	磁阻效應
magnitude spectrum	量值谱	量譜
main band	主带	主[頻]帶
main chain	主链	主鏈
main chain liquid crystalline polymer	主链型液晶聚合物	主鏈型液晶聚合物
main effect	主效应	主效應
main group	主族	主族
makeup gas	补充气	補充氣體
malachite	孔雀石	孔雀石
malachite green	孔雀绿	孔雀綠
malonyl urea	丙二酰脲，巴比妥酸	丙二醯脲，巴比妥酸
maltose	麦芽糖	麥芽糖
mandelic acid	苦杏仁酸	苦杏仁酸
manipulator	机械手	機械手，操縱器
man-made〔radio〕element	人造放射性元素	人造放射性元素
Mannich base	曼尼希碱	曼尼希鹼
manual injector	手动进样器	手動注射器
MAPD（=matrix-assisted plasma desorption）	基质辅助等离子体解吸	基質輔助電漿脫附
Markovnikov's rule	马尔科夫尼科夫规则	馬可尼可夫法則
masking agent	掩蔽剂	罩護劑
masking index	掩蔽指数	遮蔽指數
mass defect	质量亏损	質量虧損
mass discrimination	质量歧视效应	質量鑑別
mass dispersion	质量色散	質量分散
mass distribution function	质量分布函数	質量分布函數
mass distribution of fission product	裂变产物的质量分布	分裂產物質量分布
mass fragmentogram	碎片质量谱图	碎片質量譜圖
mass marker	质量数指示器	質量標示物
mass number	质量数	質量數
mass polymerization（=bulk polymerization）	本体聚合	總體聚合，大塊聚合
mass range	质量范围	質量範圍
mass sensitive detector	质量敏感型检测器	質量感應偵檢器
mass spectrometer	质谱仪	質譜儀
mass spectrometric detector（MSD）	质谱检测器	質譜偵檢器

英　文　名	大　陆　名	台　湾　名
mass spectrometry（MS）	质谱法	質譜法
mass spectrum	质谱图	質譜
mass standard	质量标样	質量標準
mass stopping power	质量阻止本领	質量阻制力
mass-to-charge ratio	质荷比	質荷比
mass-transfer by convection	对流传质	對流質量轉移
mass-transfer by diffusion	扩散传质	擴散質量轉移
mass-transfer by electromigration	电迁移传质	電遷移質量轉移
mass transfer process	传质过程	質［量］傳［遞］過程
mass transfer resistance	传质阻力	質［量］傳［遞］阻力
mass yield	质量产额	質量產率
master-slave manipulator	主从机械手	主從機械手，主從操作器
material balance	物料平衡	物料均衡
matrix	①基质　②矩阵	①基質　②矩陣
matrix-assisted laser desorption ionization	基质辅助激光解吸电离	基質輔助雷射脱附游離
matrix-assisted laser desorption ionization-time of flight mass spectrometer	基质辅助激光解吸飞行时间质谱仪	基質輔助雷射脱附飛行時間質譜儀
matrix-assisted plasma desorption（MAPD）	基质辅助等离子体解吸	基質輔助電漿脱附
matrix effect	基体效应	間質效應
matrix interference	基体干扰	基質干擾
matrix modifier	基体改进剂	基質修飾劑
maximum absorption wavelength	最大吸收波长	最大吸收波長
maximum allowable error	最大容许误差	最大容許誤差
maximum likelihood estimator	极大似然估计量	最大概似估計量
maximum power temperature	最大功率升温	最大功率升溫
maximum pyrolysis temperature	最大裂解温度	最大熱解溫度
Maxwell model	麦克斯韦模型	馬克士威模型
Maxwell relation	麦克斯韦关系	馬克士威關係
MBT（=mercaptobenzothiazole）	巯基苯并噻唑	氫硫苯并噻唑，巯苯并噻唑，苯并噻唑硫醇
MCIC（=metal complex ion chromatography）	金属配合物离子色谱法	金屬錯合離子層析法
MCR（=multicomponent reaction）	多组分反应	多成分反應
McReynold constant	麦克雷诺常数	麥克雷諾常數
mean ionic activity coefficient	平均离子活度系数	平均離子活性［度］係數
mean life（=average life）	平均寿命	平均壽命
mean square radius of gyration	均方回转半径	均方迴轉半徑
measurement error	测量误差	測量誤差，量測誤差

英　文　名	大　陆　名	台　湾　名
measuring pipet	吸量管	量吸管
mechanism of ion fragmentation	离子碎裂机理	離子碎斷機制
mechanochemical degradation	力化学降解	機械化學降解
median	中位值	中位數，中項
medical cyclotron	医用回旋加速器	醫用迴旋加速器
medical electron accelerator	医用电子加速器	醫用電子加速器
medical internal radiation dose	医学内照射剂量	醫學內照射劑量
medical radioactive waste	医用放射性废物	醫用放射性廢料
medium ring	中环	中環
MEEKC（=microemulsion electrokinetic chromatography）	微乳液电动色谱法	微乳液電動層析法
MEKC（=micellar electrokinetic chromatography）	胶束电动色谱法	微胞電動層析法
Meker burner	麦克灯	麥克爾燈
melamine-formaldehyde resin	三聚氰胺-甲醛树脂	三聚氰胺-甲醛樹脂
melamine resin（=melamine-formal dehyde resin）	三聚氰胺-甲醛树脂	三聚氰胺-甲醛樹脂
melittin	蜂毒肽	蜂毒肽
melt adhesive	热熔黏合剂	熱熔黏合劑
melt flow rate	熔体流动速率	熔體流動速率
melt fracture	熔体破裂	熔體破裂
melt phase polycondensation	熔融缩聚	熔融聚縮
melt spinning	熔纺	熔紡
membrane electrochemistry	膜电化学	膜電化學
membrane extraction	膜萃取	薄膜萃取
membrane inlet mass spectrometry（MIMS）	膜导入质谱法	膜導入質譜法
membrane introduction mass spectrometry	膜进样质谱法	膜進樣質譜法
memory effect	记忆效应	記憶效應
menthane	薄荷烷[类]	薄荷烷，蓋烷
MEP（=minimum energy path）	最低能量途径	最低能量途徑
mercaptan（=thiol）	硫醇	硫醇
mercaptobenzothiazole（MBT）	巯基苯并噻唑	氫硫苯并噻唑，巯苯并噻唑，苯并噻唑硫醇
mercuration	汞化	加汞作用
mercurimetry	汞量法	汞量法
mercury film electrode	汞膜电极	汞膜電極
mercury pool electrode	汞池电极	汞池電極
meridianal isomer	经式异构体	經式異構物
meschemistry	介子化学	介子化學

英　文　名	大　陆　名	台　湾　名
mesh	［筛］目	篩目
meso analysis（=semimicro analysis）	半微量分析	半微量分析
meso-compound	内消旋化合物	内消旋化合物
meson chemistry（=meschemistry）	介子化学	介子化學
mesonic atom	介子原子	介子原子
mesonium	介子素	介子
metabolic imaging	代谢显像	代謝顯像
meta directing group	间位定位基	間位定向基,間位引位基
metal	金属	金屬
metal binding protein	金属结合蛋白	金屬結合蛋白質
metal binding site	金属结合部位	金屬結合部位
metal carbene	金属卡宾	金屬碳烯
metal carbonyl	金属羰基化合物	金屬羰基化合物
metal carbyne	金属卡拜	金屬碳炔
metal cluster	金属簇	金屬簇
metal complex catalyst	金属络合物催化剂	金屬錯合物催化劑
metal complex ion chromatography（MCIC）	金属配合物离子色谱法	金屬錯合離子層析法
metal coordination polymer	金属配位聚合物	金屬配位聚合物
metal fluorescent indicator	金属荧光指示剂	金屬螢光指示劑
metal hydride	金属氢化物	金屬氫化物
metal indicator	金属指示剂	金屬指示劑
metal ion activated enzyme	金属离子激活酶	金屬離子活化酶
metallation	金属化	金屬化［作用］
metallic electrode	金属电极	金屬電極
metalloborane	金属硼烷	金屬硼烷
metallocarbene（=metal carbene）	金属卡宾	金屬碳烯
metallocarborane	金属碳硼烷	金屬碳硼烷
metallocarbyne（=metal carbyne）	金属卡拜	金屬碳炔
metallocene	茂金属	金屬芳香類
metallocene catalyst	［二］茂金属催化剂	［二］茂金屬催化劑
metallochaperone	金属伴侣	金屬伴侶
metallocycle	金属杂环	金屬雜環
metalloenzyme	金属酶	金屬酶
metallofullerene	金属富勒烯	金屬富勒烯
metalloid	半金属	類金屬
metallo ligand	金属配合物配体	金屬錯合物配位子,金屬錯合物配位基
metalloporphyrin	金属卟啉	金屬紫質,金屬卟啉
metalloprotein	金属蛋白	金屬蛋白

英　文　名	大　陆　名	台　湾　名
metallothionein	金属硫蛋白	金屬硫蛋白
metal-metal bond	金属-金属键	金屬-金屬鍵
metal-metal multiple bond	金属-金属多重键	金屬-金屬多重鍵
metal-metal quadruple bond	金属-金属四重键	金屬-金屬四重鍵
metal nitrosyl complex	金属亚硝酰配合物	金屬亞硝醯錯合物
metal organic chemical vapor deposition （MOCVD）	金属有机气相沉积	金屬有機氣相沈積
metal-organic framework	金属有机骨架	金屬有機骨架
metalphthalein	金属酞	金屬酞
metal phthalocyanine	金属酞菁	金屬酞青
metal transporter	金属转运载体	金屬運輸載體
meta position	间位	間位
metastable ion	亚稳离子	介穩離子
metastable ion decay（MID）	亚稳离子衰减	介穩離子衰變
metastable peak	亚稳峰	介穩峰
metastable state	亚稳态	介穩[狀]態
metathesis	①复分解　②换位反应	①複分解　②歧化[反應]
metathesis polymerization	易位聚合	移位聚合
methionine	甲硫氨酸，蛋氨酸	甲硫胺酸
method of peak area measurement	峰面积测量法	峰面積測量法
method of peak height measurement	峰高测量法	峰高測量法
methylal resin	缩甲醛树脂	縮甲醛樹脂
methylaluminoxane	甲基铝氧烷	甲基鋁氧烷
methyl cellulose	甲基纤维素	甲纖維素
methylenation	亚甲基化反应	亞甲基化反應
methylene blue	亚甲蓝	亞甲藍
methylidenation（=methylenation）	亚甲基化反应	亞甲基化反應
methyl orange	甲基橙	甲基橙
methyl red	甲基红	甲基紅
methyl red test	甲基红试验	甲基紅試驗
methylthymol blue	甲基百里酚蓝	甲基瑞香草酚藍
methylvinyl silicone rubber	甲基乙烯基硅橡胶	甲基乙烯基矽氧橡膠
methyl yellow	甲基黄	甲基黃
mica	云母	雲母
micellar electrokinetic chromatography （MEKC）	胶束电动色谱法	微胞電動層析法
micellar inclusion complex	胶束包合络合物	微胞包容錯合物
micellar sensitization	胶束增敏作用	微胞增敏作用

英 文 名	大 陆 名	台 湾 名
micellar solubilization	胶束增溶作用	微胞增溶作用
micellar solubilization spectrophotometry	胶束增溶分光光度法	微胞增溶分光光度法
micelle	胶束	微胞，微膠粒
micelle-sensitized flow injection spectrophotometry	胶束增敏流动注射分光光度法	微胞增敏流動注射分光光度法
micelle-sensitized kinetic photometry	胶束增敏动力学光度法	微胞增敏動力學光度法
micelle-sensitized spectrofluorimetry	胶束增敏荧光分光法	微胞增敏螢光分光法
micelle-stabilized room temperature phosphorimetry（MS-RTP）	胶束增稳室温磷光法	微胞增穩室溫磷光法
Michael addition reaction	迈克尔加成反应	麥可加成反應
microanalysis	显微分析	微量分析
micro［analytical］balance	微量天平	微天平，微量天平
microbe electrode sensor	微生物电极传感器	微生物電極感測器
microcanonical ensemble	微正则系综	微［觀］正则系集
microcanonical partition function	微正则配分函数	微正则分配函數
microchip electrophoresis	芯片电泳	微晶片電泳
micro-chromatograph	微型色谱仪	微［型］層析儀
micro-column liquid chromatography	微柱液相色谱法	微管柱液相層析法
microcoulometric detector	微库仑检测器	微庫侖偵檢器
microdensitometer（=microphotometer）	测微光度计	微光度計
microelectrode	微电极	微電極
microelement	微量元素	微量元素
microemulsion electrokinetic chromatography（MEEKC）	微乳液电动色谱法	微乳液電動層析法
microemulsion polymerization	微乳液聚合	微乳化聚合
microemulsion stabilized room temperature phosphorimetry	微乳液增稳室温磷光法	微乳狀液增穩室溫磷光法
microfluidics	微流控	微流控
microfurnace pyrolyzer	微炉裂解器	微爐熱解器
microgel	微凝胶	微凝膠
micromorphology analysis	显微形貌分析	微形態分析
microphase domain	微相区	微相區
microphotometer	测微光度计	微光度計
micro-photon emission computed tomography	微型单光子发射计算机断层显像	微型光子發射電腦斷層掃描攝影術
micro-positron emission tomography	微型正电子发射断层显像	微型正［電］子發射斷層攝影術
microscopic analysis	显微镜分析	顯微鏡分析
microscopic fluorescence imaging analysis	显微荧光成像分析	顯微螢光成像分析

英　文　名	大　陆　名	台　湾　名
microscopic Raman spectroscopy	显微拉曼光谱	顯微拉曼光譜
microscopic reversibility	微观可逆性	微觀可逆性
microstructure analysis	显微结构分析	微結構分析
micro-total analysis system（μ-TAS）	微全分析系统	微全分析系統
microwave assisted reaction	微波促进反应	微波輔助反應
microwave cure	微波硫化	微波硫化
microwave digestion	微波消解	微波消化［法］
microwave excited electrodeless discharge lamp	微波激发无极放电灯	微波激發無電極放電燈
microwave extraction separation	微波萃取分离	微波萃取分離
microwave induced plasma（MIP）	微波诱导等离子体	微波誘導電漿
microwave induced plasma atomic absorption spectrometer	微波诱导等离子体原子吸收光谱仪	微波誘導電漿原子吸收光譜儀
microwave induced plasma atomic emission spectrometry（MIP-AES）	微波诱导等离子体原子发射光谱法	微波誘導電漿原子發射光譜法
microwave plasma emission spectroscopic detector	微波等离子体发射光谱检测器	微波電漿發射光譜偵檢器
MID（=metastable ion decay）	亚稳离子衰减	介穩離子衰變
middle-pressure liquid chromatography	中压液相色谱法	中壓液相層析法
migration	迁移	移動，遷移
migration current	迁移电流	移動電流，遷移電流
migration time	迁移时间	移動時間
migratory aptitude	迁移倾向	遷移傾向
migratory insertion	迁移插入［反应］	遷移插入［反應］
MIMS（=membrane inlet mass spectrometry）	膜导入质谱法	膜導入質譜法
mineralization	矿化	礦化［作用］
mineralized tissue	矿化组织	礦化組織
minimum detectable concentration	最低检测浓度	最小偵檢濃度
minimum detectable quantity	最小检出量	最小檢出量
minimum energy path（MEP）	最低能量途径	最低能量途徑
minimum residual method	最小残差法	最小殘差法
minor actinide	次［要］锕系元素	次要錒系元素
MIP（=microwave induced plasma）	微波诱导等离子体	微波誘導電漿
MIP-AES（=microwave induced plasma atomic emission spectrometry）	微波诱导等离子体原子发射光谱法	微波誘導電漿原子發射光譜法
mirror image	镜像	鏡像
mirror symmetry	镜面对称	鏡像對稱
miscibility	相溶性	互溶性
misplaced atom	错位原子	錯位原子

英　文　名	大　陆　名	台　湾　名
mixed-bed ion exchange stationary phase	混合床离子交换固定相	混合床離子交換固定相
mixed constant	混合常数	混合常數
mixed crystal coprecipitation	混晶共沉淀	混晶共沈澱
mixed indicator	混合指示剂	混合指示劑
mixed ligand coordination compound	混合配体配合物	混合配位基配位化合物
mixed oxide	混合[铀、钚]氧化物	混合[鈾、鈽]氧化物
mixed sandwich complex	混合夹心配合物	混合夾心錯合物
mixed valence	混合价	混合價
mixed valence compound	混合价[态]化合物	混價化合物
mixer settler	混合澄清槽	混合澄清槽
mixing	混炼	混合
mixing period	混合期	混合期
mixture	混合物	混合物
MLR（=multivariate linear regression）	多元线性回归	多變量線性回歸
mobile phase	流动相	[流]動相
mobility	迁移率	流動性，流動率
mobilization	可移动化	可移動化
MOCVD（=metal organic chemical vapor deposition）	金属有机气相沉积	金屬有機氣相沈積
modified electrode	修饰电极	修飾電極
modified simplex method	改进单纯形法	修飾單純形法
modified support	改性载体	修飾載體
modifier	改性剂	修飾劑，調節劑
Mohr salt	莫尔盐	莫爾鹽，鐵銨礬
Mohr method	莫尔法	莫爾法
moisture content	含湿量	水分含量，濕分
molality	质量摩尔浓度	重量莫耳濃度
molar absorptivity	摩尔吸光系数	莫耳吸收率
molar abundance	摩尔丰度	莫耳豐度
molar conductivity	摩尔电导率	莫耳導電度
molar entropy	摩尔熵	莫耳熵
molar fraction	摩尔分数	莫耳分率
molar gas constant	摩尔气体常数	莫耳氣體常數
molar heat capacity	摩尔热容	莫耳熱容[量]
molar heat capacity at constant pressure	定压摩尔热容	定壓莫耳熱容[量]
molar heat capacity at constant volume	定容摩尔热容	定容莫耳熱容[量]
molar internal energy	摩尔内能	莫耳內能
molarity	摩尔浓度	體積莫耳濃度
molar mass	摩尔质量	莫耳質量

英 文 名	大 陆 名	台 湾 名
molar mass average	摩尔质量平均	莫耳質量平均
molar mass exclusion limit	摩尔质量排除极限	莫耳質量排除極限
molar rotation	摩尔旋光	莫耳旋光[度]
molar solubility	摩尔溶解度	莫耳溶解度
molar susceptibility	摩尔磁化率	莫耳磁化率
molar volume	摩尔体积	莫耳體積
moulding	模塑	模製，成型
mole	摩尔	莫耳
molecular absorption	分子吸收	分子吸收
molecular absorption band	分子吸收谱带	分子吸收光譜帶
molecular absorption spectrum	分子吸收光谱	分子吸收光譜
molecular activation analysis	分子活化分析	分子活化分析
molecular assembly	分子组装	分子組裝
molecular beam	分子束	分子束
molecular clamp	分子钳	分子鉗
molecular crystal	分子晶体	分子晶體
molecular distillation	分子蒸馏	分子蒸餾
molecular dynamics simulation	分子动力学模拟	分子動力學模擬
molecular emission spectrum	分子发射光谱	分子發射光譜
molecular entity	分子实体	分子實體
molecular fluorescence analysis	分子荧光分析法	分子螢光分析法
molecular formula	分子式	分子式
molecular fragment	分子片	分子碎片
molecular imaging	分子影像学	分子影像學
molecular ion	分子离子	分子離子
molecularity	反应分子数	分子數，分子性
molecular knot	分子结	分子結
molecular machine	分子机器	分子機器
molecular modeling	分子建模	分子模擬
molecular motor	分子马达	分子馬達
molecular nuclear medicine	分子核医学	分子核醫學
molecular nucleation	分子成核作用	分子成核作用
molecular orbital	分子轨道	分子軌域
molecular orbital method	分子轨道法	分子軌域法
molecular partition function	分子配分函数	分子分配函數
molecular plating	分子镀	分子鍍
molecular probe	分子探针	分子探針
molecular reaction	分子反应	分子反應
molecular reaction dynamics	分子反应动力学	分子反應動力學

英　文　名	大　陆　名	台　湾　名
molecular rearrangement	分子重排	分子重排
molecular recognition	分子识别	分子辨識
molecular ribbon	分子带	分子帶
molecular separator	分子分离器	分子分離器
molecular shuttle	分子梭	分子梭
molecular sieve	分子筛	分子篩
molecular spectrum	分子光谱	分子光譜
molecular thermodynamics	分子热力学	分子熱力學
molecular weight	分子量	分子量
molecular weight distribution	分子量分布	分子量分布
molecular weight exclusion limit	分子量排除极限	分子量排除極限
molecule	分子	分子
molecule self-assembly	分子自组装	分子自組裝
molting hormone（=ecdysone）	蜕皮激素	蜕皮激素
molybdenite	辉钼矿	輝鉬礦，鉬鐵礦
momentum spectrum	动量谱	動量譜
monazite	独居石	獨居石
Monel metal	蒙乃尔合金	蒙乃爾合金
monochromatic X-ray absorption analysis	单色 X 射线吸收分析〔法〕	單色 X 射線吸收分析〔法〕
monocyclic diterpene	单环二萜	單環二萜
monocyclic monoterpene	单环单萜	單環單萜
monocyclic sesquiterpene	单环倍半萜	單環倍半萜
monodentate ligand	单齿配体	單牙配位子，單牙配位基
monodisperse polymer	单分散聚合物	單分散聚合物
monodispersity	单分散性	單分散性
monofil	单丝	單絲[纖維]
monofilament（=monofil）	单丝	單絲[纖維]
monohydride catalyst	单氢催化剂	單氫催化劑
monoisotopic mass	单一同位素质量	單一同位素質量
monolithic column	整体柱	整體管柱
monomer	单体	單體
monomer casting	单体浇铸	單體澆鑄
monomeric unit	单体单元	單體單元
mononuclear complex	单核络合物	單核錯合物
mononuclear coordination compound	单核配合物	單核配位化合物
mononucleotide	单核苷酸	單核苷酸
monooxygenase	单加氧酶	單加氧酶，單氧化酶

英　文　名	大　陆　名	台　湾　名
monoprotic acid	一元酸	單質子酸
monosaccharide	单糖	單醣類
monoterpene	单萜	單萜
monothioacetal	单硫缩醛	單硫縮醛
monothioketal	单硫缩酮	單硫縮酮
Monte Carlo method	蒙特卡罗法	蒙地卡羅法
Mooney viscosity	穆尼黏度	孟納黏度
morin	桑色素	桑色素，2′,3,4′,5,7-五羥黃酮
morpholine	吗啉	嗎福林，味啉
morphology of polymer	聚合物形态	聚合物形態
mortar	研钵	①研缽 ②灰泥
Mössbauer source	穆斯堡尔源	梅斯堡源
Mössbauer spectrometer	穆斯堡尔谱仪	梅斯堡譜儀
most probable charge	最概然电荷	最概然電荷，最可能電荷
most probable distribution	最概然分布	最可能分布
mould cure	模压硫化	模壓硫化
moving boundary electrophoresis	移动界面电泳	移動介面電泳
MPI（=multiphoton ionization）	多光子电离	多光子游離
MQT（=multiple quantum transition）	多量子跃迁	多量子躍遷
MRI（=magnetic resonance imaging）	磁共振成像	磁共振造影
MS（=mass spectrometry）	质谱法	質譜法
MSD（=mass spectrometric detector）	质谱检测器	質譜偵檢器
MS/MS（=tandem mass spectrometry）	串级质谱法	串聯式質譜法
MS-RTP（=micelle-stabilized room temperature phosphorimetry）	胶束增稳室温磷光法	微胞增穩室溫磷光法
muffle furnace	马弗炉	套爐，回熱爐
multi-atomic ion	多原子离子	多原子離子
multiaxial drawing	多轴拉伸	多軸拉伸
multi-channel analyzer	多道分析器	多頻道分析儀
multi-channel spectrometer	多道谱仪	多[頻]道譜儀
multi-channel X-ray fluorescence spectrometer	多道X射线荧光光谱仪	多頻道X射線螢光光譜儀
multichromatic X-ray absorption analysis	多色X射线吸收分析[法]	多色X射線吸收分析[法]
multicomponent reaction（MCR）	多组分反应	多成分反應
multicomponent spectrophotometry	多组分分光光度法	多組分分光光度法
multicopper oxidase	多铜氧化酶	多銅氧化酶

英 文 名	大 陆 名	台 湾 名
multidecker sandwich complex	多层夹心配合物	多層夾心配合物
multi dimensional chromatography	多维色谱法	多維層析法
multidimensional nuclear magnetic resonance	多维核磁共振	多維核磁共振
multifilament	复丝	多絲纖維
multi-layer blow moulding	多层吹塑	多層吹塑
multi-layer extrusion	多层挤出	多層擠出
multi-nuclear magnetic resonance	多核磁共振	多核磁共振
multinucleon transfer reaction	多核子转移反应	多核子轉移反應
multiphoton ionization（MPI）	多光子电离	多光子游離
multiple-charged ion	多电荷离子	多電荷離子
multiple collector	多接收器	多接收器
multiple collision	多重碰撞	多重碰撞
multiple comparison	多重比较	多重比較法
multiple development	多次展开[法]	多重展開法
multiple ion monitoring	多离子监测	多離子監測
multiple irradiation	多重照射	多重照射
multiple linear regression spectrophotometry	多元线性回归分光光度法	多[元]線性回歸分光光度法
multiple quantum transition（MQT）	多量子跃迁	多量子躍遷
multiple regression analysis	多元回归分析	多元回歸分析,多重回歸分析
multiplet	多重峰,多重态	多重[譜]線
multiplet line absorption interference	多重线吸收干扰	多重線吸收干擾
multiple-wavelength spectrophotometry	多波长分光光度法	多波長分光光度法
multiplication effect	放大效应	放大效應,增殖效應
multiply deprotonated molecule	多重去质子分子	多重去質子分子
multiply protonated molecule	多重质子化分子	多重質子化分子
multipolymer	多元聚合物	多[元]聚[合]物
multistep attenuator	阶梯减光板	多階衰減器
multi-sweep voltammetry	多扫循环伏安法	多掃循環伏安法
multivariate linear regression（MLR）	多元线性回归	多變量線性回歸
muon spectroscopy	μ子谱学	緲子譜學
murexide	紫脲酸铵	紫尿酸銨
muscovite	白云母	白雲母
mutarotation	变旋作用	變旋[作用]
mutual diffusion	互扩散	相互擴散
mutual radiation grafting	共辐射接枝	共輻射接枝
myoglobin	肌红蛋白	肌紅蛋白,肌球蛋白

N

英　文　名	大　陆　名	台　湾　名
NACE(=nonaqueous capillary electro-phoresis)	非水毛细管电泳	非水[相]毛细管電泳
NaI(Tl) scintillator	NaI(Tl)闪烁体	NaI(Tl)閃爍體,NaI(Tl)閃爍器
naked cluster	裸簇	裸團簇
nano analytical chemistry	纳米分析化学	奈米分析化學
nanochemistry	纳米化学	奈米化學
nanoelectrochemistry	纳米电化学	奈米電化學
nanoelectrode	纳米电极	奈米電極
nanoelectrospray(nano ES)	纳升电喷雾	奈電灑[法]
nano ES(=nanoelectrospray)	纳升电喷雾	奈電灑[法]
nano-fiber	纳米纤维	奈米纖維
nanoflow electrospray	纳喷雾	奈流電灑
nanomaterial	纳米材料	奈米材料
nanoparticle	纳米粒子	奈米粒子
nanostructure	纳米结构	奈米構造
nanotechnology	纳米技术	奈米技術
nanotube	纳米管	奈米管
nanowire	纳米线	奈米線
naphthalene	萘	萘
naphtho[1,8-*de*]pyrimidine	萘并[1,8-*de*]嘧啶	萘并[1,8-*de*]嘧啶,吥啶
5,6-naphthoquinoline	5,6-萘喹啉	5,6-苯并喹啉
naphthoquinone	萘醌	萘醌
naphthyridine(=pyrido[2,3-*b*]pyridine)	吡啶并[2,3-*b*]吡啶	唥啶,吡啶并[2,3-*b*]吡啶
narrow beam	窄[辐射]束	細射柱,細光束
native defect(=intrinsic defect)	本征缺陷	本質缺陷
natural amino acid	天然氨基酸	天然胺基酸
natural fiber	天然纤维	天然纖維
natural line width	自然线宽	自然[譜]線寬
natural macromolecule	天然高分子	天然巨分子
natural radioelement	天然放射性元素	天然放射元素
natural radionuclide	天然放射性核素	天然放射核種
natural resin	天然树脂	天然樹脂
natural rubber	天然橡胶	天然橡膠
natural uranium(NU)	天然铀	天然鈾

英　文　名	大　陆　名	台　湾　名
2nd FFR（=second field-free region）	第二无场区	第二無場區
near field	近场	近場
near field laser thermal lens spectrometry	近场激光热透镜光谱法	近場雷射熱透鏡光譜法
near field optical microscope	近场光学显微镜	近場光學顯微鏡
near field spectrometer	近场光谱仪	近場光譜儀
near infrared diffuse reflection spectrometry	近红外漫反射光谱法	近紅外線漫散反射光譜法
near infrared Fourier transform surface-enhanced Raman spectrometry（NIR-FT-SERS）	近红外傅里叶变换表面增强拉曼光谱法	近紅外傅立葉轉換表面增強拉曼光譜法
near infrared spectrometry（NIRS）	近红外光谱法	近紅外線光譜法
near infrared spectrum（NIR）	近红外光谱	近紅外線光譜
nebulization efficiency	雾化效率	霧化效率
nebulizer	雾化器	霧化器
necking	颈缩现象	頸化
negative correlation	负相关	負相關
negative electrode	负极	負[電]極
negative ion chemical ionization（NICI）	负离子化学电离	負離子化學游離
negative ion mass spectrum	负离子质谱	負離子質譜
negative peak	负峰	負峰
neighboring group assistance	邻助作用	鄰基協助
neighboring group effect	邻基效应	鄰基效應
neighboring group participation	邻基参与	鄰基參與
nematic phase	向列相	向列相
neocupferron	新铜铁试剂	新銅鐵試劑，新銅鐵靈
neolignan	新木脂素	新木脂素
nephelometry	浊度法	散射測濁法，散射濁度測定法
neptunium decay series	镎衰变系	錼衰變系
neptunium family（=neptunium decay series）	镎衰变系	錼衰變系
neptunyl	镎酰	錼醯基
nereistoxin	沙蚕毒素	沙蠶毒素
nerviness	回缩性	回縮性
Nessler reagent	奈斯勒试剂	內斯勒試劑
net retention time	净保留时间	淨滯留時間
net retention volume	净保留体积	淨滯留體積
network	网络	網路
neutral filter	中性滤光片	中性濾光片

英　文　名	大　陆　名	台　湾　名
neutral flame	中性火焰	中性火焰
neutral fragment reionization（NFR）	中性碎片再电离	中性碎片再游離
neutralization	中和	中和[作用]
neutralization reionization mass spectrometry（NRMS）	中性化再电离质谱法	中性化再游離質譜法
neutral point	中性点	[酸鹼]中和點，[電]中性點
neutral red	中性红	中性紅
neutron absorption	中子吸收	中子吸收
neutron activation analysis	中子活化分析	中子活化分析
neutron capture	中子俘获	中子捕獲
neutron counter	中子计数器	中子計數器，中子數計
neutron detector	中子探测器	中子偵檢器
neutron diffraction analysis	中子衍射分析	中子繞射分析
neutron dosimeter	中子剂量计	中子劑量計
neutron fluence	中子注量	中子注量，中子通量
neutron fluence rate	中子注量率	中子注量率
neutron generator	中子发生器	中子產生器
neutron monitor	中子监测器	中子監測器
neutron photography	中子照相术	中子照相術
neutron-rich nuclide	丰中子核素	豐中子核素
neutron scattering analysis	中子散射分析	中子散射分析
neutron source	中子源	中子源
neutron spectroscopy	中子谱学	中子譜學
Newman projection	纽曼投影式	紐曼投影式
Newtonian fluid	牛顿流体	牛頓流體
Newtonian shear viscosity	牛顿剪切黏度	牛頓剪切黏度
NFR（=neutral fragment reionization）	中性碎片再电离	中性碎片再游離
NICI（=negative ion chemical ionization）	负离子化学电离	負離子化學游離
nido-	巢式	巢
nigrometer	黑度计	黑度計
Nile blue A	尼罗蓝 A	尼羅藍 A
ninhydrin reaction	茚三酮反应	寧海準反應
NIR（=near infrared spectrum）	近红外光谱	近紅外線光譜
NIR-FT-SERS（=near-infrared Fourier transform surface-enhanced Raman spectrometry）	近红外傅里叶变换表面增强拉曼光谱法	近紅外傅立葉轉換表面增強拉曼光譜法
NIRS（=near infrared spectrometry）	近红外光谱法	近紅外線光譜法
nitramine	硝胺	硝胺，四硝基炸藥

英 文 名	大 陆 名	台 湾 名
nitrate reductase	硝酸盐还原酶	硝酸鹽還原酶
nitration	硝化	硝化[作用]
nitrene	氮宾	氮烯
nitrenium ion	氮正离子	氮正離子
nitrile	腈	腈
nitrile oxide	腈氧化物	腈氧化物
nitrile rubber(=butadiene-acrylonitrile rubber)	丁腈橡胶	丁二烯-丙烯腈橡膠
nitrile sulfide	腈硫化物	腈硫化物
nitrile ylide	腈叶立德	腈偶極體
nitrilimine	腈亚胺	腈亞胺
nitrilium ion	腈正离子	腈正離子
nitrilotriacetic acid(NTA)	氨三乙酸	氮[基]三醋酸
nitrimine	硝亚胺	硝亞胺
nitrite reductase	亚硝酸盐还原酶	亞硝酸鹽還原酶
nitro-compound	硝基化合物	硝基化合物
nitrogenase	固氮酶	固氮酶
nitrogen fixation	固氮[作用]	固氮作用，氮固定
nitrogen-phosphorus detector(NPD)	氮-磷检测器	氮-磷偵檢器
nitrogen ylide	氮叶立德	氮偶極體
nitron	硝酸试剂	試硝酸靈
nitrone	硝酮	硝酮
nitrosation	亚硝化	亞硝化
nitrosimine	亚硝亚胺	亞硝亞胺
nitroso compound	亚硝基化合物	亞硝基化合物
1-nitroso-2-naphthol	1-亚硝基-2-萘酚	1-亞硝-2-萘酚
nitrous oxide-acetylene flame	氧化亚氮-乙炔火焰	氧化亞氮-乙炔火焰
nitroxide-mediated polymerization	氮氧[自由基]调控聚合	氮氧自由基調控聚合
NMRI(=nuclear magnetic resonance imaging)	核磁共振成像	核磁共振造影
NMR spectroscopy(=nuclear magnetic resonance spectroscopy)	核磁共振波谱法	核磁共振譜法
noble gas	稀有气体	惰性氣體，鈍氣
noble metal	贵金属	貴金屬
no-bond resonance	无键共振	無鍵共振
no-carrier-added	不加载体	不加載體
NOE(=nuclear Overhauser effect)	核欧沃豪斯效应	核奧佛豪瑟效應
no equilibrium	不平衡	不平衡

英　文　名	大　陆　名	台　湾　名
nominally labeled compound	准定位标记化合物	標稱標誌化合物
non-absorption line	非[原子]吸收谱线	非[原子]吸收[譜]線
non-adiabatic process	非绝热过程	非絕熱過程
non-adsorptive support	非吸附性载体	非吸附性載體
non-alternant hydrocarbon	非交替烃	非交替烴
non-aqueous capillary electrophoresis （NACE）	非水毛细管电泳	非水[相]毛細管電泳
non-aqueous solvent	非水溶剂	非水溶劑
non-aqueous titration	非水滴定法	非水滴定
non-bonding interaction	非键相互作用	非鍵相互作用
non-classical carbocation	非经典碳正离子	非古典碳正離子, 非古典碳陽離子
non-coded amino acid	非编码氨基酸	非編碼胺基酸
non-congruent melting point	不相合熔点	非合熔點
non-conjugated monomer	非共轭单体	非共軛單體
non-covalent bond	非共价键	非共價鍵
non-crystalline phase（=amorphous phase）	非晶相	非晶相
non-destructive detector	非破坏性检测器	非破壞性偵檢器
non-dispersive atomic fluorescence spectrometer	非色散原子荧光光谱仪	非散光原子螢光光譜儀
non-electrolyte solution	非电解质溶液	非電解質溶液
non-equilibrium（=no equilibrium）	不平衡	不平衡
non-equilibrium statistics	非平衡统计	非平衡統計
non-equilibrium system	非平衡系统	非平衡系統
non-equilibrium thermodynamics	非平衡态热力学	非平衡[態]熱力學
non-essential element	非必需元素	非必需元素
non-faradaic current	非法拉第电流	非法拉第電流
non-ferrous metal	有色金属	非鐵金屬
non-isotopic carrier	非同位素载体	非同位素載體
non-isotopic labeled compound	非同位素标记化合物	非同位素標誌化合物
non-linear chemical kinetics	非线性化学动力学	非線性化學動力學
non-linear chromatography	非线性色谱法	非線性層析
non-linear error	非线性误差	非線性誤差
non-linear non-equilibrium thermo-dynamics	非线性非平衡态热力学	非線性非平衡[態]熱力學
non-linear optical effect	非线性光学效应	非線性光學效應
non-linear regression	非线性回归	非線性回歸
non-linear viscoelasticity	非线性黏弹性	非線性黏彈性
non-metal	非金属	非金屬

英 文 名	大 陆 名	台 湾 名
non-Newtonian fluid	非牛顿流体	非牛頓流體
non-parameter test	非参数检验	非參數檢定
non-polar bonded phase	非极性键合相	非極性鍵結相
non-polar monomer	非极性单体	非極性單體
non-polar polymer	非极性聚合物	非極性聚合物
non-polar solvent	非极性溶剂	非極性溶劑
non-pressure cure	无压硫化	無壓硫化
non-protected fluid room temperature phosphorimetry(NPF-RTP)	无保护流体室温磷光法	無保護流體室溫磷光法
non-protein amino acid	非蛋白[质]氨基酸	非蛋白[質]胺基酸
non-radiative transition	非辐射跃迁	非輻射躍遷
non-reducing sugar	非还原糖	非還原醣
non-resonance atomic fluorescence	非共振原子荧光	非共振原子螢光
non-spontaneous process	非自发过程	非自發過程
non-stoichiometric compound	非整比化合物	非化學計量化合物
non-thermal atomizer	非热原子化器	非熱原子化器
non-uniform polymer(=polydisperse polymer)	多分散性聚合物	多分散聚合物
non-woven fabrics	无纺布，不织布	非織物，不織布
norlignan	降木脂体	降木脂體
normal distribution	正态分布	常態分布，高斯分布
normal hydrogen electrode	标准氢电极	標準氫電極
normalization method	归一化法	歸一化法
normalized intensity	归一化强度	歸一化強度
normal phase high performance liquid chromatography	正相高效液相色谱法	正相高效液相層析法
normal pulse polarography	常规脉冲极谱法	常規脈衝極譜法
normal pulse voltammetry	常规脉冲伏安法	常規脈衝伏安法
norminal mass	标称质量	標稱質量
Norrish type I photoreaction	诺里什-I 光反应	諾里什-I 光反應
Norrish type II photoreaction	诺里什-II 光反应	諾里什-II 光反應
NPD(=nitrogen-phosphorus detector)	氮-磷检测器	氮-磷偵檢器
NPF-RTP(=non-protected fluid room temperature phosphorimetry)	无保护流体室温磷光法	無保護流體室溫磷光法
NQR(=nuclear quadrupole resonance)	核四极共振	核四極柱共振
NRMS(=neutralization reionization mass spectrometry)	中性化再电离质谱法	中性化再游離質譜法
NTA(=nitrilotriacetic acid)	氨三乙酸	氮[基]三醋酸
N-terminal	N 端	N 端

英　文　名	大　陆　名	台　湾　名
NU（=natural uranium）	天然铀	天然鈾
nuclear accident	核事故	核子事故
nuclear battery	核电池	核電池
nuclear binding energy	核结合能	核結合能
nuclear charge	核电荷	核電荷
nuclear chemical engineering	核化工	核化工
nuclear chemistry	核化学	核化學
nuclear cosmochemistry	核宇宙化学	核宇宙化學
nuclear decay	核衰变	核衰變
nuclear electric quadrupole coupling tensor	核电四极耦合张量	核電四極耦合張量
[nuclear] fission	[核]裂变	[核]分裂
nuclear fuel	核燃料	核燃料
nuclear fuel cycle	核燃料循环	核燃料循環
nuclear isomer	[核]同质异能素	核異構素，異構核
nuclear magnetic moment	核磁矩	核磁矩
nuclear magnetic resonance	核磁共振	核磁共振
nuclear magnetic resonance imaging （NMRI）	核磁共振成像	核磁共振造影
nuclear magnetic resonance spectrometer	核磁共振波谱仪	核磁共振儀
nuclear magnetic resonance spectrometer with super-conducting magnet	超导核磁共振波谱仪	超導核磁共振儀
nuclear magnetic resonance spectroscopy （NMR spectroscopy）	核磁共振波谱法	核磁共振譜法
nuclear medicine	核医学	核醫學
nuclear microprobe	核微探针	核微探針
nuclear Overhauser effect（NOE）	核欧沃豪斯效应	核奧佛豪瑟效應
nuclear Overhauser effect spectroscopy	二维欧沃豪斯谱法，二维 NOE 谱法	核奧佛豪瑟譜
nuclear partition function	核配分函数	核分配函數
nuclear pharmaceutical	核药物	核藥物
nuclear pharmacy	核药[物]学	核藥[物]學
nuclear purity	核纯度	核純度
nuclear quadrupole moment	核四极矩	核四極矩
nuclear quadrupole resonance（NQR）	核四极共振	核四極柱共振
nuclear reaction	核反应	核反應
nuclear reaction analysis	核反应分析	核反應分析
nuclear reactor	核反应堆	核反應器
nuclear safeguard	核保障	核防護
nuclear safeguard technique	核保障监督技术	核防護監督技術

英 文 名	大 陆 名	台 湾 名
[nuclear] transmutation	[核]嬗变	核轉變
nuclease	核酸酶	核酸酶
nucleation	成核作用	晶核生成
nucleic acid	核酸	核酸
nucleofuge	离去核体	親核性脱離基
nucleogenesis [of element]	[元素的]核起源	[元素的]核起源
nucleophile	亲核体	親核劑
nucleophilicity	亲核性	親核性
nucleophilic reaction	亲核反应	親核反應
nucleophilic substitution reaction	亲核取代[反应]	親核取代[反應]
nucleoside	核苷	核苷
nucleoside antibiotic	核苷抗生素	核苷抗生素
nucleosynthesis [of element]	[元素的]核合成	[元素的]核合成
nucleotide	核苷酸	核苷酸
nuclide	核素	核種
null hypothesis	原假设	歸零假說
number-average molecular weight	数均分子量	數均分子量
number distribution function	数量分布函数	數量分布函數
number of effective plate	有效塔板数	有效板數
number of [independent] component	[独立]组分数	[獨立]組成分數
number of theoretical plate	理论塔板数	理論板數
nutation	章动	章動，盤旋，旋擺

O

英 文 名	大 陆 名	台 湾 名
o-benzoquinone	邻苯醌	鄰[苯]醌
observed value	观测值	觀測值
occlusion	包藏	包藏，吸藏
occlusion coprecipitation	吸留共沉淀	包藏共沈澱
occupational exposure	职业照射	職業性曝露
octahedral complex	八面体配合物	八面體錯合物
octahedral compound	八面体化合物	八面體化合物
octet rule	八区规则	八隅體法則,八隅體規則
off-line pyrolysis	离线裂解	離線熱解
oil-extended rubber	充油橡胶	充油橡膠
Oklo phenomena	奥克洛现象	奧克洛現象
olation	羟联	羥聯[作用]

英　文　名	大　陆　名	台　湾　名
oleanane	齐墩果烷[类]	齊燉果烷
olefin	烯[烃]	烯烴
olefin complex	烯烃配合物	烯烴錯合物
olefin copolymer	烯烃共聚物	烯烴共聚物
olefin metathesis	烯烃换位反应	烯烴置換[反應]
OLGCA(=on-line gas-chemistry apparatus)	在线气相化学装置	線上氣相化學裝置
oligomer	①低聚物　②寡聚体	①低聚[合]物　②寡聚物
oligomerization	低聚反应	低聚合[作用]
oligonucleotide	寡核苷酸	寡核苷酸，少核苷酸
oligopeptide	寡肽	寡肽，少肽
oligosaccharide	寡糖	寡醣，低[聚]醣
olivine	橄榄石	橄欖石
OMS(=organic mass spectrometry)	有机质谱	有機質譜
once-through fuel cycle	一次通过式燃料循环	一次燃料循環
on-column derivatization	柱上衍生化	[管]柱上衍生化
on-column injection	柱上进样	[管]柱上進樣
one-atom-at-a-time chemistry	每次一个原子的化学	每次一個原子的化學
one-component system	单组分系统	單成分系
one pot reaction	一锅反应	一鍋反應
one-tailed test	单侧检验	單側檢定，單側驗證
one-way valve	单向阀	單向閥
onium ion	鎓离子	鎓離子
onium salt	鎓盐	鎓鹽
on-line analysis	在线分析	線上分析
on-line detection	柱上检测	線上檢測
on-line gas-chemistry apparatus(OLGCA)	在线气相化学装置	線上氣相化學裝置
on-line concentration	在线富集	線上濃縮
Onsager reciprocity relation	昂萨格倒易关系	翁沙格互易關係，翁沙格倒易關係
open-circuit potential	开路电位	開路電位
open-circuit relaxation chronoabsorptometry	开路弛豫计时吸收法	開路鬆弛計時吸收法
open metallocene	敞开式茂金属	敞開式金屬芳香類
open system	敞开系统	開放系統
open tubular column	开管柱	開管柱，中空管柱，空心柱
opioid peptide	阿片样肽	類鴉片肽
opposing reaction	对峙反应	逆向反應，反向反應
optical active polymer	光活性聚合物	光活性聚合物

英 文 名	大 陆 名	台 湾 名
optical analysis	光学分析	光學分析
optical bleaching agent	荧光漂白剂	光漂白劑
optical isomer	旋光异构体	光學異構物
optical isomerism	旋光异构	光學異構現象，光學異構性
optically transparent thin-layer electrochemical cell	光透薄层电化学池	光透薄層電化電池
optically transparent vitreous carbon electrode	光透玻璃碳电极	光透玻璃碳電極
optical purity	旋光纯度	光學純度
optical rotation	旋光性	旋光度
optical rotatory dispersion	旋光色散	旋光色散
optical yield	旋光产率	光學產率
optimal block design	最优区组设计	最佳區組設計
optimal value	最优值	最佳值
optimization of radiation protection	辐射防护最优化	輻射防護最佳化
optimum cure	正硫[化]	最適硫化，最適處理
optimum pulse flip angle	最佳倾倒角	最佳傾倒角
orange Ⅳ	四号橙	金蓮橙
[orbital] electron capture	[轨道]电子俘获	[軌域]電子捕獲
orbital magnetic moment	轨道磁矩	軌域磁矩
order-disorder transition	有序-无序转变	有序-無序轉移
ordered point defect	有序点缺陷	有序點缺陷
organ dose	器官剂量	器官劑量
organic analysis	有机分析	有機分析
organic chromogenic reagent	有机显色剂	有機顯色劑
organic compound	有机化合物	有機化合物
organic coprecipitant	有机共沉淀剂	有機共沈[澱]劑
organic electrochemistry	有机电化学	有機電化學
organic mass spectrometry（OMS）	有机质谱	有機質譜
organic polymer	有机聚合物	有機聚合物
organic precipitant	有机沉淀剂	有機沈澱劑
organic reagent	有机试剂	有機試劑
organic secondary ion mass spectrometry （organic SIMS）	有机二次离子质谱法	有機二次離子質譜法
organic SIMS（=organic secondary ion mass spectrometry）	有机二次离子质谱法	有機二次離子質譜法
organometallic chemistry	金属有机化学	金屬有機化學
organometallic compound	金属有机化合物	有機金屬化合物
organometallic polymer	金属有机聚合物	有機金屬聚合物

英　文　名	大　陆　名	台　湾　名
organylsilazane	有机硅胺	有機矽胺
ornithine	鸟氨酸	鳥胺酸
orpiment（=arsenblende）	雌黄	雌黃
ortho acid	原酸	原酸
ortho amide	原酰胺	原醯胺
orthoclase	正长石	正長石
ortho effect	邻位效应	鄰位效應
ortho ester	原酸酯	原酸酯
orthogonal design of experiment	正交试验设计	正交實驗設計，正交試驗設計
orthogonal layout（=orthogonal table）	正交表	正交表
orthogonal polynomial regression	正交多项式回归	正交多項式回歸
orthogonal table	正交表	正交表
orthohydrogen	正氢	正氫
ortho-para directing group	邻对位定位基	鄰對位定向基，鄰對位引位基
ortho position	邻位	鄰位
osazone	脎	脎
oscillating magnetic field	振荡磁场	振盪磁場
oscillator strength	振子强度	振盪子強度
oscillographic polarograph	示波极谱仪	示波極譜儀
oscillographic titration	示波滴定法	示波滴定法
oscillopolarographic titration	示波极谱滴定法	示波極譜滴定法
oscillopolarography	示波极谱法	示波極譜法
osmosis	渗透［作用］	滲透［作用］
osmotic factor	渗透因子	滲透因數
osmotic pressure	渗透压	滲透壓
Ostwald's dilution law	奥斯特瓦尔德稀释定律	奧士華稀釋定律
outer orbital coordination compound	外轨配合物	外軌配位化合物
outer sphere	外层	外層
outer sphere mechanism	外层机理	外層機制
outgoing channel（=exit channel）	出射道	出口通道
outlier	异常值	異常值，離群值
ovalene	卵苯	卵苯
oven	烘箱	烘箱，爐
overall reaction	总反应	總反應
overall stability constant	总稳定常数	總穩定常數
over cure	过硫	過硫化，過交聯，過處理
oxacyclobutane	氧杂环丁烷	氧環丁烷，氧呾

英 文 名	大 陆 名	台 湾 名
oxacyclobutanone	氧杂环丁酮	氧環丁酮
oxacyclobutene	氧杂环丁烯	氧環丁烯，氧唉
oxacycloheptatriene	氧杂环庚三烯	氧呼，噩呼，氧環庚三烯
1-oxacyclopentan-2-one	1-氧杂环戊-2-酮	1-氧環戊-2-酮，γ-丁内酯
oxacyclopropane	氧杂环丙烷	氧環丙烷
oxadiazole	噁二唑	噁二唑
oxazacyclobutane	氧氮杂环丁烷	氧氮環丁烷，氧氮咀
oxazetidine（=oxazacyclobutane）	氧氮杂环丁烷	氧氮環丁烷，氧氮咀
oxazine	噁嗪	噁呻
oxaziridine	氧氮杂环丙烷	氧氮環丙烷，氧氮吭
oxazole	噁唑	噁唑
oxazolidine	噁唑烷	噁唑啶
oxazolidone	噁唑烷酮	噁唑啶酮
oxazoline	噁唑啉	噁唑啉
oxazolinone	噁唑啉酮	噁唑啉酮
oxazolone（=oxazolinone）	噁唑啉酮	噁唑啉酮
oxepin（=oxacycloheptatriene）	氧杂环庚三烯	氧呼，噩呼，氧環庚三烯
oxetane（=oxacyclobutane）	氧杂环丁烷	氧環丁烷，氧咀
oxetene（=oxacyclobutene）	氧杂环丁烯	氧環丁烯，氧唉
oxidant	氧化剂	氧化劑
oxidation	氧化	氧化[作用]
oxidation addition	氧化加成[反应]	氧化加成[反應]
oxidation current	氧化电流	氧化電流
oxidation number	氧化数	氧化數
oxidation potential	氧化电位	氧化電位
oxidation-reduction（=redox）	氧化还原[作用]	氧化還原[作用]
oxidation-reduction indicator（=redox indicator）	氧化还原指示剂	氧[化]還[原]指示劑
oxidation stability	氧化稳定性	氧化安定性，氧化穩度
oxidation state	氧化态	氧化態
oxidative addition（=oxidation addition）	氧化加成[反应]	氧化加成[反應]
oxidative coupling polymerization	氧化偶联聚合	氧化偶合聚合
oxidative damage	氧化性损伤	氧化性損傷
oxidative decarboxylation	氧化脱羧	氧化去羧[作用]
oxidative polymerization	氧化聚合	氧化聚合[作用]
oxidative potentiometric stripping analysis	氧化电位溶出分析法	氧化電位剝除分析法

英　文　名	大　陆　名	台　湾　名
oxidative pyrolysis	氧化裂解	氧化熱解
oxide	氧化物	氧化物
oxidizing agent（=oxidant）	氧化剂	氧化劑
oxime	肟	肟
oxo acid	含氧酸	含氧酸
oxo bridge	氧桥	氧橋
oxo carboxylic acid	氧代羧酸	側氧羧酸
oxolation	氧联	氧聯
oxometallate	金属氧酸盐	金屬氧酸鹽
oxometallic acid	金属氧酸	金屬氧酸
oxonium compound	氧鎓化合物	鉡化合物
oxonium ion	氧鎓离子，氧正离子	氧鎓離子，氧陽離子
oxonium ylide	氧鎓叶立德	鉡偶極體
oxo process	羰基合成	羰氧化法
oxy-acetylene flame	氧炔焰	氧炔焰
oxyacid（=oxo acid）	含氧酸	含氧酸
oxyamination	氨羟化反应	胺羥化[作用]
oxydizing flame	氧化性火焰	氧化性火焰
oxygenation	氧合作用	加氧[作用]，充氧
oxygen carrier	氧载体	氧載體
oxygen electrode	氧电极	氧電極
oxygen saturation curve	氧饱和曲线	氧飽和曲線
oxyhydroxide	羟基氧化物	羥基氧化物
oxymercuration	羟汞化	氧汞化
ozonation	臭氧化	臭氧化[作用]
ozone monitor analysis	臭氧监测分析	臭氧監測分析
ozonide	臭氧化物	臭氧化物
ozonization（=ozonation）	臭氧化	臭氧化[作用]
ozonolysis	臭氧解	臭氧分解

P

英　文　名	大　陆　名	台　湾　名
packed capillary column	填充毛细管柱	填充毛細管柱
packed column	填充柱	填充[管]柱，填充塔
packing material（=filler）	填料	填料，填充劑
paint	油漆	油漆，塗料
paired comparison	成对比较	成對比較法，配對比較法

英　文　名	大　陆　名	台　湾　名
paired comparison experiment	成对比较试验	配對比較實驗
palytoxin	[沙]海葵毒素	[沙]海葵毒素
paper chromatography	纸色谱法	紙層析術
paper electrophoresis	纸电泳	紙電泳
paraffin wax	石蜡	石蠟
parahydrogen	仲氢	仲氫
parallel catalytic wave	平行催化波	平行催化波
parallel-chain crystal	平行链晶体	平行鏈晶體
parallel determination	平行测定	平行測定
parallel displacement of curve	曲线平移	曲線平移
parallel reaction	平行反应	平行反應
parallel synthesis	平行合成	平行合成
paramagnetic effect	顺磁效应	順磁效應
paramagnetic shielding	顺磁屏蔽	順磁性遮蔽
paramagnetic shift	顺磁位移	順磁位移
paramagnetic shift reagent	顺磁性位移试剂	順磁性位移試劑
paramagnetic substance	顺磁物质	順磁性物質
paramagnetism	顺磁性	順磁性
paramagnetism coordination compound	顺磁性配合物	順磁性配位化合物
χ-parameter	χ[相互作用]参数	χ 參數
parameter estimation	参数估计	參數估計
parameter test	参数检验	參數檢定
para position	对位	對位
parent nuclide	母体核素	母核種，親體核種
partial correlation coefficient	偏相关系数	偏相關係數
partial least square method	偏最小二乘法	偏最小平方法，部分最小平方法
partial least square regression spectro-photometry	偏最小二乘分光光度法	偏最小平方回歸分光光度法
partial molar enthalpy	偏摩尔焓	偏莫耳焓
partial molar Gibbs free energy	偏摩尔吉布斯自由能	偏莫耳吉布斯自由能，部分吉布斯自由能
partial molar quantity	偏摩尔量	偏莫耳[數]量
partial molar volume	偏摩尔体积	偏莫耳體積
partial rate factor	分速度系数	分速度因數
partial regression coefficient	偏回归系数	偏回歸係數，淨回歸係數
partial synthesis	半合成	半合成
particle beam（PB）	粒子束	粒子束

英　文　名	大　陆　名	台　湾　名
particle scattering function	粒子散射函数	粒子散射函數
particle size	粒度	粒度，粒子大小
partition chromatography	分配色谱法	分配層析術
partition coefficient	分配系数	分配係數
partitioning and transmutation	分离和嬗变	分離和轉變
partition ratio	分配比	分配比
PAS（=photoacoustic spectrometry）	光声光谱法	光聲光譜法
passivation	钝化	鈍化
path	途径	途徑，路徑
pattern recognition	模式识别	圖形辨識，圖形識別
Pauling electronegativity scale	鲍林电负性标度	鲍林電負度標度
p-benzoquinone	对苯醌	對苯醌
PB（=particle beam）	粒子束	粒子束
p-block element	p 区元素	p 區元素
PE（=polyethylene）	聚乙烯	聚乙烯
peak	峰	峰
peak absorbance	峰值吸光度	峰值吸光度
peak absorption coefficient	峰值吸收系数	峰值吸收係數
peak area	峰面积	峰面積
peak base	峰底	峰底
peak capacity	峰容量	峰容量
peak current	峰电流	尖峰電流
peak height	峰高	峰高
peak matching method	峰匹配法	峰匹配法
peak potential	峰电位	尖峰電位
peak width	峰宽	峰寬
peak width at half height	半[高]峰宽	半高峰寬
pellicular packing	薄壳型填料	薄殼型填料，薄膜填料
penam	青霉烷	青霉烷
penem	青霉烯	青霉烯
Penning ionization（PI）	彭宁电离	潘寧游離
pentacyclic diterpene	五环二萜	五環二萜
pentad	五单元组	五單元組
η^5-pentadienyl	η^5-戊二烯基	η^5-戊二烯基
pentamethylcyclopentadienyl	五甲基环戊二烯基	五甲基環戊二烯基
pentose	戊糖	戊醣類
penultimate effect	前末端基效应	前末端基效應
peptide	肽	[胜]肽
peptide alkaloid	肽类生物碱	肽類生物鹼

英　文　名	大　陆　名	台　湾　名
peptide-antibiotic	肽抗生素	肽抗生素
peptide bond	肽键	[胜]肽键
peptide hormone	肽激素	肽激素
peptide library	肽库	肽资料库
peptide mapping fingerprinting (PMF)	肽质量指纹图	肽[質量]指纹图
peptide sequence tag (PST)	肽序列标签	肽序列標籤
peptide unit	肽单元	肽單元
peptidomimetic	肽模拟物	擬肽物
peptization	胶溶作用	解膠，膠化
peptizer	塑解剂	解膠劑
peracid	过酸	過酸
perester	过氧酸酯	過氧酸酯
perfusion chromatography	贯流色谱法	貫流層析法
perfusion imaging	灌注显像	灌注顯像
perhydrate	过氧化氢合物	過氧化氫合物
pericyclic reaction	周环反应	周環性反應
perimidine (=naphtho[1,8-de]pyrimidine)	萘并[1,8-de]嘧啶	萘并[1,8-de]嘧啶，吡啶
period	周期	周期
periodate titration	高碘酸盐滴定法	過碘酸鹽滴定法
periodic copolymer	周期共聚物	周期共聚物
periodic table of elements	元素周期表	元素週期表
peri position	近位	近位，迫位
peristaltic pump	蠕动泵	蠕動泵
peritectic temperature	转熔温度	轉熔溫度，轉融點
permanent chemical modification technique	持久化学改进技术	永久化學修飾技術
permanent chemical modifier	持久化学改进剂	永久化學修飾劑
permanganometric titration	高锰酸钾滴定法	過錳酸鉀滴定法
permeability	渗透性	穿透性，磁導率，透磁性
permissible error	允许误差	容許誤差
perovskite	钙钛矿	鈣鈦礦
peroxidase	过氧化物酶	過氧化酶
peroxide	过氧化物	過氧化物
peroxide crosslinking	过氧化物交联	過氧化物交聯
peroxidization	过氧化	過氧化[作用]
peroxo bridge	过氧桥	過氧橋
η^2-peroxo complex	η^2-过氧配合物	η^2-過氧錯合物
peroxy acid	过氧酸	過氧酸
peroxy bond	过氧键	過氧鍵

英　文　名	大　陆　名	台　湾　名
persistent line	最后线	持久譜線
persistent radical	持续自由基	持久自由基
personal dose limit	个人剂量限值	個人劑量限值
persulphate initiator	过硫酸盐引发剂	過硫酸鹽引發劑
perturbed angular correlation	扰动角关联	擾動角關聯
perturbed dimension	扰动尺寸	擾動尺寸
perylene	苝	苝
PES(=potential energy surface)	势能面	位能面
pesticide residue analysis	农药残留分析	農藥殘留[量]分析
p-ethoxychrysoidine	对乙氧基菊橙	對乙氧金黃偶氮素
petroleum resin	石油树脂	石油樹脂
PFPD(=pulse flame photometric detector)	脉冲火焰光度检测器	脈衝火焰光度偵檢器
PGC(=pyrolysis gas chromatography)	裂解气相色谱法	熱[裂]解氣相層析法
phantom	体模	假體
phantom atom	虚拟原子	虛擬原子
pharmaceutical analysis	药物分析	藥物分析
phase	相	相
phase analysis by X-ray diffraction	X 射线衍射物相分析	X 射線繞射相位分析
phase change	相变	相變
phase diagram	相图	相圖
phase ratio	相比	相比
phase separation	相分离	相分離
phase transfer catalysis	相转移催化	相轉移催化[作用]
phase transfer polymerization	相转化聚合	相轉移聚合
phase transition enthalpy [heat]	相变焓[热]	相變焓，相變熱
phase transition(=phase change)	相变	相變
phenanthrene	菲	菲
phenanthrenequinone	菲醌	菲醌
phenanthridine(=benzo[c]quinoline)	苯并[c]喹啉，菲啶	苯并喹嗪，啡啶
phenanthroline	菲咯啉	菲啉
phenazine(=dibenzo[b,e]pyrazine)	二苯并[b,e]吡嗪,吩嗪	二苯并[b,e]哌啡,啡啡
phenol	酚	[苯]酚
phenolate	酚盐	酚鹽
phenol ether resin	苯酚醚树脂	[苯]酚醚樹脂
phenol-formaldehyde resin(=phenolic resin)	酚醛树脂	酚醛樹脂
phenolic resin	酚醛树脂	酚醛樹脂
phenol-keto tautomerism	酚-酮互变异构	酚-酮互變異構[現象]
phenolphthalein	酚酞	酚肽

英　文　名	大　陆　名	台　湾　名
phenol red	苯酚红	酚红
phenosafranine	酚藏花红	酚藏红，酚番红
phenothiazine (=dibenzo[b,e]thiazine)	二苯并[b,e]噻嗪，吩噻嗪	二苯并[b,e]噻吖，啡噻吖
phenoxazine (=dibenzo[b,e]oxazine)	二苯并[b,e]噁嗪	二苯并[b,e]噁吖，啡噁吖
phenoxide	酚氧化合物	酚氧化合物
phenylalanine	苯丙氨酸	苯丙胺酸
phenyl-bonded phase	苯基键合相	苯基键結相
phenyl group	苯基	苯基
pheromone	昆虫信息素	外泌素，費洛蒙
pH glass electrode	pH 玻璃电极	pH 玻璃電極
pH meter	pH 计	pH 計，酸鹼度測定計
phonon	声子	聲子
phosgene	光气	光氣，二氯化羰
phosphafuran	磷杂呋喃	磷呋喃
phosphane	磷氢化合物，磷烷	磷氢化合物，磷烷
phosphazene	膦氮烯	膦氮烯
phosphine	膦	膦
phosphine oxide	膦氧化物	膦氧化物
phosphonium salt	鏻盐	鏻鹽
phosphodiesterase	磷酸二酯酶	磷酸二酯酶
phospholipase	磷脂酶	磷脂酶
phospholipid	磷脂	磷脂[質]
phosphonium ion	磷鎓离子，磷正离子	鏻離子
phosphopeptide	磷肽	磷肽
phosphorescence	磷光	磷光
phosphorescence analysis	磷光分析	磷光分析
phosphorescence emission spectrum	磷光发射光谱	磷光發射光譜
phosphorescence excitation spectrum	磷光激发光谱	磷光激發光譜
phosphorescence intensity	磷光强度	磷光強度
phosphor imager	磷光成像仪	磷光顯像儀
phosphorimeter	磷光计	磷光計
phosphorization	磷化	磷化
phosphorus printing	磷印试验	磷印試驗
phosphorus ylide	磷叶立德	磷偶極體
phosphosphingolipid (=sphingomyelin)	鞘磷脂，神经鞘磷脂	神經鞘磷脂
photoacoustic Raman spectroscopy	光声拉曼光谱	光聲拉曼光譜法
photoacoustic spectrometer	光声光谱仪	光聲光譜儀

英　文　名	大　陆　名	台　湾　名
photoacoustic spectrometry（PAS）	光声光谱法	光聲光譜法
photoactivation	光活化	光活化
photoaging	光老化	光老化
photocell	光电池	光電池
photochemical reaction	光化学反应	光化[學]反應
photochemical rearrangement	光化学重排	光化學重排
photochemical synthesis	光化学合成	光化學合成
photochromism	光致变色	光色現象，光色性
photoconductive fiber	光导纤维	光導纖維
photoconductive polymer	光致导电聚合物	光導電性高分子
photoconductivity	光电导性	光電導性，光電導度
photoconductor	光电导体	光電導體
photocrosslinking	光交联	光交聯
photo-curing	光固化	光固化
photodecomposition	光解	光分解
photodegradation	光降解	光降解
photoelastic polymer	光弹性聚合物	光彈性聚合物
photoelectric colorimeter	光电比色计	光電比色計
photoelectric direct reading spectrometer	光电直读光谱计	光電直讀光譜儀
photoelectric effect	光电效应	光電效應
photoelectric spectrophotometer	光电分光光度计	光電光譜儀
photoelectrochemistry	光电化学	光電化學
photoemission	光电发射	光電發射
photohalogenation	光卤化	光鹵化[作用]
photo-induced polymerization	光[致]聚合	光誘發聚合
photoiniferter	光引发转移终止剂	光引發轉移終止劑
photoinitiated polymerization	光引发聚合	光引發聚合
photoinitiator	光敏引发剂	光引發劑
photoionization	光致电离	光游離
photoionization detector（PID）	光离子化检测器	光離子化偵檢器，光游離偵檢器
photoionization process	光电离过程	光[致]游離過程
photoisomerization	光异构化	光異構化[作用]
photoluminescence	光致发光	光發光
photoluminescent polymer	光致发光聚合物	光[致]發光聚合物
photometer	光度计	光度計
photometric titration	光度滴定法	光度滴定
photomultiplier	光电倍增管	光電倍增器
photon activation analysis	光子活化分析	光子活化分析

英 文 名	大 陆 名	台 湾 名
photooxidation	光氧化	光氧化[反應]
photo oxidative degradation	光氧化降解	光氧化降解
photopolymer	感光聚合物	光聚[合]物
photoredox reaction	光[致]氧化还原反应	光[致]氧化還原反應
photoresist	光致抗蚀剂	光阻劑
photoresponsive polymer	光响应聚合物	光響應聚合物
photosensitive polymer	光敏聚合物	光敏聚合物
photosensitization	光敏化	光敏感化[作用]
photosensitized polymerization	光敏聚合	光敏聚合
photostabilizer（=light stabilizer）	光稳定剂	光穩定劑
photosynthesis	光合作用	光合作用，光合成
pH paper	pH 试纸	pH 試紙，酸鹼度試紙
physical adsorption（=physisorption）	物理吸附	物理吸附
physical aging	物理老化	物理老化
physical crosslinking	物理交联	物理交聯
physical foaming	物理发泡	物理發泡
physical foaming agent	物理发泡剂	物理發泡劑
physisorption	物理吸附	物理吸附
phytane	植物烷[类]	植烷
phytohormone（=plant hormone）	植物激素	植激素
PI（=Penning ionization）	彭宁电离	潘寧游離
picene	苉	苉
PID（=photo-ionization detector）	光离子化检测器	光離子化偵檢器，光游離偵檢器
PIE（=pulse ion extraction）	脉冲离子引出	脈衝離子引出
piezo-electric crystal	压电晶体	壓電晶體
piezo-electric enzyme sensor	压电酶传感器	壓電酵素感測器
piezo-electric immunosensor	压电免疫传感器	壓電免疫感測器
piezo-electricity	压电性	壓電現象
piezo-electric microbe sensor	压电微生物传感器	壓電微生物感測器
piezo-electric polymer	压电聚合物	壓電聚合物
piezo-electric sensor	压电传感器	壓電感測器
piezo-electric spectroelectrochemistry	压电光谱电化学法	壓電光譜電化學法
pimarane	海松烷[类]	海松烷
pinacol	片呐醇	醯
pinacol rearrangement	片呐醇重排	醯重排
pinane	蒎烷类	蒎烷，松節烷
piperazine	1,4-二氮杂环己烷，哌嗪	哌𠯮
piperazine-2,5-dione（=2,5-dioxopiperazine）	哌嗪- 2,5-二酮，2,5-二	2,5-哌𠯮二酮

英 文 名	大 陆 名	台 湾 名
	氧基哌嗪	
piperidine（=hexahydropyridine）	六氢吡啶，哌啶	六氫吡啶，哌啶
piperidine alkaloid	哌啶[类]生物碱	哌啶[類]生物鹼
piperidone	哌啶酮	哌啶酮
pipet	移液管	吸管
piston pump	活塞泵	活塞泵
plain curve	平坦曲线	平坦曲線
planar chirality	面手性	面手性
planar chromatography	平面色谱法	平面層析法
planar square complex	平面四方配合物	平面四方錯合物
plane of symmetry	对称面	對稱面
plant hormone	植物激素	植激素
plasma	等离子体	電漿，血漿
plasma atomic fluorescence spectrometry	等离子体原子荧光光谱法	電漿原子螢光光譜法
plasma desorption	等离子解吸	電漿脫附
plasma loss peak	等离子损失峰	電漿子損失峰
plasma polymerization	等离子体聚合	電漿聚合
plasma source	等离子体光源	電漿光源
plasma torch tube	等离子体炬管	電漿炬管
plastic	塑料	塑膠
plastic alloy	塑料合金	塑膠合金
plastication	塑炼	塑煉
plastic deformation	塑性变形	塑性變形
plastic flow	塑性流动	塑性流動
plasticity agent（=plasticizer）	增塑剂	可塑劑，塑化劑
plasticization	增塑作用	塑化[作用]
plasticizer	增塑剂	可塑劑，塑化劑
plasticizer extender	增塑增容剂	塑化劑增容劑
plasticizing	塑化	塑化
plastic solidification	塑料固化	塑料固化
plastocyanin	质体蓝素	色素體藍素
plastomer	塑性体	塑料
plate theory	塔板理论	[塔]板理論
plate theory equation	塔板理论方程	[塔]板理論方程式
platform atomization	平台原子化	平台原子化
platinum group	铂系元素	鉑系元素
β-pleated sheet	β折叠片[层]	β褶板
PLOT column（=porous layer open tubular	多孔层开管柱	多孔層開管柱

英　文　名	大　陆　名	台　湾　名
column)		
plumbocene	二茂铅	二茂鉛
plutonium and uranium recovery by extraction process (PUREX process)	普雷克斯流程	鈽-鈾回收流程，PUREX 流程
plutonyl	钚酰	雙氧鈽根，鈽醯
PMF (=peptide mapping fingerprinting)	肽质量指纹图	肽[質量]指紋圖
PMFG (=pulsed magnetic field gradient)	脉冲梯度场技术	脈衝磁場梯度技術
PMR (=proton magnetic resonance)	质子核磁共振	質子核磁共振
pneumatic nebulizer	气动雾化器	氣動霧化器
pneumatic pump	气动泵	氣動泵
pneumatic rabbit	气动跑兔	氣送照射梭
pnicogen	磷属元素	[氮]磷族元素
pnictide	磷属化物	磷屬化物
p-nitrodiphenylamine	对硝基二苯胺	對硝二苯胺
podocarpane	罗汉松烷[类]	羅漢松烷
point estimation	点估计	點估計
point group	点群	點群
point source	点源	點源
Poisson distribution	泊松分布	帕松分布
Poisson ratio	泊松比	帕松比
polar bonded phase	极性键合相	極性鍵結相
polar effect	极性效应	極性效應
polarimeter	旋光计	旋光計，偏光計
polarity	极性	極性
polarizability	可极化性	極化性，極化率
polarization	极化	極化，偏光[作用]
polarization colorimeter	偏光比色计	偏光比色計
polarization fluorimeter	偏光荧光计	偏光螢光計
polarization infrared technique	偏振红外光技术	偏光紅外線光技術
polarization potential	极化电位	極化電位
polarization spectrometer	旋光光谱仪	旋光光譜儀，偏光光譜儀
polarization transfer	极化转移	極化轉移
polarized electrode	极化电极	極化電極
polarized light	偏振光	偏光
polarizing spectrophotometer	偏振分光光度计	偏光分光光度計
polar monomer	极性单体	極性單體
polarogram	极谱图	極譜圖
polarograph	极谱仪	極譜儀，極譜計

英 文 名	大 陆 名	台 湾 名
polarographic catalytic wave	极谱催化波	極譜催化波
polarographic wave	极谱波	極譜波
polarography	极谱法	極譜術
polar polymer	极性聚合物	極性聚合物
polar solvent	极性溶剂	極性溶劑
policeman	淀帚	澱帚
polyacetylene	聚乙炔	聚乙炔
polyacid	多酸	多酸
polyacid complex	多酸络合物	多質子酸錯合物
polyacrylate	聚丙烯酸酯	聚丙烯酸酯
poly (acrylic acid)	聚丙烯酸	聚丙烯酸
polyacrylonitrile	聚丙烯腈	聚丙烯腈
polyacrylonitrile fiber	聚丙烯腈纤维	聚丙烯腈纖維
polyaddition reaction	聚加成反应	複加成反應
poly (β-alanine)	聚 (β-氨基丙酸)	聚 (β-胺基丙酸)
polyamide	聚酰胺	聚醯胺
polyamide fiber	聚酰胺纤维	聚醯胺纖維
poly (ω-amino caproic acid)	聚 (ω-氨基己酸)	聚 (ω-胺基己酸)
polyampholyte	两性聚电解质	聚兩性電解質
polyamphoteric electrolyte (=polyampholyte)	两性聚电解质	聚兩性電解質
polyaniline	聚苯胺	聚苯胺
polyaramide	聚芳酰胺	聚芳醯胺
poly (aryl ether)	芳香族聚醚	聚 (芳醚)
poly (aryl sulfone)	聚芳砜	聚芳碸
polybasic acid	多元酸	多質子酸
polybenzimidazole	聚苯并咪唑	聚苯并咪唑
polybenzothiazole	聚苯并噻唑	聚苯并噻唑
polyblend	聚合物共混物	聚合物共混物
polybutadiene	聚丁二烯	聚丁二烯
poly (1-butene)	聚 1-丁烯	聚 1-丁烯
poly (butylene terephthalate)	聚对苯二甲酸丁二酯	聚對酞酸丁二酯
polycaprolactam	聚己内酰胺	聚己內醯胺
polycarbonate	聚碳酸酯	聚碳酸酯
polychloroprene	聚氯丁二烯	聚氯平
poly (chlorotrifluoroethylene)	聚三氟氯乙烯	聚三氟氯乙烯
polycomponent complex	多元络合物	多成分錯合物
polycomponent coordination compound	多元配合物	多元配位化合物
polycondensate	缩聚物	聚縮物
polycondensation reaction	缩聚反应	聚縮反應

英　文　名	大　陆　名	台　湾　名
polycrystalline polymer	多晶型聚合物	多晶形聚合物
polycyclopentadiene	聚环戊二烯	聚環戊二烯
polydecker sandwich complex	聚层夹心配合物	聚層夾心錯合物
polydentate ligand	多齿配体	多牙配位基，多牙配位子
poly (diphenyl ether sulfone)	聚二苯醚砜	聚二苯醚碸
polydisperse polymer	多分散性聚合物	多分散聚合物
polydispersity	多分散性	多分散性
polydispersity index	多分散性指数	多分散性指數
polyelectrolyte	聚电解质	聚[合]電解質
polyenemacrolide antibiotic	多烯大环内酯抗生素	多烯巨環內酯抗生素
polyepichlorohydrin	聚环氧氯丙烷	聚環氧氯丙烷
polyester	聚酯	聚酯
polyester fiber	聚酯纤维	聚酯纖維
polyester resin	聚酯树脂	聚酯樹脂
polyether	聚醚	多醚
poly (ether amide)	聚醚酰胺	聚醚醯胺
polyether antibiotic	聚醚类抗生素	多醚抗生素
poly (ether-ether-ketone)	聚醚醚酮	聚 (醚-醚-酮)
poly (ether-ketone)	聚醚酮	聚 (醚-酮)
poly (ether-ketone-ketone)	聚醚酮酮	聚 (醚-酮-酮)
poly (ether sulfone)	聚醚砜	聚醚碸
poly (ether-urethane)	聚醚氨酯	聚 (醚-胺甲酸乙酯)
polyethylene (PE)	聚乙烯	聚乙烯
poly (ethylene glycol)	聚乙二醇	聚乙二醇
poly (ethylene oxide)	聚环氧乙烷	聚環氧乙烷
poly (ethylene terephthalate)	聚对苯二甲酸乙二酯	聚對酞酸乙二酯
polyformaldehyde (=polyoxymethylene)	聚甲醛	聚甲醛
poly (glutamic acid)	聚谷氨酸	聚麩胺酸
polyglycine	聚甘氨酸	聚甘胺酸
polyhalide	多卤化物	多鹵化物
polyhalide ion	多卤离子	多鹵離子
polyhedrane	多面体烷	多面體烷
poly (hexamethylene adipamide)	聚己二酰己二胺	聚六亞甲己二醯胺
polyimide	聚酰亚胺	聚醯亞胺
polyisobutylene	聚异丁烯	聚異丁烯
polyisoprene	聚异戊二烯	聚異戊二烯，聚異平
polyketide	聚乙烯酮类化合物	聚[乙烯]酮類，聚酮類
poly (lactic acid)	聚乳酸	聚乳酸

英　文　名	大　陆　名	台　湾　名
polyligand complex	多配基络合物	多配基化合物
polymer	聚合物	聚合物，聚合體
ω-polymer	ω 聚合物	ω 聚合物
polymer blend（=polyblend）	聚合物共混物	聚合物掺混物
polymer catalyst	聚合物催化剂	聚合物催化劑，聚合物 　　觸媒
polymer crystal	聚合物晶体	高分子晶體
polymer crystallite	聚合物晶粒	高分子晶粒
polymer drug	聚合物药物	高分子藥物
polymeric carrier	聚合物载体	聚合物載體
polymeric electrolyte	聚合物电解质	聚合物電解質
polymeric flocculant	聚合物絮凝剂	高分子絮凝劑
polymeric membrane	聚合物膜	高分子膜
polymerization	聚合	聚合［作用］
polymerization accelerator	聚合加速剂	聚合加速劑
polymerization catalyst	聚合催化剂	聚合觸媒
polymerization kinetics	聚合动力学	聚合動力學
polymerization thermodynamics	聚合热力学	聚合熱力學
polymer-metal complex	聚合物-金属配合物	聚合物-金屬錯合物
polymer reactant	高分子试剂	高分子試劑
polymer reagent（=polymer reactant）	高分子试剂	高分子試劑
polymer solution	聚合物溶液	聚合物溶液
polymer solvent	聚合物溶剂	聚合物溶劑
polymer solvent interaction	聚合物-溶剂相互作用	聚合物-溶劑相互作用
polymer support（=polymeric carrier）	聚合物载体	聚合物載體
polymer surfactant	高分子表面活性剂	高分子表面活性劑
polymethacrylate	聚甲基丙烯酸酯	聚甲基丙烯酸鹽
poly（methyl methacrylate）	聚甲基丙烯酸甲酯	聚甲基丙烯酸甲酯
poly（4-methyl-1-pentene）	聚 4-甲基-1-戊烯	聚（4-甲基-1-戊烯）
polynomial regression	多项式回归	多項式回歸
polynorbornene	聚降冰片烯	聚降莕烯
polynuclear complex	多核络合物	多核錯合物
polynuclear coordination compound	多核配合物	多核配位化合物
polynucleotide	多核苷酸	多核苷酸
poly（1-octene）	聚（1-辛烯）	聚（1-辛烯）
polyolefin	聚烯烃	聚烯烴
polyoxometallate	多金属氧酸盐	多金屬氧酸鹽
polyoxometallic acid	多金属氧酸	多金屬氧酸
polyoxymethylene	聚甲醛	聚甲醛

英　文　名	大　陆　名	台　湾　名
polyoxytetramethylene (=polytetrahydrofuran)	聚四氢呋喃	聚四氫呋喃
polypeptide	多肽	多肽
polypeptide chain	多肽链	多肽鏈
poly (perfluoropropene)	聚全氟丙烯	聚全氟丙烯
poly (p-phenylene)	聚对亚苯	聚(對伸苯)
polyphenylene oxide	聚苯醚	聚伸苯醚
poly (p-phenylene sulfide) (PPS)	聚苯硫醚	聚(對伸苯硫醚)
poly (p-phenylene terephthalate)	聚对苯二甲酸亚苯酯	聚對酞酸伸苯酯
polypropylene	聚丙烯	聚丙烯
polypropylene fiber	聚丙烯纤维	聚丙烯纖維
poly (propylene oxide)	聚环氧丙烷	聚環氧丙烷
polyprotic acid (=polybasic acid)	多元酸	多質子酸
polyquinoxaline	聚喹喔啉	聚喹啰啉
polysaccharide	多糖	多醣類
polysilicate (=silicate polymer)	硅酸盐聚合物	聚矽酸鹽
polystyrene	聚苯乙烯	聚苯乙烯
polysulfide	多硫化物，聚硫化物	多硫化物
polysulfide rubber	聚硫橡胶	多硫橡膠
polysulfone	聚砜	聚碸
poly (tetrafluoroethylene)	聚四氟乙烯	聚四氟乙烯
polytetrahydrofuran	聚四氢呋喃	聚四氫呋喃
poly (tetramethylene terephthalate)	聚对苯二甲酸丁二酯	聚對酞酸丁二酯
polythioether	聚硫醚	聚硫醚
polytopal isomerism	多面体异构	多面體異構
polytropic process	多方过程	多方過程，多變程序
polyurea	聚脲	聚脲
polyurethane	聚氨基甲酸酯，聚氨酯	聚胺甲酸酯
polyurethane elastic fiber	聚氨酯弹性纤维	聚胺[甲酸]酯彈性纖維
polyurethane rubber	聚氨酯橡胶	聚胺[甲酸]酯橡膠
poly (vinyl acetate)	聚乙酸乙烯酯	聚乙酸乙烯酯
poly (vinyl alcohol)	聚乙烯醇	聚乙烯醇
polyvinyl alcohol fiber	聚乙烯醇纤维	聚乙烯醇纖維
poly (vinyl butyral)	聚乙烯醇缩丁醛	聚乙烯醇縮丁醛
poly (vinyl chloride) (PVC)	聚氯乙烯	聚氯乙烯
polyvinyl chloride fiber	聚氯乙烯纤维	聚氯乙烯纖維
poly (vinyl chloride) membrane electrode	聚氯乙烯膜电极	聚氯乙烯膜電極
poly (vinylene chloride)	聚 1,2-二氯亚乙烯	聚(二氯伸乙烯)
poly (vinyl formal)	聚乙烯醇缩甲醛	聚乙烯醇縮甲醛
poly (vinylidene chloride)	聚偏氯乙烯	聚(二氯亞乙烯)

英 文 名	大 陆 名	台 湾 名
poly(vinylidene fluoride)	聚偏氟乙烯	聚(二氟亞乙烯)
pooled standard deviation	并合标准[偏]差	并合標準偏差
pooled variance	并合方差	并合變異數
poor solvent	不良溶剂	不良溶劑
population deviation	总体偏差	總體偏差
population mean	总体平均值	族群平均值
population variance	总体方差	總體變異數
pore size	孔径	細孔大小，細孔尺寸
pore volume	孔体积	孔體積
porous layer open tubular column(PLOT column)	多孔层开管柱	多孔層開管柱
porous membrane	多孔膜	多孔膜
porphyrin	卟啉	卟啉，紫質
portable chromatograph	便携式色谱仪	攜帶式層析儀
position sensitive detector	位置敏感探测器	位置靈敏偵檢器
positive correlation	正相关	正相關
positive electrode	正极	正[電]極
positron annihilation spectroscopy	正电子湮没谱学	正子消滅能譜學
positron emission tomography	正电子发射断层显像	正[電]子發射斷層攝影術
positronium	正电子素	[正負]電子偶
positronium chemistry	正电子素化学	正[電]子化學
post column derivatization	柱后衍生化	[管]柱後衍生化
post column reactor	柱后反应器	[管]柱後反應器
post cure(=post vulcanization)	后硫化	後硫化
post-irradiation polymerization	辐照后聚合	輻照後聚合
post polymerization	后聚合	後聚合
postprecipitation	后沉淀	後沈[澱]
post source decay(PSD)	源后衰变	源後衰變
post-transition element	过渡后元素	過渡後元素
post vulcanization	后硫化	後硫化
potash	钾碱	鉀鹼，鉀肥
potassium-argon dating	钾-氩年代测定	鉀-氫定年法
potential analysis	电位分析法	電位分析法
potential energy profile	势能剖面	位能剖面
potential energy surface(PES)	势能面	位能面
potential exposure	潜在照射	潛在曝露
potentiometric curve	电位滴定曲线	電位滴定曲線
potentiometric stripping analysis	电位溶出分析法	電位剝除分析法

英　文　名	大　陆　名	台　湾　名
potentiometric stripping analyzer	电位溶出分析仪	電位剝除分析儀
potentiometric titration	电位滴定法	電位滴定法
potentiometric titrator	电位滴定仪	電位滴定儀
potentiometry（=potentiometric titration）	电位滴定法	電位滴定法
potentiostat	恒电位仪	恆電位［自調］器
powdered rubber	粉末橡胶	粉末橡膠
powder X-ray diffractometry	粉末 X 射线衍射法	粉末 X 射線繞射法
power compensation differential scanning calorimetry	功率补偿式差热扫描量热法	功率補償式微差掃描熱量法
p-process	p 过程	p 過程
PPS（=poly（p-phenylene sulfide））	聚苯硫醚	聚（對伸苯硫醚）
p-p stacking	p-p 堆积作用	p-p 堆積作用
precession	进动	進動
precious metal（=noble metal）	贵金属	貴金屬
precipitation	沉淀	沈澱［作用］
precipitation fractionation	沉淀分级	沈澱分級
precipitation method	沉淀法	沈澱法
precipitation polymerization	沉淀聚合	沈澱聚合
precipitation titration	沉淀滴定法	沈澱滴定
precision	精密度	精確度，精密度
precision polymerization	精密聚合	精密聚合
precolumn	预柱	前置管柱
preconcentration	预富集	預濃縮
precursor	前驱体	前驅物，先質
precursor nuclide	前驱核素	前驅核種
preexponential factor	指前因子	指［數］前因數，指［數］前因子
pregnane	孕甾烷［类］	孕甾烷
pregnane alkaloid	孕甾生物碱	孕甾烷生物鹼
pre-irradiation grafting	预辐射接枝	預輻射接枝
pre-irradiation polymerization	预辐照聚合	預輻照聚合
premix burner	预混合型燃烧器	預混合型燃燒器
preparation period	准备期	準備期
preparative chromatograph	制备色谱仪	製備層析儀
preparative chromatography	制备色谱法	製備層析
preparative gas chromatography	制备气相色谱法	製備氣相層析法
prepolymer	预聚物	預聚［合］物
prepolymerization	预聚合	預聚合
pressured thin layer chromatography	加压薄层色谱法	加壓薄層層析法

英　文　名	大　陆　名	台　湾　名
pressure gradient correction factor	压力梯度校正因子	壓力梯度校正因子，壓力梯度校正因數
pressure jump	压力跃变	壓力躍變
pressure monitored pyrolysis	量压裂解	量壓熱解
pressure sensitive adhesion	压敏黏合	壓敏黏合
pressure sensitive adhesive	压敏型黏合剂	壓敏型黏合劑
primary crystallization	初级结晶	初級結晶
primary fragment	初级裂片	初級裂片
primary isotope effect	一级同位素效应	一級同位素效應
primary radiation	初级辐射	初級輻射
primary radical termination	初级自由基终止	初級自由基終止
primary standard	一级标准	原標準，基本標準
primary structure	一级结构	一級結構，基本結構，初級結構
primer	底漆	引體，底火，底漆
primitive change	基元变化	基元變化
principal component analysis	主成分分析	主成分分析［法］
principal component regression method	主成分回归法	主成分回歸方法
principal component regression spectrophotometry	主成分回归分光光度法	主成分回歸分光光度法
principle isotope	主同位素	主同位素
principle of corresponding state	对比状态原理	對比狀態原理，對應狀態原理
principle of detailed balance	精细平衡原理	細緻平衡原理
principle of entropy increase	熵增原理	熵增原理
principle of microreversibility	微观可逆性原理	微觀可逆性原理
principle of minimum entropy production	最小熵产生原理	最小熵產生原理
prism infrared spectrophotometer	棱镜红外分光光度计	稜鏡紅外線分光光度計
prism spectrograph	棱镜光谱仪	稜鏡攝譜儀
probability	概率	機率，或然率
probability density	概率密度	機率密度
probe	探头	探頭，探針
probe atomization	探针原子化	探針原子化
process	过程	過程，程序
processability	加工性	加工性
process analysis	过程分析	程序分析
process chromatograph	过程色谱仪	程序層析儀
process chromatography	过程色谱法	程序層析法
process gas chromatograph	过程气相色谱仪	程序氣相層析儀

英 文 名	大 陆 名	台 湾 名
prochiral center	前手性中心	前手性中心
prochirality	前手性	前手性
prochirality center（=prochiral center）	前手性中心	前手性中心
pro-column derivatization	柱前衍生化	[管]柱前衍生化
product analysis	成品分析	產品分析
product ion	产物离子	產物離子
production cross section（=formation cross section）	生成截面	生成截面
pro-E	前-*E*	前-*E*
programmed flow	程序变流	程式控流
programmed pressure	程序升[气]压	程式控壓
programmed temperature	程序升温	程式控溫
programmed temperature sampling	程序升温进样	程式控溫進樣
programmed temperature vaporizer（PTV）	程序升温蒸发器	程式控溫氣化器
programmed voltage	程序[电]压	程控電壓
projectile nucleus	弹核	彈核
projectile-target combination	弹靶组合	彈靶組合
projection formula	投影式	投影式
proline	脯氨酸	脯胺酸
prompt gamma ray neutron activation analysis	瞬发γ射线中子活化分析	瞬發γ射線中子活化分析
prompt radiation	瞬发辐射	瞬發輻射
prompt radiation analysis	瞬发辐射分析	瞬發輻射分析
propagating chain end	增长链端	增長鏈端
propellane	螺桨烷	螺槳烷
proportional counter	正比计数器	比例數計
proportional sampling	比例抽样	比例抽樣
proportional valve	比例阀	比例閥
pro-R-group	前 *R*-手性基团	前 *R*-手性基
pro-S-group	前 *S*-手性基团	前 *S*-手性基
prostaglandin	前列腺素	前列腺素
protecting group	保护基	保護基
protein	蛋白质	蛋白質
protein amino acid	蛋白[质]氨基酸	蛋白[質]胺基酸
proteinase	蛋白酶	蛋白酶
protein assay	蛋白质分析	蛋白質分析
protic solvent	质子溶剂	質子溶劑
protium	氕	氕
protoberberine alkaloid	原小檗碱类生物碱	原小檗鹼類生物鹼

英 文 名	大 陆 名	台 湾 名
proton acceptor	质子受体	質子受體
proton affinity	质子亲合能	質子親和力
protonated molecule	质子化分子	質子化分子
protonation	质子化	質子化
protonation constant	质子化常数	質子化常數
proton-bridged ion	质子桥接离子	質子橋接離子
proton donor	质子给体	質子予體
proton excited X-ray fluorescence spectrometry	质子激发 X 射线荧光光谱法	質子激發 X 射線螢光光譜法
proton-induced X-ray emission fluorescence analysis	质子激发 X 射线荧光分析	質子誘導 X 射線螢光分析
proton magnetic resonance（PMR）	质子核磁共振	質子核磁共振
proton noise decoupling	质子噪声去偶	質子雜訊去偶
proton-rich nuclide	丰质子核素	豐質子核種
proton transfer	质子传递	質子轉移
protophilic solvent	亲质子溶剂	親質子溶劑
protophobic solvent	疏质子溶剂	疏質子溶劑
prototropic rearrangement	质子转移重排	質子轉移重排
pro-Z	前-Z	前-Z
PSD（=post source decay）	源后衰变	源後衰變
pseudo acid	假酸	假酸
pseudoasymmetric carbon	假不对称碳	假不對稱碳
pseudo cationic living polymerization	假正离子活性聚合	假正離子活性聚合，假陽離子活性聚合
pseudo cationic polymerization	假正离子聚合	假正離子聚合，假陽離子聚合
pseudo first order reaction	准一级反应	準一級反應，假一級反應
pseudohalogen	拟卤素	假鹵素
pseudopeptide	伪肽	假肽
pseudoplasticity	假塑性	假塑性
pseudo-reference electrode（=quasi-reference electrode）	准参比电极	準參考電極
pseudo-retention	假保留	假滯留
pseudosolution	假溶液，胶体溶液	假溶液，膠體溶液
pseudostationary phase	准固定相	準固定相
pseudotermination	假终止	假終止
PST（=peptide sequence tag）	肽序列标签	肽序列標籤
pteridine	蝶啶	喋啶

英 文 名	大 陆 名	台 湾 名
PTV（＝programmed temperature vaporizer）	程序升温蒸发器	程式控溫氣化器
public exposure	公众照射	公眾曝露
puckered ring	折叠环	折疊環
pulse current	脉冲电流	脈衝電流
pulse damper	脉冲阻尼器	脈衝阻尼器
pulse delay	脉冲延迟	脈衝延遲
pulsed Fourier transform nuclear magnetic resonance spectrometer	脉冲傅里叶变换核磁共振［波谱］仪	脈衝傅立葉轉換核磁共振儀
pulsed magnetic field gradient（PMFG）	脉冲梯度场技术	脈衝磁場梯度技術
pulse flame photometric detector（PFPD）	脉冲火焰光度检测器	脈衝火焰光度偵檢器
pulse flip angle	脉冲倾倒角	脈衝傾倒角
pulse interval	脉冲间隔	脈衝間隔
pulse ion extraction（PIE）	脉冲离子引出	脈衝離子引出
pulse mode pyrolyser	脉冲裂解器	脈衝熱解器
pulse polarography	脉冲极谱法	脈衝極譜法
pulse radiolysis	脉冲辐解	脈衝輻解
pulse sequence	脉冲序列	脈衝序列
pulse voltammetry	脉冲伏安法	脈衝伏安法
pulse width	脉冲宽度	脈寬
PUREX process（＝plutonium and uranium recovery by extraction process）	普雷克斯流程	PUREX 流程，鈽-鈾回收流程
purine	嘌呤	嘌呤
purine alkaloid	嘌呤［类］生物碱	嘌呤［類］生物鹼
purity	纯度	純度
PVC (=poly(vinyl chloride))	聚氯乙烯	聚氯乙烯
Py-GC-IRS（＝pyrolysis-gas chromatography-infrared spectroscopy）	裂解-气相色谱-红外光谱法	熱解-氣相層析-紅外光譜法
Py-IRS（＝pyrolysis-infrared spectroscopy）	裂解红外光谱法	熱解-紅外光譜法
Py-MS（＝pyrolysis-mass spectrometry）	裂解质谱法	熱解-質譜法
pyramidal inversion	棱锥型翻转	稜錐型翻轉
pyran	吡喃	哌喃
pyranium salt	吡喃盐	哌喃鹽
pyranocoumarin	吡喃香豆素	哌喃香豆素
pyranone	吡喃酮	哌喃酮，吡喃酮
pyranose	吡喃糖	哌喃醣，吡喃醣
pyrazine	吡嗪	吡𠯤，1,4-二哄
pyrazole	吡唑	吡唑
pyrazolidine	吡唑烷	吡唑烷
pyrazoline	吡唑啉	吡唑啉

英　文　名	大　陆　名	台　湾　名
pyrazolone	吡唑啉酮	吡唑啈，二氫吡唑酮
pyrene	芘	芘
pyridazine	哒嗪	嗒呯，1,2-二𠯤
pyridine	吡啶	吡啶
pyridine alkaloid	吡啶[类]生物碱	吡啶[類]生物鹼
pyridine butadiene rubber	丁吡橡胶	吡啶-丁二烯橡膠
pyrido[3,4-*b*]indole	吡啶并[3,4-*b*]吲哚，β卡啉	吡啶并[3,4-*b*]吲哚，β咔啉
pyridone	吡啶酮	吡啶酮
pyrido[2,3-*b*]pyridine	吡啶并[2,3-*b*]吡啶	吡啶并[2,3-*b*]吡啶，萘啶
pyridoxal	吡哆醛	吡哆醛
pyridoxamine	吡哆胺	吡哆胺
pyridoxol	吡哆醇	吡哆醇
pyrimidine	嘧啶	嘧啶，1,3-二𠯤
pyrite	黄铁矿	黄鐵礦
pyrocatechol violet	邻苯二酚紫	苯二酚紫
pyrochlore	烧绿石	燒綠石
pyroelectricity	热释电性	熱電性
pyroelectric polymer	热电性聚合物	熱釋電聚合物
pyrogallol	连苯三酚	五倍子酚
pyroglutamic acid	焦谷氨酸	焦麩胺酸
pyrogram	裂解图	熱解圖
pyrolusite	软锰矿	軟錳礦
pyrolysate	裂解物	熱解物
pyrolyser	裂解器	熱解器
pyrolysis	①热解 ②热裂解	①熱解 ②熱裂解
pyrolysis gas chromatography(PGC)	裂解气相色谱法	熱[裂]解氣相層析法
pyrolysis-gas chromatography-infrared spectroscopy(Py-GC-IRS)	裂解-气相色谱-红外光谱法	熱解-氣相層析-紅外光譜法
pyrolysis-infrared spectroscopy(Py-IRS)	裂解红外光谱法	熱解-紅外光譜法
pyrolysis-infrared spectrum	裂解红外光谱图	熱解-紅外光譜圖
pyrolysis-mass spectrometry(Py-MS)	裂解质谱法	熱解-質譜法
pyrolysis-mass spectrum	裂解质谱分析图	熱解-質譜圖
pyrolysis reaction	裂解反应	熱解反應
pyrolysis residue	裂解残留物	熱解殘留物
pyrolysis thermogram	裂解热重分析	熱解熱重分析
pyrolytically coated graphite tube	裂解涂层石墨管	熱解塗層石墨管
pyrolytic elimination	裂解消除	熱解消去[作用]

英 文 名	大 陆 名	台 湾 名
pyrolytic spectrum	裂解光谱	熱解光譜
pyrolyzate（=pyrolysate）	裂解物	熱解物
pyrolyzer（=pyrolyser）	裂解器	熱解器
pyroxene	辉石	輝石類
pyrrocoline	吲哚嗪	吲帕
pyrrole	吡咯	吡咯
pyrrolidine（=tetrahydropyrrole）	四氢吡咯	四氫吡咯，吡咯啶
pyrrolidine alkaloid	吡咯烷[类]生物碱	吡咯啶生物鹼
pyrrolinone	吡咯啉酮	吡咯啉酮
pyrrolizidine alkaloid	吡咯嗪[类]生物碱	吡咯帕啶生物鹼
pyrrolizine	吡咯嗪	吡帕
pyrrotriazole（=tetrazole）	四唑	吡咯三唑，四唑

Q

英 文 名	大 陆 名	台 湾 名
QET（=quasi-equilibrium theory）	准平衡理论	準平衡理論
Q-RTP（=quenched room temperature phosphorimetry）	猝灭室温磷光法	淬滅室溫磷光法
quadrupole mass spectrometer	四极质谱仪	四極質譜儀
qualitative analysis	定性分析	定性分析
qualitative spectral analysis	光谱定性分析	定性光譜分析
quality control	质量控制	品質管制
quality factor	品质因数	品質因數，射質因數
quantification limit	定量限	檢量極限
quantitative analysis	定量分析	定量分析
quantometer	光量计	定量計
quantum electrochemistry	量子电化学	量子電化學
quartering	四分[法]	四分法
quartet	四重峰	四重線
quartz crystal microbalance	石英晶体微天平	石英晶體微天平
quartz furnace atomizer	石英炉原子化器	石英爐原子化器
quartz tube atom-trapping	石英管原子捕集法	石英管原子捕集法
quasi-chemical equilibrium of defect	缺陷的类化学平衡	缺陷的準化學平衡
quasiclassical trajectory	准经典轨迹	準經典軌跡
quasi-enantiomer	似对映体	準對映體
quasi-equilibrium theory（QET）	准平衡理论	準平衡理論
quasi-free electron	准自由电子	準自由電子
quasi-free electron approximation	准自由电子近似	準自由電子近似法

英　文　名	大　陆　名	台　湾　名
quasi-molecular ion	准分子离子	準分子離子
quasi racemate	似外消旋体	準外消旋體
quasi-racemic compound	似外消旋化合物	準外消旋化合物
quasi-reference electrode	准参比电极	準參考電極
quasi-reversible wave	准可逆波	準可逆波
quaternary ammonium compound	季铵化合物	四級銨化合物
quaternary structure	四级结构	四級結構
quenched room temperature phosphorimetry （Q-RTP）	猝灭室温磷光法	淬滅室溫磷光法
quenching effect of atomic fluorescence	原子荧光猝灭效应	原子螢光淬滅效應
quicklime	生石灰	生石灰
quinaldic acid	喹哪啶酸	喹哪啶酸，2-喹啉甲酸
quinaldine red	喹哪啶红	喹呐啶紅
quinazoline alkaloid	喹唑啉[类]生物碱	喹唑啉生物鹼
quinhydrone	醌氢醌	苯醌并苯二酚
quinine sulfate	硫酸喹宁	硫酸奎寧
quinoline	喹啉	喹啉
quinoline alkaloid	喹啉[类]生物碱	喹啉[類]生物鹼
8-quinoline carboxylic acid	8-喹啉羧酸	8-喹啉甲酸
quinolizidine alkaloid	喹嗪[类]生物碱	喹呐啶生物鹼
quinolizine	喹嗪	喹呐
quinolone	喹诺酮	喹啉酮
quinone	醌	醌
quinone polymer	苯醌聚合物	苯醌聚合物
Q value	Q 值	Q 值
Q value [of a nuclear reaction]	[核反应的]Q 值	[核反應]Q 值

R

英　文　名	大　陆　名	台　湾　名
Ra-Be neutron source	镭-铍中子源	鐳-鈹中子源
racemase	消旋酶	[外]消旋酶
racemate	外消旋体	[外]消旋物
racemic compound	外消旋化合物	[外]消旋化合物
racemic mixture	外消旋混合物	[外]消旋混合物
racemic solid solution	外消旋固体溶液	外消旋固體溶液
racemization	外消旋化	[外]消旋化[作用]
rad	拉德	雷德

英　文　名	大　陆　名	台　湾　名
radial development	径向展开[法]	徑向展開
radiation accident	辐射事故	輻射事故
radiation beam	辐射束	輻射束
radiation biochemistry	辐射生物化学	輻射生物化學
radiation capture cross-section	辐射俘获截面	輻射捕獲截面
radiation chemical engineering	辐射化工	輻射化工
radiation chemistry	辐射化学	輻射化學
radiation chemistry yield	辐射化学产额	輻射化學產率
radiation cleavage	辐射裂解	輻射裂解
radiation crosslinking	辐射交联	輻射交聯[化]
radiation curing	辐射固化	輻射固化，輻射治療
radiation damage	辐射损伤	輻射損傷
radiation damping	辐射阻尼	輻射阻尼
radiation decomposition (=radiolysis)	辐[射分]解	輻射分解
radiation degradation	辐射降解	輻射降解
radiation dosimetry	辐射剂量学	輻射劑量[測定]術
radiation grafting	辐射接枝	放射線接枝
radiation immobilization	辐射固定化	輻射固定化
radiation induced autoxidation	辐射引发自氧化	輻射引發自氧化
radiation induced copolymerization	辐射引发共聚合	輻射共聚合
radiation induced grafting	辐射诱导接枝	輻射誘導接枝
radiation induced mutation	辐射诱发突变	輻射誘發突變
radiation induction	辐射引发	輻射引發
radiation initiated polymerization	辐射引发聚合	輻射引發聚合
radiation initiation (=radiation induction)	辐射引发	輻射引發
radiation ionic polymerization	辐射离子聚合	輻射離子聚合
radiation modification	辐射改性	輻射修飾，輻射變性
radiation polymerization	辐射聚合	輻射聚合
radiation preservation	辐射保藏	輻射防腐
radiation processing	辐射加工	輻射處理
radiation protection	辐射防护	輻射防護
radiation resistance	抗辐射性	抗輻射性
radiation sensitizer	辐射敏化剂	輻射敏化劑
radiation source	辐射源	輻射源
radiation sterilization	辐射消毒	輻射滅菌
radiation synthesis	辐射合成	輻射合成
radiation vulcanization	辐射硫化	輻射硫化
radiation weighting factor	辐射权重因子	輻射權重因子
radiative capture	辐射俘获	放射捕獲

英　文　名	大　陆　名	台　湾　名
radiative transition	辐射跃迁	輻射轉移
radical	自由基	自由基
radical anion	自由基负离子	自由基陰離子
radical cation	自由基正离子	自由基陽離子
radical copolymerization	自由基共聚合	自由基共聚[作用]
radical initiator	自由基引发剂	自由基引發劑
radical ion	自由基离子	自由基離子
radical polymerization	自由基聚合	自由基聚合[作用]
radical trapping agent	自由基捕获剂	自由基捕獲劑
radioactive aerosol	放射性气溶胶	放射性氣溶膠
radioactive background	放射性本底	放射性背景
radioactive beam	放射性束	放射性射束
radioactive colloid	放射性胶体	放射性膠體
radioactive contamination	放射性污染	放射性污染
radioactive decay	放射性衰变	放射性衰變
[radioactive] decay chain	[放射]衰变链	[放射性]衰變鏈
[radioactive] decay constant	[放射]衰变常数	[放射性]衰變常數
radioactive decay law	放射性衰变律	放射性衰變[定]律
[radioactive] decay scheme	[放射性]衰变纲图	[放射性]衰變圖解
[radioactive] decontamination	[放射性]去污	[放射性]去污
radioactive deposit	放射性淀质	放射沈積，放射性礦床
radioactive element	放射性元素	放射[性]元素
radioactive equilibrium	放射性平衡	放射性平衡
radioactive fallout	放射性沉降物	放射性落塵
radioactive indicator	放射性指示剂	放射指示劑
radioactive nuclide (=radionuclide)	放射性核素	放射[性]核種
radioactive purity	放射性纯度	放射性純度
radioactive seed	放射性籽粒	放射性種粒
radioactive source	放射源	放射[性]源
radioactive standard	放射性标准	放射能標準
radioactive standard source	放射性标准源	放射性標準源
radioactive waste (=radwaste)	放射性废物	放射性廢料
radioactive waste management (=radwaste management)	放射性废物管理	放射性廢料管理
radioactive waste repository	放射性废物处置库	放射性廢料儲存庫
radioactive waste treatment	放射性废物处理	放射性廢料處理
radioactive yield	放射性产额	放射性產率
radioactivity	[放射性]活度	放射性活性
radioactivity detector	放射性检测器	放射性偵檢器

英　文　名	大　陆　名	台　湾　名
radioanalytical chemistry	放射分析化学	放射分析化學
radioassay	放射性检测	放射化驗，放射測量
radiocarbon chronology	放射性碳年代学	放射性碳年代學
radiochemical neutron activation analysis	放射化学中子活化分析	放射化學中子活化分析
radiochemical purity	放射化学纯度	放射化學純度
radiochemical separation	放射化学分离	放射化學分離
radiochemical yield	放射化学产率	放射化學產率
radiochemistry	放射化学	放射化學
radioelectrochemical analysis	放射电化学分析	放射電化學分析
radioelectrophoresis	放射电泳	放射電泳法
radioelement（=radioactive element）	放射性元素	放射[性]元素
radio frequency cold crucible method	射频感应冷坩埚法	射頻感應冷坩堝法
radio frequency spark	射频放电	射頻電火花
radioimmunoassay	放射免疫分析	放射免疫分析
radioimmunoassay kit	放射免疫分析试剂盒	放射免疫分析套組
radioimmunoelectrophoresis	放射免疫电泳	放射免疫電泳法
radioimmunology	放射免疫学	放射免疫學
radioimnunoimaging	放射免疫显像	放射免疫顯像
radioimnunotherapy	放射免疫治疗	放射免疫治療
radioisotope	放射性同位素	放射性同位素
radioisotope generator	放射性核素发生器	放射性核種產生器
radioisotope labeling	放射性同位素标记	放射性同位素標記
radioisotope smoke alarm	放射性同位素烟雾报警器	放射性同位素煙霧警報器
radioisotope tracer	放射性同位素示踪剂	放射性同位素示蹤劑
radio-labeled compound	放射性标记化合物	放射性標記化合物
radio-labeling	放射性标记	放射性標誌，輻射標誌
radioluminous materials	放射发光材料	放射發光材料
radiolysis	辐[射分]解	輻射分解
radiometric calorimetry	放射量热法	放射量熱法
radiometric titration	放射性滴定	放射測定滴定
radiometrology	放射计量学	放射計量學
radionuclide	放射性核素	放射[性]核種
radionuclide generator（=radioisotope generator）	放射性核素发生器	放射性核種產生器
radionuclide image	放射性核素显像	放射性核種影像
radionuclide labeled compound	放射性核素标记化合物	放射性核種標記化合物
radionuclide migration	放射性核素迁移	放射[性]核種遷移
radionuclide therapy	放射性核素治疗	放射性核[種]治療

英　文　名	大　陆　名	台　湾　名
radiopharmaceutical	放射性药物	放射性藥品
radiopharmaceutical chemistry	放射药物化学	放射藥物化學
radiopharmaceutical therapy	放射药物治疗	放射藥物治療
radiopharmacy	放射药物学	放射藥物學
radiophotoluminescence	放射光致发光	放射發光現象
radiopolarography	放射极谱法	放射極譜法
radioprotectant	辐射防护剂	輻射防護劑
radioreceptor assay	放射性受体分析	放射性受體檢定
radio-release determination	放射性释放测定	放射性釋放測定
radiosensitization	辐射敏化	輻射敏化
radius of gyration	回转半径	迴轉半徑
radwaste	放射性废物	放射性廢料
radwaste management	放射性废物管理	放射性廢料管理
raffinate	萃余液	萃餘物
Raman activity	拉曼活性	拉曼活性
Raman effect	拉曼效应	拉曼效應
Raman inactivity	拉曼非活性	拉曼非活性
Raman shift	拉曼位移	拉曼位移
Raman spectrometer	拉曼光谱仪	拉曼[光]譜儀
Raman spectroscopy	拉曼光谱学	拉曼光譜學
Raman spectrum	拉曼光谱	拉曼光譜
rancidity test of fat	油脂酸败试验	油脂酸敗試驗
random coil	①无规卷曲 ②无规线团	無規則線圈
random coil model	无规线团模型	隨機線團模型
random coincidence	偶然符合	隨機重合，隨機符合
random copolymer	无规共聚物	雜亂共聚物，隨機共聚物
random copolymerization	无规共聚合	雜亂共聚合，隨機共聚合
random crosslinking	无规交联	雜亂交聯，隨機交聯
random degradation	无规降解	雜亂降解，隨機降解
random error	随机误差	隨機誤差
random factor	随机因素	隨機因素
randomization	随机化	無規則化，隨機化
randomized block design	随机区组设计	隨機區組設計
random sample	随机样本	隨機樣品
random sampling	随机抽样	隨機取樣，任意抽樣
random variable	随机变量	隨機變量
random walk model	无规行走模型	隨機行走模型
range	射程	射程

英　文　名	大　陆　名	台　湾　名
Raoult law	拉乌尔定律	拉午耳定律
rare earth element	稀土元素	稀土元素
rare metal	稀有金属	稀有金屬
rate controlling step	速控步	速率控制步驟
rate determining step	决速步	速率決定步驟
rate of mass transfer	传质速率	質[量]傳[遞]速率
rate theory	速率理论	速率理論
rauwolfia alkaloid	萝芙木生物碱	蘿芙木生物鹼
raw data	原始数据	原始數據
raw rubber (=crude rubber)	生橡胶	生橡膠
Rayleigh factor	瑞利比	瑞立比值
Rayleigh ratio	瑞利比	瑞立比值
Rayleigh scattering	瑞利散射	瑞立散射
Rayleigh scattering spectrophotometry	瑞利散射分光光度法	瑞立散射分光光度法
γ-ray spectrometry	γ射线能谱法	γ射線能譜法
RCM (=ring closure metathesis)	环合[烯烃]换位反应	環合置換[反應]
R-control chart	极差控制图	R控制圖
reaction adhesion	反应黏合	反應黏合
reaction bonding (=reaction adhesion)	反应黏合	反應黏合
reaction chromatography	反应色谱法	反應層析法
reaction coordinate	反应坐标	反應坐標
reaction cross section	反应截面	反應截面
reaction energy barrier	反应能垒	反應能障，反應障壁
reaction gas	反应气	反應氣[體]
reaction gas chromatography	反应气相色谱法	反應氣相層析法，反應氣相層析術
reaction injection moulding	反应注塑	反應注塑
reaction gas ion	反应气离子	反應氣離子
reaction mechanism	反应机理	反應機理，反應機制，反應機構
reaction network	反应网络	反應網路
reaction order	反应级数	反應級數
reaction path	反应途径	反應途徑
reaction path degeneracy	反应途径简并	反應途徑簡併
reaction rate	反应速率	反應速率
reaction rate constant	反应速率常数	反應速率常數
reaction rate equation	反应速率方程	反應速率方程
reaction spinning	反应纺丝	反應紡絲
reactive extrusion	反应[性]挤出	反應性擠壓

英 文 名	大 陆 名	台 湾 名
reactive heat-melting adhesive	反应性热熔胶	反應性熱熔膠
reactive intermediate	活泼中间体	活性中間物，活性中間體
reactive oxygen species	活性氧物种	活性氧物種
reactive polymer	反应性聚合物	反應性聚合物
reactive processing	反应[性]加工	反應性程式
reactive scattering	反应性散射	反應性散射
reactive species	活性种	活性物種
reactivity ratio	竞聚率	反應性比
reactor chemistry	反应堆化学	反應器化學
reagent	试剂	試劑
reagent blank	试剂空白	空白試劑
reagent bottle	试剂瓶	試劑瓶
realgar	雄黄	雄黃，二硫化二砷
rearrangement	重排	重排[作用]
rearrangement ion	重排离子	重排離子
rearrangement reaction	重排反应	重排反應
rebound model	反弹模型	反彈模型
receptor（=acceptor）	受体	受體，受基
receptor imaging	受体显像	受體顯像
reciprocal linear dispersion	倒数线色散	線性色散倒數，倒易線性色散
reciprocating piston pump	往复式活塞泵	往復式活塞泵
recirculating chromatography（=recyle chromatography）	循环色谱法	循環層析法，循環層析術
reclaimed rubber	再生胶	再生橡膠
recoil	反冲	反衝，回跳
recoil chamber	反冲室	回跳腔
recoil electron	反冲电子	反衝電子，回跳電子
recoil energy	反冲[平动]能	反衝能，回跳能
recoil kinetic energy	反冲动能	回跳動能
recoil labeling	反冲标记	回跳標記
recoil nucleus	反冲核	反衝原子核，回跳原子核
recoil range	反冲射程	回跳射程
recoil technique	反冲技术	回跳技術
reconstructed ion chromatogram	重建离子流色谱图	重建離子層析圖
reconstructed ion electropherogram	重建离子流电泳图	重建離子電泳圖
recorder	记录仪	記錄器

英　文　名	大　陆　名	台　湾　名
recovery rate	回收率	回收[速]率
recovery test	回收试验	回收試驗
recycle chromatography	循环色谱法	循環層析法,循環層析術
recycling	再循环	再循環，再利用
red lead	红铅	紅鉛
redox	氧化还原[作用]	氧化還原[作用]
redox condensation method	氧化还原缩合法	氧化還原縮合法
redox indicator	氧化还原指示剂	氧[化]還[原]指示劑
redox initiator	氧化还原引发剂	氧化還原引發劑
redox polymerization	氧化还原聚合	氧化還原聚合
REDOX process (=reduction oxidation process)	雷道克斯流程	REDOX 流程，氧化還原流程
redox resin	氧化还原树脂	氧化還原樹脂
redox titration	氧化还原滴定法	氧化還原滴定法
red shift	红移	紅[色位]移
reduced equation of state	对比状态方程	對比狀態方程，約分物態方程
reducing agent	还原剂	還原劑
reducing flame	还原性火焰	還原焰
reducing sugar	还原糖	還原糖
reduction	还原	還原[作用]
reduction current	还原电流	還原電流
reduction oxidation process (REDOX process)	雷道克斯流程	REDOX 流程，氧化還原流程
reduction potential	还原电位	還原電位，還原[電]勢
reduction state	还原态	還原態
reductive acylation	还原酰化	還原醯化
reductive alkylation	还原烷基化	還原烷化[作用]
reductive dimerization	还原二聚	還原二聚
reductive elimination	还原消除[反应]	還原消去[反應]
reductive potentiometric stripping analysis	还原电位溶出分析法	還原電位剝除分析法
reductive pyrolysis	还原裂解	還原熱解
re face	*re* 面	*re* 面
referee analysis	仲裁分析	仲裁分析
reference beam	参比光束	參考光束
reference compound	参比物	參考化合物
reference electrode	参比电极	參考電極
reference holder	参比池	參考物支持器
reference level	参考水平	參考水平

英　文　名	大　陆　名	台　湾　名
reference material（RM）	标准物质	基準物質，參考物質
reference solution	参比溶液	參考溶液
reflection grating	反射光栅	反射光柵
reflection high energy electron diffraction （RHEED）	反射式高能电子衍射 ［法］	反射式高能電子繞射
reflection mode	反射检测模式	反射模式
reflection spectrum	反射光谱	反射光譜
refractive index	折射率	折射率
refractive index increment	折光指数增量	折射率增量
refractometer	折射仪	折射計
regioselectivity	区域选择性	位置選擇性
regiospecificity	区域专一性	位置特異性，位置專一性
regression analysis	回归分析	回歸分析
regression coefficient	回归系数	回歸係數
regression curve	回归曲线	回歸曲線
regression equation	回归方程	回歸方程式
regression sum of square	回归平方和	回歸平方和
regression surface	回归曲面	回歸曲面
regular block	规整嵌段	規則嵌段
regular polymer	规整聚合物	規則聚合物
regular solution	正规溶液	正規溶液
reinforcing	增强	強化
reinforcing agent	增强剂	強化劑
reinitiation	再引发	再引發
rejection region	拒绝域	拒絕域，摒棄範圍
relative abundance	相对丰度	相對豐度，相對含量
relative configuration	相对构型	相對組態
relative correction factor	相对校正因子	相對矯正因子
relative deviation	相对偏差	相對偏差
relative error	相对误差	相對誤差
relative intensity	相对强度	相對強度
relative method	相对法	相對法
relative molecular mass	分子量	相對分子質量
relative polarity of stationary liquid	固定液的相对极性	固定液的相對極性
relative retention value	相对保留值	相對滯留值
relative R_f value	相对 R_f 值	相對 R_f 值
relative sensitivity coefficient	相对灵敏度系数	相對感度係數
relative standard deviation	相对标准［偏］差	相對標準［偏］差

英 文 名	大 陆 名	台 湾 名
relative viscosity	相对黏度	相對黏度
relative viscosity increment	相对黏度增量	相對黏度增量
relaxation	弛豫[作用]	鬆弛
relaxation energy	弛豫能	鬆弛能
relaxation method	弛豫法	弛豫法，鬆弛法
relaxation modulus	弛豫模量	鬆弛模數
relaxation reagent	弛豫试剂	鬆弛試劑
relaxation spectrum	弛豫谱	鬆弛譜
relaxation time	弛豫时间	鬆弛時間
relax effect	弛豫效应	鬆弛效應
relay synthesis	接力合成	接力合成
releasing agent	①脱模剂 ②释放剂	①脱離劑，脱模劑 ②釋 放劑
reliability	可靠性	可靠性
reliability ranking	可靠性顺序	可靠性排序
rem	雷姆	侖目
REMPI(=resonance-enhanced multiphoton ionization)	共振增强多光子电离	共振增強多光子游離
repeatability	重复性	重現性
repeller voltage	排斥电压	排斥電壓
replacement titration	置换滴定法	置換滴定
replica grating	复制光栅	複製光栅
repolymerization	再聚合	再聚合
reproducibility	再现性，重现性	再現性，重現性
repulsive potential energy surface	推斥型势能面	推斥型位能面，排斥型 位能面
residual coupling constant	剩余耦合常数	剩餘耦合常數，剩餘偶 合常數
residual current	残余电流	殘餘電流
residual entropy	残余熵	殘留熵
residual [nuclear] radiation	剩余[核]辐射	剩餘[核]輻射
residual variance	残余方差	殘餘變異，剩餘變異
residue	残渣	殘渣，殘基
resilience	回弹	回彈，彈性
resin	树脂	樹脂
resin transfer moulding	树脂传递模塑	樹脂轉注成型
resite	丙阶酚醛树脂	不溶酚醛樹脂
resitol	乙阶酚醛树脂	半溶酚醛樹脂

英　文　名	大　陆　名	台　湾　名
resol	甲阶酚醛树脂	可溶酚醛樹脂
resolution	①拆分　②分辨率	①拆分旋光對　②離析［度］
resonance atomic fluorescence	共振原子荧光	共振原子螢光
resonance cross-section	共振截面	共振截面
resonance effect	共振效应	共振效應
resonance-enhanced multiphoton ionization（REMPI）	共振增强多光子电离	共振增强多光子游離
resonance-enhanced Raman spectrometry	共振增强拉曼光谱法	共振增强拉曼光譜法
resonance light scattering spectrum	共振光散射光谱	共振光散射光譜
resonance line	共振线	共振譜線
resonance Raman spectrometry	共振拉曼光谱法	共振拉曼光譜法
resonance Rayleigh scattering	共振瑞利散射	共振瑞立散射，共振雷立散射
resonance stabilization	共振稳定化	共振穩定
resonance theory	共振论	共振理論
response factor	响应因子	感應因子
restricted rotation	受阻旋转	限制旋轉
retardation	缓聚作用，延迟作用	阻滯［作用］
retardation time	推迟时间	阻滯時間
retardation［time］spectrum	推迟［时间］谱	阻滯譜
retarded deformation	延迟形变	延遲形變
retarded elasticity	延迟弹性	阻滯彈性
retarder（＝retarding agent）	缓聚剂	阻滯劑
retarding agent	缓聚剂	阻滯劑
retention	保留	保留，滯留［作用］
retention factor	保留因子	滯留因子
retention gap	保留间隙	滯留間隙，滯留帶
retention index	保留指数	滯留指數
retention index qualitative method	保留指数定性法	滯留指數定性法
retention of configuration	构型保持	組態保留
retention qualitative method	保留值定性法	滯留定性法
retention temperature	保留温度	滯留溫度
retention time	保留时间	滯留時間
retention volume	保留体积	滯留體積
retro-Diels-Alder reaction	逆第尔斯-阿尔德反应	逆狄耳士-阿德爾反應
retrograde aldol condensation	逆羟醛缩合	逆行醛醇縮合
retro-pinacol rearrangement	逆片呐醇重排	逆醅重排
retrosynthesis	逆合成	逆合成

英　文　名	大　陆　名	台　湾　名
reverse atom transfer radical polymerization	反向原子转移自由基聚合	反向原子轉移自由基聚合
reverse double focusing mass spectrometer	反置双聚焦质谱仪	反置雙聚焦質譜儀
reversed phase high performance liquid chromatography(RP-HPLC)	反相高效液相色谱法	逆相高效液相層析法
reversed phase micelle extraction	反相胶束萃取	逆相微胞萃取
reversed phase suspension polymerization	反相悬浮聚合	逆相懸浮聚合
reverse isotope dilution analysis	逆同位素稀释分析	逆同位素稀釋分析
reverse osmosis membrane	反渗透膜	逆滲透膜
reversible addition fragmentation chain transfer polymerization	可逆加成断裂链转移聚合	可逆加成碎斷鏈轉移聚合
reversible gel	可逆凝胶	可逆凝膠
reversible process	可逆过程	可逆過程，可逆程序
reversible reaction	可逆反应	可逆反應
reversible wave	可逆波	可逆波
reversible work	可逆功	可逆功
RHEED(=reflection high energy electron diffraction)	反射式高能电子衍射[法]	反射式高能電子繞射
rhenium-osmium dating	铼-锇年代测定	錸-鋨定年法
rhodamine B	罗丹明 B	玫瑰紅 B
rhodamine 6G	罗丹明 6G	玫瑰紅 6G
rhodochrosite	菱锰矿	菱錳礦
ribonuclease	核糖核酸酶	核糖核酸酶
ribonucleic acid(RNA)	核糖核酸	核糖核酸
ribose	核糖	核糖
Rice-Ramsperger-Kassel-Marcus theory (RRKM theory)	RRKM 理论	RRKM 理論
Rice-Ramsperger-Kassel theory(RRK theory)	RRK 理论	RRK 理論
rider	游码	游碼
rigid chain	刚性链	剛性鏈
rigid chain polymer	刚性链聚合物	剛性鏈聚合物
ring-chain tautomerism	环-链互变异构	環-鏈互變異構性，環-鏈互變異構現象
ring closure	环合	閉環[作用]
ring closure metathesis(RCM)	环合[烯烃]换位反应	環合置換[反應]
ring contraction	缩环[反应]	縮環[反應]
ringed spherulite	环带球晶	環帶球晶
ring electrode	环形电极	環形電極

英　文　名	大　陆　名	台　湾　名
ring enlargement（=ring expansion）	扩环［反应］	擴環［反應］
ring expansion	扩环［反应］	擴環［反應］
ring inversion	环翻转	環翻轉
ring opening copolymerization	开环共聚合	開環共聚合
ring opening metathesis polymerization	开环易位聚合	開環移位聚合
ring opening polymerization	开环聚合	開環聚合［作用］
ring test	环试验	環試驗
ripening	熟化	成熟，催熟
RM（=reference material）	标准物质	基準物質，參考物質
RNA（=ribonucleic acid）	核糖核酸	核糖核酸
robustness regression	稳健回归	穩健回歸
rock salt	岩盐	岩鹽
rod coil block copolymer	刚-柔嵌段共聚物	剛-柔嵌段共聚物
rodlike chain	棒状链	桿狀鏈
rodlike polymer	棒状聚合物	桿狀聚合物
roentgen	伦琴	侖琴
Rohrschneider constant	罗什奈德常数	羅爾斯耐德常數
room temperature phosphorimetry	室温磷光法	室溫磷光法
root-mean-square end-to-end distance	均方根末端距	均方根末端距
rose bengal	玫瑰红	玫瑰紅
rotamer	旋转异构体	旋轉異構體
rotating disk electrode	旋转圆盘电极	旋轉圓盤電極
rotating electrode	旋转电极	旋轉電極，轉動電極
rotating frame Overhauser-enhancement spectroscopy	旋转坐标系的欧沃豪斯增强谱	旋轉坐標系奧佛豪瑟增強譜
rotating ring-disk electrode	旋转环-盘电极	旋轉環盤電極
rotating sector method	旋转光闸法	旋轉光扇法
rotating thin layer chromatograph	旋转薄层色谱仪	旋轉薄層層析儀
rotating thin layer chromatography	旋转薄层色谱法	旋轉薄層層析術，旋轉薄層層析法
rotational barrier	旋转能垒	旋轉能障
rotational moulding	滚塑	旋轉模製
rotational partition function	转动配分函数	轉動分配函數
rotaxane	轮烷	輪烷
rotenoid	鱼藤酮类黄酮	類魚藤酮
rounding off method	修约方法	捨入法
round-off error	修约误差	化整誤差，捨入誤差
routine analysis	例行分析	例行分析
RP-HPLC（=reversed phase high	反相高效液相色谱法	逆相高效液相層析法

英 文 名	大 陆 名	台 湾 名
performance liquid chromatography)		
r-process	r 过程	r 過程
RRKM theory (=Rice-Ramsperger-Kassel-Marcus theory)	RRKM 理论	RRKM 理論
RRK theory (=Rice-Ramsperger-Kassel theory)	RRK 理论	RRK 理論
R-S system of nomenclature	R-S 命名体系	R-S 命名體系
rubber	橡胶	橡膠
rubber latex	橡胶胶乳	橡膠乳膠
rubbery state	橡胶态	橡膠態
rubidium-strontium dating	铷-锶年代测定	銣-鍶定年法
ruby	红宝石	紅寶石
ruthenocene	二茂钌	二茂釕
rutile	金红石	金紅石
R_f value	R_f 值	R_f 值，比移值

S

英 文 名	大 陆 名	台 湾 名
saccharide	糖	醣
saddle point	鞍点	鞍點
Saha equation	沙哈方程	薩哈方程式
salicylaldoxime	水杨醛肟	柳醛肟
salt	盐	鹽
salt bridge	盐桥	鹽橋
salt effect	盐效应	鹽效應
salt-free process	无盐过程	無鹽過程
salting in effect	盐溶效应	鹽溶效應
salting out effect	盐析效应	鹽析效應
saltpeter	硝石	硝石
samarium-neodymium dating	钐-钕年代测定	釤-釹定年法
sample	①样本 ②试样	①樣品 ②試樣
sample application	点样	點樣
sample capacity	样本容量	樣品容量
sample cell	样品池	試樣槽，試樣管
sample contamination	样品污染	樣品污染
sample deviation	样本偏差	樣品偏差
sample injector	进样器	試樣注射器
sample introduction	样品导入	樣品導入

英 文 名	大 陆 名	台 湾 名
sample loop	定量环	試樣環路
sample mean	样本平均值	試樣[平]均值
sample presentation	样品预处理	送樣
sample size	进样量	試樣量，樣本大小
sample spotter	点样器	點樣器
sample value	样本值	樣本值
sample variance	样本方差	樣本變異
sampling	取样	取樣，抽樣
sampling cone	采样锥	取樣錐
sampling test	抽样检验	樣品試驗，抽樣試驗
Sandell index	桑德尔指数	桑德爾指數
sandwich compound	夹心化合物	夾層化合物，三明治化合物
sandwich coordination compound	夹心配合物	夾心配位化合物
α-santalane	α 檀香烷[类]	α 檀香烷
saponification	皂化	皂化[作用]
saponification number (=saponification value)	皂化值	皂化值
saponification value	皂化值	皂化值
saponin	皂苷	皂素
sapphire	蓝宝石	藍寶石，青玉
saturated calomel electrode	饱和甘汞电极	飽和甘汞電極
saturated polyester	饱和聚酯	飽和聚酯
saturated rubber	饱和橡胶	飽和橡膠
saturated solution	饱和溶液	飽和溶液
saturation	[磁]饱和	飽和
saturation effect of atomic fluorescence	原子荧光饱和效应	原子螢光飽和效應
saturation transfer	饱和转移	飽和轉移
sawhorse projection	锯木架形投影式	鋸木架型投影式
saxitoxin	石房蛤毒素	蛤蚌毒素
SAXS (=small angle X-ray scattering)	X 射线小角散射	X 射線小角散射
s-block element	s 区元素	s 區元素
scalar coupling	标量耦合	標量偶合
scaler	定标器	定標器，示數器，去垢器
scanning Auger microprobe	扫描俄歇微探针[法]	掃描歐傑微探針
scanning electrochemical microscope	扫描电化学显微镜	掃描電化學顯微鏡
scanning infrared spectrophotometer	扫描红外分光光度计	掃描紅外分光光譜儀
scanning near field optical microscope	扫描近场光学显微镜	掃描近場光學顯微鏡

英 文 名	大 陆 名	台 湾 名
scanning thin layer chromatography	扫描薄层色谱法	掃描薄層層析法
scanning transmission ion microscope	扫描透射离子显微镜	掃描穿透式離子顯微鏡
scanning tunneling spectrum	扫描隧道谱	掃描穿隧譜
scanning tunneling microscopy（STM）	扫描隧道显微术	掃描穿隧顯微鏡術
scanning tunnel microscope	扫描隧道显微镜	掃描穿隧顯微鏡
scan range	扫描范围	掃描範圍
scattered radiation	散射辐射	散射輻射
scattering angle	散射角	散射角
scattering cross-section	散射截面	散射截面
scavenger	清除剂	①清除劑 ②捕獲劑
scheelite	白钨矿	白鎢礦，鎢酸鈣礦
Schiff base	席夫碱	希夫鹼
Schiff reagent	席夫试剂	希夫試劑
Schottky defect	肖特基缺陷	蕭特基缺陷
Schulz-Zimm distribution	舒尔茨-齐姆分布	舒爾茨-齊姆分布
scintillation cocktail	闪烁液	閃爍液
scintillation detector	闪烁探测器	閃爍偵檢器
scorching	焦烧	焦化
scorch retarder	防焦剂	防焦劑
scorpion toxin	蝎毒素	蝎毒素
SCOT column（=support coated open tubular column）	载体涂渍开管柱	載體塗布開管柱
screening constant	屏蔽常数	屏蔽常數，遮蔽常數
scrubbing	洗涤	洗滌，滌氣
SCT（=simple collision theory）	简单碰撞理论	簡單碰撞理論
SDC（=shear-driven chromatography）	剪切驱动色谱法	剪切驅動層析法
SDMS（=spontaneous desorption mass spectrometry）	自发解吸质谱法	自發解吸質譜法
s-donor ligand	s-供电子配体	s-供電子配位子
sealed source	密封源	密封[放射]源
SEC（=size exclusion chromatography）	尺寸排阻色谱法	粒徑篩析層析法，粒徑排阻層析法
secondary crystallization	二次结晶	二次結晶
secondary electron	次级电子	二次電子
secondary fragment	次级碎片	二級碎片
secondary ion	次级离子	次級離子，二次離子
secondary ion mass spectrometry	二次离子质谱法	二次離子質譜法
secondary isotope effect	二级同位素效应	次級同位素效應
secondary process of radiation chemistry	辐射化学次级过程	輻射化學次級過程

英　文　名	大　陆　名	台　湾　名
secondary radiation	次级辐射	二次輻射
secondary relaxation	次级弛豫	次級鬆弛
secondary standard	二级标准	二級標準，副標準
secondary structure	二级结构	二級結構
secondary X-ray fluorescence spectrometry	次级 X 射线荧光光谱法	次級 X 射線螢光光譜法
second field-free region（2nd FFR）	第二无场区	第二無場區
second harmonic alternating current voltammetry	二阶谐波交流伏安法	二階諧波交流伏安法
second order phase transition	二级相变	二級相變
second order reaction	二级反应	二級反應
second order spectrum	二级图谱	二級圖譜
SECSY（=spin echo correlated spectroscopy）	自旋回波相关谱	自旋回波相關譜[法]
secular equilibrium	长期平衡	長期平衡
sedimentation coefficient	沉降系数	沈降係數
sedimentation equilibrium	沉降平衡	沈降平衡
sedimentation equilibrium method	沉降平衡法	沈降平衡法
sedimentation velocity method	沉降速度法	沈降速度法
seeding polymerization	种子聚合	種子聚合
segmental motion	链段运动	鏈段運動
segregation	分凝	凝析
selected ion monitoring	选择离子监测	選擇離子監測
selective detector	选择性检测器	選擇性偵檢器
selective ion chromatogram	选择离子色谱图	選擇[性]離子層析圖
selective ion electropherogram	选择离子电泳图	選擇[性]離子電泳圖
selective pulse	选择性脉冲	選擇性脈衝
selective reagent	选择[性]试剂	選擇試劑
selectivity	选择性	選擇性
selectivity factor	选择性因子	選擇性因子
selenocarbonyl	硒羰基	硒羰基
selenocysteine	硒代半胱氨酸	硒[代]半胱胺酸
selenophene	硒吩	硒吩
selenylation	硒化	硒化
self-absorption	自吸收	自吸收
self-absorption background correction	自吸收校正背景法	自吸收背景校正法
self-absorption broadening	自吸展宽	自吸收增寬
self-assembled layer modified electrode	自组装膜修饰电极	自組裝膜修飾電極
self-assembled membrane	自组装膜	自組裝膜
self-assembled monolayer membrane	自组装单层膜	自組裝單層膜

英　文　名	大　陆　名	台　湾　名
self-assembly	自组装	自組裝
self crosslinking	自交联	自交聯
self-diffusion	自扩散	自擴散
self indicator method	自身指示剂法	自身指示劑法
self-ionization spectroscopy	自电离谱[法]	自游離譜法
self-organization phenomenon	自组织现象	自組織現象
self propagation	自增长	自增長，自傳播
self-radiolysis	自辐解	自動放射分解
self-redox reaction	自氧化还原反应	自氧[化]還[原]反應
self-reinforcing polymer	自增强聚合物	自強化聚合物
self-scattering	自散射	自散射
self termination	自终止	自終止
semibridging carbonyl	半桥羰基	半橋羰基
semibridging group	半桥基	半橋基
semicarbazone	缩氨基脲	縮胺脲，半卡腙
semiconducting polymer	高分子半导体	半導體聚合物
semiconductor	半导体	半導體
semiconductor detector	半导体探测器	半導體偵檢器
semicontinuous polymerization	半连续聚合	半連續聚合
semi-crystalline polymer	半结晶聚合物	半結晶聚合物
semi-differential voltammetry	半微分伏安法	半微分伏安法
semi-flexible chain polymer	半柔性链聚合物	半柔韌性鏈聚合物
semi-fusion method	半熔法	半融熔法
semi-integral voltammetry	半积分伏安法	半積分伏安法
semi-interpenetrating polymer network	半互穿[聚合物]网络	半互穿[聚合物]網路
semimicro analysis	半微量分析	半微量分析
semimicro [analytical] balance	半微量天平	半微量天平
semipermeable membrane	半透膜	半透膜
semi-pinacol rearrangement	半片呐醇重排	半醅重排
semiquantitative analysis	半定量分析	半定量分析
semiquantitative spectral analysis	光谱半定量分析	半定量光譜分析
semiquinone	半醌	半醌
semi-synthetic fiber	半合成纤维	半合成纖維
sensibility	灵敏度	靈敏度，敏感度
sensitized atomic fluorescence	敏化原子荧光	敏化原子螢光
sensitized room temperature phosphorimetry （S-RTP）	敏化室温磷光法	敏化室溫磷光法
sensitizer	敏化剂	敏化劑，增感劑
sensor	传感器	感測器，敏感元件

英　文　名	大　陆　名	台　湾　名
separant	隔离剂	隔離劑
separating unit	分离单元	分離裝置
separation number	分离数	分離[峰對]數
separation potential	分离势	分離電位
separative work	分离功	分離功
separatory funnel	分液漏斗	分液漏斗
sequence length distribution	序列长度分布	序列長度分布
sequential analysis	序贯分析	順序分析
sequential copolymer	序列共聚物	序列共聚物
sequential fission	继发裂变	繼發分裂
sequential polymerization	序列聚合	序列聚合
sequential programmable synthesis （=successive synthesis）	序贯合成	逐次合成
sequential pyrolysis	连续热解分析	連續熱解[分析]
sequential scanning inductively coupled plasma spectrometer	顺序扫描电感耦合等离子体光谱仪	順序掃描感應耦合電漿光譜儀
sequential search	序贯寻优	順序搜尋
sequester（=chelant）	螯合剂	螯合劑，鉗合劑
serine	丝氨酸	絲胺酸
SERRS（=surface enhanced resonance Raman scattering）	表面增强共振拉曼散射	表面增強共振拉曼散射
SERS（=①surface enhanced Raman scattering　② surface enhanced Raman spectrometry）	①表面增强拉曼散射②表面增强拉曼光谱法	①表面增強拉曼散射②表面增強拉曼光譜法
sesquioxide	倍半氧化物	倍半氧化物
sesquiterpene	倍半萜	倍半萜
sesterterpene	二倍半萜	二倍半萜
setting	定形	纖維定型
sex hormone	性激素	性激素
SFC（=supercritical fluid chromatography）	超临界流体色谱法	超臨界流體層析法
shallow land burial	浅层掩埋	淺層掩埋
shape isomer	形状同质异能素	形狀同質異能素
shape-memory polymer	形状记忆高分子	形狀記憶高分子
sharpness index	敏锐指数	敏銳指數
shear-driven chromatography（SDC）	剪切驱动色谱法	剪切驅動層析法
shear thinning	剪切变稀	剪切稀化
shear viscosity	剪切黏度	剪切黏度
sheath core fiber	皮芯纤维	皮芯纖維

英　文　名	大　陆　名	台　湾　名
β-sheet	β 片[层]	β 褶板
shellac	紫胶	蟲膠
shell model	壳[层]模型	殼[層]模型
shield	屏蔽体	屏蔽，屏護，遮蔽
shielded cave	屏蔽[地下]室	屏蔽室
shielded flame	屏蔽火焰	屏蔽火焰
shielded nuclide	受屏蔽核	屏蔽核種
shielded room	屏蔽室	屏蔽室，隔絕室
shielding	屏蔽	屏蔽，屏護
shielding constant（=screening constant）	屏蔽常数	屏蔽常數，遮蔽常數
shielding transmission ratio［for X-ray or neutron］	[X 射线或中子]屏蔽穿透比	[X 射線或中子]屏蔽穿透比
shift factor	平移因子	位移因子
shift reagent	位移试剂	位移試劑
shim coil	匀场线圈	匀場線圈
shimming	匀场	匀場
shish-kebab structure	串晶结构	串晶結構
shock moulding（=impact moulding）	冲压模塑	衝壓模塑
shock tube	激波管	衝擊波管
short-chain branch	短支链	短支鏈
short-range intramolecular interaction	近程分子内相互作用	近程分子内相互作用
short-range order	短程有序	短程有序
short-range structure	近程结构	近程結構
shoulder	肩峰	肩峰
SID（=surface-induced ionization）	表面诱导电离	表面誘導解離
side band	调制边带	邊帶，旁[頻]帶
side-bound ligand	侧连配体	側鍵配位體
side chain	侧链	側鏈
side chain liquid crystalline polymer	侧链型液晶聚合物	側鏈型液晶聚合物
side-on ligand（=side-bound ligand）	侧连配体	側鍵配位體
side reaction	副反应	副反應
side reaction coefficient	副反应系数	副反應係數
siderophore	铁结合物	螯鐵蛋白
sievert	希[沃特]	西弗
si face	*si* 面	*si* 面
sigmatropic rearrangement	σ 迁移重排	σ 遷移重排
signal-background ratio	信背比	訊號背景比
signal peptide	信号肽，前导肽	訊息肽
signal to noise ratio	信噪比	訊噪比，信號雜訊比

英　文　名	大　陆　名	台　湾　名
significance level	显著性水平	顯著水準
significance test	显著性检验	顯著性檢定
significant difference	显著性差异	顯著差異
significant figure	有效数字	有效數字
sign test	符号检验	符號檢定
silabenzene	硅杂苯	矽苯
silane (=silicane)	硅烷	矽烷
silane coupling agent	硅烷偶联剂	矽烷偶合劑
silanetetramine	四氨基硅烷	四胺基矽烷
silazane	氨基硅烷	胺基矽烷，矽氮烷
silene	硅碳烯	矽碳烯
silica	硅石	矽石
silica gel	硅胶	矽[凝]膠
silicane	硅烷	矽烷
silicate polymer	硅酸盐聚合物	矽酸鹽聚合物
silication	硅化作用	矽酸化[作用]
silicone resin	有机硅树脂	[聚]矽氧樹脂
silicon rubber	硅橡胶	矽橡膠
silicon surface barrier detector	硅面垒探测器	矽面障偵檢器
Si-Li detector	硅-锂探测器	矽-鋰偵檢器
siloxane	硅氧烷	矽氧烷
siloxene indicator	硅氧烯指示剂	矽氧烯指示劑
silver-silver chloride electrode (=Ag-AgCl electrode)	银-氯化银电极	銀-氯化銀電極
silver mirror test	银镜试验	銀鏡試驗
silyl amine	硅胺	矽烷胺
silylation	硅烷[基]化	矽化[作用]
silylene	硅烯	矽烯
silyl imine	硅亚胺	矽亞胺
silylium ion	硅正离子	矽正離子
silyl radical	硅自由基	矽自由基
silyne	硅碳炔	矽碳炔
simple collision theory (SCT)	简单碰撞理论	簡單碰撞理論
simplex	单纯形	單純形，單工
simplex optimization	单纯形优化	單純最適化,簡單最佳化
simulated annealing	模拟退火	模擬退火
simulated spectrum	模拟谱	模擬譜
simultaneous differential thermal analysis and microscope	差热分析与显微镜联用	差熱分析-顯微鏡聯用法

英　文　名	大　陆　名	台　湾　名
simultaneous techniques of thermal analysis	热分析联用技术	熱分析聯用技術
simultaneous thermal analysis and mass spectrometry	热分析与质谱联用	熱分析與質譜聯用法
simultaneous thermogravimetry and electron paramagnetic resonance	热重法与顺磁共振联用	熱重法-電子順磁共振聯用
single-atom chemistry	单个原子化学	單原子化學
single beam spectrophotometer	单光束分光光度计	單光束分光光度計
single cell analysis	单细胞分析	單細胞分析
single collector	单接收器	單接收器
single crystal X-ray diffractometry	单晶 X 射线衍射法	單晶 X 射線繞射法
single electron transfer	单电子转移	單電子轉移
single electron transfer reaction	单电子转移反应	單電子轉移反應
single focusing mass spectrometer	单聚焦质谱仪	單聚焦質譜儀
single ion monitoring	单离子监测	單離子監測
single molecule analysis	单分子分析	單分子分析
single molecule detection	单分子探测	單分子偵測
single pan balance	单盘天平	單盤天平
single photon camera	单光子照相机	單光子照相機
single photon emission computed tomo-graphy	单光子发射计算机断层显像	單光子發射電腦斷層掃描攝影術
singlet state	单线态	單[重]態
sintered-glass filter crucible	[烧结]玻璃砂[滤]坩锅	燒結玻璃濾坩鍋
sintering	烧结	燒結
sinter moulding	烧结成型	燒結成型
siphon injection	虹吸进样	虹吸進樣
size exclusion chromatography(SEC)	尺寸排阻色谱法	粒徑篩析層析法,粒徑排阻層析法
skeletal electron theory	骨架电子理论	骨架電子理論
skew conformation(=gauche conformation)	邻位交叉构象	間扭式構形
skin and core effect	皮芯效应	皮芯效應
slaked lime	熟石灰	熟石灰,消石灰
Slater theory	斯莱特理论	斯雷特理論
slit	狭缝	[狹]縫
slot burner	缝式燃烧器	縫式燃燒器
slotted-tube atom trap(STAT)	缝管原子捕集	縫管原子捕集
slurry packing	匀浆填充[法]	漿液填充
slurry polymerization	淤浆聚合	漿液聚合
small angle strain	小角张力	小角張力

英　文　名	大　陆　名	台　湾　名
small angle X-ray scattering（SAXS）	X 射线小角散射	X 射線小角散射
small ring	小环	小環
smectic phase	近晶相	層列相
soap film flowmeter	皂膜流量计	皂膜氣量計
soda	纯碱	鈉鹼，蘇打
sodalite	方钠石	方鈉石
soda niter（=Chile niter）	智利硝石	智利硝石，硝酸鈉
sodium tetraphenylborate	四苯硼钠	四苯硼酸鈉
soft acid	软酸	軟酸
soft base	软碱	軟鹼
softening temperature	软化温度	軟化溫度
soft water	软水	軟水
soil analysis	土壤分析	土壤分析
sol-gel method	溶胶-凝胶法	溶膠凝膠法
sol-gel transformation	溶胶-凝胶转化	溶膠-凝膠轉化
solid acid	固体酸	固態酸
solid electrolyte	固体电解质	固體電解質
solid fluorescence analysis	固体荧光分析	固體螢光分析
solidification of radioactive waste	放射性废物固化	放射性廢料固化
solid-liquid extraction	固液萃取	固液萃取
solid phase extraction（SPE）	固相萃取	固相萃取
solid phase extrusion	固相挤出	固相擠出
solid phase micro-extraction	固相微萃取	固相微萃取
solid phase peptide synthesis（SPPS）	固相肽合成法	固相肽合成法
solid phase polycondensation	固相缩聚	固相聚縮
solid phase polymerization	固相聚合	固相聚合
solid phase spectrophotometry	固相分光光度法	固相分光光度法
solid radwaste	固体放射性废物	固體放射廢料
solid solution	固溶体	固溶體
solid state electrochemistry	固态电化学	固態電化學
solid state ionics	固态离子学	固態離子學
solid state nuclear track detector	固体核径迹探测器	固體核徑跡偵檢器
solid state reaction	固相反应	固態反應
solid-substrate room temperature phosphorimetry（SS-RTP）	固体基质室温磷光法	固體基質室溫磷光法
solid surface chemiluminescence	固体表面化学发光	固體表面化學發光
solubility	溶解度	溶[解]度
solubility parameter	①溶度参数　②溶解度参数	①溶度參數　②溶解度参數

英 文 名	大 陆 名	台 湾 名
solubility product	溶度积	溶度積
solute	溶质	溶質
solution	溶液	溶液，溶體
solution polymerization	溶液聚合	溶液聚合[作用]
solution polymerized butadiene styrene rubber	溶聚丁苯橡胶	溶聚丁[二烯]苯[乙烯]橡膠
solution spinning	溶液纺丝	溶液紡絲
solvate	溶剂合物	溶劑合物
solvated electron	溶剂化电子	溶[劑]合電子
solvated proton	溶剂化质子	溶合質子
solvate isomerism	溶剂合异构	溶劑合異構[現象]
solvation	溶剂化	溶劑合作用
Solvay process	索尔韦法	索耳未法
solvent	溶剂	溶劑
solvent cage	溶剂笼	溶劑籠
solvent effect	溶剂效应	溶劑效應
solvent elimination technique	溶剂峰消除技术	溶劑峰消除技術
solvent extraction	溶剂萃取	溶劑萃取[法]
solvent extraction method	溶剂萃取法	溶劑萃取法
solvent-free reaction	无溶剂反应	無溶劑反應
solvent isotope effect	溶剂同位素效应	溶劑同位素效應
solvent polarity	溶剂极性	溶劑極性
solvent shift	溶剂位移	溶劑位移
solvent strength	溶剂强度	溶劑強度
solvolysis	溶剂分解	溶劑分解[作用]
solvothermal method	溶剂热法	溶劑熱法
sonic spray ionization（SSI）	声波喷雾电离	聲灑游離[法]
sonochemical synthesis	声化学合成	聲化學合成
Soret band	索雷谱带	索雷譜帶
α-source	α源	α源
β-source	β源	β源
γ-source	γ源	γ源
Soxhlet extraction method	索氏萃取法	索氏萃取法
space-charge effect	空间电荷效应	空間電荷效應
spallation neutron source	散裂中子源	散裂中子源
spallation product	散裂产物	散裂產物
spallation [reaction]	散裂[反应]	散裂[反應]
spark ionization	火花放电电离	火花放電游離
spark source	[电]火花光源	火花光源

英　文　名	大　陆　名	台　湾　名
spark source mass spectrometry	火花放电质谱法	火花放電[源]質譜法
spark spectrum	火花光谱	火花光譜
SPE（=solid phase extraction）	固相萃取	固相萃取
species analysis	物种分析	物種分析
specific absorptivity	比吸光系数	比吸收[度]
specific activity	比活度	比活性
specifically labeled compound	定位标记化合物	定位標誌化合物
specific gamma ray dose constant	γ射线剂量常数	[比]γ射線劑量常數
specificity	专一性	專一性，特異性，特定性
specific reagent	特效试剂	特效試劑，特異試劑
specific retention volume	比保留体积	比滯留體積
specific rotation	比旋光	比旋光[度]
specific rotatory power	比旋光度	比旋光度
specimen-cell assembly	样品池组件	試樣架組件
spectator-stripping model	旁观者-夺取模型	旁觀者奪取模型
spectral analysis	光谱分析	光譜分析
spectral buffer	光谱缓冲剂	光譜緩衝劑
spectral comparator	光谱比较仪	光譜比較器
spectral imaging technique	光谱成像技术	光譜成像技術
spectral interference	光谱干扰	光譜干擾
spectral line half width	谱线半宽度	譜線半寬度
spectral line intensity	谱线强度	譜線強度
spectral line self-absorption	谱线自吸	譜線自吸收
spectral line self-reversal	谱线自蚀	譜線自蝕
spectral overlap	光谱重叠	光譜重疊
spectral pattern	谱型	譜型
spectral photographic plate	光谱感光板	光譜感光板
spectral width	谱宽	譜寬
spectroanalysis（=spectral analysis）	光谱分析	光譜分析
spectrochemical series	光谱化学序列	光譜化學序列
spectroelectrochemistry	光谱电化学	光譜電化學
spectrofluorometer	分光荧光计	分光螢光計
spectrograph	摄谱仪	攝譜儀
spectrometer	光谱仪	[光]譜儀，[光]譜計，分光計
spectrophosphorimetry	磷光分光光度法	光譜磷光法,分光磷光法
spectrophotofluorometer	荧光分光光度计	光譜光度螢光計
spectrophotometer	分光光度计	分光光度計，光譜儀

英　文　名	大　陆　名	台　湾　名
spectrophotometry	分光光度法	分光光度法，分光光度學
spectroscopic carrier	光谱载体	光譜載體
α-spectroscopy	α谱学	α譜學
β-spectroscopy	β谱学	β譜學
γ-spectroscopy	γ谱学	γ譜學
spectrum projector	映谱仪	光譜投影器
spent fuel	乏燃料	廢[核]燃料
[spent] fuel storage pool	[乏]燃料贮存水池	廢燃料貯存池
spent [nuclear] fuel reprocessing	乏[核]燃料后处理	廢[核]燃料再處理
sphalerite	闪锌矿	閃鋅礦
spherical deflection analyzer	球形偏转能量分析器	球形偏轉[能量]分析器
spherulite	球晶	球晶
4-sphingenine（=sphingosine）	鞘氨醇，神经氨基醇	神經鞘胺醇
sphingomyelin	鞘磷脂，神经鞘磷脂	神經鞘磷脂
sphingosine	鞘氨醇，神经氨基醇	神經鞘胺醇
spiking	掺加[示踪剂]	摻加[示蹤劑]
spiking isotope	掺加同位素	摻加同位素
spin decoupling	自旋去耦	自旋去偶
spin echo	自旋回波	自旋回波
spin echo correlated spectroscopy（SECSY）	自旋回波相关谱	自旋回波相關譜[法]
spin echo refocusing	自旋回波重聚焦	自旋回波重聚焦
spinel	尖晶石	尖晶石
spin labeling	自旋标记	自旋標記
spin locking	自旋锁定	自旋鎖定
spin magnetic moment	自旋磁矩	自旋磁矩
spinnability	可纺性	可紡性
spinning	纺丝	自旋紡
spinning side band	旋转边带	旋轉邊帶
spinodal decomposition	亚稳态相分离	旋節相分離
spin quantum number	自旋量子数	自旋量子數
spin-spin splitting	自旋-自旋裂分	自旋-自旋分裂
spin tickling	自旋微扰	自旋微擾
spin trap	自旋捕捉	自旋捕捉
spirane	螺烷烃	螺烷烴
spiroannulation	螺增环	螺增環
spiro compound	螺环化合物	螺[環接]化合物

英　文　名	大　陆　名	台　湾　名
spirostane	螺甾烷[类]	螺甾烷[類]
spirostane saponin	螺甾烷甾体皂苷	螺甾烷皂苷
split injection	分流进样	分流進樣
splitless injection	不分流进样	不分流進樣
splitless sampling（=splitless injection）	不分流进样	不分流進樣
split peak	分裂峰	分裂峰
split ratio	分流比	分流比
splitter	分流器	分流器
spontaneous desorption mass spectrometry （SDMS）	自发解吸质谱法	自發解吸質譜法
spontaneous emission coefficient	自发发射系数	自發發射係數
spontaneous fission	自发裂变	自發分裂
spontaneous ignition（=autoignition）	自燃	自燃
spontaneous polymerization	自发聚合	自發聚合
spontaneous process	自发过程	自發過程
spontaneous reaction	自发反应	自發反應
spontaneous resolution	自发拆分	自發離析
spontaneous termination	自发终止	自發終止
spot applicator（=sample spotter）	点样器	點樣器
spot plate	点滴板	點滴板，滴試板
spot test	斑点试验	斑點試驗
SPPS（=solid phase peptide synthesis）	固相肽合成法	固相肽合成法
spray ionization	喷雾电离	噴霧游離
spreader	涂布器	塗布機
spreading function	加宽函数	擴展函數
s-process	s 过程	s 過程，核融合反應
spur	刺迹	激生軌跡
spurious band	乱真谱带	偽真譜帶
sputtering	溅射	濺射
sputtering rate	溅射速率	濺射速率
sputtering yield	溅射产额	濺射產率
squalene	角鲨烯	[角]鯊烯
square wave polarography	方波极谱法	方波極譜法
square wave voltammetry	方波伏安法	方波伏安法
S-RTP（=sensitized room temperature phosphorimetry）	敏化室温磷光法	敏化室溫磷光法
SSI（=sonic spray ionization）	声波喷雾电离	聲灑游離[法]
SSIMS（=static secondary ion mass spectrometry）	静态二次离子质谱法	靜態二次離子質譜法

英　文　名	大　陆　名	台　湾　名
SS-RTP（=solid-substrate room temperature phosphorimetry）	固体基质室温磷光法	固體基質室溫磷光法
stability	稳定性	安定性，穩度
stability constant	稳定常数	安定常數，穩定常數
stability island（=island of stability）	稳定岛	穩定區
stable ion	稳定离子	穩定離子
stable isotope	稳定同位素	穩定同位素
stable isotope labeled compound	稳定同位素标记化合物	穩定同位素標記化合物
stable isotope labeling	稳定同位素标记	穩定同位素標記
stable isotope tracer	稳定同位素示踪剂	穩定同位素示蹤劑
stable nuclide	稳定核素	穩定核種
stacking	样品堆积	樣品堆積
staggered conformation	对位交叉构象	相錯構形
staircase sweep voltammetry	阶梯扫描伏安法	階梯掃描伏安法
standard addition method	标准加入法	標準添加法
standard buffer solution	标准缓冲溶液	標準緩衝溶液
standard concentration	标准浓度	標準濃度
standard curve method	标准曲线法	標準曲線法
standard deviation	标准[偏]差	標準偏差
standard deviation of sample	样本标准偏差	樣品標準偏差
standard deviation of weighted mean	加权平均值标准偏差	加權平均值標準偏差
standard electrode potential	标准电极电势	標準電極電位
standard filter	标准滤光片	標準濾光片
standard free energy change	标准自由能变[化]	標準自由能變[化]
standard hydrogen electrode（=normal hydrogen electrode）	标准氢电极	標準氫電極
standardization	标定	標定，校準，標準化
standardized regression coefficient	标准回归系数	標準化回歸係數
standard method	标准方法	標準方法
standard molality	标准质量摩尔浓度	標準重量莫耳濃度
standard molar enthalpy of combustion	标准摩尔燃烧焓	標準莫耳燃燒焓
standard molar enthalpy of formation	标准摩尔生成焓	標準莫耳生成焓
standard molar entropy	标准摩尔熵	標準莫耳熵
standard molar Gibbs free energy of formation	标准摩尔生成吉布斯自由能	標準莫耳生成吉布斯自由能
standard normal distribution	标准正态分布	標準常態分布
standard potential	标准电势	標準電位
standard pressure	标准压力	標準壓力
standard rate constant of electrode reaction	电极反应标准速率常数	電極反應標準速率常數

英　文　名	大　陆　名	台　湾　名
standard solution	标准溶液	標準溶液
standard spectrum	标准光谱	標準光譜
standard state	标准[状]态	標準[狀]態
starch(=amylum)	淀粉	澱粉
Stark broadening	斯塔克变宽	斯塔克增寬
star polymer	星形聚合物	星形聚合物
STAT(=slotted-tube atom trap)	缝管原子捕集	縫管原子捕集
state selection	选态	選態
state-to-state reaction dynamics	态-态反应动力学	態-態反應動力學
static field mass spectrometer	静态场质谱仪	靜態場質譜儀
static light scattering	静态光散射	靜態光散射
static magnetic field	静态磁场	靜態磁場
static mass spectrometer	静态质谱仪	靜態質譜儀
static secondary ion mass spectrometry (SSIMS)	静态二次离子质谱法	靜態二次離子質譜法
stationary liquid	固定液	固定液
stationary liquid polarity	固定液极性	固定液極性
stationary phase	固定相	固定相，靜相
statistic	统计量	統計量
statistical assumption	统计假设	統計假設
statistical copolymer	统计[结构]共聚物	統計[結構]共聚物
statistical entropy	统计熵	統計熵
statistical inference	统计推断	統計推論，統計推理
statistical segment	统计链段	統計鏈段
statistical test	统计检验	統計檢定
statistical thermodynamics	统计热力学	統計熱力學
statistical weight	统计权重	統計權重
steady state approximation	稳态近似	穩態近似
steam cure	蒸汽硫化	蒸汽硫化，蒸汽熟化，蒸汽交聯
steepest ascent method	最速上升法	最陡上升法
steepest descent method	最速下降法	最陡下降法
step [growth] polymerization	逐步[增长]聚合	逐步[增長]聚合
stepped temperature program	阶梯升温程序	階梯升溫程式，步進升溫程式
step size	步长	步距
step width(=step size)	步长	步距
stepwise decomposition	逐级分解	逐步分解
stepwise development	分步展开[法]	分段展開[法]，逐步展

英　文　名	大　陆　名	台　湾　名
		開［法］
stepwise dilution	逐级稀释	逐級稀釋
stepwise dissociation	逐级解离	逐步解離
stepwise formation constant	逐级形成常数	逐步形成常數
stepwise hydrolysis	逐级水解	逐步水解
stepwise line atomic fluorescence	阶跃线原子荧光	逐級線原子螢光
stepwise pyrolysis	步进热解分析	逐步熱解［分析］
stepwise reaction	分步反应，逐步反应	逐步反應
stepwise regression	逐步回归	逐步回歸
stepwise stability constant	逐级稳定常数	逐步穩定常數
stepwise titration	分步滴定法	逐步滴定法
stereoblock	立构嵌段	立體嵌段
stereochemical formula（=stereoformula）	立体化学式	立體化學式
stereochemistry	立体化学	立體化學
stereoconvergence	立体会聚	立體會聚
stereoelectronic effect	立体电子效应	立體電子效應
stereoelement（=stereogenic unit）	立体［异构］源单元	立體［異構］源單元
stereoformula	立体化学式	立體化學式
stereogenic center	立体［异构］源中心	立體［異構］源中心
stereogenic unit	立体［异构］源单元	立體［異構］源單元
stereoisomer	立体异构体	立體異構物
stereoisomeride（=stereoisomer）	立体异构体	立體異構物
stereoisomerism	立体异构［现象］	立體異構現象，立體異構性
stereomutation	立体变更	立體突變
stereo-regularity（=tacticity）	立构规整度	立體規整性
stereoregular polymer（=tactic polymer）	有规立构聚合物	立體異構聚合物，立體規則性聚合物
stereoregular polymerization	立构规整聚合	立體規則聚合
stereorepeating unit	立构重复单元	立構重複單元
stereoselective synthesis	立体选择性合成	立體選擇性合成
stereoselectivity	立体选择性	立體選擇性
stereospecifically labeled compound	立体特异标记化合物	立體特異標記化合物
stereospecificity	立体专一性	立體特異性
steric effect	立体效应	立體效應，位阻效應
steric factor	空间因子	立體因素，位阻因素
steric hindrance	位阻	立體阻礙，位阻
steric isotope effect	空间同位素效应	空間同位素效應
steric strain	空间应变	立體應變

英　文　名	大　陆　名	台　湾　名
sterility assurance level	灭菌保证水平	滅菌保證水準
sterilization dose	灭菌剂量	滅菌劑量
steroid	甾体	甾類，類固醇
steroid alkaloid	甾体生物碱	甾類生物鹼，類固醇生物鹼
steroid saponin	甾体皂苷	甾類皂素，類固醇皂素
Stevenson rule	史蒂文森规则	斯蒂芬生規則
1st FFR (=first field-free region)	第一无场区	第一無場區
stibnite	辉锑矿	輝銻礦
stigmastane	豆甾烷[类]	豆固烷
stimulated absorption transition	受激吸收跃迁	受激吸收躍遷
stimulated emission coefficient	受激发射系数	受激發射係數
stimulated emission transition	受激发射跃迁	受激發射躍遷
stimulated Raman scattering	受激拉曼散射	受激拉曼散射
stimulated Raman scattering effect	受激拉曼散射效应	受激拉曼散射效應
STM (=scanning tunnelling microscopy)	扫描隧道显微术	掃描穿隧顯微術
stochastic effect	随机性效应	隨機性效應
stock solution	储备溶液	儲[備溶]液
stoichiometric compound	整比化合物	化學計量化合物
stoichiometric concentration	化学计量浓度	化學計量濃度，化學計算濃度
stoichiometric flame	化学计量[性]火焰	化學計量[性]火焰
stoichiometric number	化学计量数	化學計量數
stoichiometric point	化学计量点	化學計量點
stoichiometry	化学计量	化學計量[法]，化學計量論
Stokes atomic fluorescence	斯托克斯原子荧光	斯托克斯原子螢光
stopped-flow method	停流法	停流法
stopped-flow spectrophotometry	停流分光光度法	停流分光光度法
stopped-flow technique	停流技术	停流技術
straight chain reaction	直链反应	直鏈反應
strain hardening	应变硬化	應變硬化
strain softening	应变软化	應變軟化
strand	股	股
stratified sampling	分层抽样	分層抽樣，分層取樣
stray radiation	杂散辐射	散逸輻射
streaming birefringence (=flow birefringence)	流动双折射	流體雙折射
stress cracking	应力开裂	應力開裂
stress strain curve	应力应变曲线	應力應變曲線

英　文　名	大　陆　名	台　湾　名
stress whitening	应力发白	應力發白
stretch blow moulding	拉伸吹塑	伸縮吹塑
stripping model	夺取模型	奪取模型
stripping voltammeter	溶出伏安仪	剝除伏安儀
strong acid type ion exchanger	强酸型离子交换剂	強酸型離子交換劑
strong base type ion exchanger	强碱型离子交换剂	強鹼型離子交換劑
strong collision assumption	强碰撞假设	強碰撞假設
strong electrolyte	强电解质	強電解質
structural analysis	结构分析	結構分析
structural domain	结构域	結構域
structural formula	结构式	結構式
structural repeating unit	结构重复单元	結構重複單元
structural shield	结构屏蔽	結構屏蔽
structural unit	结构单元	結構單元
strychnine alkaloid	番木鳖碱[类]生物碱	番木虌鹼生物鹼
styrene butadiene rubber	丁苯橡胶	苯乙烯-丁二烯橡膠
styrene butadiene styrene block copolymer	苯乙烯-丁二烯-苯乙烯嵌段共聚物	苯乙烯-丁二烯-苯乙烯嵌段共聚物
styrene isoprene butadiene rubber	苯乙烯-异戊二烯-丁二烯橡胶	苯乙烯-異戊二烯-丁二烯橡膠
styrene isoprene styrene block copolymer	苯乙烯-异戊二烯-苯乙烯嵌段共聚物	苯乙烯-異戊二烯-苯乙烯嵌段共聚物
subatomic particle	亚原子粒子	次原子粒子
subgroup	副族	副族，子群
suboxide	低氧化物	次氧化物
substituent effect	取代基效应	取代基效應
substitutional defect	取代缺陷	取代缺陷
substitution [reaction]	取代[反应]	取代[反應]
substoichiometric analysis	亚化学计量分析	次化學計量分析
substoichiometric isotope dilution analysis	亚化学计量同位素稀释分析	次化學計量同位素稀釋分析[法]
substrate	底物	受質，反應物，底材
subterranean disposal	地下处置	地下處置
successive approximate method	逐次近似法	漸進近似法
successive reaction (=consecutive reaction)	连串反应	逐次反應
successive synthesis	序贯合成	逐次合成
sucrose	蔗糖	蔗糖
sugar (=saccharide)	糖	糖
sulfene	砜烯	碸烯

英 文 名	大 陆 名	台 湾 名
sulfenylation	亚磺酰化	烷硫化
sulfide	硫醚	硫化物，硫醚
sulfolane	环丁砜	環丁碸
sulfonation	磺化	磺酸化[作用]，磺化[作用]
sulfone	砜	碸
sulfonic acid	磺酸	磺酸
sulfonium ion	硫鎓离子	鋶離子
sulfonylation	磺酰化	磺醯化
sulfosalicylic acid	磺基水杨酸	磺柳酸
sulfoxide	亚砜	亞碸
sulfur donor agent	给硫剂	給硫劑
sulfurization(=cure)	硫化	硫化
sulfur print test	硫印试验	硫印試驗
sulfur vulcanization	硫硫化	硫硫化，硫交聯
sulfur ylide	硫叶立德	硫偶極體
sulphonation(=sulfonation)	磺化	磺酸化[作用]，磺化[作用]
sum of squares of residues	残差平方和	殘差平方和
superacid	超[强]酸	超[強]酸
superconductive polymer	超导聚合物	超導聚合物
supercritical fluid chromatograph	超临界流体色谱仪	超臨界流體層析儀
supercritical fluid chromatography(SFC)	超临界流体色谱法	超臨界流體層析法
supercritical fluid extraction	超临界流体萃取	超臨界流體萃取
super excited state	超激发态	超激發態
superheavy element	超重元素	超重元素
superheavy nucleus	超重核	超重核
supermolecular complex	超分子络合物	超分子錯合物
supermolecule	超分子	超分子
superoxide	超氧化物	超氧化物
superoxide dismutase	超氧化物歧化酶	超氧化物歧化酶
superoxide radical	超氧自由基	超氧自由基
superparamagnetism	超顺磁性	超順磁性
superposability	重叠性	重疊性
super-saturability	过饱和度	過飽和度
super-saturated solution	过饱和溶液	過飽和溶液
supersonic beam source	超声束源	超音束源，超聲束源
superstructure	超结构	超結構
support coated open tubular column(SCOT	载体涂渍开管柱	載體塗布開管柱

英　文　名	大　陆　名	台　湾　名
column)		
supporting electrolyte	支持电解质	支援電解質，輔助電解質
suppressed column	抑制柱	抑制管柱
supra macromolecule	超高分子	超巨分子
supramolecular chemistry	超分子化学	超分子化學
supramolecule（=supermolecule）	超分子	超分子
surface analysis	表面分析	表面分析
surface chemical shift	表面化学位移	表面化學位移
surface diffusion	表面扩散	表面擴散
surface electrochemistry	表面电化学	表面電化學
surface enhanced laser desorption	表面增强激光解吸电离	表面增強雷射脫附
surface enhanced Raman scattering（SERS）	表面增强拉曼散射	表面增強拉曼散射
surface enhanced Raman spectrometry （SERS）	表面增强拉曼光谱法	表面增強拉曼光譜法
surface enhanced resonance Raman scattering（SERRS）	表面增强共振拉曼散射	表面增強共振拉曼散射
surface-induced ionization（SID）	表面诱导电离	表面誘導解離
surface ionization	表面电离	表面游離[作用]，表面離子化[作用]
surface tensammetric curve	表面张力曲线	表面張力曲線
surface work	表面功	表面功
surrogate reference material	代用标准物质	代用參考物質
survey meter	巡测仪	偵檢計，測量計
survival dose	存活剂量	存活劑量
survival probability	存活概率	存活機率
suspension polymerization	悬浮聚合	懸浮聚合[作用]
suspension sampling	悬浮液进样	懸浮液取樣
sweeping	推扫	掃集
swelling	溶胀	潤脹
switchboard model	插线板模型	插線板模型
symmetric fission	对称裂变	對稱分裂
symmetry element	对称因素	對稱因素
symmetry forbidden reaction	对称禁阻反应	對稱禁阻反應
syn	同	同
synchronous fluorimetry	同步荧光分析法	同步螢光分析法
synchrotron radiation	同步辐射	同步輻射
synchrotron radiation excited X-ray fluorescence spectrometry	同步辐射激发 X 射线荧光法	同步輻射激發 X 射線螢光法

英 文 名	大 陆 名	台 湾 名
synchrotron radiation X-ray fluorescence	同步辐射 X 射线荧光分析	同步輻射 X 射線螢光分析
synclinal conformation	顺错构象	順錯構形
syndiotacticity	间规度	對排度
syndiotactic polymer	间同立构聚合物	對排聚合物
synergic effect	协同效应	協同效應
synergic reaction	协同反应	協同反應
synergistic chromatic effect	协同显色效应	增效顯色效應
synergistic extractant	协萃剂	增效萃[取]劑
synergistic extraction	协同萃取	增效萃取
synfacial reaction	同面反应	同面反應
synperiplanar conformation	顺叠构象	順疊構形
synroc	合成岩石	合成岩石
synthesis	合成	合成
synthetase	合成酶	合成酶
synthetic fiber	合成纤维	合成纖維
synthetic rubber	合成橡胶	合成橡膠
synthon	合成元	合成組元
syringe pump	注射泵	注射泵
system	系统	系統
systematic analysis	系统分析	系統分析
systematic error	系统误差	系統誤差
systematic sampling	系统抽样	系統取樣
Szilard-Chalmers effect	齐拉-却尔曼斯效应	西拉德-查麥士效應

T

英 文 名	大 陆 名	台 湾 名
tackifier	增黏剂	膠黏劑，賦黏劑
tackifying agent（=tackifier）	增黏剂	膠黏劑，賦黏劑
tacticity	立构规整度	立體規整性
tactic polymer	有规立构聚合物	立體異構聚合物，立體規則性聚合物
tagged atom	标记原子	標記原子
tail-end process	尾端过程	尾端過程
tailing factor	拖尾因子	拖尾因子，拖尾因數
tailing peak	拖尾峰	拖尾峰
tailing reducer	减尾剂	減拖尾劑
talc	滑石	滑石

英　文　名	大　陆　名	台　湾　名
tandem mass spectrometry (MS/MS)	串级质谱法	串聯式質譜法
tandem reaction	串联反应	聯繼反應
tandem mass spectrometer	串级质谱仪	串聯式質譜儀
tannin	鞣质	鞣質，單寧
tar	焦油	焦油，溚
target	靶子	靶
target chemistry	靶化学	靶化學
target holder	靶托	靶架
target nucleus	靶核	靶核
target oriented synthesis	目标分子导向合成	目標導向合成
target tissue	靶组织	靶組織
target to non-target ratio	靶对非靶[摄取]比	靶-非靶[攝取]比
target transformation factor analysis	目标转换因子分析	目標轉換因數分析
target volume	靶体积	靶體積
tarnishing	锈蚀	鏽蝕
μ-TAS (=micro-total analysis system)	微全分析系统	微全分析系統
tautomerism	互变异构[现象]	互變異構性，互變異構現象
tautomerization	互变异构化	互變異構作用
taxane	紫杉烷[类]	紫杉烷，紅豆杉烷
t-distribution	t 分布	t 分布
TDS (=thermal desorption spectroscopy)	热脱附谱	熱脫附譜法
Tebbe reagent	泰伯试剂	泰伯試劑
telechelic polymer	遥爪聚合物	遙爪聚合物
teletherapy	远程[放射]治疗	遠隔治療
tellurophene	碲吩	碲吩
telomer	调聚物	短鏈聚合物
telomerization	调聚反应	短鏈聚合[作用]
temperature jump	温度跃变	溫度躍變
temperature programme	控温程序	控溫程式
temperature-programmed gas chromatography	程序升温气相色谱法	程式控溫氣相層析法
temperature-programmed pyrolysis	温控裂解	溫控熱解
temperature rate	升温速率	升溫速率
template polymerization	模板聚合	模板聚合
template synthesis	模板合成	模板合成
tensile stress relaxation	拉伸应力弛豫	拉應力鬆弛
tenth-value layer	十分之一值层厚度	十分之一值層
terminal group (=end group)	端基	[末]端基

英　文　名	大　陆　名	台　湾　名
terminal ligand	端基配体	端基配位基
terminator	终止剂	終止劑
termolecular reaction	三分子反应	三分子反應
ternary complex	三元络合物	三元錯合物
ternary copolymerization	三元共聚合	三元共聚合
terpene resin	萜烯树脂	萜烯樹脂
terpenoid	萜类化合物	類萜
terpolymer	三元共聚物	三元共聚物
tertiary structure	三级结构	三級結構
χ^2-test	χ^2 检验	χ^2 檢定
test paper	试纸	試紙
test solution	试液	試液
test statistic	检验统计量	檢定統計量
tetracyclic diterpene	四环二萜	四環二萜
tetracycline	四环素	四環素
tetracycline-antibiotic	四环素类抗生素	四環素類抗生素
tetrad	四单元组	四單元組
tetrahedral carbon	四面体型碳	四面體型碳
tetrahedral complex	四面体配合物	四面體錯合物
tetrahedral configuration	四面体构型	四面體組態
tetrahedral intermediate	四面体中间体	四面體中間體
tetrahedron hybridization	四面体杂化	四面體混成[作用]
tetrahydrofuran(THF)	四氢呋喃	四氫呋喃
tetrahydropyran	四氢吡喃	四氫哌喃
tetrahydropyrrole	四氢吡咯	四氫吡咯，吡咯啶
tetrahydrothiophene	四氢噻吩	四氫噻吩
tetramethylsilane(TMS)	四甲基硅烷	四甲矽烷
tetraphenylarsonium chloride	氯化四苯砷	氯化四苯胂
tetraterpene	四萜	四萜
tetrathiafulvalene	四硫代富瓦烯	四硫富烯
tetrazole	四唑	吡咯三唑，四唑
tetrodotoxin	河鲀毒素	河豚毒素
tex	特[克斯]	德士[支數]
textile finishing agent	纺织品整理剂	織物整理劑
texture	织构	結構，組織，紋理
TG(=thermogravimetry)	热重法	熱重法
TGA(=thermogravimetric analysis)	热重分析	熱重分析
the first law of thermodynamics	热力学第一定律	熱力學第一定律
theory of reaction rate	反应速率理论	反應速率理論

英　文　名	大　陆　名	台　湾　名
thermal activation	热活化	熱活化
thermal aging	热老化	熱老化
thermal analysis	热分析	熱分析
thermal conductivity detector	热导检测器	熱導偵檢器，導熱偵檢器
thermal decomposition（=thermolysis）	热分解	熱分解
thermal degradation	热降解	熱降解
thermal desorption gas chromatography	热解吸气相色谱法	熱脫附氣相層析法
thermal desorption spectroscopy（TDS）	热脱附谱	熱脫附譜法
thermal diffusion	热扩散	熱擴散
thermal explosion	热爆炸	熱爆炸
thermal extraction	热萃取	熱萃取
thermal fractionation	热分级	熱分級
thermal history	热历史	熱歷史
thermal initiation	热引发	熱引發[作用]
thermal ionization	热电离	熱游離
thermal ionization mass spectrometry	热电离质谱法	熱游離質譜法
thermally assisted atomic fluorescence	热助原子荧光	熱助原子螢光
thermally assisted direct-line atomic fluorescence	热助直跃线原子荧光	熱助直接線原子螢光
thermally assisted resonance atomic fluorescence	热助共振原子荧光	熱助共振原子螢光
thermally assisted stepwise atomic fluorescence	热助阶跃线原子荧光	熱助逐級線原子螢光
thermal neutron	热中子	熱中子，慢中子
thermal oxidative degradation	热氧化降解	熱氧化降解
thermal polymerization	热聚合	熱聚合
thermal quenching	热猝灭	熱淬滅
thermal reflectance spectroscopy	热反射光谱法	熱反射光譜法
thermal surface ionization（TSI）	热表面电离	熱表面游離
thermoacoustimetry	热声分析	熱聲分析
thermobalance	热天平	熱天平
thermochemical equation	热化学方程式	熱化學方程式
thermochemical kinetics	热化学动力学	熱化學動力學
thermochemistry	热化学	熱化學
thermochromatography	热色谱法	熱層析法
thermochromism	热色现象	熱變色性，熱變色現象，熱致變色
thermodiffusion	热扩散	熱擴散

英　文　名	大　陆　名	台　湾　名
thermodilatometric curve	热膨胀曲线	熱膨脹曲線
thermodilatometry	热膨胀分析法	熱膨脹分析法
thermodynamic acidity	热力学酸度	熱力學酸度
thermodynamically equivalent sphere	热力学等效球	熱力學等效球
thermodynamic analysis	热力学分析	熱力[學]分析
thermodynamic control	热力学控制	熱力學控制，熱力控制
thermodynamic equilibrium	热力学平衡	熱力學平衡
thermodynamic equilibrium constant	热力学平衡常数	熱力學平衡常數
thermodynamic flow	热力学流	熱力學流
thermodynamic force	热力学力	熱力學力
thermodynamic function	热力学函数	熱力學函數
thermodynamic probability	热力学概率	熱力學機率
thermodynamics	热力学	熱力學
thermodynamic temperature	热力学温度	熱力學溫度
thermoelectricity	热电性	熱電[現象]，熱電學
thermoelectrometry	热电分析	熱電分析
thermogram	热分析图	溫度記錄圖
thermogravimetric analysis（TGA）	热重分析	熱重分析
thermogravimetric curve	热重图	熱重曲線
thermogravimetry（TG）	热重法	熱重法
thermoiniferter	热引发转移终止剂	熱引發轉移終止劑
thermoluminescence	热致发光	熱發光
thermoluminescence analysis	热致发光分析	熱發光分析
thermoluminescent dosimeter	热致发光剂量计	熱發光劑量計
thermolysin	嗜热菌蛋白酶	嗜熱菌蛋白酶
thermolysis	热分解	熱分解
thermomagnetometry	热磁分析	熱磁分析
thermomechanical analysis（TMA）	热机械分析	熱機械分析
thermomechanical analyzer	热机械分析仪	熱機械分析儀
thermo-mechanical curve	热-机械曲线	熱-機械曲線
thermomechanical measurement	热机械性能测定	熱機械性能測定
thermometric titration	温度滴定法	測溫滴定[法]
thermometric titration curve（=enthalpimetric titration curve）	量热滴定曲线	熱焓滴定曲線
thermometry	计温学	測溫法
thermo-oxidative aging	热氧老化	熱氧老化
thermophotometry	热光度分析	熱光度分析
thermoplastic elastomer	热塑性弹性体	熱塑性彈性體
thermoplastic resin	热塑性树脂	熱塑性樹脂

英 文 名	大 陆 名	台 湾 名
thermoradiography（TRG）	放射热谱法	放射熱譜法
thermorefractometry	热折射法	熱折射法
thermosensitive luminescent polymer	热敏发光聚合物	熱敏發光聚合物
thermosensitivity	热敏	熱敏性
thermosetting resin	热固性树脂	熱固性樹脂
thermosonimetry	热超声检测	熱聲[分析]法
thermospectrometry	热光谱法	熱[光]譜法
thermospray	热喷雾	熱灑[法]
thermospray ionization（TSI）	热喷雾电离	熱灑游離[法]
thermotropic liquid crystal	热致[性]液晶	熱致[性]液晶
thermotropic liquid crystalline polymer	热致液晶聚合物	熱致液晶聚合物
the second law of thermodynamics	热力学第二定律	熱力學第二定律
theta solvent	θ溶剂	θ溶劑
theta state	θ态	θ態
theta temperature	θ温度	θ溫度
the third law of thermodynamics	热力学第三定律	熱力學第三定律
the zeroth law of thermodynamics	热力学第零定律	熱力學第零定律
THF（=tetrahydrofuran）	四氢呋喃	四氫呋喃
thiacrown ether	硫杂冠醚	硫冠醚
thiacyclobutane	硫杂环丁烷	硫環丁烷，硫咟
thiacyclobutanone	硫杂环丁酮	硫環丁酮
thiacyclobutene	硫杂环丁烯	硫環丁烯，硫唉
thiacycloheptatriene	硫杂环庚三烯	硫環庚三烯，硫呼，噻呼
thiacyclopropene	硫杂环丙烯	硫環丙烯，硫吮
thiadiazole	噻二唑	噻二唑
thiazine	噻嗪	噻𠯷
thiazole	噻唑	噻唑
thiazolidine	噻唑烷	四氫噻唑
thiazoline	噻唑啉	噻唑啉
thickener	增稠剂	增稠劑
thickening agent（=thickener）	增稠剂	增稠劑
thick target	厚靶	厚靶
thiepine（=thiacycloheptatriene）	硫杂环庚三烯	硫環庚三烯，硫呼，噻呼
thietane（=thiacyclobutane）	硫杂环丁烷	硫環丁烷，硫咟
thiete（=thiacyclobutene）	硫杂环丁烯	硫環丁烯，硫唉
thiirene（=thiacyclopropene）	硫杂环丙烯	硫環丙烯，硫吮
thin layer chromatogram scanner	薄层扫描仪	薄層層析掃描器

英　文　名	大　陆　名	台　湾　名
thin layer chromatography（TLC）	薄层色谱法	薄層層析法
thin layer controlled potential electrolysis absorptometry	薄层控制电位电解吸收法	薄層控制電位電解吸收法
thin layer cyclic voltabsorptometry	薄层循环伏安吸收法	薄層循環伏安吸收法
thin layer cyclic voltammetry	薄层循环伏安法	薄層循環伏安法
thin layer plate	薄层板	薄層板
thin layer spectroelectrochemistry	薄层光谱电化学法	薄層光譜電化學法
thin target	薄靶	薄靶
thioacetal	硫缩醛	硫縮醛
thio acid	硫羰酸	硫羰酸
thioaldehyde	硫醛	硫醛
thiocarbonyl ligand	硫羰基配体	硫羰基配位子
thiocyanate	硫氰酸盐	硫氰酸鹽
thioester	硫代酸酯	硫酯
thiohemiacetal	硫代半缩醛	硫代半縮醛
thiohemiketal	硫代半缩酮	硫代半縮酮
thioketal	硫缩酮	硫縮酮
thioketone	硫酮	硫酮
thioketone S-oxide	S 氧化硫酮	S 氧化硫酮
thiol	硫醇	硫醇
thiol acid	硫羟酸	硫羥酸
thiolate	硫醇盐	硫醇鹽
thiophane（=tetrahydrothiophene）	四氢噻吩	四氫噻吩
thiophene	噻吩	噻吩
thiopyran	噻喃	噻喃
third order reaction	三级反应	三級反應，三次反應
thixotropy	触变性	搖變性，搖溶[現象]，搖變
thorin	钍试剂	釷試劑
thorium decay series	钍衰变系	釷衰變系
thorium family（=thorium decay series）	钍衰变系	釷衰變系
three-component system	三组分系统	三成分系統
three dimensional fluorescence spectrum	三维荧光光谱	三維螢光光譜
three dimensional polycondensation	体型缩聚	三維聚縮
three dimensional polymer	体型聚合物	三次元聚合物
three-electrode cell	三电极电解池	三電極電池
three-electrode system	三电极体系	三電極系統
three wavelength spectrophotometry	三波长分光光度法	三波長分光光度法
threo configuration	苏式构型	蘇型組態

英 文 名	大 陆 名	台 湾 名
threo-diisotactic polymer	苏型双全同立构聚合物	蘇型雙同排聚合物
threo-disyndiotactic polymer	苏型双间同立构聚合物	蘇型雙對排聚合物
threo isomer	苏型异构体	蘇型異構物
threonine	苏氨酸	蘇胺酸
threose	苏阿糖	蘇糖
thujane	苎烷类	側柏烷
thymidine	脱氧胸苷	［去氧］胸苷
thymine	胸腺嘧啶	［去氧］胸嘧啶
thymol blue	百里酚蓝	瑞香［草］酚藍
thymolphthalein	百里酚酞	瑞香［草］酚酞
TIC（=total ion chromatogram）	总离子流色谱图	總離子層析圖
tie line	结线	連結線
tight binding approximation	紧束缚近似	緊束縛近似法
tight ion pair（=contact ion pair）	紧密离子对	親密離子對
tight transition state	紧密过渡态	緊密過渡態
time averaging method	时间平均法	時間平均法
time constant	时间常数	時間常數
time domain signal	时域信号	時域訊號
time-of-flight	飞行时间	飛行時間
time-of-flight detector	飞行时间探测器	飛行時間偵檢器
time-of-flight mass spectrometer	飞行时间质谱仪	飛行時間質譜儀
time-resolved fluorescence	时间分辨荧光	時間解析螢光
time-resolved fluorescence spectrometry	时间分辨荧光光谱法	時間解析螢光光譜法
time-resolved Fourier transform infrared spectrometry	时间分辨傅里叶变换红外光谱法	時間解析傅立葉轉換紅外線光譜法
time-resolved laser-induced fluorimetry	时间分辨激光诱导荧光光谱法	時間解析雷射誘導螢光光譜法
time-resolved optoacoustic technique	时域光声谱技术	時間解析光聲譜技術
time-resolved spectrometry（TRS）	时间分辨光谱法	時間解析光譜法
time-resolved spectroscopy	时间分辨光谱学	時間分辨譜術
time-resolving fluorescence immunoassay	时间分辨荧光免疫分析法	時間解析螢光免疫分析法
time-temperature equivalent principle	时-温等效原理	時-溫等效原理
tiron	钛试剂	試鈦靈
tissue equivalent material	组织等效材料	組織等效材料
tissue weighting factor	组织权重因子	組織權重因子
titanate coupling agent	钛酸酯偶联剂	鈦酸酯偶合劑
titer	滴定度	滴定濃度，滴定量
titrand	被滴定物	被滴定物

英　文　名	大　陆　名	台　湾　名
titrant	滴定剂	滴定劑，滴定液
titration	滴定	滴定［法］
titration curve	滴定曲线	滴定曲線
titration exponent	滴定指数	滴定指數
titrimetric analysis	滴定分析法	滴定分析［法］
titrimetric calorimeter	滴定热量计	滴定熱量計
titrimetry (=titrimetric analysis)	滴定分析法	滴定分析［法］
TLC (=thin layer chromatography)	薄层色谱法	薄層層析法
TMA (=thermomechanical analysis)	热机械分析	熱機械分析
TMS (=tetramethylsilane)	四甲基硅烷	四甲矽烷
tolerance error	容许［误］差	容許誤差，公差
tolerance limit	容许限	容許限
Tollen reagent	托伦试剂	多侖試劑
topochemical polymerization	拓扑化学聚合	拓撲化學聚合
topological entanglement	拓扑缠结	拓撲纏結
topomerization	拓扑异构化	拓撲異構化
Torr	托	托
torsional braid analysis	扭辫分析	扭辮分析
torsion angle	扭转角	扭轉角
torsion balance	扭力天平	扭力天平
total acidity	总酸度	總酸度
total consumption burner	全消耗型燃烧器	［完］全消耗燃燒器
total correlation coefficient	全相关系数	全相關係數,總相關係數
total correlation spectroscopy	总相关谱	總相關譜
total cross section	总截面	總截面
total emission current	总发射电流	總發射電流
total infrared absorbance reconstruction chromatogram	红外总吸光度重建色谱图	紅外總吸光度重建層析圖
total ion chromatogram (TIC)	总离子流色谱图	總離子層析圖
total ion detection	总离子检测	總離子檢測
total ion electropherogram	总离子流电泳图	總離子電泳圖
total linear stopping power	总线阻止本领	總線性阻止力
total nitrogen analysis	总氮分析	總氮分析
total reflection X-ray fluorescence	全反射 X 射线荧光分析	全反射 X 射線螢光分析
total reflection X-ray fluorescence spectrometer	全反射 X 射线荧光光谱仪	全反射 X 射線螢光光譜儀
total suspended substance	总悬浮物	總懸浮物
total synthesis	全合成	全合成，總合成

英 文 名	大 陆 名	台 湾 名
toughening agent	增韧剂	韧化劑
tourmaline	电气石	電氣石
traceability	溯源性	溯源性
trace analysis	痕量分析	痕量分析
trace element (=microelement)	微量元素	微量元素
trace level	痕量级	痕量級
tracer	示踪剂	示蹤物，曳光劑
tracer diffusion	示踪原子扩散	示蹤劑擴散
tracer technique	示踪技术	示蹤[劑]技術
track etch dosimeter	径迹蚀刻剂量计	徑跡蝕刻劑量計
track etching	径迹蚀刻	徑跡蝕刻
transacetalation	缩醛交换	縮醛交換
transactinide element	超锕系元素，锕系后元素	錒系後元素，超錒系元素
transamination	转氨基化	胺基轉移作用
transannular insertion	跨环插入	跨環插入
transannular interaction	跨环相互作用	跨環相互作用
transannular rearrangement	跨环重排	跨環重排[作用]
transannular strain	跨环张力	跨環張力
transcalifornium element	超锎元素	超鉲元素
transconfiguration polymer (=transpolymer)	反式聚合物	反式聚合物
transcurium element	超锔元素	超鋦元素
trans-effect	反位效应	反位效應
transesterification	酯交换	轉[換]酯化[作用]
transesterification polycondensation (=ester exchange polycondensation)	酯交换缩聚	酯交換聚縮
transfer hydrogenation	转移氢化	轉移氫化
transfer moulding	传递成型	轉送模製[法]
transferrin	运铁蛋白	轉鐵蛋白
transient equilibrium	暂时平衡	瞬間平衡
trans-influence	反式影响	反式影響
trans-isomer	反式异构体	反式異構物
transitional element	过渡元素	過渡元素
transition element (=transitional element)	过渡元素	過渡元素
transition metal catalyst	过渡金属催化剂	過渡金屬催化劑
transition of spontaneous emission	自发发射跃迁	自發發射躍遷
transition species	过渡物种	過渡物種，轉移物種
transition state theory	过渡态理论	過渡態理論
translational partition function	平动配分函数	移動分配函數

英　文　名	大　陆　名	台　湾　名
translawrencium element	铹后元素	超鐒元素
transmembrane transport	跨膜运输	跨膜運輸，透膜運輸
transmission coefficient	透射系数	透射係數
transmissivity	透射率	透射率
transoid conformation	反向构象	反向構形
transplutonium element	超钚元素	超鈽元素
transpolymer	反式聚合物	反式聚合物
transuranium elements	超铀元素	超鈾元素
transuranium extraction process(TRUEX process)	超铀[元素]萃取流程	TRUEX 流程，超鈾[元素]萃取流程
transuranium waste	超铀[元素]废物	超鈾[元素]廢料
transversely heated atomizer	横向加热原子化器	橫向加熱原子化器
transverse relaxation	横向弛豫	橫向鬆弛
trap	阱	阱，閘
trapped electron	被俘[获]电子	入陷電子
trapped radical	陷落自由基	捕獲基
trapping	捕获	捕獲
tree polymer(=dendrimer)	树枝状聚合物	樹枝狀聚合物
TRG(=thermoradiography)	放射热谱法	放射熱譜法
triad	三单元组	三元組
triangular prism	三棱镜	三稜鏡
triazine	三嗪	三呏
triazole	三唑	三唑
triboluminescence	摩擦发光	摩擦發光
tricyclic diterpene	三环二萜	三環二萜
tricyclic sesquiterpene	三环倍半萜	三環倍半萜
triene	三烯	三烯
triflate	①三氟甲磺酸盐 ②三氟甲磺酸酯	①三氟甲磺酸鹽 ②三氟甲磺酸酯
trifunctional initiator	三官能引发剂	三官能引發劑
trifunctional monomer	三官能[基]单体	三官能[基]單體
trigonal carbon	三角型碳	三角型碳
trigonal hybridization	三角型杂化	三角混成[作用]
trigonal planar configuration	平面三角构型	平面三角組態
trihapto ligand	三扣[连]配体	三扣[連]配位體
trimer	三聚体	三聚物，三聚體
trimerization	三聚	三聚[合]作用
1,3,5-trioxacyclohexane	1,3,5-三氧杂环己烷	1,3,5-三氧環己烷
trioxane(=1,3,5-trioxacyclohexane)	1,3,5-三氧杂环己烷	1,3,5-三氧環己烷

英　文　名	大　陆　名	台　湾　名
triple point	三相点	三相點
triple-stage quadrupole mass spectrometer（TSQ-MS）	三重四极质谱仪	三階四極質譜儀
triplet	三重峰，三重态	三重線，三合[透]鏡，三重型
triplet state	三线态	三重[線]態
triterpene	三萜	三萜
triterpenoid saponin	三萜皂苷	三萜皂苷
tritiated compound	含氚化合物	含氚化合物
tritiated waste	含氚废物	含氚廢料
tritiation	氚化	氚化[作用]
tritide	氚化物	氚化物
tritium	氚	氚
tropane alkaloid	莨菪烷[类]生物碱	莨菪烷[類]生物鹼
tropolone	环庚三烯酚酮	草酚酮
tropone	环庚三烯酮	草酮
Trouton rule	特鲁顿规则	特如吞法則
TRS（=time-resolved spectrometry）	时间分辨光谱法	時間解析光譜法
true value	真值	真值
TRUEX process（=transuranium extraction process）	超铀[元素]萃取流程	TRUEX 流程，超鈾[元素]萃取流程
tryptophan	色氨酸	色胺酸
T-shaped complex	T 状配合物	T 狀錯合物
TSI（=①thermal surface ionization ②thermospray ionization）	①热表面电离 ②热喷雾电离	①熱表面游離 ②熱灑游離[法]
TSQ-MS（=triple-stage quadrupole mass spectrometer）	三重四极质谱仪	三階四極質譜儀
t-test	t 检验	t 檢定
tub conformation	盆式构象	盆式構形
tube furnace pyrolyzer	管式炉裂解器	管式爐熱解器
tube-wall atomization	管壁原子化	管壁原子化
tunable laser	可调谐激光	可調[頻]雷射
tunable laser source	可调谐激光光源	可調[頻]雷射光源
tungsten bronze	钨青铜	鎢青銅
tunnel effect	隧道效应	隧道效應
turbidimetric method	比浊法	比濁法，濁度測定法
turbidimetry（=turbidimetric method）	比浊法	比濁法，濁度測定法
turbulent flow burner	湍流燃烧器	擾流燃燒器
turmeric paper	姜黄试纸	薑黃試紙

英　文　名	大　陆　名	台　湾　名
β-turn	β 转角	β 小彎
turquoise	绿松石	綠松石
twist conformation	扭型构象	扭型構形
twisting	加捻	捻線，捻轉
two-component system	二组分系统	二成分系
two dimensional chromatography	二维色谱法	二因次層析術
two dimensional development method	双向展开[法]	二維展開法
two dimensional infrared correlation spectrum	二维红外相关光谱	二維紅外線相關光譜
two dimensional infrared spectrum	二维红外光谱	二維紅外線光譜
two dimensional nuclear magnetic resonance spectrum	二维核磁共振谱	二維核磁共振譜
two-electrode system	二电极体系	二電極系統
two-photon excited atomic fluorescence	双光子激发原子荧光	雙光子激發原子螢光
two-side test (=two-tailed test)	双侧检验	雙側檢定，雙側驗證
two-tailed test	双侧检验	雙側檢定，雙側驗證
type 1 error (=error of the first kind)	第一类错误	第一類誤差
type 2 error (=error of the second kind)	第二类错误	第二類誤差
tyrosine	酪氨酸	酪胺酸

U

英　文　名	大　陆　名	台　湾　名
Ubbelohde [dilution] viscometer	乌氏[稀释]黏度计	烏氏[稀釋]黏度計
UCL (=upper control limit)	上控制限	上控限[度]
ulosonic acid (=ketoaldonic acid)	酮糖酸	酮醣酸
ultimate analysis (=elementary analysis)	元素分析	元素分析
ultrafiltration	超滤	超[過]濾[作用]
ultra-high molecular weight polyethylene	超高分子量聚乙烯	超高分子量聚乙烯
ultra-high performance liquid chromatography	超高效液相色谱法	超高效[能]液相層析法
ultralow density polyethylene	超低密度聚乙烯	超低密度聚乙烯
ultramicro analysis	超微量分析	超微量分析
ultramicro [analytical] balance	超微量天平	超微量天平
ultramicrochemical manipulation	超微量化学操作	超微量化學操作
ultramicroelectrode	超微电极	超微電極
ultrasonic nebulizer	超声雾化器	超聲波霧化器
ultratrace analysis	超痕量分析	超痕量分析
ultraviolet absorber	紫外光吸收剂	紫外光吸收劑

英　文　名	大　陆　名	台　湾　名
ultraviolet absorption detector	紫外吸收检测器	紫外吸收偵檢器
ultraviolet absorption spectrum	紫外吸收光谱	紫外吸收光譜
ultraviolet excited laser resonance Raman spectrum	紫外激发激光共振拉曼光谱	紫外激發雷射共振拉曼光譜
ultraviolet photoelectron spectroscopy	紫外光电子能谱[法]	紫外光電子光譜法,紫外光電子光譜學
ultraviolet reflectance spectrometry	紫外反射光谱法	紫外反射光譜法
ultraviolet spectrophotometry	紫外分光光度法	紫外線光譜測定法
ultraviolet stabilizer	紫外线稳定剂	紫外線穩定劑
ultraviolet-visible light detector	紫外-可见光检测器	紫外-可見光偵檢器
ultraviolet-visible spectrophotometer	紫外-可见分光光度计	紫外-可見光分光光度計
umbelliferone	伞形花内酯	繖[形]酮
umpolung	极性反转	極性逆轉
unbiased estimator	无偏估计量	無偏估計量,無偏估計值
uncatalyzed polymerization	无催化聚合	無催化聚合
uncertainty	不确定度	不確定度,不準度
uncharged acid	无荷电酸	未荷電酸
under cure	欠硫	低硫化
unfolding	解折叠	解折疊
uniaxial drawing	单轴拉伸	單軸拉伸
uniaxial elongation (=uniaxial drawing)	单轴拉伸	單軸拉伸
uniaxial orientation	单轴取向	單軸取向
uniform distribution	均匀分布	均匀分布
uniformly labeled compound	均匀标记化合物	均匀標記化合物
uniform polymer (=monodisperse polymer)	单分散聚合物	單分散聚合物
unimolecular acid-catalyzed acyl-oxygen cleavage	单分子酸催化酰氧断裂[反应]	單分子酸催化醯氧斷裂[反應]
unimolecular electrophilic substitution	单分子亲电取代[反应]	單分子親電取代[反應]
unimolecular elimination	单分子消除[反应]	單分子消去反應
unimolecular elimination through conjugate base	单分子共轭碱消除[反应]	單分子共軛鹼消去反應
unimolecular free radical nucleophilic substitution	单分子自由基亲核取代[反应]	單分子自由基親核取代[反應]
unimolecular ion decomposition	单分子离子分解	[單]分子離子分解
unimolecular nucleophilic substitution	单分子亲核取代[反应]	單分子親核取代
unimolecular reaction	单分子反应	單分子反應
unimolecular termination	单分子终止	單分子終止
universal buffer	广域缓冲剂	通用緩衝劑

英　文　名	大　陆　名	台　湾　名
universal calibration	普适标定	普適標準
universal indicator	通用指示剂	廣用指示劑
unperturbed dimension	无扰尺寸	無擾尺寸
unperturbed end-to-end distance	无扰末端距	無干擾末端間距
unsaturated polyester	不饱和聚酯	不飽和聚酯
unsaturated rubber	不饱和橡胶	不飽和橡膠
unsaturated solution	不饱和溶液	不飽和溶液
upper alarm limit	上警告限	上警限[度]
upper control limit（UCL）	上控制限	上控限[度]
upper critical solution temperature	最高临界共溶温度	高臨界溶液溫度
uptake	吸收	上升[煙]道, 吸入, 升道
uracil	尿嘧啶	尿嘧啶
uranium carbonyl complex	羰基铀配合物	羰基鈾錯合物
uranium concentrate	铀浓缩物	鈾濃縮物
uranium decay series	铀衰变系	鈾衰變系
uranium family	铀系	鈾衰變系
uranium-lead dating	铀-铅年代测定	鈾-鉛定年法
uranium oxide	铀氧化物	鈾氧化物, 氧化鈾
uranyl	铀酰	鈾醯
urea	①尿素　②脲	①尿素　②脲
urea-formaldehyde resin	脲醛树脂	脲[甲]醛樹脂
urea resin	尿素树脂	脲樹脂
urease	脲酶	脲酶
uridine	尿苷	尿苷
uronic acid	糖醛酸	醣醛酸
ursane	乌索烷[类]	烏素烷

V

英　文　名	大　陆　名	台　湾　名
vacancy defect	空位缺陷	空位缺陷
vacancy element	空位元素	空位元素
vacuum forming	真空成型	真空成形
vacuum line technique	真空线技术	真空管線技術
vacuum ultraviolet photosource	真空紫外光源	真空紫外光源
vacuum ultraviolet spectrum	真空紫外光谱	真空紫外光譜
valence	化合价	價
valence analysis	价态分析	價態分析
valence band	价带	價帶

英 文 名	大 陆 名	台 湾 名
valence band spectrum	价带谱	價帶譜
valence band structure	价带结构	價帶結構
valence bond theory	价键理论	價鍵理論
18-valence electron rule(18-VE rule)	18-价电子规则	18-價電子規則
valence fluctuation	价态起伏	價態起伏
valence isomerism	价态异构	價態異構
valence tautomerism	价互变异构	價互變異構作用
valine	缬氨酸	纈胺酸
δ-value	δ 值	δ 值
τ-value	τ 值	τ 值
van Deemter equation	范第姆特方程	范第姆特方程式
van der Waals force	范德瓦耳斯力	凡得瓦力
van der Waals shift	范德瓦耳斯位移	凡得瓦位移
van't Hoff law	范托夫定律	凡特何夫定律
vaporizer	气化室	氣化室，氣化器
vapor pressure lowering	蒸气压下降	蒸氣壓下降
vapor pressure osmometry	蒸气压渗透法	蒸氣壓滲透法
variability	变异性	變異性，可變化
variable step size	可变步长	可變步距
variable temperature infrared spectrometry	变温红外光谱法	變溫紅外線光譜法
variance	方差	變異，變度
variance between laboratories	组间方差	組間變異數
variance within laboratory	组内方差	組內變異數
Vaska complex	瓦斯卡配合物	瓦斯卡錯合物
velocity distribution	速度分布	速度分布
velocity selector	选速器	選速器
verneuil flame fusion method	[晶体生长]焰熔法	伐諾伊焰熔法
18-VE rule(=18-valence electron rule)	18-价电子规则	18-價電子規則
Verwey-Niessen model	沃维-奈尔森模型	費耳威-奈爾森模型
vesicle	微泡体	囊泡，囊胞
vibrational partition function	振动配分函数	振動分配函數
vibrational-rotational spectrum	振动-转动光谱	振動-轉動光譜
vicarious nucleophilic substitution	亲核替取代反应	親核替取代反應
vinylene monomer	1,2-亚乙烯基单体	1,2-亞乙烯基單體，伸乙烯基單體
vinylidene monomer	1,1-亚乙烯基单体	1,1-亞乙烯基單體
vinyl monomer	乙烯基单体	乙烯型單體
vinylog effect	插烯效应	插烯效應
vinyl polymer	[乙]烯类聚合物	乙烯系聚合物

英　文　名	大　陆　名	台　湾　名
vinyl polymerization	乙烯基[单体]聚合	乙烯[系]聚合[作用]
virial coefficient	位力系数	均功係數
virtual long-range coupling	虚拟远程耦合	虛擬遠程耦合
virus analysis	病毒分析	病毒分析
viscoelasticity	黏弹性	黏彈性
viscose fiber	黏胶纤维	黏膠纖維
viscosity-average molar mass	黏均分子量	黏均分子量
viscosity-average molecular weight　（=viscosity-average molar mass）	黏均分子量	黏均分子量
viscosity function	黏度函数	黏度函數
viscosity modifier	黏度调节剂	黏度調節劑
viscosity number	黏数	黏度值
viscous flow state	黏流态	黏流態
visible absorption spectrum	可见吸收光谱	可見光吸收光譜
visible spectrophotometer	可见光分光光度计	可見光分光光度計
visible spectrophotometry	可见分光光度法	可見光分光光度法
visual colorimeter	目视比色计	視比色計
visual titration	目视滴定法	視測滴定[法]
vitamin C	维生素 C	維生素 C
vitrification	玻璃固化	玻化[作用]
vitriol（=alum）	矾	礬[類]
volatilization method	挥发法	揮發法
Volhard method	福尔哈德法	伏哈德[滴定]法
voltage step	电压阶跃	電壓階躍
voltage sweep	电压扫描	電壓掃描
voltammeter	伏安仪	伏安計
voltammetric enzyme-linked immunoassay	伏安酶联免疫分析法	伏安酶聯免疫分析法
voltammetry	伏安法	伏安法
voltammogram	伏安图	伏安圖
volume relaxation	体积弛豫	體積鬆弛
volume thermodilatometry	体积热膨胀分析法	體積熱膨脹分析法
volumetric flask	[容]量瓶	[定]容量瓶
vulcanizate	硫化橡胶	硫化橡膠
vulcanization（=cure）	硫化	硫化
vulcanization accelerator	硫化促进剂	硫化加速劑,交聯加速劑
vulcanization activator	硫化活化剂	硫化活化劑
vulcanized rubber（=vulcanizate）	硫化橡胶	硫化橡膠
vulcanizing agent	硫化剂	硫化劑, 交聯劑

英　文　名	大　陆　名	台　湾　名
Walden inversion	瓦尔登翻转	瓦登反轉
walk rearrangement	游走重排	游走重排
wall coated open tubular column（WCOT column）	壁涂开管柱	壁塗開管柱
wall effect	管壁效应，器壁效应	壁面效應
warm-fusion reaction	温熔合反应	溫融合反應
washing bottle	洗瓶	洗瓶
washing soda	洗涤碱	洗滌鹼
waste graveyard（=burial ground）	废物埋藏场	廢物埋藏場
waste minimization	废物最小化	滅廢
watch glass	表面皿	錶玻璃
water absorbent polymer	吸水性聚合物	吸水性聚合物
water aided injection moulding	水辅注塑	水輔注塑
water bath	水浴	水浴，水鍋
water-gas reaction	水煤气反应	水煤氣反應
water glass	水玻璃	水玻璃
water hardness	水硬度	水硬度
water of crystallization（=crystal water）	结晶水	結晶水
water soluble acid	水溶性酸	水溶性酸
water soluble polymer	水溶性聚合物	水溶性聚合物
water vapor distillation	水蒸气蒸馏	水蒸氣蒸餾
wave-guide tube	波导管	波導管
wavelength dispersive X-ray fluorescence spectrometer	波长色散 X 射线荧光光谱仪	波長色散 X 射線螢光光譜儀
wavelet analysis	小波分析	小波分析
wavelet transform	小波变换	小波轉換
wavelet transformation-multiple spectro-photometry	小波变换多元分光光度法	小波變換多元分光光度法
wax	蜡	蠟
WCOT column（=wall coated open tubular column）	壁涂开管柱	壁塗開管柱
weak acid type ion exchanger	弱酸型离子交换剂	弱酸型離子交換劑
weak base type ion exchanger	弱碱型离子交换剂	弱鹼型離子交換劑
weak electrolyte	弱电解质	弱電解質
weighing	称量	稱量
weighing bottle	称量瓶	稱［量］瓶

英　文　名	大　陆　名	台　湾　名
weight	砝码	砝碼
weight-average molecular weight	重均分子量	重均分子量
weight distribution function	重量分布函数	重量分布函數
weighted least square method	加权最小二乘法	加權最小平方法
weighted mean	加权平均值	加權[平]均數
weighted regression	加权回归	加權回歸
Weiss constant	外斯常数	懷士常數
well-type counter	井型计数器	井型計數管
Werner complex	维尔纳配合物	維爾納錯合物
wet ashing	湿法灰化	濕式灰化
wet method	湿法	濕法
wet process (=wet method)	湿法	濕法
wet reaction	湿法反应	濕法反應
wet spinning	湿纺	濕紡[法]
wetting agent	湿润剂	潤濕劑
wet way (=wet method)	湿法	濕法
white arsenic	砒霜	砒霜，白砒
white lead	铅白	鉛白
wide band nuclear magnetic resonance	宽带核磁共振	寬帶核磁共振
width of charge distribution	电荷分布宽度	電荷分布寬度
Wilkinson catalyst	威尔金森催化剂	威爾金森催化劑
Wilson disease	威尔逊氏症	威爾遜[疾]病
Wittig reaction	维蒂希反应	威悌反應
Wolff-Kishner reaction	沃尔夫-基希纳反应	沃[夫]-奇[希諾]反應
wolframite	黑钨矿	黑鎢礦，鎢錳鐵礦
work	功	功
work function	功函数	功函數
working electrode	工作电极	工作電極
worm-like chain	蠕虫状链	蠕蟲狀鏈
wurtzite	纤锌矿	纖鋅礦

X

英　文　名	大　陆　名	台　湾　名
xanthate	①黄原酸盐　②黄原酸酯	①黄原酸鹽　②黄原酸酯
xanthene (=dibenzo[b,e]pyran)	二苯并[b,e]吡喃	二苯并[b,e]哌喃，𠮻喱
9-xanthenone (=dibenzo[b,e]pyranone)	二苯并[b,e]吡喃酮	二苯并[b,e]哌喃酮，9-

英　文　名	大　陆　名	台　湾　名
		𠮶酮
xanthic acid	黄原酸	黄原酸
xanthine oxidase	黄嘌呤氧化酶	黄嘌呤氧化酶
xanthonate（=xanthate）	①黄原酸盐 ②黄原酸酯	①黄原酸鹽 ②黄原酸酯
X-ray absorption edge	X 射线吸收限	X 射線吸收限
X-ray absorption edge spectrometry	X 射线吸收限光谱法	X 射線吸收限光譜法
X-ray absorption near edge structure	X 射线吸收近边结构	X 光吸收近限結構
X-ray excited Auger electron	X 射线激发俄歇电子	X 射線激發歐傑電子
X-ray fluorescence analysis	X 射线荧光分析	X 射線螢光分析
X-ray fluorescence spectrometry	X 射线荧光光谱法	X 射線螢光光譜法
X-ray generator	X 射线发生器	X 射線發生器
X-ray luminescence	X 射线发光	X 射線發光
X-ray microanalysis	X 射线微区分析	X 射線顯微分析
X-ray monochromator	X 射线单色器	X 射線單光器
X-ray photoelectron spectroscopy	X 射线光电子能谱[法]	X 射線光電子光譜法, X 射線光電子光譜學
xylenol orange	二甲酚橙	苆酚橙, 二甲[苯]酚橙
xylose	木糖	木糖

Y

英　文　名	大　陆　名	台　湾　名
yarn	纱[线]	紗[線]
yellow cake	黄饼	黄餅
yielding	屈服	屈服
yield temperature	屈服温度	屈服溫度
ylid（=ylide）	叶立德	偶極體
ylide	叶立德	偶極體
ynamine	炔胺	炔胺

Z

英　文　名	大　陆　名	台　湾　名
ZAAS（=Zeeman atomic absorption spectrometry）	塞曼原子吸收光谱法	季曼原子吸收光譜法
Z-average molar mass	Z 均分子量	Z 均分子量
Z-average molecular weight（=Z-average	Z 均分子量	Z 均分子量

英　文　名	大　陆　名	台　湾　名
molar mass)		
Zeeman atomic absorption spectrometry （ZAAS）	塞曼原子吸收光谱法	季曼原子吸收光譜法
Zeeman atomic absorption spectropho-tometer	塞曼原子吸收分光光度计	季曼原子吸收分光光譜儀
Zeeman effect	塞曼效应	季曼效應
Zeeman effect background correction	塞曼效应校正背景［法］	季曼效應背景校正
Zeise salt	蔡斯盐	蔡斯鹽
Z-E isomer	Z-E 异构体	Z-E 異構物
zeolite	沸石	沸石
zero field splitting	零场分裂	零場分裂
zero pressure moulding	无压成型	無壓成型
zero shear viscosity	零切［变速率］黏度	零切［變速率］黏度
zeroth order reaction	零级反应	零級反應
Ziegler-Natta catalyst	齐格勒-纳塔催化剂	戚［格勒］-納［他］觸媒
Ziegler-Natta polymerization	齐格勒-纳塔聚合	戚［格勒］-納［他］聚合
zigzag chain	锯齿链	鋸齒狀鏈
zigzag projection	锯齿形投影式	鋸齒形投影式
Zimm plot	齐姆图	齊姆圖
zinc blende（=sphalerite）	闪锌矿	閃鋅礦
zinc finger protein	锌指蛋白	鋅指蛋白
zincon	锌试剂	試鋅劑
zinc vitriol	锌矾	鋅礬
zinc white	锌白	鋅白
zinc yellow	锌铬黄	鋅黃
Z isomer	Z 异构体	Z 異構物
zone	区带	區帶，帶域，區域
zone compression	区带压缩	區帶壓縮
zone electrophoresis	区带电泳	區帶電泳，帶域電泳
zone melting method	区熔法	區域熔融法
zone spreading	区带扩展	區帶擴展
zwitterion	两性离子	兩性離子
zwitterionic compound	正负［离子］同体化合物	兩性離子化合物
zwitterion polymerization	两性离子聚合	兩性離子聚合

(O-5319.01)

ISBN 978-7-03-038926-8

9 787030 389268 >